공동주거
관리이론

공동주거 관리이론

Multi-family
Housing
Management

공동주거관리연구회 지음

(주)교문사

머리말

우리나라 공동주택의 역사는 1962년 마포 아파트 단지를 시작으로 본격화되어, 현재는 국민의 과반수가 공동주택에 거주하고 있으며 이는 앞으로도 더욱 증가할 것으로 예상된다. 이러한 공동주택을 체계적으로 관리하기 위해 1987년부터 국가의 공인자격증으로서 주택관리사(보) 제도를 두고 의무관리 대상 공동주택은 관리방식과는 상관없이 주택관리사(보)인 유자격자를 관리사무소장으로 두도록 하고 있다. 또한 2006년부터는 임대주택에서도 주택관리사(보)의 의무배치가 규정되었으므로, 앞으로 주택관리사의 책임과 의무는 더욱 막중해졌다. 그럼에도 불구하고 그동안 주택관리사(보)가 수행하는 관리업무의 중요성에 비해 주택관리사(보) 자격시험은 전문가로서의 능력을 검증하기엔 부족하여 많은 문제를 노출시켜 왔으며, 빠르게 변화하는 공동주택의 건설과 관리환경에 대응하지 못하고 있다는 지적이 있어 왔다.

이에 국토해양부(구 건설교통부)는 공동주택의 관리사보 자격시험과목 내용범위와 관련하여 2007년 3월 주택법시행령 및 시행규칙을 개정하여 제2차 시험(주택관리 관계법규, 공동주택관리 실무)에서는 주택관리 관계법규 내용에 「도시 및 주거환경정비법」을 추가하고, 공동주택관리 실무 내용에는 공동주거관리이론을 추가하여 2008년 자격시험부터 적용한다고 하였다. 이러한 변화는 주택관리사(보)가 전문가로서 보다 나은 자질을 갖추도록 하려는 정부의 의도에 의한 것이고 더 나아가 공동주거관리가 하나의 체계적인 학문으로 정립될 수 있는 기틀을 마련하고자 하는 의지의 표현이기도 하다.

이러한 배경하에 관련 연구자와 실무자들은 공동주택을 관리하는 전문가의 자질향상을 위해서는 사회적 환경변화에 맞추어 시대가 요구하는 공동주거에 대한 관리이론과 함께 실무에 적용하기 위한 배경지식의 범위를 제시하는 지침서가 필요하다는 인식을 공유하게 되었다. 이에 이 책에서는 미래 지향적인 공동주거관리이론의 내용과 방향을 설정하고 현재 주택관리사(보)의 자격시험인 주택관리 실무에서 다루고 있는 부분과의 연계성을 모색하면서 서술하였다.

즉, 기존의 공동주택관리 실무에서 다루는 관리범위인 행정관리(입주자관리, 회계관리, 사무관리, 인사관리)와 기술관리(시설관리, 환경관리, 안전관리, 방재관리, 리모델링) 내용과는 차별화하여 관리자가 알아야 하는 공동주거관리의 방향을 이론적으로 접근하고 있다. 여기서는 공

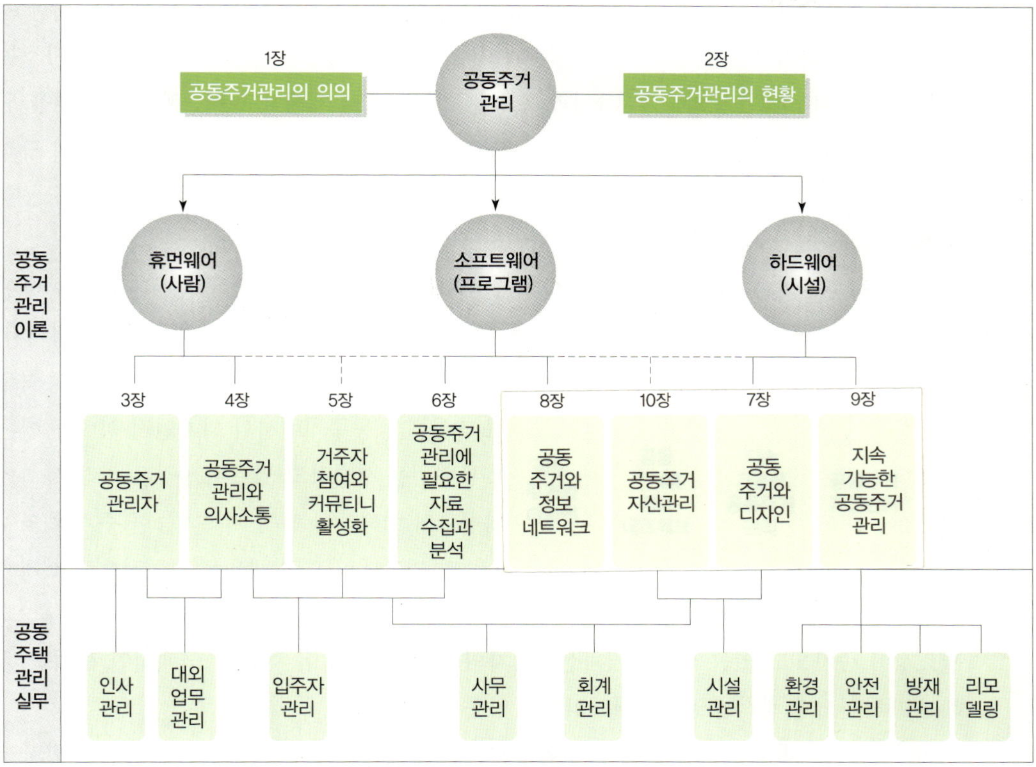

공동주거관리이론과 공동주택관리실무와의 연계성

동주거관리의 접근방법을 거주자는 물론, 관리주체 및 지역사회, 지자체와의 상호 협조를 위해 필요한 휴먼웨어 관리, 공동주택에서의 물리적 공간 디자인 및 시설의 유지 관리, 리모델링 등의 하드웨어 관리와 주거문화를 공유하고자 하는 공동체 규범과 정보 네트워크 및 생활 서비스, 커뮤니티 프로그램 개발과 운영 등의 소프트웨어 관리로 구성된 틀을 제시하고 있다. 이는 적극적이고 능동적이며 지속가능한 관리이론의 새로운 틀이라 하겠다. 본서와 기존의 공동주택관리 실무와의 내용 차이 및 연계성은 그림과 같으며 1장에서 10장으로 구성된 본서의 내용을 장별로 소개하면 다음과 같다.

1장과 2장은 공동주거관리의 이론적 체계와 방향을 소개하는 도입부로서, 1장에서는 공동주거의 이해와 공동주거관리의 개념 및 외국의 관리제도를 소개하고 바람직한 공동주거관리 방향의 시스템과 내용을 소개하였다. 2장에서는 우리나라 공동주거관리의 전반적인 현황을 이해하기 위한 이론 틀을 제시하고 그에 따른 우리나라 공동주택관리의 현황과 공동주거관리 제도의 변화 및 현재의 제도가 갖고 있는 문제점을 제시하면서 공동주거관리문화의 방향을 전망하고 있다.

3장은 공동주거 관리자의 지위와 행동 기법을 규명하여 고용안정과 전문성 제고를 위한 이론적 체계 및 관리자로서의 리더십의 이론과 기술을 서술하였으며, 4장은 효율적인 의사소통 기술을 위하여 의사소통의 기본 과정과 유형을 이론적으로 제시하고 갈등과 분쟁해결을 위한 의사소통의 전략을 소개하고 있다. 5장은 거주자간 교류와 공동체 활성화를 위하여 관리자의 역할이 기대되는 커뮤니티 형성, 주민참여 활용 및 지원, 지역사회 네트워크의 활용과 구축방안을 이론을 바탕으로 서술하였다.

6장은 공동주거관리에 필요한 자료 및 의견조사와 분석방법을 통계학의 기본 이론을 바탕으로 설문조사법을 예시로 소개하고 있으며, 7장은 정보화 사회에서 관리자가 공동주택에 적용된 정보기술과 트렌드를 이론적으로 이해하고 정보 네트워크를 통해 커뮤니티 관리능력을 배양하기 위해서 요구되는 내용을 서술하였다. 8장은 공동주거에서의 디자인적 의미를 이론적으로 접근하면서 공동주거생활과 관리와의 관련성을 서술하고 있으며, 9장은 미래 사회의 지속가능한 주거환경을 조성하기 위하여 관리자로서 이해해야 하는 지속가능한 주거의 의미와 함께 친환경관리를 실천할 수 있는 자원활용 및 리모델링 관련 내용을 이론적으로 소개하고 있다. 마지막으로 10장에서는 주택시장의 구조적 변화 속에서 공동주거관리 분야 중 그 필요성이 증가되고 있는 공동주거자산관리자의 역할 및 활동을 이론과 구체적인 사례를 통해 소개하면서 총체적인 공동주거관리의 방향을 전망하였다.

이 책의 저술에는 변화하는 사회적 환경에 맞게 공동주거관리의 환경도 변화해야 한다는 인식하에 주거학, 건축학 관련 전공자 교수와 주거자산관리 전공 교수 및 현업에 종사하는 공동주거관리 위탁회사의 CEO, 공동주택관리소장 등이 참여하였다. 그러나 한정된 자료와 빠르게 변화하는 주택법 개정 등에 의해 출판과 함께 곧 개정판이 나와야 될지도 모른다는 걱정이 앞선다.

이 책이 미래 지향적이고 우리 사회가 요구하는 공동주거관리의 바람직한 주거문화를 만들어 가는 데 도움이 되기를 간절히 바라며 대학교재는 물론 현재의 공동주택관리자 및 앞으로 관리자가 되기 위해 도전해 보고자 하는 이들에게 공동주거관리 기획력과 커뮤니티 중시의 총체적인 매니저 역할을 할 수 있는 지침서가 되기를 기대하면서 독자 여러분의 격려와 충고를 구한다.

끝으로 이책의 출판을 허락해 주신 (주)교문사의 류제동 사장님을 비롯한 편집부 여러분의 노고에 감사를 드린다.

2008년 2월

저자 일동

차 례

제3장 공동주거관리자

제5장 거주자참여와 커뮤니티 활성화

제6장 공동주거관리에 필요한 자료수집과 분석

제7장 공동주거와 디자인

제8장 공동주거와 정보 네트워크

제 1 장

공동주거관리의 의의

공동주거는 물리적 객체로서의 하드웨어인 공동주택과는 의미를 달리한다.

공동주거란 공동주택에 인간이 주체가 되어 공동체 삶과 문화라는 소프트웨어가 만들어지는 장소에 기초한 생활문화공동체라 할 수 있다. 따라서 공동주거관리를 이해하기 위해서는 생활문화공동체로서의 주거관리에 대한 개념의 이해가 필요하다.

또한 공동주거의 발달과정과 함께 그에 따른 공동주거관리 개념과 시스템을 이해하고 공동주거관리가 발달해 온 외국 공동주거의 역사와 관리체계도 살펴보면서 우리나라의 바람직한 공동주거관리 시스템과 내용을 모색할 필요가 있다.

제1장
공동주거관리의 의의

1 공동주거의 이해

1) 공동주거의 개념

공동주거의 개념을 이해하기 위해서는 먼저 주택(住宅)과 주거(住居)의 개념이 어떻게 다른지를 이해해야 한다. 주택은 물리적 객체로서 공간 그 자체를 의미하는 반면, 주거는 인간이 주체가 되어 생활을 수용하고 영위하는 장소로서 인간의 정서적인 내면과 함께 물리적 객체인 공간 사이에서 맺어진 심리적 · 문화적인 측면도 같이 포함된다. 슐츠(C. N. Schultz)는 거주의 개념이란 인간과 주어진 환경 사이에 의미 있는 관계를 설정하는 것이라고 하면서 이는 삶과 장소(환경)의 진정한 통합에 의해 가능하다고 하였다. 슐츠는 장소를 네 가지로 보고 있다. 첫째는 인간이 물건을 매매하며 대화하고 감정을 나누는 만남의 장소로서의 역할을 하는 자연스러운 거주 행위지로서의 정주지(settlement), 둘째는 다양성을 갖는 인간이 함께 모이고 만나며 무한한 가능성의 장소로서의 도시공간(urban Space), 셋째는 공동체의 이익이나 가치를 추구하는 공공건물(institution), 넷째는 개인의 삶이 보장되는 사적 거주공간인 주택(house)이다. 즉, 이 네 가지 장소가 모여 거주의 물리적 환경을 구성한다고 하였다. 또한 거주하기 위한 두

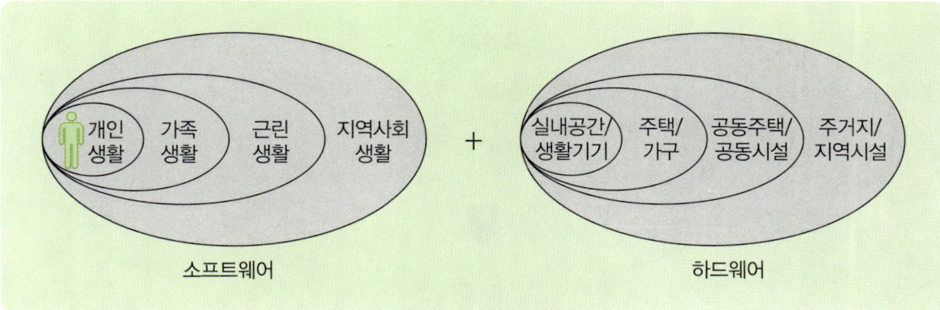

그림 1-1 주거의 범위

자료 : 강순주(2002)

가지 측면을 정체성(identification)과 정위(orientation)로 제시하고 있다. 즉, 정체성은 환경을 의미체로 경험하면서 자신의 자아를 확인하고자 하는 것이며 정위는 환경을 의미체로 인식하면서 자신의 위치를 확인하는 것이라고 하였다.

결국 인간에게 실존의 의미를 갖도록 물리적 환경을 의미 있는 환경으로 인식하고 경험할 수 있게 디자인되고 관리될 때 비로소 주택이 주거가 됨을 의미한다. 이 책에서 다루고자 하는 주거의 범위는 슐츠가 제안하고 있는 거주의 물리적 환경이 의미 있는 환경으로 인식되고 경험되는 것과 유사한 맥락으로서, 삶이라는 소프트웨어의 범위가 인간의 개인생활은 물론 가족 공동생활, 근린생활, 지역생활 등의 공동체로서의 사회생활까지 포함되어 이들을 풍요롭게 영위하는 장소이다. 따라서, 이 책에서 물리적 거주환경의 범위는 광의의 주택이라는 하드웨어를 지칭하는 것으로 '주택/가구', '공동주택/공동시설', '주거지/지역시설'의 범위까지 확대된다. 종합하면 주거란 인간이 주체(휴먼웨어)가 되어 삶과 문화(소프트웨어)가 만들어지는 장소(하드웨어)라 정의할 수 있다.

주택과 주거의 개념이 다르듯이 공동주거의 개념은 물리적 객체로서의 공동주택과는 의미를 달리한다. 공동주택은 건축법상의 의미로는 한 동의 건물 안에서 여러 가구가 각각 독립된 주거생활을 영위할 수 있도록 설계된 주택을 의미하고 공용부분인 대지, 복도, 계단 및 주요설비의 일부 또는 전부를 공동으로 사용하며 아파트[1], 연립주택[2], 다세대주택[3]으로 구분된다. 이 개념은 물리적 집합체로서의 하드웨어라 할 수 있다. 반면 공동주거란 좀더

1) 5층 이상의 공동주택

2) 동당 건축 총면적이 660m^{2}를 초과하는 4층 이하의 20가구 이상 거주하는 공동주택

3) 동당 건축 총면적이 660m^2 이하인 4층 이하의 20가구 미만이 거주하는 분양공동주택

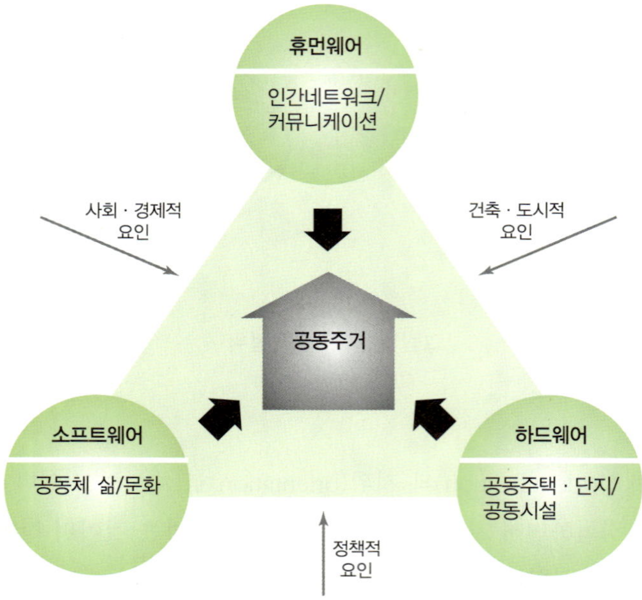

그림 1-2 공동주거의 개념도

자료 : 강순주(2006)

포괄적인 개념으로 물리적 하드웨어인 공동주택을 기반으로 인간이 주체가 되어 커뮤니케이션과 네트워크가 형성됨으로써 공동체 삶과 문화라는 소프트웨어가 만들어지는 장소라고 정의내릴 수 있다. 또한 공동주거란 개인의 독특한 취향이나 선호를 전제로 하기보다는 다수의 이익과 관심을 반영하는 동시에 정부의 정책적 차원의 의지, 주택공급자의 의지, 시공사의 건설수준 등 사회 전반의 인식수준을 반영하는 문화적 산물이므로 문화적 속성을 가진다고 볼 수 있다. 그러므로 공동주거는 문화권마다 공통적으로 나타나는 건축 · 도시적 요인과 사회 · 경제적 요인 및 정책적 요인의 영향을 받는다고 할 수 있다. 이상의 개념들을 종합하여 공동주거의 개념도를 도식화하면 그림 1-2와 같다.

2) 공동주거의 역사

우리나라 공동주거의 대명사인 아파트[4]는 고대 로마시대에 발생하여 산업혁명과 도시화를 거치면서 전 세계에 급속히 확산되었으며, 이제는 도시적 맥락에 순응하면서 질 높은 주거환경을 이루는 중요한 주거유형으로 자리 잡고 있다. 여기서는 유럽의 공동주거 역사를 근대 이전과 기술적이고도 합리적 계획개념이 적극적으로 도입된 근대, 그리고 근대 이후의 보다 개체적인 특성과 지역성·문화성을 추구하는 탈근대인 포스트모던의 사조적 흐름에서 살펴보고, 우리나라 공동주거의 역사를 간단히 살펴보기로 한다.

유럽 공동주거의 발달과정

공동주거의 시작

공동주거의 시작은 좁은 면적에 인구가 밀집된 곳인 도시에서 자연발생적으로 시작된 것으로 큰 집을 여러 세대가 나누어 거주하는 고대 로마시대의 '인슐라(Insula)'[5]로 시작되었다(그림 1-3). 인슐라는 기원전 1세기 로마시대에 서민용으로 토지효율의 극

그림 1-3 오스티아 집합주택(인슐라)의 복원 모습
자료 : 손세관(1993)

그림 1-4 인슐라의 1층 상점(오스티아) : 1층 정면에 진열대가 보인다. 아치 밑에 있는 사각형의 창문이 중간 2층으로 주인 침실이 된다. 자료 : 後藤久(2005)

4) 공동주택과 공동주거의 개념을 분리하였듯이, 아파트의 개념도 분명히 할 필요가 있다. 우리나라에서 흔히 쓰는 아파트라는 용어는 분양보다는 임대공동주택(apartment)을 의미하며, 엄격히 말하면 분양하여 소유하는 경우에는 콘도미니엄(condominium)으로 불린다. 그러나 우리나라에서는 임대/소유를 불문하고 공동주택에 흔히 쓰이고 있다.

5) 인슐라는 일반적으로 집합주택을 이루는 단위주호, 집합주택의 주동, 집합주택이 군집을 이룬 블록 전체의 세 가지 개념으로 해석되는데, 여기서는 집합주택의 주동으로서의 개념으로 본다.

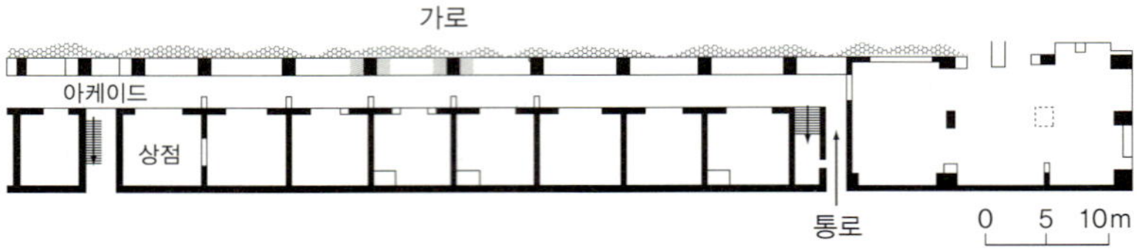

그림 1-5 오스티아에서 가장 일반적이었던 선형 집합주택의 사례

자료 : 손세관(1993)

대화 측면에서 임대형 집합주택으로 지어졌다. 인슐라는 수용인원이 수십 명에서 수백 명까지 그 규모와 방식이 다양했고 높이는 보통 3층 이상이었다.

로마의 오스티아에서 발견된 인슐라는 일자형과 중정형을 기본으로 단위주호의 규모가 계층에 따라 다양하였다. 일자형은 오스티아에서 가장 흔하게 발견 되는 것으로 1층 상점은 층고가 높아서 내부에 중층이 형성되어 그곳이 침실이 되기도 한다(그림 1-4).

이러한 일자형의 유형은 한두 개의 단위공간이 연속되는 소규모에서 수십 개의 단위공간이 연속되는 대규모까지 다양했다(그림 1-5). 중정형은 중정을 중심으로 상점이 2열로 형성되는 것과 상점이 가로에 면해 있고 내부에 2~3층 높이의 열주로 둘러싸인 중정이 형성되는 대규모 형태도 있다. 대표적인 사례가 '다이아나 주택'인데, 면적이

그림 1-6 '다이아나 주택'의 평면

자료 : 後藤久(2005)

24×40m 정도로 두 면이 가로에 면해 있고 상점이 형성되어 있다. 중정에는 수조가 설치되어 있고, 거주자들은 공공수로에서 물을 받아 식수와 생활용수로 사용했다(그림 1-6).

로마시대 상류층은 인슐라에 투자하여 임대료를 받는 것으로 부를 이어갔다. 당시 로마시대에는 인구집중으로 인슐라가 많이 세워졌는데 초기의 인슐라 주거환경은 매우 열악하여 화장실도 없고 화재에 대한 안전한 출구조차 없었다. 대부분 공통적으로 1층에 상가가 있고 2, 3층엔 주거가 들어선 주상복합형이었다. 그러나 로마의 몰락과 함께 퇴보하여 중세와 르네상스 시대에는 정체기를 거친 다음 산업혁명과 도시화가 활발히 진행되면서 많이 건축되어 유럽 대부분 도시의 전형적인 가로경관을 구성한다.

또 하나의 공동주거 유형은 19세기 영국의 산업혁명으로 도시인구 집중에 따라 소위 '백투백(back-to-back) 주택'의 소규모화된 도시연립주택이 있다. 백투백 주택은 여러 채의 주택이 후면부의 벽을 서로 공유하면서 연립하는 형식으로 주택의 한쪽 면만 외기와 접하게 되어 환기와 통풍이 매우 열악한 주거환경을 갖게 됨으로써 19세기 도시 노동자의 일반적인 주거형태의 하나가 되었다(그림 1-7). 처음에는 2층 정도의 높이였으나 점차 지하층이 있는 3층 형식으로 지어졌다. 지하층은 독립된 출입구를 만들어 외부인에게 임대하는 경우가 많았고 맨 위층은 다락방 형식으로 건축되었다.

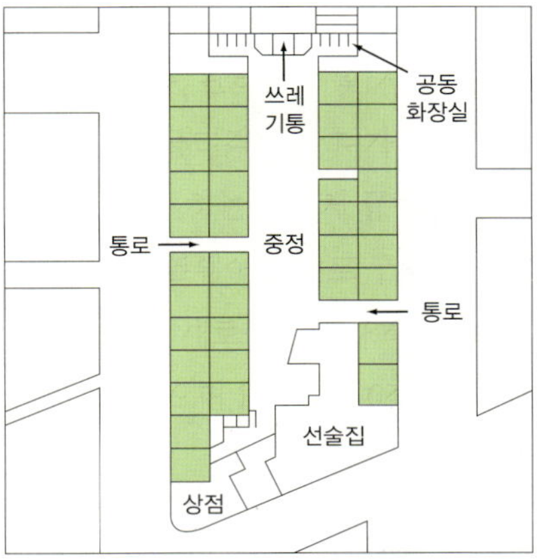

그림 1-7 영국 노팅엄에 건축된 소규모 백투백 주거지역 :
좁고 긴 중정을 중심으로 주택이 배열되었고, 공동화장실과 쓰레기통 등이 주변에 위치해 있다. 자료 : 손세관(1993)

공동주거의 성장기

산업혁명 이후 인구의 도시집중으로 인한 과밀한 도시환경에서 공동주거는 고밀형식으로 전개되어 갔다. 1730년 프랑스에서는 폭이 좁고 긴 대지에 작은 중정을 중심으로 두 개의 단위주거 유니트가 배치되는 저소득층 거주용 아파트가 다시 재생한다. 이러한 아파트는 산업화와 더불어 각 나라에서 노동자 계층을 위한 고밀주거 형식으로 자리 잡게 된다.

아파트는 19세기 동안 전 유럽으로 확산되었고 20세기에 들어오면서 전쟁으로 인한 도시파괴를 신속히 재건하는 방안으로 대규모 주거단지 건설, 신도시 건설에 이용되었다. 또한 급격한 기술발전과 정책적 배려, 기능주의와 합리주의라는 이론적 뒷받침에 힘입어 1950, 1960년대까지 대규모 고층 · 고밀 주거단지가 지속적으로 건설되었다. 그러나 고층아파트의 비인간적인 환경, 인간소외 등의 심리적 거부감으로 인해 점차 슬럼화되어 급기야 미국에서는 1972년 세인트루이스의 프루이트 이고(Pruitt-Igoe)의 슬럼아파트를 폭파하였는데 이는 고층아파트 시대의 근대 주거는 막을 내리고 '질적 개성화'를 선언하는 사건으로 기억되고 있다(그림 1-8). 그중에서 프랑스 마르세유에 있는 르 코르뷔지에가 설계한 '위니테 다비타시옹(Unite d'habitation)'은 고층의 주상복합형 공동주거이면서(그림 1-9) 인간과의 커뮤니티와 여가를 고려한 공유공간이 주동 내에 배치되어 있다.

그림 1-8 '프루이트 이고 주거단지'의 폭파장면
자료 : 손세관(1993)

그림 1-9 마르세유에 건설된 르 코르뷔지에의 '위니테 다비타시옹' 자료 : 임정의(2007)

이곳은 337세대가 거주하는 23개의 평면형식으로 구성되어 있다. 1층은 필로티(pilotis)로 개방되어 있고, 관리실, 로비, 계단실 등이 있으며 3층에는 주민 공동시설로 베이커리, 슈퍼마켓, 미용실, 정육점, 문구점 등이 배치되어 있으며, 옥상에는 유치원과 체육관, 클럽 등을 설치하여 아파트 내에서의 커뮤니티가 활발하게 형성되도록 설계된 점이 높게 평가받고 있다.

공동주거의 새로운 모색

1970년대 이후부터는 탈근대주의와 맥을 같이하면서 전통에 대한 재평가를 역사주의로, 전체 도시환경과의 연계를 맥락주의로 인간의 거주환경을 이해하려는 새로운 사조가 등장하면서 공동주택은 보다 인간화된 정주환경을 모색하게 된다. 이전 시대의 각 단위주호에 대한 내부지향적 계획에서 주동 외부 환경단지 구성과 도시적 맥락을 고려하는 공동주거를 추구하게 된 것이다. 또한 1980년대 후반에 이르러서는 독일을 중심으로 환경친화적 생태 건축이 아파트에 적용되면서 공동주거에도 자연과 인간이 공생하는 주거생활이 적용되며, 네덜란드의 경우는 다양한 현대인의 생활양식에 대응하는 공동주거 유형으로 고층을 지양하고 저층 고밀형 공동주거의 형태가 출현하게 된다.

한국 공동주거의 발달과정

공동주거의 시작

우리나라의 공동주거는 1956년 행촌아파트가 그 효시라 할 수 있다. 그 후 1958년에 17.3평형의 종암아파트, 1959년에는 RC조 5층 아파트인 24평형 개명아파트 등이 건설됨으로써 1960년대 본격적인 아파트단지 형성의 토대를 마련하게 된다. 특히 1962년부터 1964년에 걸쳐 대한주택공사에 의해 건설된 우리나라 최초의 단지식 마포아파트를 기점으로 1969년 용산구 동부이촌동에 초등학교와 상가, 우체국, 은행, 동사무소 등을 지구 중

그림 1-10 네덜란드의 쟈바 아일랜드 주거단지

그림 1-11 마포아파트단지 전경

자료 : 대한주택공사(2002)

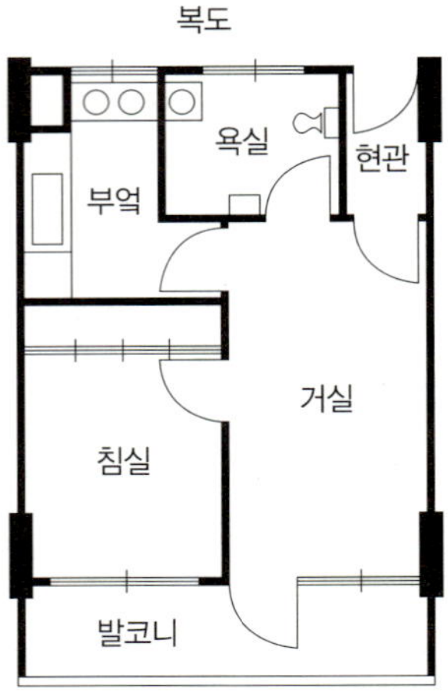

그림 1-12 마포아파트의 9평 복도식 평면도

자료 : 대한주택공사(1979)

심에 배치하는 이른바 근린주구 개념이 적용된 34동 1,313세대의 공무원아파트 등이 건설되어 공동주거는 새로운 주거양식으로서 발전하였다. 마포아파트는 1962년 1차로 6층 높이의 Y자형 주거동 A, B형을 각각 3동씩 건설하여 450세대가 입주하였으며, 1964년에 2차로 일자형 주거동 4동을 건설하였다(192세대). 단지규모는 대지면적 1만 4,141평에 건축면적 1,529.5평으로서 건폐율 11%, 용적률 67%였다. 마포아파트는 일반인들에게 아파트단지라는 개념을 인식시켜 주고 전통적인 생활양식에서 탈피하여 현대적인 공동생활양식의 의미를 부각시켰다. 특히, 수세식 화장실로 편리성을 강조하고, 최초로 중앙 집중식 난방방식을 채택하였으며, 엘리베이터를 설치하는 등 비교적 좁은 면적에 고밀도 토지이용의 가능성을 제시하였다는 점에서 당시에 높은 평가를 받았다(그림 1-11). 또한 대도시 교외로 무질서하게 확산되어 가던 단독주택의 건설을 지양하고 넓은 대지에 공공시설을 배치하고 주거를 고층화함으로써 한국 공동주거의 형성과정에서 중요한 역할을 담당하였다. 더욱이 공적으로 주택을 공급하기 위해 대한주택공사가 설립되고 주택건설 촉진을 위한 법규가 제정되면서 재료, 생산기술, 제도 등 주거건축 전 분야가 근대화되는 시기로서 재료나 기술적 측면도 발전하였다. 특히 입식지향의 생활양식이 나타나면서 소파, 침대, 책상, 싱크대 등의 입식가구나 설비도 갖추게 된 시기이다.

공동주거의 성장기

1970년대는 그동안 지속된 경제성장에 의한 산업화로 토지의 수요가 크게 늘어 지가가 급속히 상승함에 따라 토지이용률의 극대화를 위해 고밀도 주거형식인 고층아파트가 건설되는 등 아파트의 고층화 · 대형화와 단지화가 시작되는 시기로 볼 수 있다. 특히 중앙집중식 난방방식의 대단위 아파트단지가 개발되면서 평면이 다양화되고, 주동형태도 계단실형과 편복도형이 혼합해서 나타나며, 1970년대 초부터는 4LDK 평면 형태에서 안방에도 욕실이 도입되기 시작하였다. 또한 한강, 여의도지구의 개발에서 반포, 잠실, 압구정, 둔촌, 도곡지구 등 대규모 택지개발이 강북에서 강남으로 이행된 시기이다. 반포의 저층(5층)아파트는 단독주택과 같은 복층아파트의 실험과 도시 대응형 아파트로의 공간실험이 실현된 단지계획으로 평가받고 있다. 근린주구론의 단점인 폐쇄성을 극복하기 위한 주거공간과 주민들의 생활공간을 공공의 도시공간에 자연스럽게 연결시키기 위하여 노선상가를 채택한 것은 도시적 맥락과의 연계성을 높인 사례로 평가 받는다(그림 1-13). 또한 잠실아파트 1~4단지는 공동생활 공간확보를 위해 클러스터 방식을 채택한 중정형 주거단지의 초기 사례로 꼽을 수 있는데 단지 내 동선을 다양화하고 중정을 어린이놀이터와 소공원으로 활용하도록 계획되었다(그림 1-14).

1980년대에는 공동주거를 둘러싼 사회경제적 여건이 더욱 복잡하고 다양해졌으며 지속적인 경제성장에 의한 경제력의 상승으로 아파트의 다양화가 시도되었다. 기존의 5층 또는 10층 이상의 고층아파트 이외에도 20층 이상의 초고층아파트도 건설되었다. 이 시기에는 과천, 목동, 상계지구와 같은 본격적인 대규모 단지개발에 의해 양적 증대를 도모

그림 1-13 반포아파트 전경과 노선상가

자료 : 대한주택공사(2002)

그림 1-14 잠실아파트 전경과 중정

자료 : 대한주택공사(2002)

함과 동시에 빌라, 단지, 아시아 · 올림픽 선수촌에 새로운 아파트 개념을 도입하기 위해, 현상설계 등을 통해 질적 향상이 도모되는 시기이다. 올림픽 선수촌은 단지 내 통과 교통을 억제하도록 주진입을 외부순환도로에서 해결하도록 하고 주차장 입구도 가로 공원 입구에 국한시켜서 통과교통을 최소화시키는 계획이 도입되었다(그림 1-15). 1970년대에 4LDK형에 도입되었던 안방 욕실은 1980년대 중반 이후에는 3LDK형에서도 도입되기 시작하였는데, 이는 사생활과 편리성을 중요시하는 것으로 우리나라 주생활 양식의 변화를 읽을 수 있다. 또한 1980년대 이후에는 계단실형 아파트 전면이 2BAY(전면 칸수가 두 개) 평면 이상으로 정착되고, 후면 발코니도 용도별로 증가하기 시작하였다.

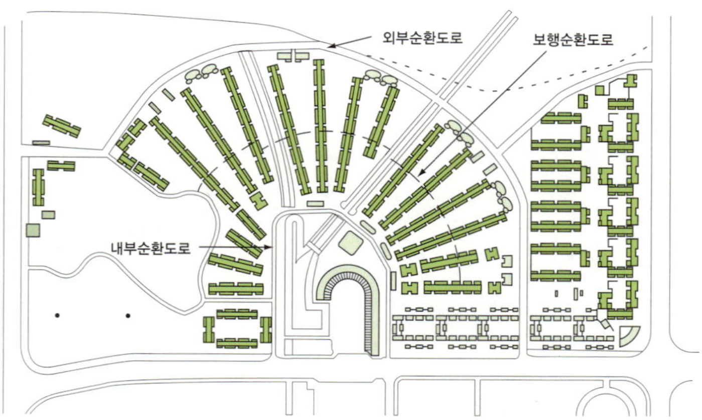

그림 1-15 올림픽 선수촌 단지의 보행로 체계도

자료 : 공동주택연구회(2000)

공동주거의 새로운 모색

1990년대는 주택 200만 호 건설계획에 따라 획일적인 아파트가 공급자 위주로 대량 공급 되었으며, 아파트 미분양 사태는 주택공사 및 민간건설업체의 아파트 건설에 새로운 전환점을 맞게 된다. 또한 1990년대에 들어서면서 안방 욕실을 갖춘 평면 비율이 50%를 넘어 안방 욕실은 하나의 규범으로 나타난다. 이는 가족 내의 개인생활 조절 패턴의 변화를 시사하는 항목이다. 1990년대 후반부터는 단위주호의 전면 · 후면에 발코니 개수가 일치하는 현상이 나타난다. 이러한 발코니 증가는 전통한옥에서의 마당 역할로서의 기능을 위해 외부 및 수납공간의 필요성에 의한 것으로 판단되기도 하나, 한편으로는 확장형 발코니가 등장하여 전면 발코니를 내부 공간화함으로써 좀더 적극적으로 사용하고자 하는 시도도 나타난다. 1990년대 후반에는 아파트 분양가의 규제를 받지 않는 시기로서 기존의 판상형 공동주택의 획일적인 유형에서 벗어나 자연지형과 조화를 이루는 테라스 하우스, 타워형 등의 다양한 공동주택 유형이 개발되면서 소위 웰빙아파트가 등장하여 인간과 자연이 상호 공생하며 아름다운 주거환경 조성의 분위기가 형성되고 보행동선의 연속성 확보와 적극적인 오픈 스페이스 계획을 통한 커뮤니티 중심의 옥외공간 계획이 돋보인다. 따라서 최근의 아파트단지 계획은 단지 중앙에 공원을 조성하고 실개천이나 생태 연못, 분수대 등을 설치하고 건강과 관련된 시설과 요소를 많이 도입하고 있다(그림 1-16). 또한 주민 공동시설로는 피트니스 센터, 골프 연습장, 수영장, 지압로, 조깅코스 등이 서로 유기적으로 연결되면서 주민들 간의 다양한 커뮤니티 활동을 유도하고 있다. 더불어 정보화 시대에 걸맞게 단순한 홈 오토메이션 개념이 아닌 디지털 홈, 유비쿼터스 홈 등의 다양한 첨단설비들이 갖추어지기 시작하고 있으며 이

그림 1-16 용인 상갈 금화마을 단지 내 오픈 스페이스 및 실개천

는 그대로 일반화될 전망이다. 아파트 실내공간의 변화로는 2000년대에 들어 부엌 겸 식당을 거실과 통합하여 남향으로 나란히 배치하는 사례들이 나타나 이제 더 이상 부엌이 주부만의 전용공간이 아닌 가족 공동공간으로 인식되고 있으며 평형이 커질수록 부부공간의 고급화와 함께 부모세대와 자녀세대 간의 독립된 공간구성을 중시하는 경향도 나타나고 있다.

이처럼 공동주거의 변천사는 곧 우리 주거문화의 변천사라고 할 만큼 시대의 변화와 함께 발전, 실험되고 있으며 공동주거는 우리나라의 대표적인 주거유형으로 자리 잡고 있다.

2 공동주거관리의 의의와 내용

앞에서 서술한 우리나라의 공동주거의 변천사는 주거문화의 변천사로서 시대의 변화와 함께 발전되고 있는데, 이러한 문화공동체로서의 공동주거를 잘 유지하고 보전하기 위해서는 체계적인 관리 시스템이 뒷받침되어야 한다.

1) 공동주거관리의 필요성

주거관리가 필요한 이유는 다음의 네 가지 측면에서 생각해 볼 수 있다.

자원낭비로부터의 환경보호

짧은 기간 내에 주택난 해결을 위해 건설된 대량 공동주택의 관리소홀과 입주자들의 정주의식 부족, 여기에 재건축 조장 풍토까지 가미되어 우리나라의 많은 공동주택이 15년 정도 경과되면 상당수가 내구성, 안전성, 기능성 등의 성능이 저하되어 30년이 안 되는 시점에 재건축되는 상황이 벌어지고 있다. 2004년 12월 말을 기준으로 1997년에서 2005년까지의 재건축 추이를 살펴보면 우선 재건축 인가는 연평균 4만 1,600세대, 준공실적은 2만 8,400세대로 나타나고 있다. 특히 재건축 대상이 되는 아파트는 대부

표 1-1 우리나라 공동주택의 재건축 추이

(단위 : 천 호)

구 분		1997	1998	1999	2000	2001	2002	2003	2004	2005	평 균
인가	합계	8.5	5.6	20.6	41.5	28.5	43.4	108.3	55.7	62.7	41.6
	수도권	4.4	5.6	20.4	37.9	17.9	33.6	74.7	32.2	45.0	30.2
	지방	4.1	0.0	0.2	3.6	10.6	9.8	33.6	23.5	17.7	11.5
준공	합계	20.2	31.5	41.2	22.9	15.0	31.6	34.7	26.1	32.6	28.4
	수도권	15.6	24.4	35.2	19.8	14.9	21.3	31.3	23.3	27.7	23.7
	지방	4.6	7.0	5.9	3.2	0.1	10.3	3.4	2.9	4.9	4.7

자료 : 건설교통부 주거환경팀 www.mltm.go.kr

분 1970~1980년대에 건설된 것이기 때문에 2000년도 이전은 재건축 대상 물량이 비교적 적으나 2003년도를 기점으로 재건축사업 시행인가와 준공 실적률이 높게 나타나고 있다(표 1-1). 이는 2003년 7월부터 「도시 및 주거환경 정비법」이 시행되면서 법시행 직전에 사업시행인가를 앞당겨 받아서 나타난 결과로 생각된다. 이러한 추세는 1980년도에 건설된 아파트 물량이 소진되는 2015년까지는 계속 증가될 것으로 보고 있다.

이와 같이 우리나라의 주택 스톡(stock)은 관념적으로는 개인의 재산이자 사회적 자산으로 생각되고 있지만 현실은 경제적 효용을 우선으로 하는 내구 소비재로서의 성격이 강함을 알 수 있다. 높은 재건축의 비율은 자원낭비라는 환경적 문제뿐만 아니라 단지 분위기, 주생활 문화의 단절이라는 문화적 측면에서도 결코 바람직하다고 볼 수 없다. 앞으로 우리나라도 환경보존형의 지속가능한 주거환경을 정착시키기 위해서는 오히려 이러한 재건축으로 인한 단절보다는 주택의 수명을 연장시키고 오랫동안 이용하고 거주할 수 있는 관리 모색이 무엇보다도 요구되고 있다. 특히 공동주택은 건설 시에 대량의 자원과 에너지를 소비하게 되고 제거 시에도 대량의 폐기물이 발생되어 환경부하를 주기 때문에 주택의 수명연장은 필수적이다. 따라서 건설 초기부터 질 높고 견고한 공동주택의 건설과 함께 적절한 유지관리가 무엇보다도 필요하다.

양질의 사회적 자산형성

주택난 해결을 위해 양적으로만 공급했던 고도 경제성장기의 사회로부터 삶의 질을 추구하고 안정된 주거생활을 영위하는 저성장 경제사회가 도래하면서 주택은 양적으로나 질적으로 공동 사회적 자산으로서의 풍요로움이 더해 갈 것으로 예상된다. 따라서 성숙된 사회로의 발전을 위해서 생활변화에 대응하면서 쾌적하게 오랫동안 살 수 있는 주택 스톡 대책으로 공동주택의 적절한 유지관리는 필수적이다.

자연재해로부터의 안전성

주택은 시간이 흐름에 따라 노후화되지만 적절한 시기에 점검과 수선, 보수를 반복하면 주택의 안전성을 확보할 수 있다. 지진이나 태풍, 홍수 등으로 손쉽게 파괴되고 인명피해까지 주는 일이 없도록 미리 예방해야 할 것이다.

지속적인 커뮤니티로부터의 주거문화 계승

주거가 존재한다는 것은 주거문화가 만들어지는 것을 의미한다. 주거문화를 유형과 무형으로 나누어 볼 때 유형의 대상은 물리적 공간인 주택이며 무형의 대상은 물리적 공간 내외부에서 일어나는 인간들의 삶의 이야기와 지속적인 커뮤니티라 할 수 있다. 그러므로 이러한 주거문화의 계승은 주거관리 행위가 바람직하게 지속적으로 이루어질 때 형성된다.

2) 공동주거관리의 개념과 내용

공동주거관리의 개념

우리나라는 경제성장기 이후 주택의 양적 문제해결을 위해 주택의 대량 공급정책을 기본 축으로 하여 공공은 물론 민간에서도 빠른 시일 내에 많은 양의 주택을 효율적으로 공급하기 위한 건설공급에 주로 힘을 기울여 왔다. 그러나 이제는 주거환경 정비를 목표로 하여 양질의 공동주택 스톡 유지를 위한 여러 방안과 대책이 강구되어야 할 시점에 와 있다. 그중의 하나가 공동주택의 장수명화를 위한 새로운 관리방안 모색이라 할 수 있다. 예전의 공동주택관리라 하면 건물의 유지관리와 그에 따른 운영관리 업무, 주민들의 공동생활에서의 민원처리를 위주로 각 사안에 대한 책임소재를 규명하고 해결하는 것이 중심과제였다. 그러나 오늘날의 공동주거관리는 건물의 유지관리는 물론 거주자들의 다양한 생활변화와 욕구에 대응하여 공간을 개선하거나 주민의 삶의 질을 높이기 위한 적극적인 관리가 요구되고 있다. 즉, 기존의 공동주거관리가 주택관리에 머물렀다면

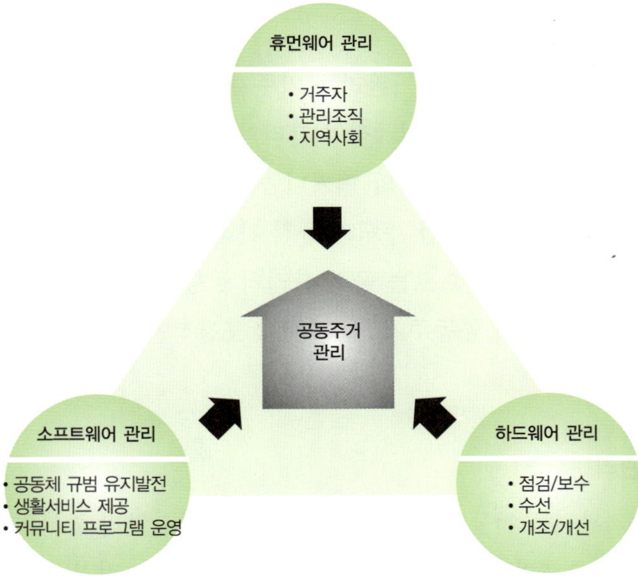

그림 1-17 공동주거관리의 개념 및 내용

자료 : 강순주(2006)

이제는 주거관리 개념으로의 전환이 필요한 것이다. 기존의 공동주택관리의 범위는 통상적으로 건물의 운영관리, 유지관리, 생활관리(입주자관리)로 구분하여 그 업무를 다루고 있는데 이는 현재 관리업무 내용의 현황으로 볼 때 극히 수동적이고 통제적이라고 할 수 있다. 따라서 여기서는 거주자 중심의 공동체 의식 증진을 목적으로 하는 자발적이고 능동적이며 단지와 지역에 애착을 가질 수 있는 적극적 관리의 방향으로 공동주거관리 개념을 정립할 필요가 있다. 이는 앞서 서술한 공동주거의 개념을 기반으로 한다.

즉, 공동주거관리란 주민들의 다양한 삶을 담고 있는 공동체를 위하여 거주자는 물론 관리 주체 및 지역사회 · 지자체와의 상호 협조 등의 휴먼웨어 관리, 공동주택에서의 물리적 공간(전유 및 공유공간)과 시설의 유지 관리 · 개선 등의 하드웨어 관리, 주민들의 편리하고 윤택한 삶을 위하고 주거문화를 공유하고자 하는 공동체 규범과 함께 생활 서비스 · 커뮤니티 프로그램 개발과 운영 등의 소프트웨어 관리라는 메커니즘 안에서, 거주자가 중심이 되어 관리 주체와의 상호 신뢰와 협조를 바탕으로 관리해 나가는 능동적 관리이다.

●● 공동주거관리의 내용

앞에서 서술한 바와 같이 공동주거관리는 거주자 중심의 공동체 의식 증진을 목적으로 자발적이고 능동적이며 보다 적극적인 관리의 방향이라는 측면에서 휴먼웨어 관리, 소프트웨어 관리, 하드웨어 관리의 메커니즘 안에서 접근되는 것이 바람직하다. 그러나 지금까지는 공동주거관리가 주택의 물적 관리 중심의 지극히 피상적인 내용으로 인식되어 왔다. 그러므로 앞으로는 물적 관리의 공동주택관리로서가 아닌 좀더 적극적인 관점과 접근체계로서 공동주거관리로서의 포괄적인 내용을 중심으로 발전될 필요가 있다.

기존의 공동주거관리

기존의 공동주거관리는 건물의 유지관리, 운영관리, 생활관리 중심으로 이루어져 왔다. 유지관리는 공동주택의 물리적 조건을 정비하고 보전하는 정기적인 점검 및 일반·특별수선행위, 시간이 경과됨에 따라 사회적 요구에 부응하도록 새롭게 개선하는 단지 리모델링 등을 계획하고 집행하는 하드웨어 관리이다. 즉, 공동주택의 청결, 위생, 사고 예방을 위한 환경관리로 청소관리, 위생관리, 수질관리, 오물수거, 조경관리 등이 속하며 건물의 자산가치의 하락을 방지하기 위한 단기 및 장기수선계획을 세워 관리하는 업무이다. 수선방법을 결정하고 업자를 감독함은 물론 세대 전유부분의 리모델링을 하는데 있어서도 지켜야 할 기본 규정이라든가 이를 승인하고 조정하는 일도 유지관리의 내용에 포함된다. 또한 소방, 피난훈련 등의 안전을 위하여 긴급 시의 대응이나 업자와의 연락 등의 체계적인 시스템까지 포함한다.

운영관리란 건물의 유지관리를 수행하기 위해서 또는 공동생활을 위한 규범을 정하기 위해서 주민 간에 원만한 의사소통을 하는 일, 단기 및 장기수선계획에 의한 관리비 예산책정과 집행 및 장기수선 충당금을 책정하는 등의 합리적이고 효율적인 조직의 인적 자원, 물적 자원을 운영하는 경영적 측면의 관리내용을 말한다. 즉, 물품관리, 세무관리 등의 모든 회계업무를 총괄하고 직원을 채용하고 훈련·통솔하는 인사관리, 문서작성과 보관 등의 사무관리 업무를 말한다.

생활관리는 공동생활의 질서화와 규약작성 및 실행, 주민참여 등의 커뮤니티 활성화, 지역문화 계승, 복지활동 등 인적·사회적·생활문화적 정비 및 교육 등의 공동생활의 제반 문제에 대한 계발활동 및 서비스를 말한다. 또한 주민들의 다양한 삶을 담고 있는 공동체를 위하여 거주자, 관리 주체, 지역사회, 지자체와의 상호 협조관계를 유지하기 위한 대외 업무, 방재 및 방범활동, 홍보 및 연락업무 등의 네트워크 관리를 통한 커뮤니티 생활 측면에서의 제반 업무를 내용으로 한다.

향후 공동주거관리 방안

기존의 공동주거관리가 사회제도, 관리자, 주민 간의 유기적 관계에 대한 깊은 이해 없이 피상적으로 건물을 유지, 운영, 생활관리하는 시스템이었다고 한다면, 앞으로의 공동주거관리는 기존의 운영, 유지, 생활관리 내용에 덧붙여 공동체 주거문화 발전을 위해 사회 시스템에 대한 이해를 기반으로 보다 적극적 관리 주체로서의 관리자의 능력 제고에 초점을 맞추고 주민과 적극 협력하는 체제로 나아가야 한다. 그러기 위해서는 다음의 방안들이 이루어져야 한다. 첫째, 공동체 주거문화 향상을 위하여 거주자는 주거관리에 대한 관심과 인식을 제고하고, 관리자는 자질과 능력을 향상시켜 리더십을 발휘함으로써 주민은 물론 관리회사, 지자체와의 상호 협력체제가 원만하게 이루어지도록 하는 휴먼웨어의 네트워크 관리가 필요하다. 이를 위해서는 연구, 조사 분석능력의 제고가 필수적이다. 둘째, 공동주택의 물리적 성능 노후화를 지연시키고 계획적인 수선계획을 통해 건물의 자산가치를 유지시키는 하드웨어 관리에는 자산관리라는 적극적인 개념 도입이 요구된다. 또한 공동주택의 관리를 배려한 디자인 계획이 필

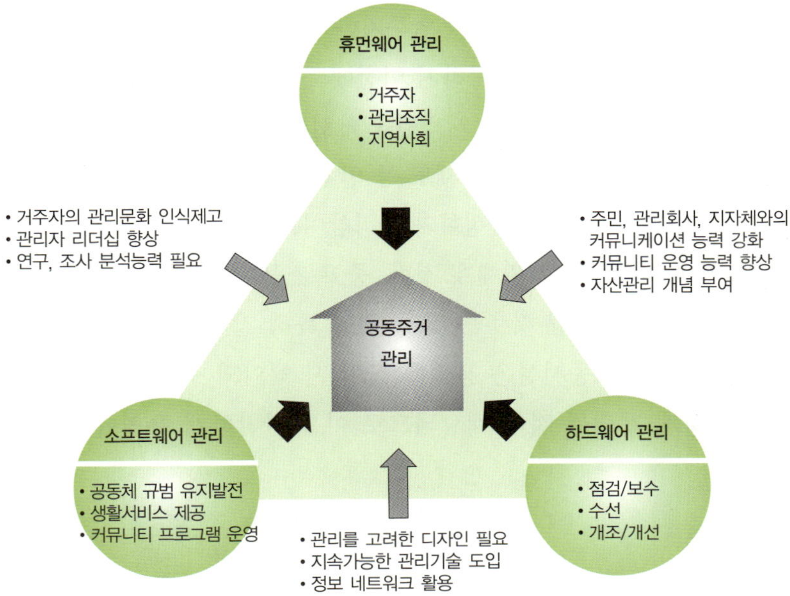

그림 1-18 향후 공동주거관리의 방향

수적이며 지속가능한 유지관리기술 도입과 정보 네트워크를 적극적으로 활용한 관리가 요구된다. 셋째, 주민들이 참여하고 협조하는 공동체 규범을 효율적으로 관리하고 공동체 의식 고취를 위해서 커뮤니케이션 능력이 강화되어야 하며, 커뮤니티 활성화 프로그램 개발과 운영 등의 소프트웨어 관리가 적극적으로 이루어져야 한다(그림 1-18).

3) 공동주거관리 시스템

공동주거관리 개념에서 볼 때 공동주거관리 시스템은 다음의 세 가지 측면으로 전개되어야 한다.

물리적 지원 시스템 구축

건설업체는 공동주택 설계와 기획 단계는 물론 건설과 시공 단계의 초입에서부터 관리에 대한 배려와 건물의 장수명화를 목적으로 조건 정비가 우선시되어야 하며 정부는 관리대책으로 각종 제도체계를 정비하여야 한다. 지금까지는 건설업체가 건물을 건설하고 공급한 후 애프터서비스 차원에서의 하자 문제만을 해결하고 그 이후의 관리는 사용자에게 떠넘기는 형태였다. 그러나 입주자나 사용자들에게 주택과 단지에 대해 애착을 갖고 참여하며 관리하라고 요구하기 이전에 건설업체는 물론 정부나 지자체에서 먼저 주거환경으로서의 물리적 지원 시스템을 확립해야 한다. 물리적 지원 시스템이란 친환경건축물인증제도, 주택성능보증제도 등 안전하고 쾌적한 주거환경 공급을 위한 조건에 부합되어야 하며, 공동체 활성화와 관리참여를 유도하는 다양한 시설과 프로그램 개발 및 운영에 적극적인 지원체계 정비, 중고 건물에 대한 주택성능평가제도, 보험, 융자의 경제적 지원체계를 갖추는 것 등이다. 특히 건축법시행령 개정에 따라 공동주택 단지 내의 주민공동시설은 용적률 산정 시 제외되어 향후 단지 내에 커뮤니티 시설이 다양하게 계획될 것이 예상되므로 이를 활발하게 운영할 시스템 모색이 요구된다.

주민의 자율적 참여유도를 위한 인프라 구축

공동주택에 거주하는 주민들에 의한 자율적인 주거관리 풍토를 지원하는 시스템을 만들어 관리의식을 증진시키고 참여를 유도하는 방안이 모색되어야 한다. 친환경인증 공동주택의 거주 후 평가 연구(강순주, 2006)에 의하면 친환경인증 아파트 거주자들은 친환경적 행동에도 대체로 동참하고 있었으며 친환경인증 아파트에 거주함으로써 생각이나 행동도 친환경적으로 변화하는 데 영향을 준다고 하였다. 이는 향후 친환경인증 아파트 공급이 증가할수록 주민의 친환경 의식과 행동도 같이 향상되는 긍정적인 효과를 얻을 수 있음을 시사한다. 즉 외부의 물리적 지원 시스템이 우선될 때 주민들의 관리의식 또한 같이 향상될 수 있음을 뒷받침하고 있다. 주민들에게 살고 있는 주거와 단지에 관심과 애착을 갖게 하면 이는 정주의식에도 영향을 주게 된다. 결국 관리의식이 높아져 주거관리 행위를 촉진시키게 되고, 이는 주거단지 및 지역 활동에까지도 적극적으로 참여하고 관심을 갖게 하는 순환시스템이 형성되는 것이다.

지금까지 우리나라는 재건축이라는 풍조가 만연되어 거주자에게 관리의식을 퇴색시키기에 충분하였다. 거주자들의 관리의식 제고를 위해서는 우선 주거관리 필요성과 방법에 대한 정보를 충분히 제공하는 일이 중요하다. 정보제공을 위해서 지원되어야 할 내용으로는 공동체 생활을 위한 공동체 규범, 살맛나는 건강한 공동주거 이미지를 친숙하고 알기 쉽게 만든 핸드북이나 옥외광고, CD 등의 매체를 통해 전달하고, 주거계획과정, 설비, 성능, 유지관리에 관한 기초지식 내용은 물론 홈 오토메이션 등의 각종 디지털 설비들에 대해서도 이해하기 쉬운 조작방법 등을 매뉴얼 형식으로 제공하여 실천할 필요가 있다. 또한 실제로 보고 체험할 수 있는 전시장이나 환경학습장 등의 정비 등도 좋은 효과를 기대할 수 있다. 이러한 다양한 정보들을 통해 주민들의 자발적인 참여의식을 높일 수 있으며 더 나아가 자원봉사 차원의 관리참여도 유도할 수 있고, 공용공간과 시설의 환경관리 유지 및 공동체 프로그램 운영을 위해 지불되는 공동관리비도 기꺼이 부담할 수 있는 풍토의 조성을 기대할 수 있다.

•: 관리 주체의 전문성 체계 구축

거주자와 전문적인 관리 주체의 역할분담을 명확히 하고 관리기술 측면에서 전문성을 향상시켜야 한다. 여기에는 정부의 주거환경정책으로서의 확고한 기조가 바탕이 되어야 한다. 현재 공동주택 단지에 근무하는 주택관리사(보)의 경우 그들의 권익을 보장해 주는 별도의 제도적 장치가 없어 관리업무에 대하여 소극적으로 대처하고 거주자를 대표하는 입주자대표회의와의 관계 형성에만 급급하고 있는 것이 현실이다. 주택산업연구원(2005)의 연구에서는 정부가 제도적으로 관리평가 지표 등을 통해 우수한 관리자나 단지에 대해서 표창하는 제도를 만들어 관리에 임하는 동기유발 정책을 펴나갈 것을 제안한 바 있다. 이러한 정책이 뒷받침될 때 관리 주체로서의 주택관리사(보)는 전문가로서의 충분한 자질향상에 노력할 것이며 주민조직인 입주자대표회의로부터 자율적일 수 있고, 주민 또한 관리주체와의 관계를 유지하면서 고용자로서의 수직적 관계가 아닌 전문성을 인정받으면서 신뢰를 바탕으로 한 수평적 관계로서 의결권을 행사하게 될 것이다.

공동주거관리로의 개념 전환에 가장 중요한 역할을 담당하게 될 사람은 주택관리사(보)의 자격증을 가진 관리자라 할 수 있다. 관리자는 거주자가 주체가 되는 공동주택의 성공적인 관리를 위하여 계획을 세우고 계획된 사안에 대하여 자원을 구축하여 기획한 후, 계획안이 원활한 커뮤니케이션을 기반으로 기본 논리에 입각한 지침에 의해 잘 수행될 수 있도록 리더십을 갖고 지휘하여야 한다. 탁월한 리더십에 요구되는 관리자의 자질은 사안과 문제에 대하여 예리하게 통찰할 수 있는 연구분석 능력과 지식, 열린 마음과 적극적인 자세, 책임의식, 커뮤니케이션 기술이 바탕이 되어야 할 것이다. 그러나 리더십만으로 목적이 달성되는 것은 아니고 때와 경우에 따라서는 그 계획안에 문제가 발생하더라도 그 일을 잘 조정하고 컨트롤할 수 있는 자질 또한 요구되며 궁극적으로는 전반적인 관리의 코디네이터로서의 자질을 갖춘 전문인이 되어야 할 것이다. 이를 위해 최근 건설교통부에서 주택관리사(보)의 자질향상 및 위상제고를 위한 자격시험 과목 추가와 평가방법 등의 개선 움직임은 매우 고무적이라 할 수 있다.

사회적 자산으로서 후손에게 물려 줄 삶과 문화의 공동체 공간인 공동주택은 이제 주민들 스스로가 만들어 가고 관리해야 하는데 이는 더불어 사는 의식과 책임의식에서부터 시작할 수 있다. 이제는 '삶'을 개인과 가족 중심에서 이웃과 지역이라는 넓은 범주에서, 나 이외의 타인과 함께 협력하고 양보하고 배려하고 나누는 삶으로의 전환이 요구된다.

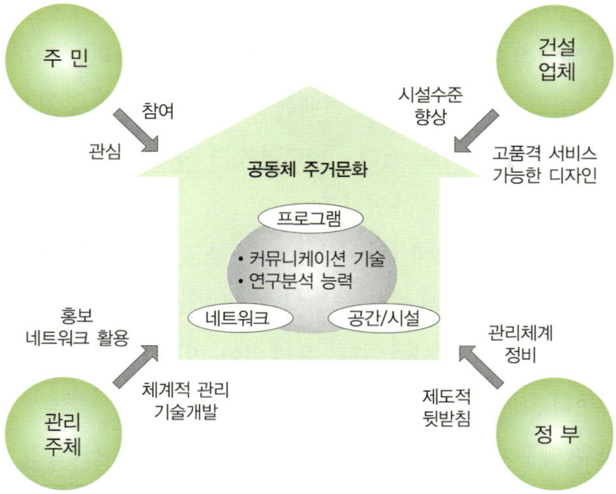

그림 1-19 공동주거관리 시스템

자료 : 강순주(2006)

공동주거관리란 이러한 주민들의 삶에 대한 사고의 전환을 기반으로 관리 주체, 민간 기업, 지자체, 정부와의 네트워크를 체계적으로 활용하는 관리개념이다. 이를 위해서 먼저 정비되어야 할 각각의 인프라가 조속히 구축되어 공동주거관리를 통해서 우리나라의 올바른 주거문화가 계승 · 발전되어야 할 것이다(그림 1-19).

3 외국의 공동주거관리

1) 공동주거관리의 시작

근대적 주거관리 성립의 역사에서 빼놓을 수 없는 인물이 영국의 옥타비아 힐(Octavia Hill, 1838~1912)이다. 1864년 옥타비아 힐은 주택과 주거환경을 개선하는 일은 바로 인간성을 회복하는 중요한 계기가 된다는 확신 아래 런던의 임대주택 3가구(18개의 방)를 구입하면서 빈곤자를 위한 복지차원의 주거관리운동을 시작하였다.

옥타비아 힐에게 영향을 준 곳은 레디스 길드로서, 그곳에서 일하는 사람들과 함께 기독교 사회주의 운동에 동참하면서 여성교육과 고용확대 및 사회문제의 현실에 눈을 떴다. 힐의 활동은 사회적으로 인정받게 되어 1884년에는 사자크 교구위원회에서 슬럼 지구의 주거관리를 위탁받게 되고 1885년에는 노동자 계급의 주거개선의 권위자로서 왕립위원회 앞에서 증언을 하기도 했다. 1887년에는 사자크 교구 내에 모델 주택 10가구를 건설하고 집회소용 홀도 개선하였다.

옥타비아 힐이 행한 주거관리에 대한 주요 내용으로는 임대인으로부터 정기적으로 임대료를 징수하고 공동시설의 청소를 거주자 자신의 손으로 행하게 하면서 이를 위한 일상적인 생활지도 등도 병행 실시하였다. 옥타비아 힐이 행한 주거관리 활동의 특징을 네 가지로 요약하면 다음과 같다.

첫째, 극빈층의 주거문제를 개선하였다. 이는 슬럼 제거형식이 정부차원 주도인 재개발이 아니라 거주자 한 사람 한 사람의 인식을 고양시켜 거주자 자신의 손으로 주택문제를 해결하고자 하였다는 데 의의가 있다.

둘째, 주거관리에 관계한 사람은 처음에는 여성자원봉사자들이었으나, 관리 성격상 훈련된 여성전문가를 필요로 하였기 때문에 많은 여성을 관리인으로 훈련시켰다.

셋째, 집주인과 임차인이 각자의 의무를 다할 것을 강조하면서 정기적인 임대료, 수납, 청소, 수리를 단호하게 지키도록 하였으며, 만일 이에 응하지 않으면 퇴거하도록 하였다.

넷째, 공동체 생활의 존재가치를 강조하고 아이들의 놀이장소, 공동세탁장, 집회소의 확보 등 공용시설을 중요시하였다.

이와 같이 옥타비아 힐에 의한 주거관리에 대한 인식은 단순히 주택의 건물만을 개선하는 것이 아니라 건물의 질에 대한 개선을 그곳에 사는 임차인들 스스로가 의식을 갖고 생활을 개선하는 일과 연결시켜 행하였다는 데에 그 의미가 크며, 주거관리가 여성에 의해 의식적으로 이루어졌다는 데 더욱 큰 의의가 있다.

즉, 열악한 주거환경을 적극적으로 스스로 관리할 수 있도록 사회개혁가들이 교육적 차원에서 노력하였고, 안전하고 위생적인 주거건축 및 양호한 상태로 주택을 관리하도록 의무 규정을 제정하는 등의 제도적 장치를 병행함으로써 본격적으로 주거관리가 실천될 수 있도록 하였다.

2) 외국의 공동주거관리 제도

주거관리는 각 나라의 환경에서 그 역할과 제도가 구축되기 때문에 각 나라의 주거상황, 경제사정과 관습 등에 맞추어 주택관리체계를 갖추고 있으며, 한 나라에서도 시대에 따라 주거관리의 양상이 다르게 나타난다. 여기에서는 주거관리의 모범국가로 꼽고 있는 영국과 미국의 관리제도에 대해 알아본다.

영 국

공동주거관리의 특징

영국의 관리인 조직체계와 활동의 역사를 보면, 옥타비아 힐이 훈련된 여성에 의해 주거관리 효과에 대하여 주장하고 실천했으나 초기에는 체계적으로 조직하지는 않았다. 그러나 힐과 같이 주거관리의 일에 종사한 여성이 중심이 되어 1916년에는 여성하우징워커협회(The Association of Women Housing Workers : AWHW)를 결성하게 되고, 1년 후인 1917년에는 이를 여성주거자산관리사협회(The Association of Women Housing Property Managers : AWHPM)로 개칭하여 1932년에는 공식적인 직업자격 인증제도를 도입하였다. 그 후 1937년에 법인으로 등록하면서 이를 여성주택관리사협회(The Socity of Women Housing Managers : SWHM)로 개칭하였다. 그러나 남성입회에 대한 문제가 거론되면서 1948년에는 이를 인정하여 명칭을 주택관리사협회(The Society of Housing Managers : SHM)로 개칭하고, 조직이 강화되면서 1975년에는 공인주택기관(The Chartered Institute of Housing : CIH)[6)]으로 바뀌면서 오늘에 이르고 있다.

---

6) 공인주택기관(CIH)의 목적은 다음과 같다.

첫째, 노인이나 장애인, 무주택 거주자 등의 특수계층의 요구를 포함하여 개인의 주택에 대한 욕구와 커뮤니티 모두의 요구를 평가함으로서 만족하게 한다.

둘째, 토지, 건물, 공공, 민간을 포함한 영국에서의 천만 호에 달하는 주거관리에 대하여 책임을 갖는다.

셋째, 주거정보관리와 자가 주택에 대한 수선과 보조금에 대한 개선, 자발적인 주택조직과 거주권에 관하여 관리한다.

넷째, 가장 중요한 공헌은 주거관리 직능의 발전을 위해 교육과 훈련을 위한 중요한 자격기관으로서 공공기관과 함께 주거관리직의 자격증을 부여한다.

공인주택기관(CIH)은 회원들의 재교육을 위해 월간지를 발행하고 회의 및 세미나, 그 외 주거에 관한 코스를 개설함으로써, 1년 1회의 전국회의 및 수차례의 지역회의를 개최한다. 또한 주거관리에 관련된 디자인과 구조, 재정 등의 직능 단체와의 연합활동을 장려하고 있다.

결국 영국의 경우는 주거관리가 처음 여성에 의해서 거주인(임차인)과의 친밀한 관계 속에서 물적 위주의 주택관리가 아닌 복지차원의 접근에 의한 통합적인 주거관리라는 데 그 특징이 있으며, 탄탄한 관리인 조직의 역사를 통해 교육과 훈련기관의 역할을 담당할 뿐 아니라 주거관리에 관련된 직능단체와의 연합활동 등을 통해서 끊임없는 회원들의 재교육에 힘쓰고 있다는 점은 시사하는 바가 크다.

오늘날 영국의 주택정책은 모든 국민이 향유해야 할 생활권으로 주거 서비스를 인정하고 있기 때문에 포괄적이고 종합적인 주택정책을 확립하여 정부의 역할을 중시해 왔다. 세계대전 이후 주거환경에 대한 불만이 많이 나타나자 주택정책은 정치권의 주요한 정책적 관심사가 되었으며, 공공임대주택의 공급은 정권을 잡는 정당의 성격에 따라 공급량이나 주택의 수준에서 차이는 있지만 기본적으로 저소득층을 위한 공공주택을 지속적으로 공급해 왔다.

영국은 공동주거관리의 모범이 된 국가로서 일찍이 사회개혁가들이 도시의 노동자계급 · 저소득층이 사는 열악한 주거상태 개선의 일환으로 주거관리를 중요하게 여겨왔고, 사회정책적 측면에서도 저소득층을 위한 집합주택을 건설하고 관리하는 데 주력하였다.

영국은 모든 주택사업을 정부의 통제하에 두면서도 실질적으로는 지방자치단체를 토대로 전개되는 지역적인 특성을 갖고 있다. 주거관리 시스템도 지방자치단체 소속의 주택관리사(housing manager)가 단지의 관리를 담당하고 있으며 주거관리는 국가재산의 보존과 직결되어 있는 주택정책의 기본 과제로 여겨지고 있다. 따라서 영국에서는 지자체가 공공주택과 관련된 거의 모든 사항을 주도적으로 결정하고, 지방자치단체는 지역의 주택사정과 주택요구를 파악하여 지역에 맞는 주택공급과 주택관리 서비스를 제공하고 있다.

1985년에는 주택법을 전면적으로 개정하면서 그동안 국가와 지자체에서만 담당하던 공공주택의 공급을 민간에서도 할 수 있도록 등록된 공공주택 임대인(registered social landlords) 개념을 도입하여 지방자치단체를 대신하여 공공임대주택의 공급과 관리를 할 수 있도록 하였으며, 이들은 주택조합(housing association)에 소속되게 된다. 이를 통해 지방자치체, 임차인 대표, 기타 이해관계인 대표가 참여하는 지역 주택회사(local housing companies)가 공공주택 공급 및 관리자의 역할을 하는 길이 열리게 되었다.

영국의 주거관리의 특징을 보면, 전문적인 공공주택관리 형태를 취하고 있고 주택정책이나 그 관리 시책은 단계적으로 운영되고 있다. 주택법의 집행을 총괄하는 중앙기관으로는 정부에 주택성이 있으며, 그 상부기관으로 중앙정책심의회가 있고, 그 하부구조로서 주택법을 직접 수행하는 지방공공단체인 공인주택기관이 있다. 여기에는 공동주택의 유지 · 관리에 관한 자율적인 권한과 책임을 재량에 따라 수행할 수 있는 주택관리위원회가 설치되어 있다.

지자체의 주거관리 내용[7)]은 주로 거주자 중심으로 지자체와 주택조합과의 협력을 통해 사회복지적인 차원의 제 업무를 수행하고 있다.

또한, 영국의 주거관리의 특징은 공공임대주택에서 입주자의 참여가 적극적으로 이루어진다는 점이다. 즉, 주거관리의 대상은 부동산이라고 하는 대물관리뿐만 아니라 대인관리까지 범위를 확대하여 실시하고 있으며, 주택문제에 관해서도 '최적 가치(best value)'를 목표로 주민의 참여를 통해 문제를 해결하기 위한 장치들을 갖추고 있다. 임대주택에서 입주자참여란 임차인의 조언과 결정과정의 참여를 통해 주민들은 공동주택에서 발생되는 각종 문제들을 지방자치단체에 건의할 수 있고, 지방자치단체에서는 기본시책을 결정함에 있어서 주민의 의견을 수렴하게 된다. 주거관리에 관한 임차인의 참여로 인하여 빈집이 줄어들고, 임대료 체납이 감소되었으며, 보다 신속하고 효과적인 수선으로 건물의 수명이 연장되는 효과가 입증되었다. 또한 시설물 파괴와 범죄행위, 입주자의 이전율이 크게 줄어들었다. 이러한 임차인 참여 프로그램으로 대표적인 사례가 PEP

---

7) • 지역의 주택사정과 주요구 파악
- 주택의 임대 및 임대계약에 관한 사항으로 주택임차인의 선정에 대한 재량권을 갖고 주택의 임대관리업무로서 입주신청자의 자격 등을 종합하여 입주자를 선정하고 동 · 호를 배정하며 입주자 상황을 등록하는 임대차 관련 업무를 수행
- 임대료, 관리비 등 제 징수금을 수금하고 체납자에 대한 독촉업무와 명도소송 등의 업무
- 공동주택 및 시설물의 유지관리 · 보존업무로서 수선업무, 소규모단지 내 자체 및 외주 공사업무, 식재 및 조경업무, 어린이놀이터 · 주차장 · 창고 및 차고 등의 건설 및 유지관리
- 입주자들의 가족상황 및 주택상황 파악
- 각종 입주자 고충처리 및 노인문제 해결.

프로그램[8])이다.

이러한 제도는 입주자로 하여금 입주자가 단지의 주인이라는 의식을 갖게 함으로써 공공주택단지 입주자의 의식이 향상되고 단지 내의 환경개선에 큰 도움이 된다는 것이 입증되었다.

주택관리사 양성제도

영국의 주택성은 사회복지사업의 추진과 주택의 효율적인 관리를 위한 정책을 담당하고 주택관리사 제도를 관장하고 있다. 영국에서 주택관리사 자격을 취득하기 위해서는 영국 왕립공인측량사학회(The Royal Institute of Chartered Surveyors : RICS)나 주택관리사협회(SHM)가 실시하는 시험에 합격해야 한다.

지방자치단체 · 주택조합 · 신도시개발공사 · 개인회사에 의한 자격수여는 이들 조직에 하급보조자로 고용되어 실습기간에 있는 자로서 야간학교나 방송강의 등의 교육을 받아 영국의 왕립공인측량사학회의 주택관리 부문의 시험이나 공인주택기관, 단지관리인협회 등에서 실시하는 시험에 합격한 자가 자격을 취득하게 된다.

주택관리사협회(SHM)에 의한 자격수여는 17세 이상의 연구생이나 학업을 마친 자, 학위취득자의 경우에는 18개월 이상, 기타 20세 이상의 지원자는 2년 이상, 20세 이하의 지원자는 3년간의 통신교육 및 야간수업을 통해 교육을 이수한다. 교육이수 후 주택관리사협회에서 실시하는 시험에 합격함으로써 자격을 취득하게 된다.

기타 방법에 의한 자격수여는 기술전문학원에서 2~3년간의 교과과정을 이수하고 왕립공인측량사학회의 중간시험에 합격한 후 최종시험에 응시하기 위하여 파트 타임제 학습을 인정하는 조건으로 공동주택관리 주체에 고용되어 2년간 실무를 쌓은 후 최종시험에 합격하여 자격을 취득하는 방법이 있다.

대학에서 학위를 받고 학사 후 자격(postgraduate diploma)을 받은 후 왕립공인측량사학회가 인정하는 2년간의 실무경력을 쌓은 사람에서는 자격시험이 면제된다.

영국의 주택관리사제도가 확립되면서 주택관리사는 처음에는 주로 국가나 지방자치

---

8) PEP(Priority Estates Project) : 공공주택 관리가 곤란한 단지의 우선 개선계획 프로그램으로, 입주자의 관리업무에 대한 참여를 통해 관리상태를 개선하려는 시도에서 개발되었다. 이를 추진하기 위해서는 입주자가 단지의 개선업무에 직접 참여할 수 있도록 지도력이 있는 입주자 위원회를 구성하도록 하고, 관리업무를 담당하고 있는 지자체가 기꺼이 관리업무를 단지로 이전하는 것이 전제되어야 한다. 이를 위해 주거환경이 열악한 공동주택단지에 현지 관리사무소가 설치되고 주민의 참여를 유도한다.

단체에서 공급하는 공공주택(social housing)에 대한 관리를 하였으나, 1980년대부터는 공공주택만이 아니라 민간에서 건설하는 주택의 질 개선에도 그 역할이 확대되고 있다. 주택관리사[9]는 입주자의 참여와 협조를 얻기 위하여 임차인을 위한 소책자, 소식지, 설문지 등을 제작, 배포하고 있으며, 유지관리와 관련된 수선결과를 평가하는 모임 등을 개최하여 주택관리에 입주자의 참여를 적극적으로 유도하고 있다.

미 국

미국의 공동주택 관리체제는 크게 민간임대 공동주택을 관리하는 주거자산관리와 분양아파트(콘도미니엄)관리 및 공공임대주택관리로 구분되는데 그 중에서도 미국 주거관리의 가장 큰 특징은 시장경제 원리에 입각하여 수익을 낼 수 있도록 임대자산의 관리를 전문적으로 수행한다는 점이다. 따라서 위탁받은 주택을 양질의 상태로 유지·보전하고 개선하여 주택에 대한 가치와 이익을 창출하는 것을 목적으로 하고 있다.

분양공동주택관리

미국의 공동주택은 소유하는 법적 형태에 따라 조합아파트(cooperative)와 콘도미니엄(condominium), 계획단위개발(Planned Unit Development : PUD)의 세 가지 유형[10)]

---

9) 〈법령에 규정된 주택관리사의 업무〉
① 주택의 임대 및 알선업무
② 임대료, 관리비 등의 수금과 임대료 체납 등에 관한 소송업무
③ 유지·수선에 관한 업무
④ 단지와 시설물의 유지, 보전 및 주택개조, 주택시설 교체 등 일반적인 업무
⑤ 노인문제, 주택임대차 문제 등 사회복지적 측면에서의 각종 사회 서비스 업무
⑥ 행정과 홍보, 대주민 관계 개선
⑦ 공공편익시설 유치, 주민의 오락시설 및 운동시설 관리
⑧ 일선 행정기관, 파출소, 소방서 등 공공기관과의 연락업무

10) 미국의 분양공동주택은 다음과 같다.

조합아파트	• 조합아파트는 법인회사의 개념으로 소유한 주식수에 비례하여 주호의 몫이 할당된다. • 이사회를 구성하여 건물보존과 유지관리 및 개별주호 매매를 결정하고 매매가격, 임대료, 구매 예정자의 자격조건에 관한 사항을 결정한다. • 저층 타운하우스의 집합주택이 일반적이다.
콘도미니엄	• 우리나라의 분양아파트와 같은 개념으로 고층, 저층아파트가 일반적이다.
계획단위 개발	• 개발자의 무분별한 토지이용과 개발방지를 위하여 클러스터(cluster) 방식의 주택배치 방법으로 주거와 녹지 및 위락공간을 확보한 주거단지 개발기법이다. • 단독주택 또는 저층 타운하우스가 일반적이다.

이 있다. 이러한 분양공동주택은 구분소유라는 개념보다는 공동으로 소유하는 공유개념을 강조하고 있기 때문에 공동주택 소유자들의 조직은 구분소유자협회가 아닌 지역공동체협회(community association)라 명명되고 있는 것이 우리나라와는 다른 점이다.

분양공동주택의 관리는 콘도미니엄법에 규정되어 있는데 주요내용은 구분소유자 단체의 조직과 책임관계, 관리규정, 어린이나 애완동물 세칙, 집회 등이다.

분양공동주택의 소유와 이용[11]은 일반주택과 다르며, 관리에 있어서 몇 가지 다른 특징을 갖고 있다.

분양공동주택의 관리조직은 이사회와 상임위원회[12]로 구분된다. 분양공동주택의 소유자들은 자동적으로 관리협회를 구성하게 되는데 이 조직을 주택소유자협회(home owners association) 또는 주민공동체조직(community association institute)이라고 한

---

11) ① 콘도미니엄의 개별소유자들은 자동적으로 소유자협회의 회원이 되며, 이 협회가 관리의 주체가 된다. 다만 그 성격을 영리 또는 비영리사단으로 할 것인지에 대해서는 각주의 사정을 감안하여 선택하도록 하고 있다.

② 분양아파트 소유자는 자신의 주호관리 및 유지의 책임이 있으며 규약에 의해 소유자 상호 간의 의무가 규정된다.

③ 관리비와 같은 부담금은 소유자가 균등하게 부담하고, 그 비용은 관리조직의 운영에 사용된다.

④ 소유자는 공동소유 주거단지의 재산권을 공유한다는 공통적인 특징을 갖기 때문에 분양아파트를 팔려고 할 때 주택소유자협회가 거부권을 행사할 수도 있고, 임대할 경우에는 해당 아파트의 규정을 준수할 임차인을 스스로 구해야 하는 불편함도 있다.

12) 관리조직 이외에 입주자의 관리참가를 유도하는 의미로 콘도미니엄에는 각종 상임위원회(standing committee)를 구성하는 경우도 많다. 상임위원회의 설치는 이사회의 임원이 아닌 주민도 자연스럽게 관리에 참가할 수 있는 시스템을 구축할 수 있는 장점을 가지고 있다.

이들의 역할은 소유자협회 및 이사회의 업무를 지원하고 감독한다. 150~300세대 정도의 콘도미니엄에서는 대략 약 10개 정도의 상임위원회가 있다. 전형적인 상임위원회의 구성의 예는 다음과 같다.

- 건축위원회(architectural control committee) : 위법한 건축행위를 감시하거나 건축행위에 대한 허가업무를 담당
- 조경위원회(landscape and grounds committee) : 관리비 중 많은 부분을 조경에 사용, 보통 조경은 관리회사에 위탁하며 위원회의 업무는 위탁업무에 대한 확인. 작업과 단지 내의 나무나 잔디 등을 직접 정리하기도 함.
- 커뮤니티 위원회(community committee) : 커뮤니티에 대한 일상적인 업무를 담당하고 있으며, 새로운 입주자 환영 파티 준비, 우편함 문패 설치, 근린 경비 등의 업무를 주로 담당
- 홍보위원회(Newsletter committee) : 월 1회 정도의 단지 뉴스를 정리하여 소식지를 발행
- 예산 및 재정위원회(budget and finance committee)
- 보험위원회(insurance committee)
- 유지관리위원회(maintenance committee)
- 법률위원회(rules and regulations committee)

다. 주택소유자협회는 의사결정기관으로서 이들은 임원을 선출하여 관리업무를 수행할 집행기관에 해당하는 이사회(board of directors)를 구성한다. 원칙적으로 매년 소유자협회 모임을 통해 이사를 선출하고, 규모에 따라서 다르긴 하지만 일반적으로 3~9명 정도로 구성되며, 임원은 보통 회장, 부회장, 감사, 회계 등이 있다. 구체적인 업무로는 단지를 관리하기 위한 예산 책정, 적립금 결정, 부과액 징수, 관리인의 채용과 해고, 수선유지 계약체결, 입주자 규약(declaration) · 세칙 · 법률 · 규칙의 홍보 및 시행, 회계업무 등의 업무를 수행한다. 이사회의 결정사항 중에 가장 중요한 것은 관리방식의 선택이다.

이사회는 단지의 특성에 따라 관리방식을 선택하게 되는데 관리업무를 전적으로 위탁하지 않고 스스로 자치관리할 수도 있고, 필요한 부분만 위탁관리계약을 체결하기도 한다. 또한 완전히 관리업무 전체를 관리회사에 위탁할 수도 있다. 각 관리방식의 특징은 다음과 같다.

입주자 자력관리

입주자 자력관리(self management) 방식은 이사회에서 정책을 결정하고 수행한다. 모든 관리업무가 이사회에 의해 처리되므로 기본적으로 유급관리인이나 관리회사는 존재하지 않는다. 단지의 규모가 작은 50호 이하의 소규모이며, 복잡한 물리적 설비가 적은 단지에 적합한 관리유형이라고 할 수 있다. 이사회에서 결정된 사항뿐 아니라 관리에 관한 모든 일에 스스로 책임을 진다. 이 관리방식의 장점은 위탁을 하지 않기 때문에 소유자의 관리비 부담이 적다. 주민의 자율적인 봉사에 의존한 관리형태에서는 관리조합의 운영과정에 참여할 수 있는 기회가 많아짐으로 주민들 사이의 교류가 활발하고 자연스럽게 커뮤니티 의식이 형성된다.

반면에 단점으로는 개인적 조력에 의존하고 이사회의 임원은 보수 없이 관리업무의 운영에 개인의 많은 시간을 투자해야 하므로 이로 인해 임원이 경제적 · 시간적 피해를 입는 경우가 많이 발생한다. 또한 전문적 지식이 결여되어 있기 쉽다. 이사회 운영에 필요한 적당한 인재가 나타나지 않을 우려가 있으며, 일정 수준 이상의 전문지식을 요하는 회계나 재무처리를 담당할 사람이 단지 내에 거주하지 않거나, 담당을 기피하는 문제가 생기면 해결이 곤란하며, 독단적 운영의 우려가 있다. 따라서 자기 개성이 강한 극소수의 임원이 이사회 전체를 장악하여 독단적으로 관리운영을 좌지우지하는 경우가 발생할 수 있다.

관리인 고용관리 : 자치관리

자치관리(on-site management) 방식은 이사회에서 필요한 관리직원을 관리회사에 소속된 사람이 아닌 사람으로 따로 고용하여 업무를 처리하는 형태로서 우리나라의 자치관리와 유사한 관리형태이다. 단지관리자(on-site manager)는 이사회가 고용한 유급의 관리인으로 일반적으로 풀타임 또는 파트타임으로 고용된 직원이며, 계약서에 서비스 사항을 명시한 대로 업무를 수행한다.

관리인 고용관리 방식은 대규모 복합개발단지 중 규모가 비교적 큰 단지에 적합하다. 서비스 및 쾌적한 환경을 위한 시설이 충분하고 숙련된 관리자를 고용할 수 있을 만큼의 경제력이 있는 대규모의 단지에서 이용할 수 있는 방식이다. 따라서 이러한 대규모의 아파트단지에서는 호텔 서비스(도어보이, 안내인, 경비 등) 등의 높은 수준의 관리 서비스를 제공받을 수 있으며, 지역적으로 플로리다주, 남서부 지역, 하와이 등 일부 지역에 많이 보급되어 있다.

이 방식의 장점은 이사회에서 관리인을 강력하게 통제할 수 있다는 점과 이사회가 업무처리 방침을 결정할 수 있다는 점으로서, 조합이 일상적인 의사결정 과정에 지속적으로 관여할 수 있다. 실제로 전 관리업무에 관리조합이 적절하게 관여하므로 소유자의 욕구에 대한 세심한 배려가 가능하다.

그러나 단점으로는 다양한 관리업무를 수행하기 위해서는 광범위한 능력(물적인 설비의 일상점검과 수리수선 업무뿐만 아니라 경영업무, 재무처리 등)이 요구되고 있으나, 능력을 겸비한 인재를 채용하기 어려울 수 있다. 관리자의 지속적인 상주를 필요로 하나, 관리자가 그만두게 되면 다른 사람으로 교체하는 과정에서 업무에 공백이 생기는 문제가 종종 발생하고 있다. 이사회가 이사의 빈번한 교체나 관리인에 대한 처우가 일관성을 상실하였을 때 관리자의 입장이 난처해지거나 관리의욕 상실을 초래하는 경우가 있다.

위탁관리

위탁관리(full agency management)는 관리회사에서 전문적으로 훈련을 받은 관리자를 활용하는 방법으로 100세대 이상의 콘도미니엄에서는 보통 비용을 지불하고 모든 관리업무를 수행할 수 있는 관리 서비스를 이용한다. 이사회는 관리대행자에게 그들이 원하는 사항과 어떻게 수행되었는지에 대해 질문을 할 수 있다. 소유자협회가 관리회사와 관리 서비스 위탁계약을 맺으면 관리회사는 업무처리에 필요한 관리직원을 배치하고 장비를 갖추어 관리에 임하게 된다. 관리회사는 시설설비의 일상적인 점검과 유지보수 업무, 경비업무와 청소업무, 사무업무 등과 같은 일상의 단순업무 처리를 비롯하여 다양한 관리 서비스를 제공하게 된다. 이와 같이 대부분의 관리업무를 관리회사가 담당하기 때문에 관리회사에 대한 의존도가 높아지는 경향이 있으며 이사회가 가져야 할 의사결정권까지 관리회사에 일임하는 단지도 있다.

관리회사와의 계약기간은 대부분 1년 정도의 단기계약이 많으며, 간혹 2년이나 3년 계약을 맺고 있는 단지도 있다. 그러나 3년을 넘는 계약기간은 관리규약으로 금지되어 있다.

현재 많은 관리회사는 조직과 인재를 부문별로 세분화하여 배치하고 있고 주택관리자는 단지의 운영에 대한 전반적인 책임을 지게 된다. 회계에 관련된 업무는 독립된 회계담당직원이 담당하며, 사내 컴퓨터 조작, 회계업무 전반에 대한 책임을 지고 있다. 관리 서비스나 수선의뢰에 대한 내용은 수리 · 수선 부문 혹은 고객 서비스 부문의 직원이 담당한다. 단지에 따라 다르기는 하지만 위탁관리회사의 업무는 다음과 같은 내용이 포함된다.

재무관리(financial responsibility)를 보면, 회계(accounting)와 부기업무(book-keeping)만을 전문가에게 맡기는 방식이다. 구체적인 주 업무는 수납업무와 자산평가 및 다른 수입의 기록, 기타 수입에 대한 업무도 포함된다. 재무관리직원은 이사회의 승인을 얻기 위해 예산안의 작성, 재무보고서의 작성, 단지의 감사가 행하는 감사를 지원, 급여 지불용 수표의 준비, 소득세나 직원 보험 등 인가 관련 업무의 처리, 금전출납, 수입의 기록, 승인이 이루어진 지출의 지불, 은행구좌의 관리업무와 재무 관련 업무를 수행한다.

유지관리(physical responsibility)를 보면, 분양공동주택에서 유지관리기준 수립의 책임은 이사회에 있다. 관리자는 수립된 기준들이 적합한지 검토해야 하며, 유지관리 및 보수에 관한 운영계획을 수행할 수 있도록 구체적인 주별 또는 월별 계획으로 발전시켜야 한다. 유지관리에 필요한 인원모집, 채용, 교육, 감독, 해고, 외부 용역업자의 조정 · 감리업무, 수선이나 보수작업의 수행, 가구 · 비품 · 부품 등의 재고관리, 각종 용역계약 및 유지관리 기록관리, 물리적 설비의 정기적 검사, 승인된 서비스나 수리 · 수선 업무 등의 업무를 수행한다. 관리자는 필요하면 추가적으로 직원을 고용할 수 있거나 관리회사의 직원들을 활용할 수 있다.

운영관리(administrative responsibility)를 보면, 운영업무에는 보험증권 · 보험의 지불 처리, 의견서 · 투표용지 · 위임장 등 회의에 필요한 사항들의 준비 발송, 이사회가 요구하는 보고서의 작성 제출, 관리 관련 문서와 기록보관 업무 등을 수행한다. 관리자는 소유자협회 모임에 참석하거나 보고서를 준비하는 것과 같이 소유자협회를 대신하거나 또는 소유자협회와 반반씩 책임이 있다.

혼합관리

혼합관리(combination method management)는 단지의 특성이나 주민의 관리요구에 따라 관리수법을 혼합한 형태로, 실적 있는 관리회사와 위탁관리를 체결함과 동시에 특정한 업무를 일임할 수 있는 전문관리인을 고용하여 고품질의 서비스를 병행하는 단지가 있다. 즉, 혼합관리는 주민이 부담해야 하는 관리비용의 증가를 초래할 수 있으나, 주민이 원하는 높은 수준의 서비스를 제공할 수 있는 적극적인 관리형태라고 할 수 있다.

임대주거자산관리

임대주거자산관리(residential property management)는 미국 주거관리의 가장 큰 특징이다. 주거자산관리는 수익을 가장 많이 낼 수 있는 방식으로 임대주택을 관리하는 것을 의미한다.

자산관리산업 분야에서 부동산에 투자한다는 것은 곧 개인의 재정적인 목표를 달성하기 위한 것으로 간주된다. 개인이 투자한 주택의 자산을 관리하는 전문관리업자는 주택을 가장 양질의 상태로 오랫동안 보전하고 투자된 자본에 대하여 가능한 최대의 순이익을 보장하는 것을 목표로 삼는다. 따라서 이를 달성하고자 하는 전문적인 주택관리업자는 장 · 단기 임대차계약을 수립하고 관리에 필요한 인원을 고용하여 각종 업무를 수행한다.

주거자산관리가 미국에서 발달하게 된 배경은 19세기 말부터 산업의 발달로 시카고, 뉴욕 등의 대도시에 많은 노동자들이 모여들면서 노동자들이 살 수 있는 임대주택을 민간건설업자들이 짓기 시작하면서부터이다. 이때는 건물소유자가 아무런 관리를 하지 않고도 임대수입을 올릴 수 있었다.

그러나 대공황으로 많은 주택소유자들이 아파트를 건설하기 위해 빌린 은행대출금을 갚지 못하게 되면서 주택은 은행이나 보험회사로 소유권이 넘어가게 됨에 따라 자체적으로 주택관리 부서를 두거나 외부의 관리회사와 계약을 하여 주택관리를 위탁하게

표 1-2 주거자산관리사의 유형

중역재산관리사 (executive property manager)	단지의 운영 일을 맡은 다른 자산관리사를 지시하고 감독하는 중역자산관리사는 직접적으로 주택관리업무를 하기보다는 주택관리사업을 운영하는 역할을 한다.
재산관리사 (property manager)	주택단지를 관리하는 책임자로서 직접적으로 특정 아파트단지를 관리하는 책임 있는 개인을 재산관리사라고 부른다. 대부분의 단지에서 관리업무를 수행하는 가장 보편적인 관리사가 재산관리사이며, 구체적인 업무에는 재정계획, 임대료 정하기, 마케팅과 유지 · 보수 절차 세우기, 단지관리사 감독하기, 소유자와 상관에게 연락하고 보고하기 등의 책임을 맡고 있다.
단지관리사 (site manager)	일상적인 관리업무와 거주자들을 상대하고, 주택을 임대하고 임대료를 모집하고, 유지관리를 감독하는 사람으로 최일선에 있는 관리사를 의미한다.
자산관리사 (asset manager)	최근의 리츠 등의 시행 등으로 인해 재산관리 분야에서 새로이 등장한 관리사로서 자산관리자(asset manager)는 투자부동산의 재정 편성, 분석, 계획, 최적의 포트폴리오 구성 등의 섬세한 자산관리기술을 수행할 수 있는 관리자이다.

되었다. 이 시기의 임대주택관리자의 업무는 주로 임대료를 수금하는 정도였으며, 유지관리에는 최소한의 비용을 지출했다.

1950년대 이후 교외에는 가든 아파트단지가, 도심에는 고층아파트가 많이 보급되었는데 고층으로 대규모화된 아파트단지가 증가하면서 복잡한 주택설비와 시설에 전문적인 관리가 요구되기 시작했다. 한편으로는 자가주택 소유에 대한 열망으로 임대아파트(rental units)가 콘도미니엄(condominium)으로 전환되는 사례도 많이 발생하였다.

전문적인 주거자산관리는 고급아파트에서부터 시작되었으며, 1980년대에 들어서면서 관리자에 대한 수요가 증가하게 되었는데 그 배경은 1980년대 중반의 낮은 이자율, 세금혜택 등으로 인하여 임대아파트 건설이 폭발적으로 이루어진 데 기인한다. 이어 시장의 수요량보다 많은 주택이 건설됨으로써 임대를 잘 하고 공가를 줄일 수 있는 기술을 가진 전문가에 대한 수요가 증가하였다. 또한 당시에는 오랫동안 임대주택사업을 하는 경우 주택에 세금을 물리지 않는 정책이 시행되었는데, 관리자는 정책의 내용을 잘 이해하여 투자가치를 창조하는 능력이 필수적으로 요구되었다.

1990년대 리츠(REITs)가 시행되고 주거용 리츠 개발이 시작되면서 임대주택에 많은 투자를 하게 되었다. 이후 임대차관리, 인적자원관리, 예산작성 및 투자물의 가치를 증가시키는 데 필요한 기술을 잘 알고 훈련받은 주거자산관리 전문가에 대한 수요가 지속적으로 증가하고 있다.

주택단지의 소유자는 자신의 주택을 전문적으로 관리할 수 있는 관리업자나 관리회사를 선정하여 업무를 맡기게 되는데 양자 간에는 권한과 의무관계를 명확히 하는 관리승인서를 교환하게 된다. 관리승인서를 교환하는 이유는 상호 간의 오해로 인한 분쟁을 제거하고 정해진 기간동안 관리업자가 소신껏 업무에 종사할 수 있도록 하기 위한 것이다.

이러한 소유자의 주택자산을 대행하여 관리하는 사람이 주거자산관리사(residential property manager)라고 명명되며, 그 역할에 따라서 다음과 같이 여러 가지로 구분된다. 이러한 관리자들은 단지의 규모나 성격에 따라서 고용되기도 하고 그렇지 않을 수도 있다.

주택관리사제도

미국의 주택관리사제도는 정부의 행정적인 절차에 의한 것이 아니라 전문적인 관리사의 필요에 따라 민간비영리단체에서 관리자를 교육하고 자격을 주는 체제로 발전되어 왔다. 실제로 자격증을 소지하고 있는 관리자에 대한 수요가 점점 더 높아지고 있기 때문에 주택관리업무를 하기 위해서는 이러한 단체의 자격증을 가진 사람이 유리하게 된다. 주택관리사 자격은 많은 민간단체에서 수여하고 있으며, 가장 대표적인 자격으로는 분양공동주택기관(Community Association of Institute : CAI)에서 운영하는 자격 프로그램과 부동산관리기관(Institute of Real Estate Management : IREM)에서 인증하는 자격이 있다.

분양공동주택관리 자격제도

분양공동주택의 관리를 담당하는 소유자협회를 사회적으로 지원하기 위하여 1973년에 분양공동주택협회(CAI)가 조직되었다. CAI는 분양공동주택에 관련한 전국 규모의 단체로서 관리자인증 프로그램을 개설하고 있다. 또한 전국조합주택협회(National Association for Housing Cooperatives)에서는 조합아파트관리자 인증자격으로 RCM(Registered Cooperative Manager)이라는 자격을 부여하고 있다.

CAI는 1995년에 분양아파트관리자(Community Association Manager)를 위한 자격

인증 프로그램을 운영하고 있으며, 운영 프로그램은 다음과 같다.

첫째, CMCA(Certified Manager of Community Association)는 주택관리업무를 해본 경험이 없는 초보자가 취득할 수 있는 자격으로 'community association management'에서 운영하는 시험에 합격해야 하며, CAI의 직업수행 기준을 준수해야 한다. 2년 동안 16시간 이상의 교육을 수료해야 하며, 2년마다 자격인증을 받아야 한다. CMCA는 반드시 CAI의 회원일 필요는 없으며 아직까지 전문적인 수준의 관리자는 아니다.

둘째, AMS(Association Management Specialist)는 CMCA의 자격을 갖고 있으며 2년 이상 분양아파트를 관리한 경험이 있는 주택관리자만이 응시할 수 있는 자격이다. 이 수준의 자격을 취득하기 위해서는 해당 과정에 합격해야 하며, 교육학점을 이수해야 하고, CAI 관리자 윤리규약을 준수해야 한다. 이 단계부터 반드시 CAI의 회원으로 가입해야 하며, 관리자로서 전문가의 위치에 있게 된다. 이 자격증 역시 자격을 인정받기 위해서는 3년에 한번씩 CAI에서 주최하는 자격인증 교육을 받아야 한다.

셋째, PCAM(Professional Community Association Manager)은 분양공동주택 관리업계 현장에서 관리지식과 능력을 발휘해 온 숙련된 관리 프로그램을 인증하기 위함이 목적이다. PCAM 자격을 인증받기 위해서 관리자는 5년 이상의 주택관리 경험이 있어야 하며, 자격인증에 필요한 각각의 시험을 우수한 성적으로 통과해야 한다. 또한 관리에 대한 구체적인 사례연구 논문을 제출하여야 한다. 이 자격을 유지하기 위해서 관리자는 지속적으로 CAI의 법규세미나 · 관리자 워크숍 등에 참가해야 하며, 3년에 한번씩 상급 교육과정도 이수해야 한다.

또한, 개인 관리자를 인정하는 자격제도 이외에 전문 주택관리회사를 인증하는 제도도 있다. AAC(Accredicted Association Company)는 숙련된 주택관리회사 인증 프로그램으로 1993년부터 시작되었다. 자격인정을 받기 위해서는 관리업에 3년 이상 종사해야 하며 자사의 능력을 검증하기 위해 3개 단지 이상의 고객으로부터 추천을 받아야 하고, 직원의 최저 25%가 전문적인 자격검정기관에서 자격을 인정받은 유자격자여야 한다.

임대공동주택관리 자격제도

미국의 부동산업에서 다른 사람의 주택을 위탁관리함에 있어 가장 선호되는 자격은 부동산중개업협회(National Association of Realtor : NAR) 산하의 부동산관리기관(Institute Real Estate Management : IREM)에서 수여하는 CPM(Certified Property Manager)이다.

IREM[ⓡ]은 교육, 경험, 그리고 윤리 분야에서 엄격한 기준을 갖추고 있는 자산관리사협회로 1933년에 설립되었고, 1936년에 처음으로 협회차원의 교육 코스가 열렸고, 1938년에 CPMⓡ 자격이, 1975년에 ARM 프로그램이 만들어졌다.

첫째, ARMⓡ(Accredited Apartment Mangerⓡ)은 주거자산관리 분야의 전문가를 위한 프로그램으로, 주거용 부동산을 관리할 수 있는 자격이다. ARMⓡ은 주택을 전체적으로 관리하여 거주자들의 생활을 향상시키는 데 그 목적이 있다. 자산의 가치를 높이는 역할을 하는 ARMⓡ이 되기 위해 요구되는 코스는 IREM에서 실시하는 교육학점을 취득하고 자격시험에 통과한 후, 윤리규약에 서명하고 최소한 1개 단지 이상에서 현장경험을 해야 한다.

둘째, CPMⓡ(Certified Property Mangerⓡ)은 현재 부동산관리업무에 종사(IREM 인정)자에 한해 그 지원자격을 부여하고 있으며, IREMⓡ에서 제공하는 과정을 성공적으로 완수해야만 한다. CPMⓡ 과정은 학점제로 학점은 교육과정 이수, 자격시험 통과, 관리계획, 윤리규약 서약, 현장경험, 공식대학 교육 인정, 타기관 교육 인정, 다른 자격증 인정, 기타 등 다양한 방법으로 취득해야 한다.

참 | 고 | 문 | 헌

강순주(2006). 공동체의식 증진을 위한 공동주택의 관리개념 전환–공동주택관리에서 공동주거관리로의 접근. 주거. 001, 5–7.

_____(2006). 친환경인증공동주택의 거주 후 평가. 대한건축학회 논문집(계획계). 22(9), 91–99.

_____(2007). 공동주거 개념과 의의, 미래 주거 관리방향을 위한 전문가 세미나, 대한주택공사 주택도시연구원.

_____(2007). 미래 주거를 위한 소비자교육의 필요성–공간형성에서 주최형성으로의 전환을 위하여. 건축. 51(1), 47–50.

강순주 · 김상희(2002). 현대주거학. 서울 : 교문사.

강인호 · 한필원(2000). 주거의 문화적 의미. 서울 : 세진사.

공동주택연구회(1997). 도시집합주택의 계획. 서울 : 발언.

_____________(2000). 한국공동주택 16제. 서울 : 토문.

대한주택공사(1979). 대한주택공사 20년.

___________(1994). 공동주택관리 서비스 제고방안 연구. 서울 : 대한주택공사.

___________(2002). 주택도시 40년. 대한주택공사.

손세관(1993). 도시주거형성의 역사. 서울 : 열화당.

이현호(1997). 공동주거의 역사적 발달과정에 관한 연구–유럽, 일본, 한국의 아파트를 중심으로. 서울대학교 박사학위논문.

임정의(2007). 르꼬르뷔지에를 보다. 서울 : 대가.

주택산업연구원(2005). 주택관리사제도 발전방향에 관한 연구. 자문회의자료.

홍형옥 · 유병선(2003). 주거관리론. 서울 : 교문사.

Schulz, C. N. 이재훈 역(1992). 거주의 개념. 서울 : 태림문화사.

IREM(1984). *The Owner's and Manager's Guide to Condominium Management*. Chicago: Institute of Real Estate Management.

Kelly, E. N.(2000). *Practical Apartment Management. Fourth Edition*. Chicago: Institute of Real Estate Management.

山崎古都子編著(1998). 住居の社會的管理に向けて. 都市文化社.

後藤久(2005). 西洋住居史. 章國社.

제 2 장

공동주거관리의 현황

공동주거관리의 사회적 배경은 끊임없이 변화하며 그에 따라 관리제도와 조직도 변화하므로, 관리자 스스로 혁신과 변화를 통해 관리문화를 선도해 나갈 자세가 되어 있어야 한다. 공동주거관리는 하나의 단지를 관리하는 차원을 넘어 도시 전체의 환경을 관리한다는 의식을 가져야 할 만큼 중요해지고 있다.

따라서 주택관리사가 되려면 우리나라의 공동주거관리 현황을 거시적으로 파악할 수 있는 종합적인 안목이 밑받침되어야 한다. 또한, 현장에 근무하는 주택관리사와 입주자의 의식을 알아야만 공동주거관리문화를 이끌 수 있는 전문가로서의 소양을 갖출 수 있고 전문가로서의 역할을 다 할 수 있을 것이다.

제2장

공동주거관리의 현황

1 공동주거관리에 대한 사회구성주의 이론

급격한 경제성장과 함께 단기간에 건설된 막대한 공동주택 재고량을 적절히 관리하기에는 사회적 인식이나 정책적인 측면에서 공동주거관리가 충분히 정착되지 못함으로써 그 역할이 제대로 발휘되지 못하였다.

일반적으로 주거관리는 실천적인 행정상의 업무로 여겨져 왔으며, 학문적인 관심도 체계적이고 일관되지 않은 방법으로 시행되어 왔기 때문에(Clapham, 1997) 주거관리 문화의 발전을 촉진할 수 있는 이론체계가 제대로 개발되지 못한 것이 사실이다. 제1장에서 살펴 본 바와 같이 공동주거관리 선진국에 비해 아직까지 우리나라는 공동주거관리 문화가 형성되는 초기 단계에 있다고 볼 수 있으므로 공동주거관리, 특히 임대주택관리에 역사가 깊고 뚜렷한 가치관과 이론적 맥락을 개발하여 발전시켜 온 영국의 이론틀에 비추어 우리나라의 공동주거관리의 현황을 이해할 필요가 있다.

이 이론 틀은 구성주의에 근거하여 발달해 온 것으로서 공동주거관리의 맥락과 담론에 있어서 중요한 위치를 차지하며, 사회구성주의 모델(Franklin, 1998)로 개발되었다. 이 모델에 의하면, 주거관리가 사회의 구조적 과정에 의해 창조되어진다는 것을 종합적으로 볼 수 있는 동시에, 왜 역동적으로 사회에 참여하는 개인의 능력과 경험을 중요시하는 사회구성주의 이론 틀로 공동주거관리를 이해해야 하는가 하는 당위성을 알게 된다. 이 이론 틀은 거시적인 것부터 미시적인 것에 이르기 까지 다섯 가지 측면에서 공동주거관리를 이해해야 함을 보여 준다.

사회구성주의적 이론 틀로 볼 때, 공동주거관리는 첫째, 구조적인 맥락에서 주거에 영향을 미치는 문화적 배경, 사회적 가치와 신념, 사회의 구성체계와 관련이 있음을 알아야 한다. 둘째, 제도적 맥락에서 주거와 관련이 있는 법령과 정책을 만들고 해석하고 수행하는 기관과 에이전트의 활동을 알아야 한다. 셋째, 조직적 맥락에서 조직으로서의 주거관리와 관련된 요소들은 무엇이며 어떠한 역사를 거쳐 발전되어 현재와 같은 조직이 되었는지를 알아야 한다. 넷째, 주거관리가 이루어지는 작업적 맥락에서는 주거관리가 수행되는 일상적인 현장 요인들, 즉 입주자들, 주택재고의 특성과 부동산에 대해 알아야 한다. 마지막으로 다섯째, 상호주관적인 맥락에서는 공동주거관리를 일선에서 수행할 때 어떻게 절충되고 해석되며 서비스의 전달이 이루어지는지 그 수행방식에 대해 알아야 한다.

1) 구조적 맥락

구조적(structural) 맥락은 주거에 영향을 미치는 문화적 배경, 사회적 가치, 신념, 시스템 등의 사회구조적인 수준을 의미한다. 즉, 이데올로기를 의미하며, 현재의 구조적 수준의 이데올로기는 한나라의 정치적, 사회적, 경제적 시스템에 절대적인 영향을 미치며 이것은 관련 기관의 활동을 통하여 나타나게 된다고 보는 것이다. 구조적 맥락을 이해하고 전망하기 위해서는 끊임없이 변화하는 사회의식구조를 이해해야 한다. 이데올로기는 매우 복잡하고 다양하여 단순히 파악하기가 불가능하지만, 공동주거관리에 대한 인식이 어떻게 변화해 왔는지 시기적으로 살펴봄으로써 그 구조적 맥락을 이해할 수 있다.

공동주거관리의 맹아기는 1987년 주택관리사제도가 채택되어 전문가로서 현장에 투입되기 이전이라고 볼 수 있다. 공동주거관리의 확대기는 주택관리사제도가 시행되어 현장에 전문인력으로 투입되기 시작하였으나 전문적인 제도교육이 없이 암기식 객관식 문제만으로 탄생된 주택관리사가 현장에서 주도적인 지위를 확보하지 못하고 유지관리를 감당하는 관리직으로서의 한계를 갖는 현재 상황이 해당될 것이다. 공동주거관리의 성숙기는 공동주거관리 현장의 상황이 바뀌어 새로운 패러다임으로 전문적 관리를 하지 않으면 안 된다는 인식이 팽배되면서 새로운 공동주택관리인 양성제도를 모색하기 시작하는 때부터라고 볼 수 있다. 현재는 1970~1980년대 대량보급된 아파트와는 전혀 다른 공동주택들이 대량보급되고 있다. 따라서 내외부환경의 물리적인 측면의 유지관리는 IT 기술의 발달과 더불어 자동화 수준이 높아졌기 때문에 오히려 단순화되었고, 다양한 입주자를 위한 창의적이고 자발적인 서비스 수준의 향상이 요구되고 있다. 뿐만 아니라, 한번 공급된 공동주택의 유지관리와 운영관리가 자산가치의 유지와 상승, 리모델링과 밀접한 관련을 가짐으로써 주거자산관리의 개념까지 도입해야 할 상황에 놓여 있다. 따라서 더욱 향상된 기술수준을 이해하고 새롭게 요구되는 공동주거관리자의 자질에 걸맞은 교육프로그램과 양성제도가 필요한 시점이라는 인식이 필요하다.

2) 제도적 맥락

제도적(institutional) 맥락은 공동주거와 관련이 있는 정책과 법령을 만들고 해석하고 수행하는 기관과 에이전트의 활동방향을 결정하는 관련 제도의 수준이다. 우리나라는 전후에 주택부족이 심각해지고 주택수요가 폭발적으로 증가하자 공동주택의 공급을 분양아파트 위주로 공급해 왔고, 이를 촉진하기 위하여 주택건설촉진법과 공동주택관리령을 만들어 공동주택을 공급하고 관리해 왔다. 그러나 현재는 주택법에 통합되어 공동주택의 공급과 관리가 이루어지고 있으며, 임대주택법은 또 다른 법체계를 가지고 있다. 따라서 공동주택이라 하더라도 그 관리는 이원화되었고 관리현장의 상황은 분양인가 임대인가에 따라 많이 다르다.

공동주거관리 선진국인 영국을 예를 들면 주택조합(housing association)이 정부의 지원을 받아 임대용 공동주택을 건설하고 관리하는 시스템을 갖고 있고, 관리인은 CIH(Chartered Institute of Housing)에서 배출하는 시스템을 가지고 있다. 따라서 현장관리인(scheme manager)과 이들의 교육과 감독을 맡고 있는 관리자(manager)로 그 자격이 이원화되어 있다. 주택조합은 자사의 명예를 걸고 회사에서 건설한 공동주택을 관리하기 위하여 유자격 관리인을 채용하고, 자격이 부족한 관리인은 관리자교육을 받아 정규관리자가 되도록 교육비를 지원하고 있다. 우리나라는 주택관리사(보)를 하기 위한 국가고시를 20세 이상의 모든 성인에게 개방하고 있으나, 정규교육과정을 통해 자질있는 주택관리사(보)를 양성할 필요성이 제기되고 있다. 고용과정을 보면, 규모와 시설

수준에 따라 의무고용을 하도록 되어 있을 뿐 건축 주체와 관리 주체가 다르고, 건축한 회사는 관리까지 책임을 지지 않는다. 그렇기 때문에 자치관리 혹은 위탁관리에 따라 그 정도는 다르지만 입주자와 관리자 간에 불신관계가 팽배되어 소유권을 가진 입주자대표회의가 강력해지고 관리수준 향상을 위한 관리자의 창의성도 제한적이 될 수밖에 없는 등 많은 문제점을 안고 있다. 따라서 우리나라의 공동주택관리에 대한 현황을 제대로 이해하려면 임대아파트와 분양아파트관리의 목표와 한계를 알아야 하고 관련 제도의 차이를 알아야 할 것이다.

3) 조직적 맥락

조직적(organizational) 맥락은 관련된 조직의 역사와 역할이 어떠했으며, 그 영향력이 어떻게 전달되는가에 관한 것이다. 이 맥락을 알기 위해서는 공동주거관리와 관련된 정부조직과 지방자치단체 및 주택관리사협회, 전국입주자대표회의 연합회, 위탁관리전문회사의 담당 직원들에 관한 규정 등 조직적인 차원에 대한 이해가 있어야 한다. 공동주택관리 조직의 실태 및 체계화 전략을 알기 위해서는 정부조직과 지방자치단체의 관리감독 기능, 주택관리사협회와 위탁관리전문회사 등의 교육기능 등에 대한 분석도 이루어져야 한다. 조직의 역할과 관리자의 업무 등은 실제로 조직의 체계화와 지역적인 수준의 관리감독 기능이 어떻게 조직되어 기능하는가에 따라 나타나는 상황이 많이 달라지기 때문이다. 이러한 조직의 체계가 공동주거관리에 있어서 효율적이고 합리적으로 구성되어 있지 않다면 법체계와 시행령을 바꾸어서라도 개선이 되어야 한다. 그래야만 모든 사람들이 지켜야 할 규범으로서 그 기능을 발휘할 수 있고 공동주거관리 문화가 향상될 수 있을 것이다.

4) 작업적 맥락

작업적(operational) 맥락에서 고려되는 점은 최일선에서 일하고 있는 관리자들이 어떠한 상황에서 업무를 수행하는가 하는 점이다. 즉, 주택관리의 현장요인들, 일상적 관리에 영향을 미치는 관리사무소 실태, 관리활동의 범위, 관리사와 거주자의 관계 그리고 지역사회 연계 등이 어떻게 이루어져 있고 수행되는가 하는 것이다. 1970~1980년대의 공동주거관리의 목적과 시설수준에 비해 거주환경에 대한 거주자의 의식이 많이 향상된 2000년대의 관리현장은 많이 달라지고 있다. 과거에는 건물 위주의 유지관리가 중요했다면 현재는 옥외공간과 커뮤니티의 관리가 매우 중요해지고 있고, 관리사무소는 관리비를 징수하는 곳이기도 하지만 주민을 위한 서비스가 창출되는 곳으로서의 기능이 많이 강조되고 있다. 건축경과년수에 따라 단지 전체의 디자인과 경관설계가 달라졌고, 고도로 자동화된 기계실과 관리실의 위치나 업무의 성격 등도 많이 달라지고 있다. 뿐만 아니라 이제 입주자는 고객으로서 서비스를 제공받고 싶어하고 관리사는 끊임없이 서비스를 개발하여 고객의 편리하고 안락한 생활을 지원해야 할 뿐만 아니라 주거자산관리개념을 도입하여 주거단지의 자산가치를 상승시켜 관리해야 하는 임무까지 확대되는 경향이 있다.

5) 상호주관적 맥락

상호주관적(intersubjective) 맥락에서는 관리 서비스가 전달되는 방법과 수행되는 기능의 범위에 주목하고 있다. 주거관리 기능들이 최일선에서 일하고 있는 이들에 의해서 어떻게 수행되느냐 하는 것과 왜 그들이 다른 방법을 두고 특별히 그 방법을 수행하는가에 대한 것이다. 즉, 관리 일선에서 해석되고 협의되고 수행되는 서비스 전달의 구체적 측면으로서 현장에서 일하는 관리자들은 그들만의 경험과 믿음에 의존하여 일을 하게 되고 이렇게 해서 전달된 주거관리 서비스에 대하여 거주자들이 받아들이는 방식도 상호 주관적인 맥락에서 다루어진다. 관리사가 열의와 신념을 가지고 기획 아이디어를 동원하여 일을 하는가 아니면 습관적이고 구태의연하게 일을 하는가하는 것은 공동주택의 활력과 관리수준에 많은 영향을 미칠 수도 있다는 것을 알 필요가 있다. 따라서 주택관리사는 공동주택의 관리인으로서의 소양교육을 확실하게 받을 필요가 있고, 능력과 열의가 있는 관리사에게 더 많은 연봉수준이 제공될 때 관리사는 전문직으로서의 도약을 할 수 있을 것이다. 구체적으로는 주택관리사의 공동주택관리 업무에 대한 인식과 태도, 거주자의 관리사무소와 관리사에 대한 인식과 태도, 주택관리사에 대한 처우와 직업의식이 어떻게 되어 있는지 이해하고 그 개선을 도모할 때 주택관리사가 일하는 상호주관적 맥락을 향상시킬 수 있을 것이다.

2 우리나라 공동주거관리의 배경

사회적으로 지지되는 믿음과 가치는 사회구조 속에서 끊임없이 재형성되며, 이렇게 형성된 이데올로기는 관련 기관의 활동을 통해 나타나게 된다(Franklin, 1998). 여기에서는 사회적으로 공동주거관리가 어떠한 의미를 갖는지 바라보는 시각이 중요하므로 공동주거관리의 맹아기부터 성숙기까지 주택관리사라는 직업의 창출과 이에 대한 사회적 인식 및 그 변화를 알아본다.

1) 공동주거관리의 맹아기(1987년 이전)

우리나라는 경제발전과 맞물려 주택부족문제를 해결하기 위해 공동주택이 급격히 증가되었다. 그러나 주택이 절대적으로 부족한 시기에 사회적 관심은 주택의 건설에 집중되었다. 특히 공동주택 공급 초기인 1960년대는 공영주택[1]에 있어서의 입주자관리, 관리조직 등에 대해 공공정책적 관심에 그쳤고, 1962년 마포아파트가 준공되어 민간시장에서 아파트가 공급되기 시작하면서 점차 초보적인 수준에서의 관리문제가 거론되었다.

이러한 상황 속에서 우리의 인식을 깨우는 일대 사건이 발생하게 되는데, 이는 다름 아닌 1970년 와우아파트 붕괴사건이다. 이로 인하여 정부는 아파트 진단반을 구성하여 건축물에 대한 안전을 진단하게 되었으며 일반인들도 건축물의 하자 및 보수에 대하여 관심을 갖는 계기가 되었다(박소연, 1997). 이처럼 건축물의 안전조차 보장할 수 없고 주택관리에 대해 무지했던 것이 1970년대의 우리나라 공동주택관리의 현주소였다.

1970년대를 지나면서 경제발전, 경제적 안정과 함께 주택공급수준도 꾸준히 향상되었다. 그에 따라 공동주택관리에 대해 서서히 관심이 증가되었으며, 마침내 1979년 11월 21일 공동주택관리령이 제정되면서 공동주택관리를 제도로 흡수하여 정책을 펼치기 시작하였다. 공동주택관리령을 제정하면서 공동주택관리에 대한 규정과 지침들을 마련한 것은 공동주택이 공공재이자 사회재적 가치를 지닌 대상임을 보여 주고 있다. 특히 1977

1) 공영주택법에 의한 지방자치단체나 대한주택공사가 정부로부터 보조를 받아 공영주택을 건설하여 서민들에게 공급함으로써 국민의 주거생활 안정을 목적으로 공급한 주택

년에 제정된 '주택관리인' 제도는 주택관리를 전문적으로 수행하는 직업을 명시하여 주택관리종사자에 대해 제도적인 접근을 시도하게 하였다.

공동주택관리령 제정을 통해 주택관리인 제도 신설, 입주자대표회의 법제화, 입주자 등의 권리의무 등 공동주택관리에 관여하는 각 주체의 의무와 권리가 논의되었고 하자보수, 회계업무기준 등 관리업무에 대한 사회적인 인식이 싹트기 시작하였다. 하지만 여전히 이 시기는 정책적 · 사회적으로 주택을 공급하는 데 주력한 시기로서 안전관리, 유지관리업무를 중심으로 하여 물리적 측면의 공동주택관리에 관심이 한정되어 있었다.

2) 공동주거관리의 확산기(1987~2005)

대단지 아파트 건설, 신도시건설계획 발표 등 1980년대 후반에 들어서면서 우리 사회의 공동주택은 급격히 증가되었다. 1987년 12월 주택건설촉진법 개정 시에는 공동주택관리에 있어 획기적인 계기가 마련되었는데 주택관리사 및 주택관리업자의 등록과 취소, 영업정지 및 처벌 규정 등 주택관리업자 제도가 신설되었다. 이에 따라 1989년에는 주택관리사제도 시행을 위한 제도가 만들어졌고 1990년에 제1회 주택관리사(보)가 배출되었다. 이러한 제도권에서의 주택관리사 양성은 그동안 사적인 계약관계에 의한 주택관리인을 공적인 전문자격인으로 양성해야 한다는 사회적인 공감대가 뒷받침되어 이루어졌다. 1983년, 날로 늘어나는 아파트의 효율적 관리를 위해 공동주택 전문관리사 면허제를 도입한다는 정부발표가 있은 후 7년 만에 제도가 시행되었고, 1993년 12월 개정 시 주택관리사보만 시험에 의하여 배출되도록 개정되었으며, 1997년부터 일정 규모와 시설을 가진 공동주택에 주택관리사(보)의 채용이 의무화되었다.

주택관리사제도 시행과 함께 공동주택관리는 보다 전문적이고 체계적으로 변화되는 것 같이 보였으나, 당시의 주택관리는 대부분 물리적인 측면에서의 유지 · 관리에 초점을 맞추고 있으며, 일반인들의 공동주택에 대한 무관심, 일부 공동주택관리에 종사하는 인력의 부도덕성 등은 여전히 개선되지 않고 있었다. 법률 개정 등 사회적으로 관리문제를 해결하고자 했던 노력에도 불구하고 주택관리의 기존체계는 여전히 구조적인 한계와 전근대적인 관리관행을 갖고 있었으며, 이러한 관행 속에서 주택관리사는 소신 있게 전문인으로서 그 역할을 다 하지 못하고 있었다.

관리비를 둘러싼 재정 운영비리가 사회문제로 대두되기 시작하면서 아파트관리에 대한 일반인들의 관심도 증가하였다. 이와 맞물려 시민단체와 함께 거주자들 스스로

'살기 좋은 아파트 마을 만들기' 캠페인을 활성화하면서 이기적이고 개인화된 아파트 주민들의 공동체 생활에 대한 반성이 일었고, 주거생활 서비스 제공이란 측면에서의 생활관리 문제를 공동주택관리의 중요한 업무로 인식하기 시작하였다.

그 후 주택관리사 자격제도뿐만 아니라 하자보수규정, 장기수선충당금(당시의 법적 용어는 특별수선충당금), 안전점검, 공동주택관리규약의 내용 강화, 주택관리업 등록기준, 분쟁조정위원회의 구성, 임차인대표회의에 관한 규정 등이 추가되고 조정되면서 공동주택관리에 대해 정부의 정책이 꾸준히 전개되었다. 이와 더불어 아파트 거주민들의 공동주거관리에 대한 관심과 직간접적인 참여도 활성화되었다. 또한, 시민들의 아파트 관리교육, 공동체 활성화 등을 목표로 YMCA, 경실련과 같은 시민단체에서도 적극적으로 공동주택관리에 관여하는 등 2000년대 들어서면서 우리 사회는 공동주택관리에 대해 관심을 갖고 보다 나은 공동주거관리 문화를 만들어나가야 한다는 사회적인 공감대가 형성되었다.

3) 공동주거관리의 성숙기(2006년 이후)

2000년대를 지나면서 주택보급률 100% 달성 등 양적인 주택시장 안정과 함께 이제 아파트는 더 이상 공급만이 목표가 되어서는 안 된다는 국민적 공감대가 형성되었다. 이러한 사회적 인식으로 인해 주택건설을 주 목적으로 그동안 우리나라의 주택시장과 주택정책을 이끌어 온 주택건설촉진법이 2003년에 폐지되었고, 주택문제를 전반적으로 다루는 주택법으로의 개정이 이루어짐으로써 주택관리의 중요성이 그 어느 시기보다 강조되기 시작하였다.

이러한 맥락하에 주택관리사의 역할과 위상에 대해서도 새로운 논의가 시작되고 있다. 2006년 3월에 개최된 주택관리사 자격시험제도 공청회에서는 시험과목의 추가, 시험문항수 조정 등 주택관리사의 질적 향상을 위한 주택관리사 시험제도의 개선방향이 논의되었다. 주택관리사의 자질향상을 위해서는 단순한 시험제도로 양성하는 현 시험체제를 보완하여 실습, 관련 기관에서의 교육을 통해 주택관리사가 양성되어야 하며 또한 자산관리, 생활관리와 같이 시대의 변화에 대처할 수 있는 능력을 갖춘 관리인이 양성되어야 한다는 주장이 피력되었고, 정책입안자, 학계, 업계, 주택관리사 모두에서 그 개선의 필요성이 공감대를 형성하였다.

이러한 변화의 배경에는 주택관리 현장의 급격한 변화 또한 큰 작용을 하였다. 최첨단 설비를 갖춘 고급아파트의 등장, 홈페이지를 통한 아파트관리에 대한 관심 및 참여, 소득수준의 향상과 함께 보다 높은 서비스를 요구하는 거주민들의 요구 등은 주택관리사에게 새로운 역할을 기대하고 있다. 다양한 최첨단 공동주택의 공급과 커뮤니티 공간 제공에 따른 입주자 공동체 지원, 고품격의 외부정원 디자인 등 공동주택의 새로운 디자인과 시설설비, 거주자의 의식향상으로 인해 관리자의 서비스정신과 입주자들의 참여의식, 자원의 활용이 중요해짐에 따라 과거와 같은 주택관리사(보) 자격시험만으로는 대처하기 어려워지고 있다.

최근 거주자 및 관리사들을 대상으로 한 설문조사 결과에 따르면, 관리사무소가 소극적으로 현상유지적 관리에 국한하여 일을 하기보다는 더 적극적으로 아파트 가치를 높일 수 있는 관리를 해야 하는지에 대한 질문에 입주자들의 91.6%가 매우 필요 혹은 필요하다고 답했으며 관리자들도 84.9%가 매우 필요 혹은 필요하다고 하였다(인택환, 2005). 이는 사회 전체적으로 아파트 가치를 높이는 관리, 즉 자산관리에 대한 필요성을 강하게 느끼고 있음을 보여 주는 것이다.

앞으로 주택관리사들은 시설물 유지관리와 운영관리, 공동체 활성화에 이어 자산관리 측면에까지 그 업무영역이 확대되어야 하며 주택관리사들은 자격증에 대한 대우를 요구할 것이 아니라 업무처리 능력에 합당한 대우를 요구해야 할 것이다. 그러기 위해서는 전문지식 습득을 위한 꾸준한 노력과 어떠한 상황에서도 대처 가능하도록 자기 개발을 해야 할 것이다.

3 우리나라 공동주거관리 제도

사회적으로 구축된 믿음과 삶의 조직, 즉 이데올로기는 사회조직을 받치는 토대가 되지만 이러한 삶의 토대는 바로 기관의 제도적인 활동으로 사회에 표출되고 정교화된다. 즉, 사회적으로 공유되고 있는 믿음을 어떻게 제도화하는가 하는 제도적 수준을 통해 공동주거관리 제도가 완성되게 된다.

2007년 현재 주택법 제5장에 규정되어 있는 관리내용의 골자는 다음과 같다. 우선 관리 주체와 관련하여 관리방법, 공동주택관리규약, 관리비, 담보책임 및 하자보수, 장기수선계획, 리모델링에 따른 특례, 안전관리와 안전점검, 장기수선충당금의 적립, 공동주택관리 분쟁조정위원회, 주택관리업, 주택관리사의 자격, 공동주택관리 감독에 관한 사항이 법률로서 주택법에 존재하고 있다.

주택관리사 등 전문관리인의 양성에 관해서는 1987년 주택관리사 제도의 도입과 주택관리업자에 관한 규정을 두어 제도적 차원에서 접근하기 시작하였다. 국가고시 자격시험에 합격하면 주택관리사보 자격이 주어지고 자격 취득 후 일정기간 실무경력을 쌓아 자격을 인정받으면 주택관리사 자격이 주어진다. 주택관리업의 경우 일정 자본금과 기술인력 장비 등을 갖추고 신고하면 위탁관리를 할 수 있도록 하고 있다. 분양공동주택에서 의무관리대상 공동주택은 관리방식과는 상관없이 주택관리사(보)인 유자격자를 관리사무소장으로 두도록 하고 있다.

입주자대표회의와 관련해서는 입주자대표회의의 구성시기와 방법, 임원과 업무범위 등에 대한 내용이 규정되어 있다. 현재 관리업무 수행에 있어서 관리사무소장과 입주자대표회의 간의 불분명한 업무범위로 인해 잦은 마찰이 빚어지고 있는 실정이다.

관리규약의 경우 주택법시행령 제57조에는 20가지의 준칙이 포함되도록 구체적으로 규정하고 있으며, 관리비 역시 법정관리비와 기타 사용료에 대한 세부항목이 설정되어 있다. 장기수선충당금은 장기수선계획과 맞물려 있으나 장기수선충당금의 사용에 있어서는 장기수선계획에 따라 사용하도록 법에서 정하고 있음에도 불구하고 적립과 사용 기준에 문제점을 드러내고 있다.

본 절에서는 우리나라의 공동주거관리의 적용법규 관련 체계와 공급 및 관련 제도에 대해서 서술한다.

1) 공동주거관리의 적용법규

공동주거관리 적용법규 체계

공동주거관리에 관한 법률로는 주택법, 임대주택법, 민법, 집합건물 소유 및 관리에 관한 법률(이하 '집합건물법'이라 한다)이 있으며, 각 시설관리에 적용되는 시설물안전관리에 관한 특별법, 전기사업법, 수도법, 소방법, 가스사업법, 승강기제조 및 관리에 관한 법률 등이 있다. 또한 관리사무소 직원관리를 위한 노동법, 연금법 등의 적용을 받으며, 관리비 등의 운영을 위해서는 기업회계기준을 적용받고 있다. 한편, 단지 내 헌법이라고 불리고 있는 표준관리규약에 근거하여 각 단지별로 입주민의 합의에 의한 관리규약이 관리현장에 적용되고 있다.

주택법 등의 공동주택관리 적용법규는 분양주택과 임대주택을 포함한 모든 공동주택의 관리를 규정하지 못하고 있으며, 있는 규정도 혼동되어 있어 체계적이지 못한 문제점이 있다. 임대주택법상의 공동주택에 대해서는 임대주택법에서 특별히 규정하고 있는 관리규정 이외에는 주택법을 적용하며, 주상복합은 주거비율이 90%를 넘거나 300가구를 넘을 경우 (구)주택건설촉진법상 사업계획승인 대상에 포함됨에도 불구하고 관리규정에 대해서는 주택법시행령의 하자보수 규정만을 적용하고 있다. 주상복합 공동주택에 대한 주택관리사의 의무배치가 국회본회의(2007. 4. 2.)에서 통과됨에 따라 장기수선계획 수립 의무대상 배제에 따른 그동안의 문제점 등은 개정 주택법의 시행이 2008년 4월 21일부터 실시되므로 점차 해소될 전망이다.

주택법과 집합건물법, 임대주택법

하나의 건물에 2세대 이상이 거주할 수 있는, 단독주택이 아닌 주택을 공동주택이라고 한다. 주택법은 주택건설사업승인을 받아 건축된 20세대 이상의 공동주택을 대상으로 하나, 주택법시행령 제48조의 의무관리대상 공동주택의 범위는 300세대 이상의 공동주택, 150세대 이상으로서 승강기가 설치된 공동주택, 150세대 이상으로서 중앙집중식 난방방식(지역난방방식을 포함)의 공동주택이 관리대상이 되고 있다. 따라서 20세대 이상과 300세대 미만 공동주택은 주택법에 규정된 관리규정의 일부가 적용되는 임의적 관리대상이 된다. 집합건물법은 20세대 미만의 공동주택과 주택법의 규정을 받지 않는 주상복합아파트 등 집합건물에 적용된다. 이러한 세대수(또는 설비)를 기준으로 한 주택법의 적용은 20세대 이상 300세대 미만의 임의관리대상 공동주택, 특히 100세대 미만의 소규모 공동주택에 대한 법령적용 시 문제가 발생하게 된다.

주택법과 집합건물법의 관계에 대해 살펴보면, 집합건물법 부칙 제6조에서는 집합주택의 관리방법과 기준에 관한 주택법의 특별한 규정은 이 법에 저촉하여 구분소유자의 기본적인 권리를 해하지 않는 한 효력이 있다고 규정하여 주택법 적용이 가능함을 규정하고 있다. 그러나 하자보수에 대해서는 입주민의 권익침해 문제가 제기되고 있다. 종전에는 집합건물법 제9조와 부칙 제6조에 의해 주택법의 하자보수의 경우에 담보책임에 대한 민법 제667조 내지 제671조를 적용하였으나 2005년 5월의 개정에 의해 부칙 제6조의 단서, 즉 '다만 공동주택의 담보책임 및 하자보수에 관하여는 「주택법」 제46조의 규정이 정하는 바에 따른다.'는 규정과 행정적인 간편절차로 하자보수를 규정한 주택법 제46조에 의해 하자보수기간이 10년 미만의 단기로 종료되게 되었다. 이는 입주자의 재판청구권과 재산권보전에 충분하지 못한 기간이라는 비판이 제기되어 현재 헌법소원이 제기 중[2)]이다.

임대주택법은 주택법의 특별법으로서 임대주택 관리방법의 결정, 임차인대표회의, 특별수선충당금의 적립 등을 규정하고 있으며, 임대주택의 관리에 관하여 특별히 정하지 않은 사항은 주택법을 적용하도록 규정하고 있다.

관리규약과 위수탁관리계약

공동주택에서는 공동생활을 하는 입주자 등의 다양한 이해로부터 주거생활을 안정시키고 공동생활의 합리적인 질서유지를 위하여 공동주택 전체로서의 인적 요소와 물적 설비를 규정할 법조항이 필요한데, 이러한 목적으로 만들어진 규범이 공동주택관리규약이다. 주택법은 시 · 도지사가 관리규약의 준칙을 정하도록 하고 입주자 등은 이 준칙에 따라 관리규약을 정할 수 있다.

이러한 관리규약에 대해서는 입주민 스스로 작성한 것이 아니라 행정관청이 정한 준칙에 따라 작성한다는 점을 들어 관리규약의 성격을 행정입법이라고 주장하는 견해가 있다. 그러나 관리규약은 비록 준칙을 참조했다 하더라도 공동생활을 하는 입주민의 합의에 의해서 제정된 자치규범에 불과하다. 행정관청에서 준칙을 만든 것은 관리규약에 주택법령의 관리에 관한 중요한 내용을 포함시키고 공동주택관리의 통일성을 기하려는 것이며, 현실적으로 각 공동주택마다 규약을 개발하기 어려움을 고려한 것에 불과하다. 행정입법은 그 성격상 공동주택만을 그 대상으로 할 수 없으며 입주민에 의한 자유로운 개정도 인정할 수 없기 때문이다. 주택법에 의하면, 관리규약의 변경은 입주자대표회의 또는 입주자 등의 10분의 1 이상이 제안하고 입주자 과반수가 서면동의하

2) 2005년 7월, 고양시의 H아파트 입주자대표회의가 대한주택공사를 상대로 제기한 손해배상 청구소송을 심리하던 서울고등법원 민사 6부는 아파트 하자보수기간을 정한 주택법 제46조제1항 및 제3항과 부칙 제3조는 재산권 침해의 위험성, 포괄위임금지원칙 위반 등으로 위헌소지가 있다며 헌법소원을 제기하였다(2007. 2. 21, 한국아파트신문).

는 방법에 의한다고 규정하고 있어 입주민에 의한 자유로운 개정을 허용하고 있다. 때문에 관리규약에서 정한 약속을 위반한 경우에 내는 벌칙금은 과태료가 아니고 위약금이라고 볼 수 있다.

위수탁관리계약은 입주자대표회의와 주택관리업자가 당사자가 되어 체결하는 계약이다. 계약의 특성은 위임계약이며 입주자대표회의는 공동주거의 관리라는 사무처리를 위임하고 주택관리업자는 선량한 관리자의 주의의무를 가지고 업무를 수행한다. 위수탁계약에서 정하는 내용은 당사자 사이에 책임과 의무, 채권과 채무를 발생시키며 공동주거의 관리에 영향을 미치는 규범으로 작용한다.

2) 공동주택의 공급 및 관리제도

공급제도의 이원화

공동주택은 소유권의 형태에 따라 분양공동주택과 임대공동주택으로 구분된다. 현재 우리나라 공동주택관리제도는 분양공동주택과 임대공동주택이 서로 다른 법의 적용을 받는 이원적인 법체제를 유지하고 있다. 분양공동주택은 주택법 등의 적용을 받으며, 임대공동주택의 경우 임대주택법에 규정된 바에 따라 주로 관리되고 있다. 관련 규정의 조항 수에 있어서도 분양공동주택과 임대공동주택의 관리는 차이를 보이고 있으며, 분양공동주택에 비해 임대공동주택의 관리는 제도적 보완이 많이 요구된다. 특히 이원화된 법 적용으로 인해, 분양과 임대가 혼재되어 있는 공동주택단지의 경우 통합적인 관리가 제대로 이루어지기 힘들며, 주민 간의 갈등도 초래되고 있다.

관리 주체의 경우 의무관리대상 분양공동주택에서는 주택관리사(보)를 관리사무소장으로 채용해 의무적 관리를 하도록 하고 있다. 2005년 12월 23일 개정된 주택법에 의하면 임대공동주택도 주택관리사 등을 관리사무소장으로 배치해야 한다. 하지만 채용된 관리사무소장의 소속과 성격은 조금 다르다. 분양공동주택의 경우, 자치관리일 때는 입주자대표회의에 의해 채용되며, 위탁관리인 경우는 위탁관리업체에서 파견한 유자격자가 관리사무소장으로 배치된다. 임대주택법에서는 300세대 이상이거나 승강기가 설치된 경우 또는 중앙난방인 경우는 임대사업자(사업 주체)가 자체 관리하거나 전문적인 주택관리업자에게 위탁관리하도록 되어 있다. 임대공동주택은 단독주택 등과 달리 소유자, 즉 임대사업자가 거주하는 주택이 아니라 세입자가 거주하는 주택이므로 관리비 · 사용료 및 장기수선충당금의 징수와 적립에 관한 체계에 있어서 분양공동주택과의 형평성을 고려해 제도적으로 보완할 필요가 있다. 사실 선진국의 관리제도는 임대공동주택의 관리과정에서 발전하였으며, 임대주택의 경우 주택관리사의 역할과 자질이 더욱 중요하므로 제도적 보완을 통해 주택관리사의 자질을 향상시켜야 한다.

●● 임대아파트의 공급과 관리제도

임대주택이란 임대를 목적으로 제공하는 건설임대주택 및 매입임대주택을 의미한다. 건설임대주택은 임대사업자가 임대를 목적으로 건설하여 임대하는 주택 또는 주택건설사업자가 분양되지 않은 주택을 임대사업자 등록을 마치고 임대하는 주택이다. 그 종류로는 공공건설임대주택과 민간건설임대주택[3]으로 구분된다. 또한 매입임대주택은 임대사업자[4]가 매입 등에 의하여 소유권을 취득하여 임대하는 주택을 말한다.

임대주택 정책은 1971년 대한주택공사가 지은 개봉아파트를 시점으로 출발되었으며, 임대주택 정책이 본격적으로 시작된 것은 1982년 임대주택 육성방안이 발표되면서부터이다. 임대주택 정책이 제도적 기반을 마련하기 시작한 것은 1984년 임대주택건설촉진법을 제정하면서부터였으며, 이때부터 임대주택 공급이 확대되었다. 1993년 임대주택법

표 2-1 임대주택 공급현황

(단위 : 천 호)

구 분	1997	2001	2002	2003	2004	2005	기간별 증가실적		
							'97~'05	'98~'02	'02~'05
임대주택재고	584,439	919,721	1,021,477	1,046,086	1,150,054	1,243, 331	658,892	428,647	221,854
장기임대 (영구/50년/ 국민)	222,339	279,118	288,733	303,669	330,130	358,672	136,333	49,643	49,643
사원/공공임대	333,984	562,979	644,043	682,423	694,474	674,938	340,954	327,989	30,895
매입임대	28,116	77,624	88,701	59,994	125,450	209,721	181,605	51,015	121,020

자료 : 건설교통부 홈페이지 www.m ltm.go.kr

3) • 공공건설임대주택 : 국가 · 지방자치단체 · 주택공사 및 지방공사에서 공급하는 것으로 국민주택기금의 지원을 받아 건설, 공급하는 주택
• 민간건설 임대주택 : 공공건설 임대주택 외의 민간에 의해 건설된 임대주택

4) 국가, 지방자치단체, 대한주택공사, 지방공사 또는 주택임대사업을 하기 위하여 등록한 자

으로 개정되면서 매입임대사업 활성화 등 민간사업자의 참여가 확대되었으며, 1998년 국민정부 출범 이후 국민임대주택의 공급과 중형임대주택의 공급을 필두로 서민들의 주거안정을 위한 정책이 본격화되면서 정부재정지원에 의한 공공임대주택인 국민임대주택 공급이 시작되었다. 1997~2005년 사이 가장 많이 공급된 임대주택 유형은 사원임대주택 및 공공임대주택으로 이 기간 중 공급된 전체 임대주택 재고의 절반 이상을 차지하고 있다.

1993~1994년에 제정된 임대주택법에서는 임대주택의 공급과 관리에 관한 사항을 모두 규정하고 있으며, 임대주택의 건설에 관한 사항은 주택법 등의 적용을 받고 공급과 관리에 관한 사항 중 임대주택법에 규정되어 있지 않은 사항은 주택법 등[5]을 준용하도록 하고 있다.

임대사업자는 대통령령이 정하는 규모[6]의 임대주택에 대해서는 주택관리업자에 의한 위탁관리를 하거나 자체 관리를 하도록 하고 있다. 그러나 국가 · 지방자치단체 · 대한주택공사 또는 지방공사의 경우에는 대통령령이 정하는 방법에 따라 관리할 수 있도록 예외를 두고 있다. 또한 20호 이상의 임대공동주택의 경우 임차인대표회의를 구성할 수 있으며, 이들은 관리규약의 제정 및 개정, 관리비, 공용부분 · 부대시설 및 복리시설의 유지 · 보수, 기타 대통령령으로 정하는 임대주택 관리에 관한 사항에 대해 임대사업자와 협의할 수 있도록 하였다.

대통령령이 정한 규모의 임대공동주택 임대사업자는 주요시설의 교체 및 보수에 필요한 특별수선충당금을 적립하도록 임대주택법에 강제규정을 두고 있으며, 그 요율과 사용절차 등에 대해서도 임대주택법 시행령에서 규정하고 있다. 임대공동주택의 관리비 비목은 분양공동주택의 그것과 동일하며, 전기료 등 사용료의 대행징수도 동일하게 적용하고 있다.

임차인 선정과 관련해서는 '주택공급에 관한 규칙' 제31조와 제32조의 규정을 준용하고 있는데, 영구임대주택과 국민임대주택으로 나누어 선정기준이 마련되어 있다. 영

---

5) 주택법 시행령 제46조 ①에는, 임대를 목적으로 하여 건설한 공동주택에 대해 주택법 제47조(행위허가 등의 기준 등) · 제55조(관리 주체의 업무 등) · 제57조제3항(입주자 등의 행위 허가) · 제59조(사업주체의 하자보수) 내지 제62조(내력구조부의 하자보수 등) · 제64조(시설물의 안전관리) 및 제65조(공동주택의 안전점검)의 규정에 한하여 적용한다고 명시되어 있다.

6) 임대주택법 시행령 제15조 ① "대통령령이 정한 규모"

1. 300세대 이상의 공동주택
2. 승강기가 설치된 공동주택
3. 중앙집중식 난방방식의 공동주택

구임대주택[7]은 생활보호대상자 등을 공급의 대상으로 하며, 50년 공공임대주택은 재개발이나 주거환경개선사업을 통해 건설된 경우 당해 지역의 철거민을 대상으로 한다. 그 밖의 경우는 청약저축가입자를 중심으로 공급되고 있다. 그러나 임대주택 공급대상이 저소득층인 만큼 임대보증금 및 임대료, 관리비 등의 부담이 문제시되고 있으며, 물리적인 주택공급만으로는 저소득층의 주거안정을 꾀하기 어렵다는 지적을 받고 있다.

현재 공공임대주택[8]의 관리와 관련하여 정하고 있는 사항은 입주자 선정, 임대의무기간, 임대보증금과 임대료 결정, 임차인대표회의 관련 등이다. 공공임대주택의 관리는 지방자치단체, 대한주택공사, 지방공사가 임대사업자로서 관리를 책임지고 있기 때문에 민간임대주택 등에 비해 적용받는 법 규정의 정도가 약하다.

현재 우리나라 임대공동주택의 관리자는 서비스 제공자라기보다는 감독자의 성격이 강하다. 공공임대주택의 경우 고령인구의 비중이 높고 소년소녀가장 가구 및 모자 가구가 다른 임대주택에 비해 많다. 따라서 이들에게 제공되어야 하는 서비스가 공동주택단지를 중심으로 이루어져야 함에도 불구하고, 관리 서비스는 매우 열악한 실정이다. 관리자는 임차인의 전대금지 등 법에서 금하고 있는 사항을 잘 준수하고 있는지 감독하여, 이를 어길 시에는 퇴거명령까지도 할 수 있기 때문에 분양주택의 관리자와는 다른 강압적인 분위기를 띠는 것이 사실이다.

분양아파트의 공급과 관리제도

1970년대 이후 경제성장에 따른 중산층의 팽창으로 주택수요가 증가하는 동시에 아파트 투자가 가계증식의 수단으로 인식되면서 분양공동주택의 공급이 급격하게 늘어나기 시작하였다. 부동산 붐과 때맞추어 정부가 민간건설업체들을 주택건설에 참여하

---

7) 1988에서 1992년 사이 한시적으로 공급되었으며, 이후 중단되었다.

8) 임대주택법 시행령 제14조에서는 '대통령령이 정하는 임대주택'을 공공건설임대주택으로 규정하고 있다.
[임대주택법 시행령 제2조] 1. 공공건설임대주택 : 다음 각목의 1에 해당하는 주택을 말함.
가. 국가 또는 지방자치단체의 재정으로 건설 · 임대하는 주택
나. 「주택법」 제60조의 규정에 의한 국민주택기금(이하 '국민주택기금'이라 한다)의 자금을 지원받아 건설 · 임대하는 주택
다. 공공사업에 의하여 조성된 택지(이하 '공공택지'라 한다)에 「주택법」 제16조의 규정에 의한 사업계획승인을 얻어 건설 · 임대하는 주택

도록 유도 · 권장하는 정책이 시행되었으며, 대규모 주택건설업체들이 등장하면서 주택건설은 대량생산 체제를 구축하게 되었다. 1980년대 후반, 막대한 자금이 건설시장으로 유입되면서 주택건설 특히 아파트 건설이 급격히 증가하였다. 1990년대 말 출범한 국민의 정부는 성장보다는 분배와 복지를 강조하였다. 양적인 성장에서 질적 성장으로 정책방향이 바뀌었으며, 이는 2003년 주택건설촉진법이 주택법으로 전면 개정되면서 가시화되었다. 이는 건설이 아닌 관리의 중요성이 강조되기 시작했음을 의미한다.

우리나라 공동주택관리제도는 지방자치단체나 대한주택공사가 건설하는 공영주택에 대한 건설 및 관리를 목적으로 1963년 제정된 공영주택법에서 시작되었다. 그 후 1972년 주택건설촉진법이 제정되면서 관련 조항이 계속 증가하였다. 공동주택 관리의 제도적인 틀이 잡히기 시작한 것은 1979년 11월 공동주택관리령과 12월 공동주택관리규칙이 제정되면서 부터였다.

초기의 공동주택관리제도는 기본적인 수준에서의 주택 및 복리시설 관리기준과 입주자의 의무규정이 주류를 이루었다. 그러다가 1980년대 중반[9]부터는 공동주택의 노후화 방지를 위한 장기대책 수립, 각종 안전사고의 방지, 주거환경 보전, 자산가치의 유지, 주거생활의 안정, 회계사고의 예방대책 및 입주자 권익보호, 주택관리업 및 주택관리사 제도 도입 등 관리의 전문화를 유도하는 방향으로 제도가 발전하였다(서울시정개발연구원, 1995). 공공재와 자산의 관리란 측면에서 유지관리 및 회계관련 규정에 주안점을 두던 제도적 방향이 1990년 후반부터 입주자의 권익에 대한 요구에 부응하여 이와 관련된 조항이 신설되고 정비되기 시작하였다. 입주자의 권익보호와 삶의 질 향상, 공동체 형성 등 관리의 새로운 분야가 부각되기 시작한 것이다.

4 공동주거관리의 관련 조직

공동주거관리에 대한 사회적인 믿음과 제도는 이를 집행하고 사용하는 여러 관련 조직을 통해서 표출되게 된다. 조직은 그 성격에 따라 다양한 양상으로 나타나게 되기 때

9) 1983년 장기수선계획 수립 의무화, 1984년 장기수선계획의 작성 및 수립대상시설과 표준수선주기 및 수선율, 산정방법, 충당금 예치기준 마련

문에 조직으로서의 주거관리와 관련된 요소들과 그 역사를 이해하는 것은 필수적이며 이를 바탕으로 현재의 구조와 기능을 검토할 수 있게 된다.

공동주거관리의 관련 조직은 그 성격에 따라 첫째, 공동주거관리에 관한 법을 제정하고 이에 대한 정책을 수립하고 집행하는 정부(건설교통부) 및 지자체의 주택관리 담당부서가 있다.

둘째, 아파트 관리업무는 단지 내 의결과 집행이라는 두 축의 상호작용에 의해 이루어지는데 한쪽은 주택관리업무에 대한 의결기능을 수행하는 입주자대표회의와 이들의 모임(전국아파트연합회, 전국입주자대표회의연합회 등)이 있다. 다른 한쪽은 관리업무를 수행하고 있는 주택관리사 및 이들의 모임(대한주택관리사협회)이 있으며, 영리를 목적으로 관리업을 하는 주택관리회사와 이들의 협회(한국공동주택전문관리협회)가 있다.

셋째, 비영리단체로서 입주자의 권익보호 및 공동체 향상 등을 도모하고자 하는 각종 시민단체가 공동주거관리에 관여하고 있다.

1) 공동주거관리 관련 정부조직

공동주택관리와 관련된 광역시 · 도의 참여범위

공동주택관리와 관련하여 우선 시 · 도지사는 공동주택관리규약 준칙을 주택법 시행령 제57조의 내용에 따라 정하도록 되어 있다. 또한, 장기수선계획에 대한 교육을 실시하고 이를 위해 교육수탁기관을 선정하여 실시해야 한다. 한편 주택관리사보 합격증서를 교부하는 등 주택관리사의 자격에 대한 업무를 담당하며 그와 함께 관리소장은 공동주택관리를 위한 주택관리사보의 배치현황을 시 · 도지사에게 신고하도록 되어 있다.

표 2-2 공동주택관리와 관련된 광역시 · 도의 참여범위

구분	시·도
공동주택관리규약	시 · 도지사는 공동주택관리규약의 준칙 정함(법 제44조제1항)
장기수선계획	시 · 도지사가 실시하는 장기수선계획의 비용산출 및 공사방법 등에 관한 교육실시(법 제47조제3항)
관리사무소장의 업무 등	관리사무소장은 주택관리사보의 배치내용을 시 · 도지사에게 신고(법 제55조제4항)

하지만 법률개정으로 주택관리사보 자격시험은 2006년 하반기부터 주택공사가 위탁[10] 받아 실시하게 됨으로써 이에 대한 시 · 도지사의 책임범위는 조정될 것으로 보인다.

공동주택관리와 관련된 시 · 군의 참여범위

시장 · 군수 · 구청장은 입주자들의 행위 전에 허가를 하고 신고를 받도록 되어 있으며 리모델링에 대해서도 허가를 받아야 한다. 그리고 공동주택단지의 관리방법을 결정한 후 입주자대표회의는 사업 주체에게 통지함과 동시에 시장 · 군수 · 구청장에게 신고하여야 하며 시장 · 군수 · 구청장은 입주자대표회의의 구성원을 대상으로 대표회의 운영에 대한 교육을 실시할 수 있다.

한편, 시장 · 군수 · 구청장은 사용검사일로부터 10년 이내에 공동주택의 구조안전에 중대한 하자가 있다고 인정하는 경우 안전진단기관에 의뢰하여 안전진단을 실시하도록 되어 있다. 시장 · 군수 · 구청장은 관리자를 대상으로 안전교육과 방범교육을 실시할 수 있으며 관리 주체는 안전점검 결과 위해의 우려가 있을 경우 시장 · 군수 · 구청장에게 보고하여야 한다. 이와 함께 시 · 군 · 구에 공동주택관리 분쟁조정위원회를 설치하여야 하며 그 외 시장 · 군수 · 구청장은 주택관리업체에 대한 관리를 하여야 한다(부록 1 참조).

이상의 법률 내용의 검토에서 알 수 있듯이 공동주택관리와 관련하여서는 광역시보다는 시 · 군 · 구의 지방자치단체에게 그 역할이 더 많이 요구되고 있음을 알 수 있다. 지방자치단체의 공동주택관리업무와 관련하여 최근 가장 이슈가 되고 있는 것은 공동주택관리 지원제도와 공동주택관리 분쟁조정위원회라 할 수 있다.

공동주택관리 지원제도 시행

공동주택 내 공용시설물의 유지보수에 대한 행정기관의 합법적 지원이 가능해지면서 현재 지방자치단체에서 지원조례를 이미 제정하였고 점차 확대되고 있는 추세다. 주택법 제43조제8항에는 지방자치단체의 장은 당해 지자체의 조례로 정하는 바에 의하여 관리 주체가 수행하는 공동주택의 관리업무를 위해 필요한 비용의 일부를 지원할 수 있다고 규정되어 있다.

---

10) 주택관리사보 자격시험은 공동주택관리의 전문화를 위해 1990년 제1회부터 2004년 제8회까지 건교부에서 격년제로 시행해 왔는데 2006년부터 주공이 업무를 위탁받아 주관하고 있으며 매년 시험을 실시할 계획이다.

조례로 적용하였으나, 각 지방자치단체에서 규정하고 있는 공통적으로 나타나는 항목은 다음과 같다. 조례의 목적, 적용범위, 지원대상, 보조금비율, 보조금 신청 및 교부, 지원방법, 심사위원회에 대한 내용이 그 중심이다. 적용범위는 보통 주택법과 도시 및 주거환경정비법에 따라 건설된 20세대 이상의 공동주택이라고 규정하고 있으며 조례에 따라 다른 규정을 두고 있기도 하다. 지원대상은 대부분 단지 내 주도로와 하수도, 어린이놀이터, 공원, 체육시설, 경로당, 담장, 주차장 등 여러 시설물의 유지보수를 위한 비용지원이다.

경기도의 경우 보조금 교부절차에 대해 각 지자체마다 약간의 차이는 있지만 대부분의 시군이 보조금을 교부받고자 하는 주체가 보조금 교부신청서를 작성, 시장에게 제출하고 시장은 사업과 예산의 적정성을 검토한 후 보조금 교부를 결정하고 통보하는 형식을 가지고 있다. 통보받은 관리주체는 입주자대표회의의 의결을 거쳐 보조금 신청서를 시장에게 제출하고 이에 시장은 현장조사와 위원회의 심의를 거쳐 지원여부를 결정하게 된다.

공동주거관리 관련 지원은 지방자치단체와 같은 공동기관이 단순한 행정지도와 감독을 넘어서 아파트단지와 함께 능동적이고 적극적인 관리활동에 참여한다는 면에서 그 의미가 크다고 볼 수 있다. 하지만 단독주택단지와의 형평성을 고려하기 위한 공동주택단지의 관리업무 비용지원은 보다 형평성 있고 공정한 공공재원의 투입이라는 명제하에 꾸준히 그 제도를 발전시켜 나가야 할 것이다. 그 문제점으로는 첫째, 이러한 지원이 주거환경 개선의 효과는 가져오겠지만 몇몇 공동주택단지의 자산증식에만 일조를 할 뿐 공공재원이 투입되어 일반적으로 나타날 수 있는 효과(사회적 통합, 재분배, 불특정다수의 이익 등)를 기대하기 어렵다는 점이다. 둘째, 현재의 지원이 대부분 물리적 시설보수에만 국한되어 있다는 점이다. 공동주거관리에 있어 가장 큰 문제점 중의 하나는 주민의 무관심을 극복하기 위한 공동체 활성화 프로그램과 같은 소프트웨어 측면의 비용지원이다. 이는 장기적으로 볼 때 바람직한 주거관리 문화를 이끄는 데 더 중요할 것이기 때문이다. 셋째로 현재 공동주택관리 지원제도는 각 지자체의 현실을 감안하여 각 조례로 정하도록 되어 있으나 보조금의 지원, 목적, 사후감독 등에 대해 각 지자체별로 다르게 나타나고 있어 공공재원의 형평성 있는 사용을 위해서는 일정 부분 표준화된 비용지출 기준이 마련되어야 할 것이다.

공동주택 분쟁조정위원회

주택법에는 공동주택에서 발생할 수 있는 각종 분쟁을 조정하기 위해서 지자체별로 분쟁조정위원회를 둘 수 있다고 규정하였으나, 2006년 2월 24일 시행되는 주택법 개정에는 지자체에 공동주택관리 분쟁조정위원회 상설기구로 구성하도록 하고 있다. 따라서 공동주택관리 분쟁조정위원회가 구성되지 않은 지방자치단체에서는 공동주택관리 분쟁조정위원회를 의무적으로 구성해야 한다(제52조제1항). 2005년 1월 현재 수도권 지역(서울, 경기, 인천) 가운데 분쟁조정위원회와 관련된 조례를 설치한 곳은 총 66개 지자체 중 24개로 나타나 운영이 미비하였으나, 법률개정을 통해 활성화될 것으로 기대된다.

분쟁조정위원회는 공동주택관리의 분쟁 등에 대해 조정하고 시장의 자문역할을 하게 되며 위원회는 위원장, 부위원장을 포함하여 10인 이내로 구성된다. 이 위원회에서 심의 · 조정할 사항은 다음과 같다.

- 입주자대표회의의 구성, 운영 및 동대표의 자격, 선임, 해임, 임기에 관한 사항
- 자치관리기구의 구성, 운영 등에 관한 사항
- 관리비 사용료 및 장기수선충당금의 징수, 사용 등에 관한 사항
- 공용부분의 유지, 보수, 개량 등에 관한 사항
- 공동주택의 리모델링에 관한 사항
- 그 밖의 분쟁의 조정이 필요하다고 지자체의 조례로 정한 사항

분쟁의 당사자는 공동주택 분쟁조정 신청서를 조정위원회에 제출하여 신청하고 위원회는 조정신청을 받은 날부터 60일 이내에 심사하여 조정안을 작성하도록 규정하고 있으며, 작성된 조정안을 각 당사자에게 제시하여 제시받은 날부터 15일 이내에 수락여부를 조정위원회에 통보하고 당사자가 수락하면 위원회는 15일 이내에 분쟁조정서를 작성하도록 되어 있다. 조정위원회의 조정절차에 필요한 비용은 조정의 각 당사자가 부담하며, 위원회는 필요한 경우 금융기관을 정하여 비용을 예치할 수 있다.

공동주택관리 분쟁조정위원회는 공동주택관리 관련 분쟁 등에 있어서 주민들이 스스로 해결하고 조정할 수 없는 부분에 대해 객관적인 입장에서 분쟁을 중재하기 위한 것이다. 이 위원회는 공동주택관리 시 나타날 수 있는 주체 간 모든 형태의 충돌에 대해 보다 심각한 해결방안을 선택하기 전에 행정적 차원에서 해결책을 모색할 수 있는 기회를 갖는 등 긍정적인 측면도 있다. 그러나 그 실효성을 높이고 분쟁조정위원회가 효율적으로 운영되기 위해서는 전문인력의 확보와 수사권 확대 등이 마련되어야 한다.

2) 주택관리사 및 단체

주택관리사 등(주택관리사, 주택관리사보)

주택관리사의 기본적 임무는 법에서 규정하고 있는 관리업무를 수행하는 것이다. 이러한 법에서 규정한 업무를 수행하기 위해서 주택법에는 주택관리사 및 주택관리사보에 대한 자격규정을 두고 있다.

아파트관리와 관련된 비리의 원인 가운데 하나는 관리 주체의 책임의식 결여, 입주자대표회의의 관리 주체에 대한 월권 내지 적절한 감독기능이 적절히 작동되지 않는다는 것이다. 현실적으로 관리 주체와 입주자대표회의와의 관계는 관리계약에 의해 맺어지는데 현재 대부분 공동주택에서 체결되는 공동주택 위 · 수탁관리 계약서는 형식상 위임계약의 성격을 띠고 있다. 그러나 실제 관리업무 집행형태를 보면 관리사무소장을 포함하여 관리사무소 종사자들의 급여를 지급할 때 입주자대표회의 의장의 결제를 얻어 지급하고 있어 자연히 입주자대표회의의 간섭이 많아질 수밖에 없고, 주택관리사들은 입주자대표회의의 간섭 때문에 전문적 역할을 발휘할 수 없다고 느끼게 된다. 따라서 관리방식과 상관없이 입주자대표회의에 의해 관리사무소 직원의 인사가 이루어지고 있으며 입주자대표회의의 업무 관여는 오히려 관리의 효율 및 전문성을 떨어뜨리고 있다는 비판이 일고 있다. 앞으로 주택관리사의 역할이 변화되고 그에 맞게 능력이 제고된다면 입주자대표회의의 기능은 관리감독보다는 참여로 그 활동이 전환되어야 할 것이다.

대한주택관리사협회

주택관리사협회는 주택관리사 또는 주택관리사보들이 회원으로 되어 1991년 2월 24일 창립되었으며, 그 이듬해인 1992년에는 건설부 산하 사단법인으로 인가되었다. 또한, 2004년 1월 14일에는 주택법 제81조제2항 및 제82조제1항에 의거한 정식 법정단체로 인가되었다(인가증번호 : 건교주택 제2004-1호). 협회의 목적은 주택관리사 등의 경제적 · 사회적 지위향상을 위해 노력하며 주택관리에 관한 업무 등에 관한 연구와 그 업무의 효율적인 수행으로 공동주택 등의 관리능력을 개발 및 향상, 보호와 국가경제발전에 기여함을 목적으로 한다.

협회의 주요업무는 공동주택관리제도 개선을 위한 조사 및 연구, 주택관리사의 자질

향상 및 윤리의식 고취, 협회 및 공동주택 정보화기반 구축업무, 공동주택의 과학적·체계적 관리시스템 연구 및 개발, 주택관리사 권익보호 및 업무지원, 국내외 관련 업계와 교류 및 협력, 공동주택 입주자 민원상담 및 해결 등을 목적으로 하고 있다.

주택관리사는 주택관리사협회에 소속되어 능력향상을 위한 재교육과 권익신장을 위한 노력을 하는 것도 중요하지만, 위탁관리가 선호되는 현실에서 주택관리사는 주택관리업자가 설립한 전문관리기구에 소속될 수밖에 없다. 따라서 주택관리사협회는 위탁관리전문업체의 발전을 위해 만들어진 공동주택전문관리협회와 협력관계를 유지하면서 공동주택관리의 발전을 위해 기여해야 할 것이다.

3) 입주자대표회의 및 단체

입주자대표회의

주택관리현장에 있어 일선의 관리업무를 담당하는 관리사무소가 있다면, 소유자들을 대표하는 입주자대표회의가 주택관리업무의 제반사항을 결정하는 의결기관으로서의 역할을 하고 있다. 즉, 입주자대표회의는 공동주택관리 관련 대표권과 의결권, 관리사무소 관리감독 등, 또 실질적으로 공동주택관리를 책임지고 있는 주체로서 법적으로 그 활동이 보장되어 있다.

주택법 등과 서울시 관리규약준칙에 보면, 입주자대표회의는 동별 대표자 선출, 대표회의 구성, 동대표 결격사유 및 임원의 임기 선출공고, 회의 개최, 임원회의, 회의소집 절차, 의결사항, 의결방법, 재심의, 회의록, 겸임금지, 운영비, 의무와 책임, 선거관리위원회 등과 관련된 일을 하도록 되어 있다. 특히 대표회의는 한 단지의 최고 의결기관 및 심의결정권, 관리업무 감독권을 행사하고 경우에 따라서는 관리직원의 인사, 노무관리도 관장하기 때문에 관리사무소와 상호 평등관계에서 존중, 타협, 유대감, 적절한 견제 균형 등을 유지하며 민주적이고 합리적 절차에 의해 모범적으로 운영되어야 한다.

그러나 입주자대표회의는 때때로 비리나 권력남용과 같은 문제를 안고 있으며 관리사무소의 업무를 감독하는 수준을 넘어 자신들의 이익에 따라 관리사무소를 운영하는 사례까지 발생하고 있다. 이러한 입주자대표회의 부정적인 모습의 가장 큰 원인은 바로 입주민들의 무관심이다. 입주자대표회의 조직의 구성 및 활동에 대한 입주자들의 무관심은 심각한 실정이며 이들에 의한 문제(비리, 권력남용 등)가 발생했을 때도 무관심한 입주자가 상당수 존재하고 있다. 이는 입주자대표회의가 입주자 본인의 이익에 직접적으로 영향을 미친다는 인식의 공감대가 적으며 입주자대표회의도 그 위상을 찾지 못하고 있기 때문이다.

따라서 대표회의의 고유한 권한을 존중하되 합법적 의결사항의 집행, 주민동의절차 및 여론수렴 이행뿐만 아니라 입주자대표회에 대한 책임을 규명할 절차적 규정도 마련되어야 할 것이다. 또한 동대표 교육참여 권장, 편견 및 정실에 편승한 업무유도 지양, 중복업무의 배제, 대화창구의 확대로 공감의식 유발 등의 노력이 필요하다.

(사)전국아파트입주자대표회의연합회, (사)전국아파트연합회

입주자대표회의 단체는 공동주택관리 효율화 방안 공청회를 비롯해 도농간 자매결연 및 직거래 장터 개설에 관한 건, 민간단체 지원사업 보조금 신청 공문 발송(행자부) 등의 활동이 그 주를 이루었다. 전국 각 시 · 도의 지부 및 지회로 구성된 (사)전아연은 이런 조직화를 활용해 각 지부와 지회 단위 아파트 지도자들의 교육, 아파트의 입주자대표회의 임원들과 부녀회를 대상으로 아파트 회계감사(회계실무)와 주택법 개정에 따른 교육(시행규칙, 시행규정 등), 장기수선계획, 하자보수 관련 요청(시공사 대응) 등을 활동내용으로 계획하고 있다. 또한 임원들의 교육 및 연수로 조직의 활성화를 꾀하고 아울러 재정자립도를 향상시켜 법률 개정청원 내지 민원처리 등의 입주민 권익보호 운동으로 연결 확대시킬 방침이다(전국아파트신문, 제11호 2006년 8월 2일 수요일자 1면).

취지의 내용 면에서 대단히 바람직하나 앞으로 해결해야 할 과제가 많다. 연합회란 입주자 대표 개인들의 연합회가 아니고 각 아파트 입주자대표회의들의 연합회라는 점을 분명히 해야 한다. 연합회는 보다 장기적인 안목을 가지고 공동주택관리의 발전을 위해 관리업자나 대한주택관리사협회 등과의 협력체제하에 바람직한 공동주거관리 향상에 노력해야 할 것이다.

4) 위탁관리전문회사 및 단체

주택법에 의하여 주택관리업을 전문적으로 수행하는 위탁관리전문회사가 제도화되어 있다. 주택법 제43조제1항에 해당하는 공동주택의 관리를 업으로 하고자 하는 자는 시장 · 군수 · 구청장에게 등록하여야 한다. 이 경우 등록사항에 변경이 있는 때에는 건설교통부령이 정하는 바에 의하여 변경신고를 하여야 한다고 규정하고 있다.

그러나 이들 위탁관리업체는 적은 자본금으로 회사를 설립할 수 있으며, 또한 특별한 관리기술을 축적하기보다는 대부분 관리위탁수수료를 많이 받기 위한 영업 위주의 경영을 펼치고 있는 것은 문제점으로 지적되고 있다. 최근 들어 (사)한국공동주택전문관리협회는 주택관리단체 회원사의 참여의식을 높이고 회원사 간의 유대강화로 협회 활성화를 꾀하기 위해 만들어진 것인데 이에 대해 이의를 제기하는 목소리도 있다. 그러나 주택법 제81조제1항 '주택건설사업 및 대지조성사업의 전문화와 주택산업의 건전한 발전을 도모하기 위하여 등록사업자는 주택사업단체를 설립할 수 있다'는 규정에 의해 주택공급업자가 법정단체화한 것과 마찬가지로 주택관리업자도 법정단체화하는 것은 자연스러운 일이라고 할 수 있다. 비직업, 명예직으로 구성된 입주자대표회의의 구성원에게 필요한 전문지식과 정보를 제공하면서 아파트관리와 관련된 손해배상 책임의 부담 등 그 역할을 인정받아 자치관리보다도 위탁관리를 선호하고 있기 때문에 주택관리업자를 보호 · 육성할 필요성이 있다. 따라서 주택관리업자도 협회를 만들어 정부

표 2-3 공동주택관리와 관련된 시민단체 활동

구분	시민단체
표준관리규약 제정 및 보급	참여연대/부산경실련/대한주택관리사협회(표준관리규약 제정), 아파트생활문화연구소(좋은 관리규약 갖기 운동)
관리비 비교조사 및 절감운동	한국소비자원, 아파트생활문화연구소, 부산경실련(표준관리비부과내역서 제정), 수원 YMCA, 전국아파트연합회 광주, 전남지부, 아파트 전기료 인하를 위한 시민행동연대
아파트시민학교	참여연대 아파트공동체연구소, YMCA, 청주시민회, 전북시민운동연합(아파트자치학교), 녹색연합, 녹색소비자 연대, 여성민우회
공동체 활동 지원, 유도	참여자치 군산시민연대(아파트 문화축제), 울산 참여자치시민연대 아파트공동체 시민운동센터(살맛나는 공동체 문화복원), 전주 시민행동 21(아파트 문화축제)
우수관리단지 선정사업	의정부 참여자치(아파트 공동체 생활모범 사례 공모), 환경보전 범국민추진협의회(에너지 절약경진대회), 대한주부클럽연합회(녹색조명아파트 경진대회), 부산 경실련(살기 좋은 아파트 평가지표 발굴)

자료 : 서울시정개발연구원(2001). 아파트관리 평가모델 구축방안.

로부터 금융혜택 및 세제혜택을 받고 공제조합을 설립하는 등 주택관리업의 발전을 도모할 수 있도록 하여야 할 것이다.

5) 아파트관리 관련 NGO

공동주택관리와 관련해 시민단체의 역할은 매우 중요하다. 이들의 활동은 점차 능동적인 방향으로 활동이 바뀌어 가고 있으며, 표준관리규약 보급 활동, 관리비 비교조사, 공동체 활동 지원 등의 방법으로 시민단체의 활동이 다양화된 모습을 나타내고 있다.

공동주거관리 문화의 향상을 위한 시민단체도 점차 늘어나고 있는데, 대표적으로 주거복지연대[11)], 광주 YMCA[12)], 경실련, 녹색소비자연대 등이 있다.

5 공동주거관리의 현장

공동주거관리의 최일선에서 실제로 주택관리사들이 활동하면서 어떠한 의식과 태도를 가지고 있는가, 또한 입주자들의 주택관리에 대한 의식은 어떠한가 하는 것은 우리

---

11) 〈주거복지연대〉
2001년 비영리단체로서 건교부로부터 사단법인 설립허가를 받은 주거복지연대는 15개 시민단체와 연대하여 최저주거기준 법제화에 힘쓴 결과 2003년 6월 국회 본회의에서 주택법 개정을 통해 최저주거기준을 마련했다. 또한 지난해 7월에는 유엔(UN) 경제이사회(Economic & Council) NGO(Non Governmental Organization) 특별협의지위(Special Consultative Status)를 획득하기도 하였다. 아울러 맞벌이 자녀 점심해결 및 학습놀이프로그램 실시, 이웃공동체 활성화, 우수마을 동판제막, 단지축제, 미니취업 박람회 등을 내용으로 한 공동체 주거문화 실현을 위한 방학 중 프로그램 '엄마손 밥상 운영' 등을 실시, 이 밖에도 각종 세미나와 토론회를 무수히 개최하고 각종 정책연구사업으로 학술연구 용역, 자체연구, 자료집 등을 발간, 그에 따른 주거복지 실현에 앞장서서 활동하고 있다.

12) 〈광주 YMCA 좋은 동네 시민대학〉
2000년 학습공동체 운동으로부터 시작된 광주 YMCA의 좋은 동네 만들기 공동체 운동은 2000년 좋은 동네 만드는 사람들 창립, 2000년 사직동 좋은 동네 만들기 주민자치대학 운영을 거쳐 2002년 좋은 동네 시민대학이라는 형식을 갖추게 된다. 시민대학은 마을 만들기를 목표로 하는 NGO의 하나의 기능으로서 시도된 행위이기 때문에 본격적인 마을 만들기 시민조직과는 다르다. 마을 만들기 시민조직의 탄생을 기대하기 위한 실험적 조직이라고 말할 수 있다(전국아파트신문, 2006년 8월 2일 수요일자 8면).

나라 공동주택관리의 현주소를 알 수 있는 가장 중요한 지표이다. 관리사들이 능동적이고 자율적이고 전문적으로 입주자에게 서비스하고 그에 합당한 대우와 인식을 받고 있는지 입주자들의 관리에 대한 인식은 어떠한지 현장의 수준을 알아본다.

1) 관리자 의식

관리소장을 중심으로 구성된 관리 주체는 공동주택 관리업무를 집행하는 데 있어서 실질적인 영향력과 노하우를 갖는다. 관리 주체가 관리에 대해 어떠한 입장을 갖고 있느냐 하는 것은 아파트관리의 방향과 질에 영향을 미치는 주요 변수 중의 하나로 작용한다. 따라서 관리현장에서 업무를 수행하고 있는 관리사무소장이 직업적인 의욕과 만족감을 갖고 관리업무를 수행하느냐의 여부는 매우 중요하다.

관리현장의 최일선에서 일하고 있는 관리자들은 관리의 실제 과정을 책임지고 있는 자로서 직면하고 있는 상황의 즉시성 속에서 일하고 있다. 이들은 서비스를 전달받는 거주자의 특성과 관리단지의 특성, 작업환경 등에 따라 근무의욕에 영향을 받을 수 있다. 관리자들이 그들의 직업과 작업환경에 불만족해 하는 것은 주택관리의 전문성을 구축해 나가는 데 필요한 전문가로서의 의식부족과 관리의 질 저하, 저임금 등 열악한 작업환경으로 인한 사기 저하로 연결되어 주택관리 서비스의 구축을 어렵게 하는 요인으로 작용한다.

실제 관리사무소장을 대상으로 한 조사 결과, 관리사무소장의 직업안정도는 매우 낮으며, 직업 만족도 역시 매우 낮은 것으로 보고되고 있다. 관리사무실 근무환경과 인력배치 등 업무환경에 대해 불만족하고 있으며, 임금에 대한 만족도도 낮았다. 근무 단지에서의 고용안정 수준도 낮게 평가를 하였으며, 고용안정이 근무의욕에 영향을 미친다고 생각하고 있었다(유병선 · 은난순 · 홍형옥, 2003).

관리사무소장들은 공동주택관리가 전문분야이며 관리사무소장은 전문직종이라고 생각하고 있다. 그러나 현재 주택관리사(보)는 전문직종으로 인정받고 있지 못하며, 전문직종으로 인정받기 위해서는 공동주거관리의 중요성에 대한 사회적 인식이 확산되어 그 역할과 능력을 인정받고 직업적 안정성과 보수체계가 높아지는 등의 개선이 있어야 할 것이다(은난순 · 유병선 · 홍형옥, 2003).

2) 입주자 의식

공동주택은 물리적 시설물에 대한 공동의 관리 서비스를 통해 편리한 주거환경을 제공하고 있으나, 개인주의적 성향으로 인해 공동생활 의식이 결여되고 공동의 자산관리에 대한 무관심으로 물리적 노후화가 초래되고 있다. 1990년대 후반 언론을 통해 사회문제화된 관리비 관련 사건들은 입주자의 무관심에 의해 비롯된 것임을 부인할 수 없다. 또한 재건축·재개발을 통한 재산적 가치를 높이고자 20년 밖에 사용하지 않은 공동주택을 관리하지 않고 방치함으로써 노후화를 촉진시키는 근시안적인 행동들도 나타나고 있다.

주거환경의 질은 '거주자에게 적합한 객관적 조건(주거환경 자체)과 이 조건에 대한 거주자들의 주관적 태도의 함수'로 나타나며, 여기서 입주자들의 주관적 태도는 만족감을 통해 측정할 수 있다. 주거만족이란 현재의 주거상태에 대한 입주자들의 주관적·객관적 평가이며, 주거만족을 높이기 위해서는 입주자들이 원하는 바를 수렴하여 반영할 필요가 있다. 공동주거관리의 궁극적인 목표 역시 주거환경의 질적 향상을 통한 거주자 만족에 있다. 이를 달성하기 위해서는 공동주택관리와 관련된 규정마련이나 운영의 공개정도 등 업무와 관련된 객관적 평가와 입주자의 물리적·심리적 만족이란 주관적 평가가 병행되어야 한다. 이러한 평가는 관리업무 수행 및 제도적 보완에 적극 반영될 필요가 있으며, 입주자의 요구가 받아들여질 때 거주자는 관리참여에 대한 관심이 촉발되고 관리에 적극적인 태도를 보일 것이다.

거주자들이 관리에 대해 어떤 인식을 가지고 있으며, 참여정도는 어떠한지 조사된 바에 의하면(은난순, 2004), 유지관리·운영관리·생활관리의 전반적인 관리업무 수행에 대해 불만족하고 있는 것으로 나타났다. 예를 들어 놀이터 시설물의 안전점검 실시 및 단지 내 교통안전 계획수립, 관리비 절감을 위한 방안마련 등에 대해 매우 중요하다고 생각하지만, 실제로 만족하고 있지 않은 것으로 나타났다.

거주자의 관리 참여의사는 그다지 높지 않은 것으로 나타났는데, 특히 가장 참여의사가 낮은 부분은 입주자대표회의나 부녀회 등 단지 내 활동이었다. 이러한 활동은 관리에 관한 정보를 얻고 단지 내 행사 등 생활관리 관련 프로그램에 참여하기 용이한 활동임에도 불구하고 실제 입주자의 외면을 받고 있는 것으로 드러났다. 관리수준을 높여 만족도를 증진시키기 위해서는 입주자들도 단지에 좀더 관심을 가질 필요가 있다는 인식이 확산되어야 할 것이다.

3) 관리사무소 실태

관리사무소 설치에 관련된 법 규정은 「주택건설기준 등에 관한 규정」에서 설치면적에 관한 것이 전부이며, 그 면적은 세대수에 따라 결정된다.[13)]

그동안 관리사무소는 관리업무를 보는 직원들이 상주하는 곳으로서 아파트단지의 부대시설의 하나일 뿐 별다른 주목을 받지 못했다. 1980~1990년대에 지어진 단지의 관리사무소는 대부분 단지 외곽이나 눈에 잘 띄지 않는 곳, 심지어는 동 지하에 마련되기도 하였다. 그동안 관리사무실이 배치되어 있는 관리사무소 건물은 노인정이나 입주자대표회의실, 각종 주민시설 등이 함께 배치되어 왔다. 그러나 거주자의 눈에 잘 띄지 않는 관리사무소의 배치로 인해, 입주민들이 관리사무소나 각종 주민시설을 잘 이용하지 않는 문제점을 드러내기도 하였다.

입주자를 대상으로 한 조사에 의하면, 입주자들은 관리사무소의 위치를 잘 알고 있으나 그 위치에 대해서는 별로 좋지 않거나 그저 그렇다는 반응을 보이고 있다. 외관 및 내부에 대한 평가 역시 별로 매력적이지 않다고 생각하고 있는데, 외관은 딱딱하게 느껴지거나 호감이 가지 않으며, 관리사무소 내부는 별 특징이 없고 썰렁하다고 평가하고 있다(은난순, 2005년도 조사 원자료 인용).

최근 공동주택관리 업무의 중요성과 서비스 개념의 강화로 역할이 커지게 되면서 관리사무소의 위치와 디자인 등에 대한 관심이 일기 시작하였다. 주민 공용공간이 함께 배치되고, 생활관리 측면에서의 관리자 역할이 기대되면서 아파트 내 중요한 구심점으로 자리 잡아야 한다는 주장도 제기되고 있다. 일부 건설업체는 복합적인 기능을 갖춘 관리사무소 건물을 단지 중앙이나 입구에 배치하여 주민들이 보다 다양하게 이용할 수 있도록 배려하고 있다. 이처럼 공동주거관리에 대한 주민의 관심과 인지도를 높이기 위해서는 관리사무소 계획에 있어서도 단지의 랜드마크적인 요소로 부각시키기 위해 위치 및 디자인에 배려가 필요하다.

---

13) 50세대 이상의 공동주택을 건설하는 주택단지에는 $10m^2$에 50세대를 넘는 매 세대마다 $0.05m^2$를 더한 면적 이상의 관리사무소를 설치하여야 한다. 다만, 그 면적의 합계가 $100m^2$를 초과하는 경우에는 설치면적을 $100m^2$로 할 수 있다(주택건설기준 등에 관한 규정 제28조).

참 | 고 | 문 | 헌

박소연(1997). 아파트관리문제의 시대적 변천에 관한 연구. 한양대학교 석사학위논문.

서울특별시(1998). 재개발 임대주택의 실태와 효율적 관리방안 연구.

시정개발연구원(1995). 공동주택관리제도 개선방안.

은난순(2004). 거주자의 공동주택관리 업무에 대한 인식과 관리참여 의사. 한국가정관리학회지. 22(3), 35-46.

은난순 · 유병선 · 홍형옥(2003). 공동주택 관리사의 전문직화를 위한 탐색적 연구. 한국가정관리학회지. 21(3), 109-121.

인택환(2005). 공동주택관리체계 문제점과 개선방안에 관한 연구. 세종대학교 박사학위논문.

전국아파트신문. 2006년 8월 2일자 8면.

Clapham, D.(1998)(1997). The Social Construction of Housing Management Research. *Urban Studies*, 34(5-6), 761-774.

Franklin, B.(1998). Constructing a Service: Context and Discourse in Housing Management. *Housing Studies*, 13(2), 201-216.

제 3 장

공동주거관리자

공동주거관리자는 공동주택의 안전관리로 쾌적한 주거환경을 조성하고 건축물의 계획적인 유지 · 보수로 자산가치를 보전하며 공동체적 유대를 바탕으로 커뮤니티를 활성화하는 것 등을 목적으로 공동주택을 관리하는 자이다. 공동주거관리자의 지위와 행동기법 등을 연구하는 것은 관리자에 관한 이론적 체계를 마련하여 고용안정과 전문성을 높이고 공동주택의 관리수준을 향상시키려는 데 있다.

관리업무종사자는 최저임금제를 적용하였으나 실효를 거두지 못하고, 노동조합을 결성하였으나 조합이 해산되거나 휴면노조가 되고, 입주자대표회의로 부터 지휘 · 감독을 받으면서 위탁관리회사를 사용자로 하는 등의 특수성 때문에 노동법상의 권리와 지위를 검토할 필요가 있다.

관리책임자는 스스로 지위에 맞는 통솔력을 갖추어야 하므로 적극적이고 목표 지향적으로 일할 수 있도록 동기를 부여하고 리더십을 발휘하는 등 대인관계기술을 습득하게 할 필요가 있다.

제3장

공동주거관리자

1 공동주거관리자의 지위

공동주택은 대단히 편리한 주거형태이나 안전관리와 계획적인 유지·보수가 이루어지지 않거나 공동체적 정신에 근거한 배려가 없을 경우 양질의 삶을 기대할 수 없다.

공동주거관리는 흩어져 있는 개별주호를 공동체로 다시 탄생시켜야 하는 중요한 업무인 바 이러한 업무를 수행하는 공동주거관리자는 법적으로 그 지위를 보호받고 있다. 공동주거관리자는 법률적 용어가 아니며 관리현장에서는 관리책임자인 관리사무소장, 관리직원인 관리업무종사자로 구분되며, 위탁관리의 경우에는 관리업자까지 포함된다.

1) 주택법상의 지위

주택법은 관리업무를 인계하기 전의 사업 주체, 자치관리 공동주택의 관리사무소장, 공동주택관리를 업으로 등록한 주택관리업자, 임대주택법의 규정에 의한 임대사업자로 관리 주체[1)]를 규정하고 있다.

---

1) 입주자대표회의를 관리 주체로 포함시키는 견해도 있으나 타인관리를 의미하는 공동주택관리제도의 취지로 보아 적절하지 않다.

관리사무소장은 입주자대표회의의 의결사항과 장기수선계획업무, 안전관리업무 및 관리 주체의 업무를 총괄 · 집행하며, 관리사무소장의 집행업무는 대표회의의 의결과 구분하여 보호되어야 한다. 입주자 대표 등 입주민은 공동주택의 소유자이나 이들 입주민이 스스로 계단이나 복도 · 현관 등 공용부분을 효율적으로 관리하는 데 한계가 있기 때문에 소유권의 사용과 수익의 일부권능을 제한하여 공동주택관리제도를 둔 것이므로, 제도의 취지에 적합한 관리가 이루어지기 위해서는 관리사무소장의 집행업무에 독립성이 보장될 필요가 있다. 따라서 주택법에서는 주택관리업자가 공동주택을 관리하는 경우에는 입주자대표회의가 주택관리업자의 직원인사, 노무관리 등의 업무수행에 부당하게 관여하지 않도록 규정하여 그 독립적인 업무권한을 보장하고 있다.

관리사무소장은 선량한 관리자의 주의의무(선관주의 의무)를 가지고 업무를 집행하여야 하며, 주택관리업자도 수임인의 지위에서 선량한 관리자의 주의의무를 갖는다. 선관주의의무 위반은 관리 주체의 업무에 대한 지식이 부족하고 경험이 부족하다는 등의 개인적 · 구체적 사정을 고려하지 않고 일반적인 관리책임자의 지식이나 기능에 비추어 판단하게 되므로, 관리 주체는 전문적 · 체계적으로 공동주택을 관리해야 하며 부실관리를 할 경우에는 배상책임을 지게 된다.

2) 노동법상의 지위

관리업무종사자는 현장에서 책임의식을 가지고 성실히 근무하더라도 열악한 근로조건에 노출되어 있어 근로기준법 등 개별노동관계법에 의한 보호를 받으며 또 스스로 권익보호를 위해 노동조합 및 노동관계조정법에 의해 노동조합도 결성할 수 있다.

관리사무소장과 관리업무종사자는 자치관리의 경우에는 입주자대표회의를 사용자로 하고, 위탁관리의 경우에는 입주자대표회의와 위탁계약을 체결한 주택관리업자를 사용자로 하여 노무공급계약을 체결한다. 이때의 노무공급계약은 양당사자가 평등한 계약 주체가 아니고 근로의 종속성이 인정되고 고용계약이라는 명칭을 사용한다하더라도 근로계약이라고 보기 때문에 근로기준법이 적용된다.

그러나 관리사무소장의 지위는 상황에 따라 다소 그 입장을 달리한다. 즉, 주택관리업자에 대해서는 근로자의 신분이지만, 관리업무종사자에게는 주택관리업자를 대리하여 지휘 · 통솔하므로 근로기준법상 사업경영담당자와 같은 지위에 있다. 또한 관리사무소장은 관리업무 수행에 상당한 재량을 갖고 있기 때문에 시간외 근로수당과 같이 순수한 근로자의 지위에서 인정되는 권리행사에는 제한을 받게 된다. 그러나 위탁관리의 경우에는 형식상으로 근로계약을 체결한 주택관리업자가 사용자가 된다. 그럼에도 불구하고 관리현장에서는 입주자대표회의가 사용자로서의 영향력을 행사하여 주택관리업자로 하여금 관리사무소장이나 관리업무종사자를 해고하도록 종용하는 경우가 있다. 이에 대해 노동위원회는 '근로조건보호에 관한 지침(근기 68206-564)'에 근거하여 임금의 결정과 지급, 해고, 각종 계약의 체결과 집행에 실질적으로 영향력을 행사하는 입주자대표회의를 사용자로 판단하여 부당해고 책임을 물었다. 그러나 판례는 보수적인 입장에서 계약의 형식에 치중하여 입주자대표회의의 사용자성을 부정하였다.[2] 최근에는 위탁관리에서 주택관리업자가 아니라 입주자대표회의가 나서서 소유자의 권한을 내세워 사용자성을 입법적으로 해결하려는 노력도 있었다.[3] 그러므로, 관리사무소

---

2) 중앙노동위원회는 입주자대표회의가 아파트관리를 위탁했다 할지라도 근로자의 인사 노무관리에 관여해 지도감독 차원을 벗어나 집행권이라고 할 만한 최종적인 의사결정권을 행사한 경우라면 입주자대표회의는 사용자의 지위에 있다고 볼 것이고 아울러 자치관리라고 할 수 있다. 비록 위탁관리업체가 변경되더라도 이는 입주자대표회의의 노무지휘권을 수임받은 자의 변경에 불과하다 할 것이므로 특별한 사유가 없는 한 근로자의 고용관계는 유지돼야 할 것이라고 판단하고 있다. 따라서 위탁자의 변경을 이유로 고용관계의 유지가 이루어지지 않은 것은 부당한 해고에 해당되고, 아울러 입주자대표회의를 상대로 노조가 요구한 단체교섭을 거부한 것은 부당노동행위에 해당된다고 판정하고 있다(98부노160 및 부해623). 대법원은 E아파트 피용인 지위보전 가처분 사건에서 E아파트 입주자대표회의와 위수탁관리계약을 체결한 아파트관리업자의 대리인인 관리소장이 관리사무소에서 근무하게 될 직원들과 근로계약을 체결했다면 그 직원들은 위탁 관리업자의 피용인이라 할 것이므로 아파트 입주자대표회의가 직원들에 대해 임금지급의무가 있는 사용자로 인정되기 위해서는 그 직원들이 관리사무소장을 상대로 체결한 근로계약이 형식적이고 명목적인 것에 지나지 않고, 입주자대표회의는 그 대가로 임금을 지급하는 사정 등이 존재해 관리사무소 직원들과 입주자대표회의와의 사이에 적어도 묵시적인 근로계약관계가 성립되어 있다고 평가되어야 한다. 따라서 아파트 입주자대표회의가 아파트관리업자와 체결한 위 · 수탁관리계약상의 지위에 기한 감독권의 범위를 넘어 일부 직원의 채용과 승진에 관여하거나 관리사무소 업무를 감독하기도 하고, 또 관리사무소 직원들의 근로조건인 임금, 복지비 등의 지급수준을 독자적으로 결정해 오기는 했으나, 관리업자 혹은 그를 대리한 관리사무소장이 근로계약 당사자로서 갖는 관리사무소 직원들에 대한 임면, 징계, 배치 등 인사권과 업무지휘명령권이 모두 배제 내지 형해화되어 그 직원들과 체결한 근로계약이 형식적인 것에 지나지 않는다고 할 수 없고, 또 입주자대표회의가 관리사무소 직원들의 업무내용을 정하고 그 업무수행 과정에 있어 구체적 · 개별적인 지휘 · 감독을 행하고 있다고 볼 수도 없는 경우, 입주자대표회의가 그 관리사무소 직원들과 근로계약 관계에 있는 사용자라고 볼 수 없다고 판시하고 있다(2000두2686, 2001.1.5).

3) 민주노동당 '단병호' 의원은 2006년 말 공동주택의 현실을 고려하여 입주자대표회의의 사용자성을 인정하는 근로기준법 일부개정안을 제출한 바 있다. 개정안에 의하면 근로기준법 제15조의 '사용자 정의'에 제3항을 신설하여 "근로계약체결의 형식적인 당사자가 아니더라도 당해 근로자의 근로조건 등의 결정에 실질적인 지배력 또는 영향력을 미치는 자는 사용자로 보고, 이 경우 실질적인 지배력 또는 영향력을 미치는 자는 임금 · 근로시간 · 복직 · 해고 등의 근로조건에 대해 근로계약 체결 당사자와 함께 연대책임을 진다."고 하였다. 이 개정안은 채택되지 못하였다.

장의 해고나 위탁관리회사 소속 관리업무종사자의 고용승계와 관련하여 제기된 입주자대표회의의 사용자성에 대한 검토는 다양한 고용형태와 사용종속 유무, 노무에 대한 지휘감독 등을 고려하여 판단할 필요가 있다.

3) 인사 · 조직상의 지위

관리업무종사자는 선발과 교육훈련, 평가 및 보수지급을 받아야 하는 인사관리 대상으로서, 관리사무소장은 목표지향적으로 관리할 수 있도록 대인관계기술을 행사하여 이들을 지휘 · 감독해야 하는 조직 관리자로서의 지위에 있다. 이와 같은 다양한 지위를 파악하여 주택관리업자, 입주자대표회의, 주택관리사는 주택관리업무 종사자와의 관계 유지를 성공적으로 해야 하며 이것도 업무능력의 하나라고 할 수 있다.

2 공동주거관리자의 노동법상 보호

위탁관리의 경우 관리사무소장과 관리업무종사자는 주택관리업자를 사용자로 하여 고용계약을 체결하나, 관리현장에서는 입주자대표회의가 임금의 결정 · 지급과 해고 등에 영향력을 행사하고 있어 입주자대표회의의 의결사항을 집행하는 관리사무소장의 업무적 특성상 입주자대표회의의 지휘 · 감독에서 벗어날 수 없으며 업무독립성이 영향을 받지 않을 수 없다. 특히 해고의 경우에는 입주자대표회의가 실질적인 영향력을 행사하면서도 사용자로서의 책임을 지지 않기 때문에 현장에서 근무하는 관리자의 지위를 더욱 불안정하게 하는 중요요인이 되고 있다. 능력 있는 관리자의 안정적인 근무를 위해서 이에 대한 법적 · 제도적 개선이 있어야 한다.

1) 공동주거관리자의 근로계약

근로조건의 명시

사용자는 근로계약을 체결함에 있어 근로자가 근로조건을 명확히 모르는 상태에서 불리한 계약을 체결하지 않도록 근로자에게 법으로 정하는 근로조건을 명시하여야 한다. 근로기준법은 명시해야 할 근로조건 중 임금의 구성항목 · 계산방법 · 지불방법, 소정근로시간, 휴일과 연차휴가에 관한 사항을 서면으로 명시하도록 규정하고, 기간제 및 단시간근로자보호 등에 관한 법률(이하 '기간제법'이라 함)에서는 기간제 근로자와 단시간 근로자의 권리보호를 강화하기 위해 근로기준법이 서면으로 명시하도록 요구하는 것 외에 근로계약기간, 휴게, 취업의 장소와 종사하여야 할 업무에 관한 사항 등도 서면으로 명시하도록 규정하였다.[4)]

근로조건 명시를 위반하는 때에는 벌칙이 적용되며, 근로자도 근로관계를 즉시 해제 또는 해지할 수 있다. 또한 명시된 근로조건이 사실과 다른 경우에는 근로자가 근로조건의 위반을 이유로 노동위원회에 손해배상을 청구할 수 있다.

근로계약기간

종전의 근로기준법은 퇴직의 자유를 제한하여 근로자가 장기간 계속근로를 강요당하는 것을 방지하기 위해 근로계약에 대해 기간의 정함이 없는 무기계약과 일정한 사업에 필요한 기간을 정한 것을 제외하고는 근로계약 기간이 1년을 초과하지 못하도록 규정하였다. 또한 1년 초과를 금지한 유기근로계약은 근로계약기간의 상한만을 1년으로 제한하고 있을 뿐 재계약 사유나 체결횟수, 즉 총사용기간에 제한이 없었기 때문에 사용자의 유기계약의 반복갱신을 통한 해고남용의 우려가 있었다. 한편 판례도 수차례 반복 갱신된 유기근로계약에 대하여 '기간의 정함이 형식에 불과한 경우'에는 무기근로계약이 된다고 하여 반복갱신의 남용을 일부 제한하고 있었을 뿐 일반적으로 무기계약으로 인정하지 않았다. 결과 유기근로계약이 해고제한규정을 회피하는 수단으로 남용되어 기간제 근로자의 규모가 증가하고 근속기간이 늘어나는 문제가 발생하였다.

이러한 기간제 근로자의 남용을 규제하고자 기간제 근로자의 총사용기간을 2년으로

4) 근로기준법 제17조, 기간제 및 단시간근로자보호 등에 관한 법률 제17조
교대직으로 근무하는 경비원이나 기사의 경우에는 시간외근로와 휴일근로의 법정가산수당 예상액을 미리 산정하여 임금의 구성항목으로 포함시켜 지급하는 포괄임금제를 채택하는 경우가 있으며 판례와 행정해석은 이를 유효하다고 판단하고 있다. 다만, 야간근로수당은 별도의 구성항목으로 명시해야 한다. 서면명시는 개별 근로자에 대한 사항은 근로계약서에, 전체 근로자에 대한 사항은 취업규칙에 기재하여 주지시키는 방법으로 할 수 있으며, 근로자의 요구가 있을 때는 이를 교부하여야 한다.

제한하고 2년을 초과하는 경우 무기근로계약 근로자로 간주하여 보호하는 기간제법[5]을 제정하였다.

이와 같은 예외적 사유도 없이 2년을 초과하여 기간제 근로자를 사용할 경우에는 기간의 정함이 없는 근로계약, 즉 무기근로계약을 체결한 것으로 간주하여 근로기준법상의 정당한 이유 없이 기간의 만료를 이유로 해고할 수 없다. 사용자는 무기계약 근로자를 채용하는 경우 당해 사업 또는 사업장의 동종 또는 유사한 업무에 종사하는 기간제 근로자를 우선 고용하도록 노력하여야 한다.

정년퇴직을 한 경비직원 등을 대상으로 일정 단위의 근로계약기간을 정하여 계약을 체결하여 촉탁직원으로 사용하는 경우, 그리고 그 계약을 여러 차례에 걸쳐 갱신한 경우 기간을 정함이 없는 근로계약이 되어 정당한 이유 없이 기간의 만료를 이유로 해고할 수 있는가가 문제된다.

비록 촉탁근로자가 수차의 갱신으로 그 근로가 자동 갱신된다는 기대감을 갖고 근무를 하였다고 하더라도 취업규칙에서 일반근로자와 다른 신분임을 확인할 수 있을 경우 촉탁근로 계약기간의 종료로 고용관계를 해지[6]할 수 있다.

전직 및 영업양도와 근로관계

근로기준법은 전직[7]에 대해 사용자는 근로자를 정당한 이유 없이 전직하지 못한다고 규정하고 있다. 전직명령은 원칙적으로 인사권자인 사용자의 권한에 속하므로, 사용자가 업무상 필요범위 내에서 전직을 명령할 수 있는 상당한 재량이 있다고 인정하고, 다

5) 기간제법에서는 사용기간이 총 2년(반복 갱신하는 경우에도 이와 같음)을 초과하지 않는 범위 안에서 기간제 근로자를 사용함을 원칙으로 하고, 예외적으로 사업의 완료 또는 특정한 업무의 완성에 필요한 기간을 정한 경우, 휴직 · 파견된 근로자가 복귀할 때까지 그 업무를 대신할 필요가 있는 경우, 고령자고용촉진법에 따라 만 55세 이상 고령자와 근로계약을 체결하는 경우 등에는 2년 초과를 허용하고 있다.

6) 판례는 기간을 정하여 채용된 근로자라고 할지라도 장기간에 걸쳐서 그 기간의 갱신이 반복되어 그 정한 기간이 단지 형식에 불과하게 된 경우에는 사실상 기간의 정함이 없는 근로자의 경우와 다를 바가 없게 되나, 그와 같은 예외적 사정이 인정되지 않는 일반적인 경우의 기간의 정함이 있는 근로계약은 기간의 만료에 의하여 사용자의 해고 등 별도의 조처를 기다릴 것 없이 당연히 종료함이 원칙이라고 판시하고 있다. 다시 말해 촉탁근로가 근로계약기간을 1년으로 정한 정식의 근로계약과 유사한 듯이 보이나, 똑같이 1년의 계약기간을 정하였다 하더라도 정년을 초과한 촉탁근무자의 신분상 지위는 당해 회사의 일반 근로자와는 다르다고 본 것이다.

7) 전보는 사용자가 근로계약상 합의된 범위 내에서 지시권을 행사하여 직무내용을 변경하는 것을 의미하고, 전근은 근무장소를 변경하는 것을 의미하며, 이 양자를 기업 내 전직 또는 배치전환이라 한다.

만, 판례는 법이 정하는 정당한 이유를 갖추고 권리남용에 해당되지 않도록 요구하고 있다. 그리고 정당한 이유와 권리남용에 해당하지 않는 전직명령의 조건으로 ① 근로계약의 범위 내에서 사용자의 업무상 필요에 따라 이루어진 것이어야 하고, ② 업무상 필요성과 전직에 따른 노동자의 생활상 불이익을 비교하여 합리성이 있어야 하며, ③ 해당 근로자와 협의 등 전직처분 과정에서 신의성실의 원칙, 즉 상대방의 신뢰를 배반하지 않도록 성의를 가지고 행동해야 하는 원칙에 따른 절차를 거칠 것을 요구하고 있다. 따라서 사용자가 경영상 필요를 내세워 전직을 명령하더라도 그 전직이 징계성·보복적 성격 및 퇴사압력 차원에서 이루어진 경우에는 근로자는 그 사실을 입증하고 부당한 전직명령을 거부[8]할 수 있다. 근로자로서는 그 신분을 고려하여 먼저 전직발령에 응한 뒤 부당전직 구제신청 등 법적 절차를 진행하는 것이 적절하다 하겠다.

입주자대표회의가 주택관리업자를 변경하거나 주택관리업자가 영업을 양도하는 경우에는 관리사무소장과 관리업무종사자의 고용승계 여부가 문제된다. 노동법에는 회사의 조직변경(기업변동)이나 사업양도의 경우 근로자의 고용승계에 대한 규정이 없다. 민법에는 양도인과 양수인 간에 포괄적 고용관계를 이전하는 계약인수를 규정하고 있으나 계약당사자인 근로자의 동의를 전제로 하고 있어 적용할 수 없으며, 상법은 영업양도를 규정하고 있으나 내부적인 법률관계를 규정하고 있지 않아 적용할 수 없다. 따라서 영업양도와 관련된 관리사무소장과 관리업무종사자의 고용승계에 대해서는 학설과 판례로 검토한다.

영업의 전부 양도의 경우, 즉 '갑' 위탁관리회사가 공동주택의 관리를 포함한 영업을 '을' 위탁관리회사로 양도하는 경우로, 이와 같은 영업의 전부양도 합의에 대해서는 원칙적으로 근로관계를 포괄적으로 승계하기로 하는 내용의 합의가 포함된 것으로 해석하는 견해가 있다. 판례도 영업양도란 일정한 영업목적에 의하여 조직화된 총체, 즉 인적·물적 조직을 그 동일성을 유지하면서 일체로서 이전하는 것으로 추정되므로, 근로관계의 전부 또는 일부를 제외하기 위해서는 특약이 있어야 한다고 하고, 그 특약은 승계를 배제할 만한 합리적인 이유, 즉 근로기준법상 정당한 이유가 있어야 유효하다고 판시한 바 있다(대판 1994.6.28, 93다33173).

---

8) 전직명령의 거부로 다툼이 발생하는 경우 이와 별개로 근로자가 전직발령에 응하여야 하는가가 문제이다. 대개의 경우 회사는 전직발령에 응하지 않을 때 무단결근으로 간주하여 해고조치를 취하게 된다. 이에 대해 판례는 부당전직에 대한 항의 내지 시정요구의 수단으로 결근을 하더라도 통상의 무단결근과는 달리 해고에 이를 정도의 비위행위라고 볼 수 없다 하여 부당전직이 인정되는 경우 무단결근을 이유로 하는 해고에 대해서도 부당해고라고 판단하고 있다(대판 1994.4.26, 93다10279).

현실적으로는 포괄적 승계가 인정되지 않고 근로자 승계에 관한 양도인과 양수인 사이의 특별한 약정이 없는 한 고용승계가 되지 않는다고 한다.

영업의 일부 양도의 경우는 양도되는 사업의 물적 시설과 인적 구성이 일정한 사업목적을 일관성 있게, 즉 사업양도의 전과 후가 동일하게 수행될 수 있는 경제적 일체성을 유지해야 한다고 하여 고용관계가 승계[9]되는 것으로 보고 있다.

●● 근로관계의 종료

근로기준법은 '정당한 이유' 없는 근로관계의 종료, 즉 해고[10]를 제한하고 있으며, 이를 어길 경우 벌칙을 적용하고 있다. 해고란 사용자가 일방적으로 장래에 대하여 근로관계를 소멸시키는 의사표시로, 사용자는 계약자유의 원칙에 따라 자유롭게 근로자를 해고할 수 있으나 근로자의 고용불안의 우려가 크기 때문에 근로기준법은 정당한 사유 없이 해고하지 못하도록 엄격하게 규제하고 있다. 특히 근로기준법 개정(2007. 4. 11 개정, 2008. 1. 1 시행)으로 근로자 해고 시 해고사유 · 해고시기 등을 반드시 서면으로 통지해야 해고의 효력을 발생하게 함으로써 그간 해고사유나 시기 등 해고통보에 관한 규정이 없어 제기되었던 문제점을 해소하였다. '정당한 이유'의 내용은 개별적 사안에 따라 구체적으로 판단해야 하나, 판례는 '사회통념상 근로자와 사용자 사이의 근로관계를 계속 유지할 수 없을 정도로 근로자에게 책임 있는 사유'라는 기준을 제시하고 있다.[11]

9) 중앙노동위원회는 입주자대표회의가 자치관리를 하다가 위탁관리로 전환하는 경우에는 관리형태의 변경에 불과해 근로자의 근로관계가 승계되지만, 위탁관리업체의 변경은 입주자대표회의가 기존 위탁관리업체와의 계약을 종료하고 새로운 위탁관리업체와 계약을 체결하는 것으로 위탁관리업체 상호간에 양도 · 양수관계가 성립하는 것이 아니므로 관리업무에 종사하는 근로자의 고용관계가 승계되지 아니한다고 해석하였고, 판례도 은마아파트, 목동 10단지 아파트, 삼부아파트의 종사 근로자들의 위탁관리회사 변경에 따른 고용승계보장청구를 모두 부정하였다(입주자대표회의의 사용자성을 부정한 판례. 대판 2001.1.5, 2000두2686 ; 대판 2001.6.1, 2001두2218 ; 대판 2001.7.13, 2001두3709).

10) 해고는 근로자가 근로계약상의 의무위반이나 계약이행에 따른 사용자의 지시의무를 위반하는 것을 이유로 하는 일반해고와, 근로자가 근로계약상의 의무를 이행하였다 하더라도 단체협약이나 취업규칙 등에서 규정하고 있는 직장질서에 위반하는 행위를 한 경우에 행해지는 징계해고가 있다.

11) 노동부에서는 '정당한 이유의 운용기준에 관한 업무지침'을 마련하여 근로자와 사용자 사이의 근로관계를 계속 유지할 수 없을 정도로 근로자에게 책임 있는 사유로 근무태도불량(무단결근 등, 전근명령거부로 직장 규율문란, 도박, 풍기문란 등 정당한 업무지시에 불복, 산안법 등 규정어기고 중대과실로 재해유발), 범법행위(사업장에서 절도, 횡령, 상해 등 사고, 업무상 관련 수뢰, 배임 등, 불법적인 집단행동 주도), 경력위조 등을 제시하고 있다.

징계해고를 하기 위해서는 근로자의 행위가 취업규칙 등에 정한 징계해고 사유에 해당되어야 한다. 징계사유가 취업규칙에 규정되어 있더라도 그 내용이 근로기준법 등 강행법규에 위반되거나 사회통념상 근로계약을 계속시킬 수 없을 정도로 근로자에게 책임 있는 사유와 무관한 것이라면 정당한 징계해고 사유가 될 수 없다.

징계사유가 취업규칙에 정한 징계해고 사유에 해당하고 그 자체가 적법한 것이라고 하더라도 해고는 근로자에게 가장 불이익한 제재조치가 되기 때문에 해고보다 가벼운 정직, 감봉, 견책 등 제재조치로 징계의 목적을 달성할 수 있는지 여부를 고려하여야 하며, 따라서 과잉대응으로 해고조치만을 취하는 것은 징계에 관한 재량권남용에 해당될 수 있다.

징계해고를 함에 있어서는 취업규칙 등에서 정한 절차에 따라 징계대상자에게 징계사실을 통보하고 징계사유에 대한 경위서 등을 제출하게 하며 징계위원회에 출석하여 진술하도록 하여야 하며 이러한 절차를 위반한 징계해고는 무효이다. 다만, 취업규칙 등에 징계절차규정이 없는 경우에는 사전통보, 소명기회부여, 징계위원회개최 등 통상의 징계절차를 거치지 않았다 하더라도 징계해고가 무효가 되는 것은 아니다. 또한 징계대상자가 징계위원회의 수회 출석통보에도 불구하고 출석을 거부하거나 징계위원회 심의를 방해하는 경우에는 징계절차를 거치지 않아도 징계해고가 무효가 되지 않는다.

징계해고에 있어서 현실적으로 문제가 되는 것은 징계의결서나 해고통보서 등에 명시된 해당 사유 외에 그 내용과 성격이 전혀 다른 별개의 새로운 사유를 추가하거나 과거의 사유까지 포함하여 징계하는 경우이며, 가벼운 징계사유를 해고 등 중징계로 처리하는 경우[12]이다.

부당해고를 당한 경우에는 노동위원회를 통한 행정적 구제[13]와 법원에 의한 사법적

---

12) 판례는 해고사유의 정당성과 절차의 적법성에 관한 입증책임을 정당해고를 주장하는 사용자가 부담하도록 하고, 해고처분의 당부(當否)는 당해 처분에서 해고사유로 삼은 사유에 의하여 판단하여야 하며 이와 전혀 별개의 사유까지를 포함하여 그 해고처분의 당부를 판단할 것은 아니라고 판시하여 근로자를 보호하고 있다(사용자의 입증책임을 인정한 판례는 대판 1999.4.27, 99두202이고, 당해 처분에서 해고사유로 삼은 사유에 한정해서 판단하도록 판단한 판례는 대판 1992.6.9, 91다11537임).

13) 노동위원회를 통한 행정적 구제는 법원에 의한 구제에 비해 절차가 간편하고 신속하나 사용자가 구제명령에 따라 근로자를 원직 복귀시키거나 근로자에게 임금을 지급하지 않아도 처벌할 수 없으므로 사용자를 처벌하기 위해서는 사업주를 고소해야 한다는 문제가 있다.
근로기준법상 근로자의 해고에 대한 이와 같은 소극적인 보호와 달리 노동조합 및 노동관계조정법에서는 부당노동행위 피해자에 대한 적극적인 보호를 하고 있다. 즉, 사용자가 노동위원회의 구제명령을 위반할 경우 형사처벌을 규정하고, 구제명령에 대해 사용자가 행정소송을 제기함으로써 근로자의 권익이 부당하게 침해되는 경우 긴급이행명령제도를 인정하며, 근로자들의 고소·고발이 없어도 사용자를 처벌하도록 규정하고 있다.

구제[14]를 신청할 수 있다.

근로기준법에서는 정당한 이유 없는 해고·전직·감봉 등 부당해고 등에 대한 벌칙 조항을 삭제하고 그 대신에 이행강제금 부과제도를 신설하여 구제명령을 이행하지 않을 경우에는 노동위원회가 이행강제금을 부과할 수 있도록 하고 노동위원회의 고발에 의해 벌금을 부과하도록 하였다.

노동위원회에 의한 부당해고 구제가 만족스럽지 못할 경우 근로자는 법원에 해고무효확인의 소를 제기하거나 종업원의 지위보전 가처분 신청이나 임금지급의 가처분 신청 등 민사소송제도를 이용할 수 있다.

사용자가 부당해고 구제소송에서 승소판결을 받은 근로자를 원직복귀시키지 않는 경우라도 강제집행의 법리로는 원직복귀를 강제할 수 없으므로 결국 원직복귀 거부행위는 손해배상청구권으로 전환되어 금전배상으로 처리될 수밖에 없었다. 근로기준법에서는 노동위원회가 부당해고의 구제명령을 할 때에 근로자가 원직복귀를 원하지 않을 경우 금전보상금을 지급하게 하고 근로관계를 종료할 수 있도록 하였다.

근로자가 부당해고로 정신적 고통을 당한 경우 위자료 청구가 문제될 수 있으며, 판례는 근로자가 해고로 인해 고통을 당한 특별한 사정이 있고 이를 사용자가 인식한 경우에 한해 위자료청구권을 인정하고 있다.

취업규칙

취업규칙 또는 사규는 사용자가 다수의 개별적 근로관계를 편리하게 처리할 수 있도록 근로계약의 내용이 되는 사항과 복무규정 및 직장질서에 관한 사항을 정해 놓은 것으로 10인 이상의 사업장에 적용된다. 노동조합이 많이 조직되어 있지 않은 공동주택에서 취업규칙은 근로계약과 함께 근로조건을 게재하고 명시하는 수단으로 사용된다.

취업규칙은 사용자가 일방적으로 제정 또는 변경할 수 있음에도 불구하고 사실상 당사자를 구속하는 규범으로서의 성질을 갖는다. 취업규칙은 장래에 발생될 수 있는 분쟁

14) 부당해고의 판결을 받은 근로자는 사용자의 귀책사유로 인해 근로를 제공하지 못하였으므로 사용자에게 그 기간 중에 근로를 제공하였으면 받았을 임금의 지급을 청구할 수 있다. 만약 근로자가 해고기간 중에 다른 직장에 취업하여 받은 수입이 있는 경우, 판례는 사용자가 해고기간 중에 지급해야 할 임금에서 이를 공제할 수 있다고 하고 그 공제범위는 근로기준법상 휴업수당의 법리를 원용하도록 판시하고 있다.

을 예방하기 위해 근로기준법 등의 개정이 있을 경우 신속히 변경할[15] 필요가 있다. 취업규칙의 작성 · 변경은 사용자가 초안을 작성하여 법령이나 단체협약의 위반여부를 판단한 후 근로자의 의견을 청취하여야 한다. 근로자의 의견청취는 경비반 또는 기전과와 같은 단위부서별 또는 전체적인 회의방식에 의한다. 취업규칙의 일반변경의 경우에는 근로자의 동의를 얻음을 의미하는 것이 아니므로 근로자의 의견을 들었다는 서면을 첨부하는 것으로 충분하고, 변경한 취업규칙을 제시, 비치하여 주지하면 되므로 신고하지 않아도 유효하다. 그러나 불이익변경의 경우에는 근로자의 과반수의 동의(노동조합이 있는 경우에는 노조대표자의 동의)를 얻어야 하며 동의를 얻지 못한 변경은 효력이 없다. 다만, 기존 근로자의 동의를 얻지 못한 취업규칙이라도 새로운 입사자에게는 유효하다. 근로조건에는 '유리한 조건우선의 원칙'이 적용되므로 취업규칙의 규정이 상위규범인 근로기준법이나 단체협약보다 근로자에게 유리한 이상 취업규칙을 우선적으로 적용할[16] 수 있다.

2) 임금의 보호

임금이란 사용자가 근로의 대상으로 근로자에게 임금 · 봉급 기타 어떠한 명칭으로든지 지급하는 일체의 금품[17]을 말한다. 임금이 되기 위해서는 근로자가 사용종속관계에서 행하는 근로제공에 대한 대상으로 사용자가 지급하는 것이어야 하며, 이 요건이 구비되는 한 금품에 한하지 않고 물건 또는 이익도 포함된다. 따라서 사용자의 지휘 · 감독 아래 근로를 제공하지 않는 이사 등 임원에게 지급하는 보수나, 근로의 대가가 아닌

15) 취업규칙의 작성 · 변경은 사용자가 초안을 작성하여 법령이나 단체협약의 위반여부를 판단한 후 근로자의 의견을 청취하여야 한다. 근로자의 의견청취는 단위부서별 또는 전체적인 회의방식에 의하며, 일반변경의 경우에는 근로자의 동의를 얻음을 의미하는 것이 아니므로 근로자의 의견을 들었다는 서면을 첨부하는 것으로 충분하고, 변경한 취업규칙을 제시, 비치하여 주지하면 되므로 신고하지 않아도 유효하다. 그러나 불이익변경의 경우에는 근로자의 과반수의 동의(노동조합이 있는 경우에는 노조대표자의 동의)를 얻어야 하며 동의를 얻지 못한 변경은 효력이 없다. 다만, 기존 근로자의 동의를 얻지 못한 취업규칙이라도 새로운 입사자에게는 유효하다.

16) 주 40시간제 적용사업장에서 근로자에게 유리한 40시간제나 연차휴가는 반드시 근로기준법에 따라 변경해야 하나, 월차휴가나 생리휴가는 취업규칙의 규정이 유리할 경우 취업규칙을 그대로 적용할 수 있다.

17) 통상적인 급여는 물론 상여금, 퇴직금, 교통수당, 유급휴가 중에 지급되는 급여, 하기휴가비, 식사대, 추석떡값, 휴업수당 등은 임금에 해당되며, 해고예고수당, 경조금, 재해보상금, 사업주 부담의 건강보험료 등은 임금으로 볼 수 없다.

임의적 · 은혜적인 지급이나 근로자의 복지후생을 위해 지급되는 것은 임금이 아니다.

공동주택의 관리사무소에서 통용되는 임금은 ① 기본급과, ② 기본급에 주택관리사 자격수당 · 전기안전관리자선임수당 · 회계수당 · 직책수당 등이 포함되는 통상임금, ③ 통상임금에 상여금 법정가산수당 · 연차수당 등이 포함되는 평균임금, ④ 평균임금에 퇴직금이나 휴업수당 등을 포함하는 임금으로 구분할 수 있다. 공동주택에서 기본급과 통상임금이 혼용되는 경우가 많으나, 자격수당 등 고정적으로 지급되는 수당이 없을 경우에만 기본급과 통상임금이 같게 된다.

평균임금과 통상임금

평균임금은 근로자가 현실적으로 지급받는 임금의 한 종류가 아니라 퇴직금, 재해보상금 등의 산출 기초가 되는 단위를 의미한다.

평균임금은 원칙적으로 이를 산정하여야 할 사유가 발생한 날 이전 3개월간에 당해 근로자에 대하여 지급된 임금의 총액을 그 기간의 총일수로 나누어 산정[18)]한다.

통상임금이란 근로자에게 정기적 · 일률적으로 소정근로 또는 총근로에 대하여 지급하기로 정하여진 시간급금액 · 일급금액 · 주급금액 · 월급금액 또는 도급금액을 말한다. 이것은 근로의 질과 양에 따라 미리 정하여진 근로의 대가로서 실제 근로일수나 수령액에 구애됨이 없이 정기적 · 일률적으로 임금산정 기간에 지급하기로 정하여진 고정급이다.

평균임금과 통상임금을 구분하는 것은 그 산출방법에 따라 근로자가 지급받는 급여액이 달라지므로 사용자가 임의적으로 증감시킬 수 없게 하여 근로자를 보호하려는 것이다. 월급제에 의하여 임금이 지급되는 경우에는 그 월의 근로일수와 관계없이 고정적인 임금이 지급되기 때문에 평균임금은 월에 따라 거의 차이가 없다. 그러나 임금이 일급제나 도급제 등으로 지급되는 경우에는 평균임금을 산정하여야 하는 3개월간에 결근일수가 많으면 평균임금이 낮은 금액으로 산정되어 근로자가 불리한 대우를 받게 된다. 통상임금은 평균임금이 통상임금보다 저액이어서 근로자가 정상적인 임금을 받을 수 없는 경우에 그 통상임금을 평균임금으로 하여 평균임금의 최저수준을 보장하는 데 의미가 있다.

18) 평균임금의 산정에서 기간의 총일수는 지급사유가 발생한 날 이전 3개월간을 의미하며, 근로자가 실제로 근로한 근로일수가 아니라 역법에 의한 총일수를 말하는 것이므로 89일 내지 92일이 된다. 이때 사유가 발생한 날인 초일은 초일 불산입의 원칙에 따라 산입하지 않는다. 총일수에서 수습사용 중의 기간, 사용자의 귀책사유로 인하여 휴업한 기간 등은 제외되나, 감봉기간과 같은 징계조치기간, 근로자의 귀책사유에 의한 휴직기간 등은 사용자의 승인이 없는 한 제외되지 않는다.

통상임금은 해고예고수당, 법정가산수당 등의 산정에, 평균임금은 퇴직금, 휴업보상 등 각종 재해보상, 감급의 제재금(감봉)을 산정[19]하는 데 사용한다. 임금의 체불에 대해서는 사용자의 고의적인 체불을 예방하고 조기청산을 유도하기 위해 지연이자제를 두었다.[20]

최저임금과 연봉제

최저임금은 근로자의 생활안정과 노동력의 질적 향상의 도모를 위해 최저임금심의위원회의 의결을 거쳐 노동부장관이 결정하며 1인 이상의 근로자를 사용하는 모든 사업장에 적용된다. 종전에는 사용자가 노동부장관의 승인을 얻어 '감시 또는 단속적 근로에 종사하는 자[21] 등'에 대해 최저임금법 적용을 제외하였으나 근로기준법이 개정되면서 적용대상이 되었다.[22] 최저임금법이 적용된 일부 공동주택에서는 최저임금의 적용으로 늘어난 입주민의 부담을 줄이기 위해 경비직원의 수를 감축하거나, 상여금과 식대를 기본급에 포함시키거나 휴게시간을 주어 근로시간을 줄이는 방법으로 최저임금에 미달되는 현재의 급여를 고수하고 있어 근로자의 최저생활을 보장하려는 개정취지가 실효를 거두지 못하고 있다.

연봉제는 근로자에 대한 임금을 개인의 능력, 실적 및 회사에 대한 공헌도 등 개인의 성과를 고려하여 정하는 임금의 지급형태로 근로자의 근로시간을 전제로 하는 임금지

---

19) 연차휴가수당은 통상임금이나 평균임금의 어느 것으로 산정하더라도 법위반이 아니나 일반적으로는 통상임금을 기준으로 한다. 주 40시간 근로제에 따라 월차수당을 보전수당(정근수당)으로 전환할 경우, 통상임금에 포함되지 않았던 월차수당이 보전수당, 즉 고정적으로 지급되는 수당으로서 통상임금에 포함되게 되어 상여금 등에 영향을 줄 수 있으며 이때에는 노사 간의 합의에 따라 상여금에 포함되지 않는 수당으로 정할 수 있다.

20) 당사자 간에 별도의 약정이 없는 임금체불에 대해 상법 제54조에 따르면 6%의 이자가 발생하며, 근로자가 체불임금에 대해 소송을 제기하는 경우 사용자는 소송촉진 등에 관한 특례법 제3조에 따라 변제일까지 연 20%의 이자지급의무를 진다. 또한 체불임금채권에 대한 민사문제를 형사화하여 근로자의 처벌의사 및 사업주의 지불능력 등과 관계없이 사업주가 지급명령 기한 내에 전액을 청산하지 못하면 처벌을 받는다.

21) 감시적 근로자는 아파트 경비원과 같이 정신적 · 육체적 피로가 적은 감시업무에 종사하는 근로자를, 단속적 근로자는 전기기사와 같이 근로가 간헐적 · 단속적으로 이루어져 휴게 · 대기시간이 많은 업무에 종사하는 근로자를 말한다.

22) 법이 개정되어 2007년 1월 1일부터 적용되는 최저임금은 시간급 기준 3,480원이나 일시에 사용자의 부담이 커질 것을 고려하여 2007년에는 기준 시간급의 70%인 2,436원(=3,480원의 70%)를 적용하도록 하고, 2008~2011년까지는 80%를 적용하도록 하였다. 그러나 최저임금이 매년 약 10% 수준으로 인상되기 때문에 감액률을 낮출 경우 사용자의 부담이 커질 것으로 예상된다.

급형태와 구별된다.

연봉제는 plus-sum 방식, 즉 생산성 제고를 위해 높은 성과를 낸 근로자에게는 높은 임금인상을 하고 낮은 성과를 낸 근로자에게는 낮은 임금인상을 하는 연봉제 방식에서는 문제가 되지 않으나, zero-sum 방식, 즉 총액 인건비를 동결한 상태에서 개인 간의 성과에 따라 임금을 차등지급하는 형태를 취하는 연봉제 방식에서는 일부 근로자에게 불리한 임금을 지급하게 되므로 취업규칙의 변경이 필요하다.

연봉을 분할하여 지급하는 기간이 1년에 12회 미만이 되는 경우, 즉 1개월에 1회도 급여를 지급하지 못하는 경우에는 근로기준법에서 정하는 '매월 1회 이상 정기지불의 원칙'을 위반하게 된다. 연봉액에 법정가산수당을 포함할 경우에도 정해진 할증임금 부분을 초과하여 연장근로나 휴일근로를 할 경우에 가산금의 추가지급이 이루어질 수 있어야 하며, 연차수당을 포함할 경우에는 휴가수당의 사전지급이 연차휴가 사용에 대한 제한이 되지 않아야 한다.

연봉액에 퇴직금을 포함할 경우에는 퇴직금이 근로연수가 1년 이상인 근로자에 대하여 임금후불적 성격으로 지급됨을 고려하여야 한다. 따라서 당해 연도의 발생되지 않은 퇴직금을 당해 연도의 연봉액에 포함시키는 것은 근로기준법위반이 된다. 전년도의 퇴직금을 중간정산하는 방법으로 다음 연도의 연봉액에 포함하는 경우라도 근로자의 정산요구가 전제되어야 하고 근로조건 명시 때 연봉액에 퇴직금 중간정산액이 포함되어 있음을 명시하여야 유효하다.

3) 근로시간과 휴식

근로시간

근로기준법상 근로시간이라 함은 근로자가 사용자의 지휘 · 감독 아래 근로계약에 따라 근로를 제공하는 시간으로, 보통 업무를 시작하는 시각에서부터 휴게시간을 제외하고 업무가 끝나는 시각까지의 시간을 의미한다. 근로시간은 근로자가 사용자의 지휘 · 감독 아래에 있는 시간을 기준으로 하기 때문에 근로자가 그의 노동력을 사용자가 처분할 수 있도록 맡긴 시간이면 충분하며 실제로 사용자가 그의 목적에 따라 사용하였느냐의 여부는 묻지 않는다. 근로기준법은 노동력의 과도한 소모로부터 근로자를 보호하기 위해 근로자의 연령과 업무의 성질에 따라 근로시간을 제한하고 있으며 이를 기준근로시간 또는 법정근로시간이라 한다. 소정근로시간이란 법정근로시간의 범위 내에서 근로자와 사용자가 근로계약에 의해 정한 근로시간으로 통상적인 근로시간은 이것을 의미한다.

근로기준법은 연장근로를 억제하고 법정근로시간을 유지하게 하기 위하여 사용자가 법정근로시간을 초과하여 근로자를 사용하지 못하도록 규제하고 있으며, 이에 위반한 경우에는 벌칙이 부과되고 또한 벌칙과 별도로 초과근로에 대하여 가산임금을 지급하도록 규정[23]하고 있다. 법정근로시간의 단축은 휴일 · 휴가제도의 개선과 함께 근로자의 삶의 질을 향상시키고 인건비 부담감소로 기업의 경쟁력을 높이려는 데 그 목적이 있다. 주 40시간제가 주 5일제를 의미하는 것은 아니나 근무시간의 배분상 월요일에서 금요일까지 5일간 8시간을 근무하는 형태가 되기 때문에 입주민의 불편을 줄이기 위해 토요일을 격주로 근무하게 하는 경우가 있다. 토요일을 무급휴가, 즉 근로면제일로 하여 근무하게 하는 경우에는 휴일근로가 아니라 주 40시간을 초과한 연장근로에 해당되므로 4시간에 대한 연장가산수당을 지급하거나, 주 평균 40시간을 넘지 않는 범위 내에서 2주 단위의 탄력근로시간제를 채택할 수 있다.

토요일의 격주근무[24]가 법정기준근로시간인 주 40시간을 초과할 때에는 근로조건의

---

23) 주 40시간제가 적용되는 사업장에서의 법정근로시간은 1주 40시간이고 1일 8시간이다. 주 40시간제는 2003년 7월 근로기준법의 개정으로 채택하였으며, 사업장의 규모에 따라 2004년 7월 1일부터 2011년까지 단계적으로 적용하고 있다. 2007년 7월 1일부터는 50인 이상 사업장이, 2008년 7월 1일부터는 20인 이상 사업장이 적용대상이 된다.

24) 격주 토요 근무 시 취업규칙에 토요일을 휴무일로 하느냐 휴일로 하느냐에 따라 가산수당에 차이가 있다.

① 토요일을 휴무일(즉 근로면제일)로 하되 무급으로 한 경우 토요일에 4시간을 근로했다면 근로기준법상 휴일근로가 아니라 주40시간을 초과한 연장근로에 해당되어 연장근로가산수당 25%(원래 연장근로의 가산수당은 50%이나 법 적용 후 3년 동안 최초 4시간에 대해 25%만 지급하도록 부칙 제3조제2항에 규정하였음)만 지급하면 된다. 즉, 시간급이 5,000원이라면 토요일 임금은 (4시간 5,000원)+(4시간 5,000원 25%)=2만 5,000원이 된다.

② 토요일을 유급휴무일로 한 경우에는 유급휴무수당에 휴무일근로수당 및 연장가산수당으로 지급하여야 한다. 즉, (4시간 5,000원)+(4시간 5,000원)+연장가산수당(4시간 5,000원 25%)=4만 5,000원이 된다.

③ 토요일을 휴일로 하되 무급으로 한 경우 토요일 4시간 근로는 연장근로가 아닌 휴일근로에 해당되므로 휴일근로가산수당 50%를 지급하여야 한다. 즉, (4시간 5,000원)+(4시간 5,000원 50%)=3만 원이 된다.

④ 토요일을 휴일로 하되 유급으로 한 경우 토요일 4시간 근로는 연장근로가 아닌 휴일근로에 해당되므로 유급휴일에 대한 임금(100%) 및 4시간 근로에 대한 임금(100%)과 휴일근로가산수당(50%)을 지급하여야 한다. 즉, 유급휴일수당(유급휴일에 당연히 지급되는 임금)+휴일근로수당(휴일에 근로한 임금)+휴일가산임금이므로 (8시간 5,000원)+(4시간 5,000원)+(4시간 5,000원 50%)=7만 원이 된다.

노사간에 특별한 합의가 없다면 ①의 무급휴무일로 해석한다.

저하로 취업규칙의 불이익변경 사유가 되기 때문에 근로자 과반수의 동의로 취업규칙을 변경하여 노동부장관에게 신고하여야 한다.

공동주택에 있어서 경비원 등 교대직은 24시간을 단위로 교대로 근무한다. 근로기준법은 일정한 요건을 갖춘 경우, 즉 당사자의 합의나(합의연장근로) 특별한 사정이 있는 경우에 노동부장관의 인가와 근로자 본인의 동의를 조건으로(인가연장근로), 또는 공중의 편의 또는 업무의 특성상 필요한 경우에 근로자대표와의 서면합의를 요건으로(특례연장근로) 법정근로시간을 초과한 연장근로를 인정하고 있다. 24시간 교대를 하는 경비직원에게는 합의를 통해 근로시간을 연장하는 경우라도 1일 12시간을 넘을 수 없어 근로기준법 위반이 된다. 1일 법정근로시간 8시간, 휴게시간 1시간, 주간 연장근로시간 12시간을 주간 4교대로 제하여 산출한 3시간을 합하여도 하루 12시간에 불과하므로 24시간 근로는 근로기준법 위반이 된다. 따라서 노동부장관의 승인을 얻어 감시, 단속적 근로자임을 확인해 두어야 한다.

휴 식

휴식이란 휴게시간, 휴일, 휴가를 포함한다.

휴게시간이란 근로자가 근로시간 도중 사용자의 지휘 · 명령으로부터 벗어나 자유로이 이용할 수 있는 시간을 의미하며 근로시간에서 제외된다. 휴게시간을 둔 것은 근로시간이 길어질 경우 신체적 · 정신적인 피로로 능률이 저하될 뿐만 아니라 재해의 발생원인이 되기 때문이다.

사용자는 근로시간이 4시간인 경우에는 30분 이상, 8시간인 경우에는 1시간 이상의 휴게시간을 근로시간 도중에 주어야 한다. 휴게시간은 반드시 근로시간의 '도중' 에 주어야 하므로 1근로의 근로실수의 총계가 4시간을 초과하여 8시간 미만인 경우 그 근로시간의 도중에 30분 이상의 휴게시간을 주어야 한다. 그러므로 시업 전 또는 종업 후에 휴게시간을 주는 것은 휴게시간이라고 할 수 없으며 근로기준법 위반이 된다.

휴게시간은 근로자가 자유로 이용할 수 있음이 원칙이나 시업에서부터 종업까지의 구속시간 중의 자유시간이므로 절대적인 자유이용을 의미하지 않으며 직장질서 유지 차원에서 일정한 제한이 있을 수 있다. 그러므로 휴게시간 중에 외출을 제한하는 것이 휴게시간 자유이용의 원칙에 어긋나는 것은 아니다.

휴일이란 근로자가 건강하고 문화적인 생활을 영위할 수 있도록 근로계약상 근로 없는 날로 정한 날을 말한다. 휴일은 법률상 반드시 부여해야 하는 법정휴일과 단체협약이나 취업규칙에 의해 인정되는 약정휴일이 있다. 법정휴일로는 5월 1일 근로자의 날과 1주일에 평균 1회 이상 유급휴일로 주어지는 주휴일[25)]이 있다. 경비원과 같이 감시 또는 단속적 근로에 종사하는 자로서 사용자가 노동부장관의 승인을 얻은 자는 주휴일이 적용되지 않으므로 1주일에 1회 이상의 휴일을 부여하지 않아도 법위반이 아니다.

휴일은 급여가 지급되는지 여부에 따라 유급휴일과 무급휴일로 구분된다. 근로자의 날과 주휴일은 유급이며 공휴일이나 광복절, 선거일 등 휴일은 사용자가 휴일로 부여할 법적의무를 가지지 않으며 당사자 간의 약정으로 유급 또는 무급으로 정할 수 있다. ILO 조약 또는 각국의 입법례는 주휴일을 무급휴일로 채택하고 있으나 우리나라는 법정휴일 이외의 약정휴일도 유급으로 하고 있다. 유급휴일은 근로의무가 면제되면서도 유급으로 보장되는 날이므로 일을 하지 않아도 휴일수당을 지급해야 한다. 휴일수당은 정상적인 근무를 할 경우에 지급되는 급여로, 월급제인 경우에는 월 급여에 유급휴일에 대한 임금이 포함된 것[26)]으로 본다.

휴가는 근로의무는 있으나 근로자의 청구에 의해 사용자가 근로의무를 면제하는 날을 말하며, 처음부터 근로의무가 없는 휴일과 구분된다. 따라서 휴일에 근로한 경우에는 통상임금의 100분의 50에 해당하는 가산임금을 지급하나 휴가일에 근로한 경우에는 할증임금이 없다. 휴가는 연차휴가와 산전후 휴가, 출산휴가와 같은 법정휴가와, 하기

---

25) 법정휴일로는 '5월 1일을 근로자의 날로 하고 이날을 근로기준법에 의한 유급휴일로 한다.'고 규정하는 근로자의 날 제정에 관한 법률에 의하여 인정되는 휴일과, '사용자는 근로자에 대하여 1주일에 평균 1회 이상의 유급휴일을 주어야 한다.'는 근로기준법 제54조의 규정에 의하여 인정되는 주휴일이 있다. 근로자가 주휴일을 청구하기 위해서는 1주일간의 소정 근로일을 개근하여야 한다. 근로자가 개근하지 않았다 하더라도 사용자에 대해 유급휴일로 처리해 줄 것을 청구할 수 없을 뿐 휴일에 대한 청구권이 상실되는 것은 아니므로, 다시 말해 휴일자체는 보장되므로 유급 대신 무급 휴일을 사용해야 한다. 소정근로일의 개근은 소정 근로일에 모두 출근하여 근무하는 것으로 충분하므로 지각이나 조퇴가 있어도 개근으로 보며, 3회 이상의 지각이나 조퇴를 소정 근로일상 1일의 결근으로 취급하는 것은 법위반으로 무효이다. 주휴일의 지급일에 대해서는 명문의 규정이 없으며 일반적으로는 단체협약이나 취업규칙으로 정한다. 주휴일은 반드시 일요일이나 7일마다 지급할 필요가 없고 1주일에 평균 1일 이상이면 되나, 매주 같은 요일로 하는 것이 바람직하며, 교대제 등에 있어서 근로자가 미리 예측할 수 있도록 규칙적으로 주어진다면 법위반이라 할 수 없다. 1회의 휴일은 역일, 즉 오전 0시부터 오후 12시까지의 24시간을 말하나, 교대작업 등 부득이한 경우에는 역일이 아니더라도 계속 24시간의 휴식을 주는 것도 가능하다.

26) 월급여에 유급휴일에 대한 임금이 포함된 것으로 본 해석은 2002.5.9, 근기 68207-1876이다.
휴일에 근로를 시킨 경우에는 유급으로서 당연히 지급되는 임금인 유급휴일수당과 휴일에 근로한 임금인 휴일근로수당에 휴일가산임금을 합한 250%의 임금이 발생되며 월급제인 경우 150%가 지급되어야 한다. 이것은 유급휴일인 경우이며 무급휴일인 경우에는 유급휴일수당이 제외된 150%가 발생되며 월급제인 경우 50%가 지급되어야 한다.

휴가, 경조휴가와 같은 약정휴가로 구분되며, 약정휴가는 포기가 가능하다. 연차휴가제도[27]는 매년 일정 일수를 유급휴가로 부여받을 수 있도록 보장하는 제도이며, 근로자가 정신적 · 육체적 휴식을 통하여 노동의 재생산을 유지하고 문화적 생활을 할 수 있게 하려는 취지에서 인정된 것이다.

연차휴가는 근로자가 청구한 시기에 주어야 하며, 근로자의 청구권 행사는 1년간의 행사를 아니함으로써 소멸되므로 휴가권이 발생한 날로부터 1년 이내에 청구하여야 한다. 근로자가 연차휴가를 청구한 시기에 휴가를 주는 것이 사업운영에 막대한 지장이 있는 경우에는 그 시기를 변경할 수 있으며, 사용자의 시기 변경에도 불구하고 근로자가 일방적으로 휴가를 사용하는 경우에는 무단결근으로 처리할 수 있다.

사용자는 적극적인 사용권유에도 불구하고 근로자가 연차휴가를 사용하지 않는 경우 휴가사용기간 만료 3개월 전을 기준으로 10일 이내에 근로자에게 휴가사용 시기지정을 서면으로 요구하고 근로자가 통보를 받은 날로부터 10일 이내에 사용시기를 지정하지 않아, 사용자가 휴가사용기간 만료 2개월 전에 휴가사용시기를 지정하여 서면으로 통보했음에도 불구하고 근로자가 사용하지 않을 경우 금전보상의무를 면한다.

연차휴가에 따른 사용자의 금전보상의무 면제는 사용자가 적극적으로 휴가사용촉진 등 조치를 취한 경우에 제한적으로 인정되는 것이므로, 사용권유조치가 없을 경우에는 연차수당을 지급하여야 한다. 또한 1년 미만 근로자의 경우에는 휴가사용촉진 대상이 아니므로 휴가를 사용하지 않았을 경우 수당으로 지급되어야 한다. 근로자가 입사 후 만 1년이 되는 날에 퇴직하는 경우에 대해 노동부는 연차휴가청구권이 발생한 날 바로 근로관계가 종료되므로 연차휴가를 부여할 의미가 없고 따라서 연차휴가수당을 지급할 의무도 없다고 해석하고, 판례는 근로관계의 존속을 전제로 하는 연차휴가를 사용할 권리는 소멸한다 하더라도 근로관계의 존속을 전제로 하지 않는 연차휴가수당을 청구

---

27) 사용자는 1년간 소정근로일수의 8할 이상 출근한 근로자에게는 15일의 연차휴가를 주어야 한다. 3년 이상 계속 근로한 근로자에게는 최초 1년을 초과하는 계속근로년수 매 2년에 대해여 1일을 가산한 휴가를 추가로 부여하며, 연차휴가발생의 기준이 되는 출근율의 계산은 입사일이 원칙이나 노무관리상의 편의를 위하여 회계연도를 기준으로 할 수 있다. 회계연도를 기준으로 할 경우에는 입사년도의 근속기간에 비례하여 유급휴가를 부여하여야 한다.

2002년 8월 1일 입사한 근로자가 2004년 8월 1일부터 2005년 7월 31일 기간 중에 8할 이상 출근하여 개정법에 따라 2005년 8월 1일 연차휴가 16일이 발생한 경우 사용자는 2006년 5월 1일부터 5월 10일 사이에 근로자에게 서면으로 시기지정을 요구하여야 한다. 만약 12월 31일로 종료되는 회계연도를 기준으로 연차휴가를 부여하는 경우에는 1월 1일부터 12월 31일까지 연차휴가를 사용할 수 있는데 이 경우에는 10월 1일부터 10월 10일 사이에 서면으로 시기지정을 요구하여야 한다.

하는 권리는 그대로 잔존한다고 판시하였으나 연차휴가 규정의 개정으로 후자의 입장으로 통일되었다. 연차휴가를 사전에 금전으로 정산하는 방법, 즉 사전매수는 연차휴가를 사실상 사용할 수 없게 하기 때문에 무효이다.

4) 산업재해와 고용보험

산업재해와 보상

재해보상제도는 근로자가 업무상 부상, 질병에 걸리거나 사망한 경우에 그 해당 근로자와 유족을 보호하기 위하여 마련된 제도이다.

재해보상제도는 민법상의 손해배상제도와는 구별된다. 민법상의 손해배상제도는 불법행위나 채무불이행으로 권리를 침해당한 피해자의 실 손해액을 전보하는 제도로, 사용자의 고의과실로 판단하는 과실책임을 전제로 하며, 불법행위 등과 상당인과관계가 있는 모든 손해를 배상하므로 배상액은 충분하나 그 전보에 시간과 비용이 많이 소요되는 특징이 있다. 이에 대해 근로기준법이나 산업재해보상보험법상의 재해보상제도는 업무상 재해로 상실된 노동력의 손실을 보상하는 특수한 청구권을 인정하는 제도로, 사용자의 고의·과실을 묻지 않는 무과실책임을 전제로, 평균임금을 기준으로 한 정률보상으로 산정이 간편하나 보상액이 충분하지 못하다는 특징이 있다. 재해보상제도는 근로기준법상 사용자가 자신의 재산으로 직접 보상하는 방식에서 산업재해보상보험법상 사회보험으로 간접 보상하는 방식으로 변화되었다. 양자의 관계에 대해 민법상 손해배상을 했다면 그 가액의 한도 내에서 재해보상의 책임을 면하고, 재해보상을 받은 후 민법상 손해배상을 청구한 때에는 보상의 한도 내에서 책임을 면한다. 또한 재해보상을 받고 합의한 경우에는 민사상 손해배상청구를 할 수 없다.

근로기준법이 상시 5인 이상의 근로자를 사용하는 사업장에 적용됨에 대해, 산업재해보상보험법은 2000. 7. 1 개정을 통해 상시 1인 이상의 사업장에 적용되도록 규정하고, 보상수준도 근로기준법보다 다액으로 규정하고 있어 일반적으로 이용되고 있다. 근로기준법은 3일 이내에 치료될 수 있는 가벼운 재해의 경우에 이용되고 있다. 근로자가 산재보상보험법에 의해 보험급여를 받는 경우에는 근로기준법에 의한 재해보상책임이 면제된다. 업무상 재해에 대해 판례는 근로자가 업무수행 중에 그 업무에 기인하여 발생한 재해를 말하므로 업무와 재해 사이에는 상당인과관계가 있어야 하고 인과관계는 이를 주장하는 측에서 입증해야 한다고 하고, 학설은 업무수행 중이 아니더라도 업무에 기인하여 발생하면 업무상 재해가 된다고 한다.

근로자는 원칙적으로 과실과 관계없이 재해보상을 받을 수 있다. 다만, 근로기준법에서는 근로자가 중대한 과실로 인하여 업무상 부상 또는 질병에 걸리고 또한 사용자가 그 과실에 대하여 노동위원회의 인정을 받은 경우에는 휴업보상 또는 장해보상을 하지 아니할 수 있다고 규정하고 있다. 산업재해보상보험법도 요양 중의 근로자가 정당한 이유 없이 요양에 관한 지시를 위반함으로써 부상, 질병, 또는 신체장애의 상태를 악화시키거나 그 치유를 방해한 때에는 휴업급여 또는 상병보상연금의 지급을 제한할 수 있다고 규정하고 있다.

고용보험

고용보험제도란 실직근로자에게 실업급여를 지급하고 실업예방 및 고용촉진을 위해 노력하며 근로자의 직업능력개발사업 등을 내용으로 하는 사회보장제도이다. 고용보험은 원칙적으로 근로자를 고용하는 모든 사업에 적용하나, 65세 이상이거나 국가공무원법 및 지방공무원법에 의한 공무원, 외국인 근로자 등에게는 법의 적용이 제외된다. 보험가입자는 사업장의 사업주와 근로자이고, 피보험자는 근로자이며, 근로자의 피보험자격의 취득 및 상실 등에 관한 사항은 노동부장관에게 신고하여야 한다.

고용보험에 의한 주요사업으로는 실업급여와 고용안정 및 직업능력 개발사업이 있다. 실업급여는 근로자가 실직 중 실직자 및 가족의 생계안정을 도모하고, 실직자 자료로 인력이동상황을 통계적으로 파악하여 고용정책수립을 용이하게 하며, 보험료 지급을 확대하여 고용을 창출하거나 보험기금 적립을 통해 유효수요를 억제함으로서 경기조절기능을 수행하는 등의 역할을[28] 한다.

고용안정 및 직업능력개발사업이란 국내외 경기의 변동, 산업구조의 변화 기타 경제상의 이유 등으로 인한 피보험자 및 피보험자이었던 자의 실업의 예방, 취업의 촉진, 고용기회의 확대, 직업능력개발 및 향상의 기회제공과 사업주에 대한 인력확보의 지원을

28) 실업급여는 구직급여와 취업촉진수당으로 구분되며, 취업촉진수당은 다시 조기재취업수당, 직업능력개발수당, 광역구직활동비, 이주비 등으로 구분된다. 구직급여가 실직한 근로자의 생계지원을 목적으로 지급하는 급여임에 대해 취업촉진수당은 실업급여의 지급으로 인한 실업의 장기화를 막고 구직급여를 지급받는 근로자의 재취업을 촉진하기 위해 부가급여의 성격으로 지급하는 수당이다.

행하는 사업을 말한다. 실업보험이 사후적 · 소극적인 실업정책인 반면, 고용안정 및 직업능력개발사업은 사전적 · 적극적인 인력정책이라 할 수 있다. 고용보험법은 보험사업에 소요되는 비용을 충당하기 위하여 보험가입자로부터 보험료를 징수하도록 규정하고 있다. 실업급여를 위한 보험료는 사업주와 피보험자인 근로자가 각각 반씩 부담하며, 고용안정 및 직업능력개발사업을 위한 보험료는 사업주가 전액을 부담한다.

5) 노동조합과 부당노동행위

노동조합과 단체협약

단결권은 근로조건의 향상을 도모하기 위하여 단결체의 조직 · 가입 및 존립보호와 활동을 할 수 있도록 근로자와 그 단체에 부여된 헌법상의 권리이다. 노동조합 및 노동관계조정법에서는 노동조합에 대해 근로자가 주체가 되어 자주적으로 단결하여 근로조건의 유지 · 개선 기타 근로자의 경제적 · 사회적 지위향상을 도모함을 목적으로 조직하는 단체 또는 그 연합단체라 정의하고 있다. 공동주택의 관리업무종사자는 전형적인 근로자로서 노동조합을 조직할[29] 수 있다. 관리사무소장은 사용자의 지휘 · 명령에 따라 업무를 수행해야 한다는 점에 있어서는 근로자로서의 지위를 가지나, 근로자에 대한 사항에 대해서는 사용자를 대표하고 있어 노동조합의 결성이나 가입이 제한된다.

노동조합의 설립은 민법상 사단법인에 관한 규정이 적용되므로 2인 이상의 근로자가 설립할 수 있다. 노동조합은 규약에서 정한 해산사유[30]가 발생하거나 총회 또는 대위원회의 해산결의 등의 사유에 의하여 해산된다. 공동주택에 있어서 근로자는 기업별 · 산업별 · 직종별로 자유롭게 노동조합의 조직형태를 정할 수 있으나 공동주택의 위탁

29) 노동조합을 설립하기 위해서는 설립총회를 개최하여 조합원의 직접 · 비밀 · 무기명투표에 의하여 규약을 제정한 후 그 규약에 근거하여 임원을 선출하고, 임원이 설립신고서에 규약을 첨부하여 행정관청에 신고하여야 한다. 노동조합은 자유설립이 원칙이나 행정관청에 신고하게 함으로써 신고제도를 가미한 것이다.

30) 일반적인 해산사유는 노동조합 위원장 등 임원이 퇴사하고 새로 선출할 수 없어 휴면노조가 되는 경우이다. 노동조합의 임원이 없고, 계속해서 1년 이상 조합원으로부터 조합비를 징수한 사실이 없거나 총회 또는 대위원회를 개최한 사실이 없는 경우 등 노동조합으로서의 활동을 1년 이상 하지 아니한 경우에는 행정관청이 노동위원회의 의결을 얻어 해산할 수 있으며, 노동조합은 관할 노동위의 의결을 얻은 때에 해산된 것으로 본다.

관리의 경우에는 특이한 사업장 구조를 갖고 있어 산별노조의 결성이 바람직하다.

그 이유는 하나의 위탁회사가 수백 개의 공동주택 사업장을 관리하여 근로자와 사용자간의 조직적 유대가 약하고 하나의 공동주택단지의 근로자수가 위탁회사 전체 근로자수의 극히 일부에 해당하며, 사용자가 아닌 입주자대표회의가 근로자에 대한 해고를 비롯한 근로조건을 결정하여 위탁회사의 근로조건 결정능력에 한계가 있고, 위탁회사의 변경 시 고용승계가 인정되지 않음을 이용하여 입주자대표회의가 위탁회사 변경을 통해 노동조합을 무력화시키기 때문이다. 공동주택에도 산별노조인 시설노조와 아파트 노조가 있었으나 위탁관리회사의 변경으로 크게 약화되었다. 산별노조에서는 사용자단체가 결성되어 노조대표와 사용자단체가 중앙교섭을 할 수 있어야 효율적이다.

노동조합을 조직한 근로자들은 그 단결력을 이용하여 사용자 또는 사용자단체와 단체교섭을 행하거나 쟁의행위를 통하여 유리한 근로조건 등을 쟁취한 후 협약의 형태로 서면화하는데 이를 단체협약이라 한다. 단체협약은 규범적 부분, 채무적 부분, 제도적 부분으로 분류되며 각각 규범적 효력[31), 채무적 효력[32), 제도적 효력[33)을 발생시킨다.

쟁의행위

단체행동은 근로자집단이 그 목적 달성을 위하여 집단으로 행동하는 것으로 쟁의행위와 준법투쟁, 가두시위가 이에 해당된다. 쟁의행위는 파업, 태업, 직장폐쇄 등 노동관계 당사자가 그 주장을 관철할 목적으로 행하는 행위와 이에 대항하는 행위로서 업무의

31) 규범적 효력 부분은 임금, 근로시간, 휴일, 휴가, 재해보상, 휴직, 해고 등을 내용으로 하며, 이에 미치지 못하거나 위반되는 취업규칙이나 근로계약의 부분을 무효로 하는 강행적 효력과, 근로계약에 별도의 약정이 없거나 강행적 효력으로 근로계약의 일부가 무효로 되는 경우에 직접 이를 보충하는 직접적 효력을 발생한다. 이들 규범적 효력 또는 직률적 효력은 단체협약을 체결한 노동조합의 조합원들과 사용자단체의 구성원에게 미친다. 비조합원에게는 단체협약이 보통거래약관처럼 작용하여 적용될 수 있으나 비조합원이 적용을 청구할 권리는 없다.

32) 채무적 효력 부분은 평화의무, 유일교섭단체조항, shop 조항, 단체교섭의 절차 및 규칙 등 협약 당사자 상호간의 권리, 의무를 규율하는 규정을 내용으로 하며, 단체협약을 체결한 노동조합이 스스로 그 채무적 부분을 준수해야 할 평화의무와 조합원에게 협약의 내용을 알리고 조합원이 준수사항을 지키지 않을 때 적절한 조치를 취해야 할 영향의무를 발생시킨다. 이들 채무적 효력은 단체협약 체결의 당사자인 노동조합과 사용자에게만 적용된다.

33) 제도적 효력 부분은 징계위원회의 구성 및 징계절차, 조합원인 근로자의 해고에 관한 협의 및 동의, 고충처리기구의 설치와 활동, 공제조합 운영 등 집단적 노사관계를 제도적으로 규율하는 조항을 내용으로 하며 그 자체로는 절차적 규정에 불과하나 이에 위반한 징계조치나 해고를 무효로 하는 조직적 효력을 갖는다.

정상적인 운영을 저해하는 행위이고, 준법투쟁은 쟁의행위를 제한하는 규정의 적용을 회피하기 위하여 단체협약이나 취업규칙의 내용을 필요 이상으로 엄격하게 준수하여 작업능률과 실적을 저하하는 행위로 업무의 정상적인 운영을 저해하지 않는다는 점에서 쟁의행위와 구별된다.

근로조건 등의 결정에 관하여 노사간에 주장의 불일치로 분쟁상태, 즉 노동쟁의가 발생하면 당사자들은 관할 노동위원회에 노동쟁의 조정신청을 할 수 있다. 법에서는 조정신청을 임의적으로 규정하고 있으나, 조정신청 후 조정기간동안 조정을 거쳐야 쟁의행위를 할 수 있으므로 필수적 절차[34]라 할 수 있다.

쟁의행위는 정당성[35]을 구비해야 하며, 그 목적 · 방법 및 절차에 있어서 법령 기타 사회질서에 위반되어서는 아니 된다. 쟁의행위는 헌법이나 관계법에 따라 쟁의행위가 금지되는 경우에도 할 수 없다. 조합원의 무기명투표를 거치지 않았거나, 조정절차 또는 중재절차를 거치지 않았거나, 근로를 제공하는 자의 정상적인 업무를 방해하는 경우, 직장 안전보호시설의정상적인 유지 · 운영을 방해하는 경우, 중재 시나 긴급조정 시에는 쟁의행위가 금지된다.

부당노동행위와 구제제도

부당노동행위제도는 사용자의 노동 3권 침해행위를 금지 또는 규제함으로써 노동

---

34) 노동쟁의에 관한 사항이 총회의 의결사항에서 제외되었으나 조합원에게 미치는 영향이 크기 때문에 총회를 거치는 것이 바람직하다. 조정신청 후 일정 조정기간 내에 조정을 거치고 조합원의 직접 · 비밀 · 무기명 투표에 의한 과반수 찬성을 얻으면 정의행위에 돌입할 수 있다. 쟁의행위가 발생하면 임의중재 또는 직권중재에 회부되며, 회부된 날로부터 15일간 쟁의행위를 개시할 수 없고, 그 기간 동안 중재재정이 내려져 그 재정서가 송달되면 당사자는 반드시 그에 따라야 한다. 중재재정의 내용에 불복하여 쟁의행위로 돌입하는 것은 법위반이며, 그 내용 중 위법하거나 월권인 사항이 있어 재심신청이나 행정소송을 제기하여도 중재재정의 효력을 정지시킬 수 없다. 따라서 중재는 쟁의행위권을 침해하는 제도가 될 수 있다.

35) 정당성은 협약체결 능력이 있는 노동조합이 쟁의행위를 주도해야 하고(주체에 의한 한계), 단체교섭에 의하여 체결될 수 있는 사항이거나 사용자가 직접 법률적이나 사실적으로 처리할 수 있는 것을 목적으로 해야 하며(목적에 의한 한계), 평화적 단체교섭이 결렬되어 더 이상 교섭을 진행시키는 것이 무의미하게 된 경우에 최후적 수단으로 사용되어야 하고(시기 · 절차상의 한계), 업무의 정상적인 운영을 저해하는 행위로서 사용자에게 경제적 타격을 주는 데 그쳐야 하므로 폭력 · 상해 · 협박 또는 불법감금과 같은 행위는 허용하지 않아야 보장된다. 쟁의행위가 정당성을 갖지 못하면 전체로서 위법이 되어 형사상 · 민사상의 면책을 받을 수 없다. 다만, 법령 기타 사회질서에 위반되는 경우에는 정당성이 결여된 경우와 달리 쟁의행위 전체가 반드시 위법으로 되는 것은 아니다.

3권의 구체적 실현을 도모하고 노사자치주의를 확립하려는 제도이다. 부당노동행위의 규율대상은 사용자이며 헌법이 노동 3권을 보장하는 구조상 노동조합을 규율대상으로 하기는 어렵다. 부당노동행위는 노동조합에 가입하거나 노동조합활동을 하거나 쟁의행위에 참가하거나 부당노동행위를 신고한 것을 들어 그 근로자를 불이익 취급하거나, 노동조합에 가입하지 않거나 노동조합탈퇴를 고용조건으로 하거나, 단체협약 체결이나 단체교섭을 정당한 이유 없이 거부 또는 해태하거나, 노동조합의 조직 또는 운영에 지배 · 개입하거나 운영비를 원조하는 경우이다.

부당노동행위의 구제는 행정적 구제제도와 사법적 구제제도가 공존하며, 노동위원회에 의한 행정적 구제제도는 원상회복주의와 처벌주의를 병행하고 있다.

행정적 구제에서 노동위원회가 심문을 종료하고 부당노동행위가 성립한다고 판정한 때에는 사용자에게 구제명령을 발하여야 하며 사용자는 그 명령을 이행하여야 한다. 따라서 부당노동행위로 해고가 된 경우 부당노동행위 이전의 상태로 원직복귀시키고 해고기간 동안의 임금을 지급해야 한다. 문제는 노동위원회의 구제명령이 확정된 경우에 비로소 벌칙을 적용하여 처벌할 수 있으므로 확정되기 전까지는 사용자가 구제명령을 이행하지 않아도 사용자의 이행을 확보할 수 없게 되며, 또는 사용자가 적극적으로 소송을 제기하여 구제명령을 무력화시킬 수도 있다. 사용자가 중앙노동위원회의 재심판정에 불복하여 행정소송을 제기한 경우에는 관할법원이 중앙노동위원회의 신청에 의하여 결정으로서 판결이 확정될 때까지 중앙노동위원회의 구제명령의 일부 또는 전부를 이행하도록 명할 수 있다. 구제명령의 실효성을 확보하기 위한 이 제도를 긴급이행명령 또는 긴급명령이라 한다.

부당노동행위의 구제제도는 당사자의 신청이 있는 경우에만 그 절차가 진행되는 당사자신청주의를 채택하고 있다.

3 공동주거관리자와 리더십

1) 리더십의 요구배경

리더십이란 조직의 목표달성을 위해 한 개인이 다른 구성원들에게 자발적으로 정진할 수 있도록 영향력을 행사할 수 있는 능력이나 자질, 지도력이나 지휘력 또는 이를 연구하는 분야를 말한다. 리더십은 천부적인 것이 아니며 학력이 높거나 나이가 들어감에 따라 저절로 갖춰지는 자질도 아니다. 또한 리더십은 권위적인 관리나 카리스마적(charismatic)인 독재를 의미하는 것도 아니다. 공동주거관리에 있어서 관리소장은 관리현장에서 리더십을 발휘하도록 요구받고 있으며 능력 있는 관리소장이 되기 위해서는 반드시 리더십을 갖추어야 한다.

리더십은 세 가지의 개념요소를 필요로 한다. 리더가 구성원들을 이해하고 그들과 원활한 의사소통을 통해 활력을 고취하게 하며, 인간적 유대를 유지할 수 있어야 하므로 리더십은 리더(leader)와 구성원(follower)과의 관계(relation)를 요소로 한다. 또한, 리더십은 구성원들과 계속적으로 상호작용하면서 자연스럽게 형성되는 것이므로 지속적인 교류를 하는 과정(process)을 요소로 한다. 마지막으로, 리더는 목표를 설정하거나 팀을 만들거나 비전을 제시하는 등의 다양한 방법을 이용하여 구성원들의 바람직한 행동을 이끌어내야 하므로 구성원들의 행동을 요소로 한다.

관리사무소장은 업무개시와 동시에 많은 직원을 관리해야 하는 책임자의 지위에 있으나, 관리조직의 공식적 권위에 근거한 직권, 즉 헤드십(headship)으로만 직원을 관리하는 데는 한계가 있다. 또한 공동주거관리의 대외적 여건이라 할 수 있는 법과 제도, 정책이 빠르게 변화하고 있다. 주 40시간 근로제, 관리종사자에 대한 최저임금제 적용, 정년연장과 고령자 증가, 고학력자 유입에 따른 일방적 업무지시의 한계 등이 관리현장을 변화시키고 있다. 인터넷의 일상화와 신속하며 다양한 전달매체 발전으로 커뮤니케이션의 질적 변화가 이루어지고, 첨단 기술로 건축된 주상복합아파트 등의 관리종사자의 전문성이 명령적 · 수직적 조직위계를 대등적 · 수평적 위계로 변화시키고 있으며, 양질의 주거관리 요구에 따라 사전서비스제(B/S, before srevice)가 확대되고 있다.

관리책임자는, 관리종사자가 이러한 여건에 신속히 적응하여 효율적이며 안전하게 공동주택을 관리할 수 있도록 관리종사자를 조직화 · 동태화해야 하며 이를 위해 리더십을 비롯한 대인관계기술의 구사가 필요하다.

2) 리더십에 관한 이론

리더십 이론이란 어떤 사람에 대해 리더십이 있다고 말할 수 있는 원인되는 것, 다시 말해 리더의 유효성을 결정하는 요인이 무엇인가를 연구하는 이론을 의미한다. 리더십

이론은 리더의 특성이나 행위, 상황의 어느 측면을 더 강조하느냐에 따라 특성이론(trait theory, 1904~1950), 행위이론(behavioral leader, follower, 1950~1960), 상황이론(situational theory, 1970~1980) 등으로 구분되며 그 순서에 따라 발전되어 왔다. 그러나 이들 이론들도 20세기가 지나서야 비로소 체계적이고 과학적인 접근이 이루어졌으며 어느 것도 완전한 이론이라 할 수 없고, 통합하는 방향으로 연구, 발전되고 있다.

특성이론

리더십 특성이론은 리더가 보통 사람과 다른 특별한 외양이나 성격을 갖는다는 전제 아래 이러한 특성으로 효과적인 리더를 탐색하려는 이론이다. 특성이론에서는 리더가 고유한 개인적 특성만 가지고 있으면 그가 처해있는 상황이나 환경에 관계없이 항상 리더가 될 수 있다고 전제한다. 그 특성에 대해서는 많은 연구가 있었으나 특성이 정형화되어 있지 않으며, 일반적으로 업무적 전문지식, 성실성, 정의감, 자신감과 창의성, 성취욕구 등을 제시하고 있다.

그러나 이 이론은 여러 연구에서 드러난 리더의 자질 및 특성 간에 공통적인 요소가 적고 경우에 따라서는 반대되는 요소도 있어 리더의 일반적인 특성을 찾는 데 한계가 있고, 후천적 학습에 의해 리더가 될 수 있는 가능성을 배제했다는 문제점이 있다.

행동이론

리더십 행동이론은 리더의 행동에는 독특함이 있다고 보고 관찰 가능한 리더의 행동을 유형화하여 이러한 행동이 리더십의 효과성과 어떠한 관계가 있는가를 구명하는 이론이다. 예를 들어 조난당한 배에서 개인의 이기적인 행위로 전체가 희생될 위기에 있을 때 불필요한 짐을 버리게 하고 무게가 분산되도록 자리를 지키게 하며 승선자들을 안심시켜 서로 협조하게 하여 위기를 벗어난 경우, 사람들을 살려 낸 인간중심적 행동과 조난에 대한 전문적 지식을 바탕으로 한 생산(직무)중심적 행동으로 전체 승선자에게 영향을 준 행동을 유형화할 수 있다.

리더가 태어난다고 전제하는 특성이론과 달리 행동이론은 리더를 확인할 수 있는 특정행동을 파악하여 리더가 되고 싶어 하는 사람에게 리더십을 가르칠 수 있다는 점에서 차이가 있고, 또한 추상적인 리더 특성을 강조하는 특성이론과 달리 행동이론은 관찰

가능한 행동을 대상으로 하였다는 점에서 차이가 있다.

행동이론에서는 리더의 유효성에 영향을 주는 대표적인 행동으로 종축에는 인간중심적 행동을, 횡축에는 생산(직무)중심적 행동을 표시하고,[36] 표시된 도면에서 종축과 횡축이 모두 높은 위치에 있는 행동을 ① 이상형, 중간위치에 있는 ② 중용형, 모두 낮은 위치에 있는 ③ 방임형, 종축은 낮고 횡축은 높은 ④ 생산지향형, 종축은 높고 횡축은 낮은 ⑤ 인간지향형으로 유형화하였다.[37]

행동이론은 리더십을 과업지향적인 유형과 사람지향적인 유형으로 대별하는 기여를 했다. 그러나 연구마다 각기 다른 관점과 견해에서 리더의 행동을 분석하고 있어 어떤 유형도 모든 상황에서 효과적이지 못한 것으로 나타났다.

상황이론

리더십 상황이론은 리더에게 가장 효과적인 특성과 행동을 결정해 주는 리더십 상황을 설정하고 이들 상황과 리더의 유형화된 행동을 연결시켜 리더십의 효과를 분석하는 이론이다. 이 이론은 특성이론과 행동이론에서의 리더십의 유효성이 모든 상황에 언제나 적합한 최선의 리더십 유형이 될 수 없다는 전제 아래, 추종자나 조직이 처해 있는 상항에 의해서 리더의 가치가 판단되고, 리더십 유효성이 결정된다 하여 리더십의 역할과 기능 등에 영향을 미치는 상황변수를 찾으려는 이론이다. 예를 들어 상사(리더)와

36) 종축에 '인간중심적 행동'은 '종업원중심적 리더(employee-centered leader)' 또는 '배려(consideration)나 인간에 대한 관심(concern for people)'으로 표시할 수도 있고, 횡축의 '생산중심적 행동'은 '직무중심적 리더(job-centered leader)' 또는 '직무(job)나 생산에 대한 관심(concern for production)'을 표시할 수도 있다.
리더임을 확인할 수 있는 특정행동, 즉 그 추종자들에 의해 보다 더 유능하게 보이는 행동으로 인간중심적 행동과 생산중심적 행동 외에 '개발지향적(development-centered) 행동'을 제시한 연구(scandinavian study)도 있다.

37) 도면으로 표시하면 다음과 같다.

부하직원(상황)의 관계에서 부하직원이 그 능력과 의지로 스스로 책임을 다하는 경우에는 상사는 부하직원에게 대부분의 일을 위임하지만, 책임을 다하지 못하는 경우에는 매사를 간섭하고 지시하게 된다.

리더의 행동을 유형화하기 위해 종축과 횡축에 각각 관계(인간)지향적 행동과 과업(생산)지향적 행동을 표시하고 관계지향적 행동과 과업지향적 행동이 높고 낮음에 따라 ①, ②, ③, ④로 표시한다. 별도의 표에 부하의 능력과 의지를 구성요소로 그 고저에 따른 성숙도를 구분하여 부하의 능력과 의지가 모두 높은 단계로부터 ⓐ, ⓑ, ⓒ, ⓓ로 구분한다. 여기서 부하의 성숙도는 상황이며, 리더는 부하의 성숙도와 과업행동, 관계행동의 3차원에 의해서 결정[38]된다.

①-ⓐ의 경우는 부하의 능력과 의지가 모두 높아 그 성숙도가 최고도에 달한 경우로 관계지향적 행위의 일부를 제외하고는 부하에게 영향력을 행사하지 않을 때 리더십의 유효성이 높아지게 된다. 따라서 부하들에게 의사결정과 과업수행을 하도록 위임하는 위임형 리더 유형이 필요하게 된다. ②-ⓑ의 경우는 부하가 의지는 약하나 능력은 있어 그 성숙도가 높은 편으로 리더는 부하와 의견을 교환하고 부하의 자발적 행동을 조장하여 과업행동과 관계행동을 줄이는 것이 유효성을 높이는 방법이다. 따라서 부하들과의 인간관계를 중시하여 의사결정에 많이 참여하게 하는 참여형 리더 유형이 필요하게 된다. ③-ⓒ의 경우는 부하가 의지는 있으나 능력이 없는 경우로 부하가 성숙함에 따라 배려

38) 관계지향적 행동과 과업지향적 행동이 높고 낮음에 따라 ①, ②, ③, ④로 표시하고, 별도의 표에 부하의 능력과 의지를 구성요소로 그 고저에 따른 성숙도를 구분하여 부하의 능력과 의지가 모두 높은 단계로부터 ⓐ, ⓑ, ⓒ, ⓓ로 나열하면 다음과 같은 모양이 된다.

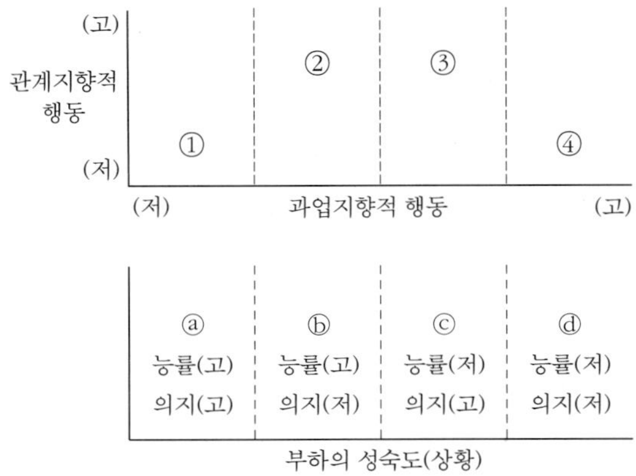

를 강화하여 자율적으로 일을 처리할 수 있도록 지원형의 리더십이 필요하다. ④-ⓓ의 경우는 부하의 능력도 의지도 모두 낮아 인간관계에 대한 배려보다 리더의 직접적인 지도, 구체적 지시나 엄한 감독이 요구되며 지시형 리더가 필요하다.

리더십의 새로운 패러다임

이상에서 기술한 전통적인 리더십 이론에 대하여 상호작용이론, 리더십 대체이론, 거래적 리더십(transactional leadership), 변혁적 리더십(transformational leadership), 감성지능 리더십 등이 새로운 유형으로 거론되고 있다.

상호작용이론은 전통적 리더십 이론들이 리더의 행동에 따른 결과만을 연구한 것과 달리 리더의 행동이 그 이후의 리더의 행동에 영향을 미칠 수 있다는 점을 중시하였다. 이 이론은 리더의 어떤 행동에 의해 바람직한 결과가 나왔다면 그런 행동은 계속 반복될 것이고 반대의 경우에는 반복되지 않으리라는 점이 전제되었다.

리더십 대체이론은 조직 구성원이 경험이 많고 전문성이 높으며, 조직이 엄밀하게 체계화된 절차와 규칙에 따라 운용되며 응집성이 높을 때는 반드시 리더가 필요하지 않은 상태도 있을 수 있으며, 이 경우에는 리더십이 무력화될 수 있다는 이론이다.

거래적 리더십은 리더와 부하 간의 거래관계, 즉 부하는 이익을 얻기 위해 리더가 요구하는 수준의 성과 수행에 동의하고, 리더는 부하에게 일정수준의 성과를 요구하되 그 성과가 달성됐을 시에는 정해진 보상을 제공하는 거래적 관계로 리더십을 이해하는 이론이다.

변혁적 리더십은 리더가 부하로 하여금 조직목표나 성과에 대한 중요성을 인식하도록 의식을 일깨우고, 개인의 이익보다 조직 전체의 이익을 고려하도록 하며, 보다 높은 차원의 욕구인 자기개발을 하게 하는 등의 방법으로 부하를 변화시키고, 그 변화로 조직문화와 조직의 욕구체계를 변혁시키려는 리더와 부하 간의 동기부여를 가능하게 하는 리더십 이론이다.

감성적 리더십은 높은 지능과 업무에 관한 전문기술 등의 자질을 구비한 경우라도 훌륭한 리더가 되기 위해서는 감성지능을 갖추어야 한다는 이론이다. 이는 새로운 리더십의 패러다임이 등장하면서 가장 미래지향적인 리더십으로 각광받고 있다. 유능한 리더들이 그 지위가 높아지면 높아질수록 자신의 유능함을 이유로 감성적 리더십을 발휘하는 현실 사례를 바탕으로 인정되었다.

감성적 리더십은 리더가 감성지능의 작용으로 구성원의 마음을 움직이고 정서를 한 방향으로 흐르게 하여 공감을 형성하게 함으로써 영향력을 행사하는 경우의 리더십을 의미한다. 리더십에서의 영향력은 바람직한 비전의 제시, 사상이나 철학을 담은 소신, 상황에 적절한 전략을 내세워 행사할 수도 있으나 가장 강한 수단은 감성이다. 감성적 리더십은, 리더십의 어원인 '먼지를 뒤집어쓰는 것'과 같은 봉사정신과 구성원을 섬기고 이해하고 배려하는 리더십의 기본적 관념에서 출발한 것으로, 구성원에 대한 영향력의 행사가 마음으로부터 우러나오는 감성에 의존한다는 점에서 공동주택 관리현장에 적응성이 높다.

감성지능을 갖는 리더는 구성원의 정서를 바탕으로 공감대를 형성하고 긍정적인 사고를 하게 하며, 리더와 구성원을 하나로 일치시키는 동조성(synchronization)을 갖게 한다. 일반적으로 사람들은 자신의 감정적 안정을 유지하기 위해 다른 사람들과의 관계에 의지하게 되는데, 이때 감성에 근거하여 그 관계가 동조적으로 작용하면 리더의 일에 더 잘 협력하며 능률도 오르게 되어 리더의 영향력이 커진다. 감성적 리더십은 구성원으로 하여금 긍정적인 사고를 하게 하는데, 마음이 즐거우면 사람이나 사물을 긍정적인 관점에서 바라보게 되고 일에 대한 자신감과 창의성을 갖게 되며, 정신활동의 능률이 높아지고 사고의 유연성을 증가시킨다.

감성적 리더십은 이성적 분석에 앞서는 우월성을 가지고 있다. 리더는 분석적이고 개념적인 사고를 바탕으로 조직업무 전체를 파악할 수 있는 충분한 지능을 갖추고 있어야 하지만 이러한 지능이 감성과 어우러질 때, 다시 말해 머리와 가슴이 함께 움직일 때 훌륭한 리더십이 발현된다.

감성적 리더십을 발휘하기 위해서는 감성적 지능을 구비해야 하며, 감성적 지능은 자신을 다스리는 능력과 관계를 다스리는 능력으로 구성된다. 이들은 사람들의 마음을 헤아리고 공감하게 하여 감성적 리더십을 행사하게 해 주는 중요한 요소들로서, 서로 역동적인 관계를 유지하며 밀접하게 얽혀있다. 자신을 다스리는 능력은 자신에 대해 지나치게 비판적이거나 낙관적이지 않게 자신의 가치와 목적과 능력과 한계를 파악할 수 있는 능력이다. 자기 인식이 투철한 사람들은 충동적으로 행동하기 전에 깊이 생각하고, 자신의 가치관에 부합하는 결정을 내리기 때문에 자신의 일에 그만큼 열정을 갖고 임할 수 있게 된다. 관계를 다스리는 능력은 상황에 걸맞은 말과 행동을 함으로써 구성원들의 감정을 헤아리고 그들이 느끼는 바를 공감할 수 있는 능력이다. 또한 구성원을 배려하는 가운데 조직을 끌고 갈 수 있는 공동의 가치관과 최우선과제에 접근하게 된다. 사람의 마음을 헤아리지 못하는 리더는 부지불식간에 파행을 저지르거나 부정적 반향을 유발하는 언행을 하게 된다.

3) 공동주거관리 현장의 리더십

관리자는 사람들을 통해서 업무를 수행하는 자를 의미하며 관리사무소장은 전형적인 관리자이다. 관리사무소장은 관리목표의 달성을 위하여 목표를 정의하고 목표달성을 위한 방법을 제시하며 이를 위해 관리업무종사자들의 활동을 지도 · 감독한다.[39] 따라서 관리자의 리더십 유형은 관리현장의 업무 스타일에 상당한 영향을 미치게 된다.

관리자의 리더십 유형

한때 관리업무종사자에 대한 리더십은 관리사무소장의 헤드십의 영향으로 카리스마적 · 권위주의적 유형이 팽배한 적이 있었다. 특히 주택관리사가 관리사무소장으로 배치되기 전에는 군사문화의 영향을 받아 관리사무소장이 직원조회를 할 때 줄을 세워 제식훈련을 할 정도로 권위적이었다.

관리사무소장이 관리업무종사자에 대해 효과적인 리더십, 즉 영향력을 행사하기 위해서는 관리자를 넘어 리더가 되어야 한다. 관리는 복잡성에 대처하기 위한 것이고 리더십은 변혁에 대처하기 위한 것이므로, 공동주택관리의 대내외적인 변화에 적절히 대응하기 위해서는 리더의 역할이 요구되기 때문이다.

관리자와 리더의 차이를 구체적으로 살펴보면,[40] ① 비전제시의 측면에서 리더는 미래의 비전을 제시하고 방향을 설정하며 구성원들이 그 비전과 목표를 향해 나아가도록 독려하고 본인이 솔선함에 대해, 관리자는 리더가 제시한 비전과 방향에 따라 계획하고 실행하며 계획을 달성하기 위해 필요한 사람들을 충원하고 조직화하는 일을 한다. ② 동기부여의 측면에서 리더는 사람들을 신명나게 하고 동기를 부여하며 열정을 확산하게 하는 미래지향적 노력을 함에 대해, 관리자는 통제에 주력하며 문제해결을 통해 계획을 달성하기 위해 노력한다. ③ 변화대응 측면에서 리더는 항상 도전적이고 변화를 추구하며 위험을 감수함에 대해, 관리자는 위험을 피하며 현상유지에 주력한다. ④ 가

39) 관리에 대해 20세기 초 프랑스의 헨리 파욜(Henri Fayol)은 네 가지 활동, 즉 계획화(planning), 조직화(organizing), 지휘(leading), 통제(controlling)를 제시하였다.

40) 관리자가 리더가 되는 길을 시사하기 위해 전형적인 관리자와 리더의 차이를 비교하였으며, J. p. Kotter의 이론을 참고하였다.

치관이나 중심사상에서 리더는 사람에 중점을 두고 구성원들의 신뢰에 의존하며 철학 · 핵심가치 · 공통목표를 강조함에 대해, 관리자는 제도와 구조에 중점을 두고 구성원들의 통제에 의존하며 체제 · 전술 · 목표를 강조한다.

관리사무소장이 취하는 바람직한 리더십 유형은 다음의 두 가지이다.

첫째는 전망제시형 리더십이다. 전망제시형 리더십은 관리업무종사자에게 보다 더 큰 목적을 추구하도록 책무를 상기시키고 의욕을 고취하며 평범한 일상의 일에 큰 의미를 부여하는 경우로, 가장 고전적 형태이며 많이 언급되는 리더십 유형이다. 이 유형의 리더는 관리업무종사자들과 생각을 공유하며 분위기에 긍정적이다. 또한 변화에 대한 새로운 전망이 요구될 때나 방향전환이 요구될 때 필요하며 영향력이 크다. 전망제시형 리더십에서 가장 중요한 것은 관리업무종사자들이 어떻게 느끼는지를 감지하고 그들의 관점을 이해하며, 그들에게 영감을 불어넣어 전망을 제시하는 감정이입능력이다.

둘째는 민주형 리더십으로서 대화나 면담을 통해 관리업무종사자의 의견을 경청하고 참여와 위임을 통해 반발의 여지를 해소시켜 참여자의 사기를 높일 수 있는 리더십이다. 그러나 리더의 능력이 부족하거나 신속함이 필요한 긴급한 상황이거나 눈에 보이는 성과가 없을 때에는 리더십에 회의적인 평가를 받을 수도 있다.

그 외에도 선도형 리더십과 지시형 리더십[41)]이 있는데 이들 유형은 타성적이며 비협조적인 특정 상황에서 일시적으로 유용하게 사용될 수 있으나 지시받지 않는 일은 처리하지 않는 등 부작용을 초래할 수 있다.

관리사무소장의 리더십은 관리업무종사자에 대해서만 적용되는 것은 아니며 입주민과의 관계에서도 구사될 수 있다. 예를 들어 어린이놀이터를 폐쇄하여 주차장으로 용도전환을 하고자 하는 경우, 대표회의의 의결과 전체 주민의 서면동의가 있다고 하더라도 해당 인근 동 주민에게 주차장 설치로 발생될 수 있는 불편한 사항까지도 설명하고 이해를 구하는 것이 필요하다.

---

41) 지시형 리더십은 관리업무종사자에게 상세하게 설명하기를 꺼리고 고압적인 자세를 유지하는 리더십으로 거의 모든 상황에서 가장 효과가 나쁜 유형으로 이해되고 있다.
선도형 리더십은 관리업무종사자에게 권한을 넘기지 않고 관리사무소장이 세세한 모든 일에 간섭하며 일이 지체되는 경우에는 직접 나서서 일처리를 한다. 이 유형에서는 보수나 지위와 같은 외적 보상을 바라고 일을 하기보다 자신의 뛰어난 능력을 확인하고 싶은 욕구에서 일을 하는 경우가 많으며 주의를 요하는 리더십의 유형이다.

관리현장의 바람직한 리더십

관리사무소장은 최저임금제와 주 40시간제, 고령화에 따른 정년연장 등으로 변화되고 있는 관리현장에서 관리업무종사자의 고용안정을 위해, 공동주택관리에 관한 법과 제도의 변화에 대응한 전문성 제고를 위해 노력하여야 한다. 공동주택의 관리조직은 부하직원을 통해 입주자대표회의의 업무지시를 받거나, 입주민이 특정 직원을 보호하거나 옹호하여 관리사무소장의 인사상 조치를 무력화시킬 수 있는 위계가 약한 조직임을 고려하여 관리업무종사자들의 응집력을 높이기 위해 노력하여야 한다. 또한 증대되는 입주민의 관리 서비스 수요증대에 부응하고 공동체적 정신에 근거한 커뮤니티 활성화에 노력하여야 한다.

이를 위해 관리사무소장은 리더가 되어 관리목표에 대한 건전한 지도이념을 바탕으로 관리목표를 관리업무종사자에게 전달하고 설득할 수 있는 의사소통 능력(communication skill)을 가져야 하며, 종사자에게 활력을 불어넣어 자발적으로 목표를 향해 정진할 수 있도록 동기를 부여할 수 있어야 한다.

관리업무종사자에 대한 대인기술의 구사는 감성이 전제되어야 하며, 감성적 언행은 신뢰와 존중을 바탕으로 행해져야 한다. 관리사무소장의 언행은 관리업무종사자들의 근무분위기에 영향을 주고 종사자들의 태도가 입주민에 대한 서비스의 질로 직결된다.

관리사무소에서 직원의 근무태만을 책망하고 성실한 근무를 독려할 필요가 있을 때 이웃한 공동주택의 경우와 비교하거나 다른 직원과 비교하여 비판하는 경우와, 일의 중요성을 설명하고 책임감을 일깨우며 그 동안의 일을 긍정적으로 평가하며 설득하는 것은 큰 차이가 있다. '여러분의 도움이 필요하다.'는 한 마디가 열 마디의 책망보다 효과적일 수 있기 때문이다.[42]

42) 기업의 감성경영이 확산되고 있는 추세이다. 즐거운 기분으로 일할 수 있도록 직원들을 배려할 경우 직원들의 감성지수가 높아져 회사에 대한 신뢰가 높아지고 일에 대한 자부심이 커지며 생산성이 높아지기 때문이다. 회사 사장이 신입사원과의 인사자리에서 섹소폰을 연주하고 800여 명의 사원에게 서신을 보내어 직원들의 감성을 터치하는 사례도 있다.

참 | 고 | 문 | 헌

강신규 외(2005). 조직행동론. 형설출판사.

김준호(2005). 민법강의 5. 법문사.

김형배(2006). 노동법 2. 박영사.

박경규(2003). 신인사관리론. 홍문사.

이상윤(2005). 노동법. 법문사.

최종태(2005). 현대인사관리론. 박영사.

Goleman, D. 장석훈 역(2006). 감성의 리더십. 청림출판 11ed.

Robbins, S. P. 김지성 외 역(2005). 조직행동론 11. (주)피어선에듀.

Whitney, J. O. 송홍한 역(2003). 리더십 3막 11장. 씨앗을 뿌리는 사람.

제 4 장

공동주거관리와 의사소통

효율적인 의사소통의 부재로 인해 공동주택에서 소모적인 분쟁이 발생하는 경우 그 피해는 당사자인 입주자뿐 아니라 관리자에게도 모두 파급된다. 공동주거관리와 관련된 다양한 분쟁은 대부분 관리규약의 규정이 불분명하거나, 거주자와 관리자, 사업 주체와의 의사소통의 부족 또는 서로의 이익에 집착한 나머지 다른 사람들의 입장을 배려하지 못하는 데서 발생된다. 따라서 공동주택관리와 관련된 의사소통능력의 강화는 공동주거관리를 효율적으로 하기 위하여 중요한 한편 갈등과 분쟁을 최소화하는 데 필요하다.

따라서 의사소통의 기본 과정과 유형, 공동주거관리에서의 의사소통기술, 효율적인 의사소통 전략에 대한 이해는 매우 중요하다.

제 4 장

공동주거관리와 의사소통

1 의사소통의 과정과 유형

한 조직이 원활하게 움직이려면 조직이 필요로 하는 인적 · 물적 자원과 정보가 있는데 관리자는 이러한 자원을 효과적으로 배분하고 필요한 정보를 이용하여 관리기능을 수행한다. 즉, 의사소통에 의해서 모든 관리적 기능, 조직의 단위와 단위가 통합되고 연결되므로 인체의 신경조직과 마찬가지로 의사소통은 조직에 있어서 필수적인 요소이다.

1) 의사소통의 기본 개념과 과정

의사소통(communication)이란 말은 공통성이라는 의미를 가진 'communis'라는 라틴어에서 어원을 찾을 수 있는데 이는 일방적인 의사전달이 아니라 의사의 상호소통을 포함하는 의미이다. 의사소통이란 "2인 이상의 사람들 사이에 의견, 정보, 감정 등의 교환을 통하여 공통적 이해를 하고 수신자 측의 의식, 태도, 행동 등에 변화를 가져오게 하는 일련의 행동"이라고 할 수 있다.

의사소통의 과정은 S–M–C–R–F의 다섯 단계로 설명되는데 이는 전달자(sender 혹은 source)가 메시지(Message)를 특정 경로(channel)를 통하여 수신자(receiver)에게 전달하고 수신자는 이에 반응하여 환류(feedback)가 이루어지는 전 과정을 말한다.

만일 공동주택의 관리자가 입주자들에게 소유하고 있는 자동차를 지정된 장소에 주차하도록 공지한다고 가정해 보자. 여기에서 전달자는 주차장소에 대한 정보를 제공하고 이를 지키게 하려는 의도를 가지고 있다. 이러한 의도를 언어로 표현하여 공지사항으로 구성하여 주민들에게 알림판에 알리게 된다. 여기에서 알림의 내용은 메시지가 되며 알림판은 하나의 경로의 역할을 한다. 주민들은 수신자이며 이 내용을 이해하여 행동의 변화를 가져오게 된다. 이러한 수신자의 반응은 의사소통의 효과를 평가하는 데 필수적인 요소가 되며 발신자, 여기에서는 관리자는 변화의 내용을 바탕으로 후속 메시지를 수정할 때 그 결과를 고려하게 되는데 이를 환류라 한다. 따라서 관리자가 의도한 지정 장소의 주차안내는 이러한 복잡한 의사소통의 과정을 거쳐서 주민에게 전달되고 그 결과를 평가하게 된다.

의사소통 과정에서 각 구성요소를 살펴보면 다음과 같다.

전달자

공동주택관리를 위한 관리행동에서 관리자는 의사소통을 통하여 의도한 메시지를 전달하게 되며 전달자의 의도는 이를 메시지로 전달하기 위하여 기호화 과정을 거치게 된다. 기호화의 방법으로는 언어적인 상징(구두 또는 문서)을 사용하지만 때로는 비언어적인 상징(사이렌 등)의 물리적인 신호음이나 신체적인 언어, 즉 표정이나 손짓 등을 사용하기도 한다.

의사소통 경로

관리자들이 사용하는 의사소통 통로는 메시지가 전달자로부터 수신자에서 전송되는 수단으로 공문이나 안내문, 안내방송, 홈페이지 공지, 또는 대면적인 구두 안내 등을 들 수 있다. 전 주민에게 주요 사항을 알리기를 원할 때, 또는 특정 개인에게 어떠한 내용을 알리고자 할 때 의사소통의 통로는 달라진다.

●● 수신자

수신자에게 전달된 메시지는 다시 수신자가 해독과정을 거쳐 그 내용을 이해하게 된다. 정확한 의사소통이 이루어지기 위해서는 전달자와 수신자가 전달된 메시지에 대하여 같은 의미로 받아들여야 한다. 따라서 전달자는 수신자의 지식이나 문화적인 배경에 대하여 이해해야 하며 그 수준에 맞추어 의사소통을 하도록 한다.

최근 대도시의 공동주택에는 외국인 입주자들이 거주하는 경우도 많다. 이러한 경우에는 외국인들을 위하여 안내문을 따로 마련하는 것도 바람직한 방법이다.

●● 환 류

의사소통의 효과를 평가하는 데 전달자의 메시지에 대한 수신자의 반응은 매우 중요하다. 환류에 의해서 만일 전달할 내용이 정확하게 수신이 안 되었다면 전달자는 후속 메시지를 수정하여 보내야 한다. 결국 환류를 통하여 의사소통을 쌍방향적이며 역동적으로 만들 수 있다.

2) 의사소통의 유형

공동주택의 관리를 책임지는 관리자는 개인적인 차원의 의사소통 역량도 요구되지만 조직 내에서 이미 결정된 의사소통의 통로를 사용하게 된다. 즉, 조직 내에서 직원들 간에, 입주자 대표들이나 부녀회 등과 다양한 통로를 사용하여 의사소통을 하게 된다. 조직 내에서의 의사소통은 그 경로의 성격을 기준으로 공식적인 의사소통과 비공식적인 의사소통으로 구분된다.

●● 공식적인 의사소통

조직 내에서 공식적인 의사소통은 전달의 방향에 기준을 두고 하향적, 상향적, 수평적 의사소통으로 구분할 수 있다.

하향적 의사소통

조직의 위계적인 구조에 따라 상급자로부터 하급자에게 지시나 명령, 방침, 성과 표준 등이 전달되는 유형이다. 공동주거관리 업무를 진행할 때 빈번하게 이루어진다.

상향적 의사소통

하급자의 보고로부터 의견이나 제안, 고충 등의 상향적 전달에 이르기까지 그 범위는 매우 넓다. 상향적 의사소통은 조직에서 상 · 하급자들 간의 상호적인 의사소통을 가능하게 한다.

수평적 의사소통

조직 내에서 평등한 수준의 구성원이나 부서 간에 이루어지는 의사소통을 의미하며 상호작용적 의사소통이라고도 한다. 하향적인 의사소통의 유형이 권위적인데 비하여 수평적인 의사소통은 주로 협력적인 성격이 강하고 의미의 왜곡 정도도 심하지 않다.

조직 내의 의사소통의 유형에서 수평적 의사소통의 중요성이 크게 부각되고 있다. 이러한 수평적 의사소통은 구성원 간에 그리고 각 부서 간의 갈등을 관리하고 조정 가능성을 강화함으로써 성공적인 합의를 수월하게 이루게 하기 때문이다.

비공식적인 의사소통

공동주거관리의 수행과정에서 조직 내의 정해진 통로로만 의사소통이 이루어지지는 않는다. 조직의 구성원들은 직종이나 업무의 장벽을 넘어 감정적인 인간관계를 유지하게 되는데 이렇게 형성되는 의사소통의 경로는 비공식적이며 자생적인 의사소통이다.

이러한 비공식적인 의사소통은 흔히 소문이나 풍문(grapevine)이라 하는데 이러한 경로로 발생된 정보의 내용은 왜곡의 소지가 많아 그 부정적인 측면이 강조되기도 하나 이러한 비공식적인 의사소통은 조직에서 필연적이고 자연적인 현상임을 인정해야 한다. 이러한 풍문이 발생하는 요인으로는 사실적인 정보의 결여, 상호 배치되는 정보의 전달, 정보에 대한 불신임과 이를 받아들이지 않으려는 수락기피 심리 등을 들 수 있다. 또한 이러한 의사소통은 공식적인 의사소통에 비하여 매우 전달속도가 빠르고 유동성을 가지고 있다.

비공식적인 의사소통의 단점으로는 첫째, 정확하지 않은 풍문을 유포시킬 수 있다는 점과 둘째, 정보전달에 있어서 오류를 범한다 해도 책임추궁의 대상이 되지 않아 책임성이 없다는 것이다. 또 셋째로 이러한 풍문이 조직원들의 불만이나 불안에서 오는 것이라면 조직의 안정에 매우 불리한 영향을 미친다.

비공식적인 의사소통이 관리적인 목적에 이바지할 수 있는 장점으로는 첫째, 관리자로 하여금 조직원들의 용태파악을 용이하게 하고 둘째, 조직원들의 긴장을 해소하며, 셋째, 딱딱한 명령이나 지시를 인간적이고 부드러운 내용으로 전하는 역할을 하고 넷째, 공식적인 의사소통의 통로가 공급하지 못하는 유익한 정보를 전달하는 역할을 한다.

관리자는 자연발생적인 의사소통의 역기능을 최소로 줄이면서 이것이 정확하며 신속하고 공식적인 의사소통을 보완해 주는 역할을 할 수 있도록 효율적인 관리방안을 마련해야 한다.

의사소통에 대한 일반적인 오해

대부분의 사람들은 의사소통에 대하여 잘못 이해하고 있는 경우가 많다. 의사소통에 대한 의미를 분명히 하기 위하여 일반적인 오해에 대하여 알아보자.

1. **우리가 단순히 어떤 말을 하는 것이 의사소통이다.**
   전달자가 어떠한 말을 하여 수신자에게 메시지를 전달한다고 해도 전달자의 의도대로 의미가 전달된다는 보장은 없다.

2. **의사소통은 많이 할수록 좋다.**
   때때로 과도한 의사소통은 과도한 자극으로 작용하여 비생산적일 때가 있다. 너무 많은 이야기를 하는 것이 부정적인 결과를 초래할 경우도 있다.

3. **의사소통은 모든 문제를 해결할 수 있다.**
   의사소통을 잘 한다고 해도 문제가 해결되지 않는 경우도 있다. 때로는 분명한 의사소통이 오히려 문제를 일으킬 수도 있다. 그러므로 솔직한 자기노출을 통한 의사소통이 항상 모든 상황에서 도움이 되는 것은 아니라는 사실을 인식할 필요가 있다.

4. **의사소통능력은 타고난 것이다.**
   의사소통능력은 자연적으로 타고난 것이라고 생각하는 경향이 있다. 그러나 의사소통능력은 교육과 훈련을 통하여 더욱 증진시킬 수 있다.

2 관리자를 위한 기초적인 의사소통기술

관리자가 필수적으로 개발해야 할 기술 중에서도 의사소통과 인간 상호관계 증진기술이 가장 중요한 부분이다. 관리자들은 사람들과 공식적인 또는 비공식적인 대면을 위하여 많은 시간을 보낸다. 의사소통기술은 보고, 청취, 질문이나 요약하는 기술, 상담, 설득 등이 포함된다. 더 나아가 비언어적인 의사소통기술에 대해서도 이해해야 한다.

1) 보고기술

관리자가 어떠한 정보를 전달하거나 지시사항을 전달할 때 의사소통은 일방적인 한 방향의 과정으로 인식될 것이다. 의사소통은 메시지가 전달되어 이해되어야만 달성되었다고 할 수 있다. 이러한 것이 잘 되었는지를 확인하는 방법은 다양하다. 전달자가 질문을 해서 확인을 하든지, 질문을 유도하든지, 또는 결과를 기록하게 하여 확인하기도 한다.

사람들은 그들이 들은 내용의 10~11%만을 기억하므로 사용하는 단어는 조심스럽게 선별해야 한다. 따라서 메시지는 분명하고 정확하게 전달되어야 한다. 또한 대부분의 사람들은 어떠한 내용을 기억하려면 적어도 세 번은 들어야 한다고 한다. 따라서 어떠한 내용을 전하기 위해서 가장 좋은 방법은 우선 처음에 청취자에게 무엇을 말할 것인가를 전하고 그 내용을 상세하게 전한 다음 다시 이미 말한 내용을 요약해서 말하는 것이 가장 좋은 방법이다. 아마도 이 방법은 뉴스를 전달하는 방법에서도 같은 방법을 택하고 있는 것을 볼 수 있다. 뉴스가 시작되면 주요 뉴스에 대한 안내가 헤드라인 뉴스로 나오고 실제의 뉴스 내용이 전달되고 마지막으로 주요 뉴스에 대한 내용이 정리되어 전달되듯이 보고기술(briefing)은 중요하다.

2) 경청하기

우리는 우리의 환경을 이해하는 데 청각신경을 지속적으로 활용한다. 대부분의 시간 중에 우리는 주변의 소음이나 소리를 거의 의식하지 못하고 지나지만 실제로 우리가 듣는 것은 우리의 주의를 끄는 소리들이다. 즉, 적극적인 경청(listening)이란 주의를 기울여서 듣는 것을 의미한다. 이는 어떤 이야기인지 흥미를 가지고 듣는 것이다. 방해는 피해야 하고 대화를 중간에 자르지도 말아야 하며 다른 사람의 말을 끝내게 하거나 지루해질 때 말을 바꾸지 말아야 한다. 또한 편한 자세를 취하고 눈을 마주치도록 하고, 자료를 뒤적이거나 창문을 바라보거나 시계를 보지 말아야 한다.

실제로 높은 수준의 주의를 유지하는 것은 힘들다. 특히 장시간 동안, 여러 가지 의견을 이야기하고자 하는 여러 사람들과 의사소통을 할 때는 더욱 어렵다. 대부분의 사람들이 주의를 기울여서 들을 수 있는 시간은 10~20분 사이이며 적극적인 경청은 성공적인 의사소통의 가장 중요한 요소이다. 효과적인 경청을 하기 위해서는 아래와 같은 지침을 마음에 새기는 것이 필요하다.

첫째, 전하고자 하는 메시지가 무엇인지 흥미를 가지고 듣도록 노력하고 문제를 충분히 설명하기 전에 문제해결 방법에 대해서는 생각하지 않는 것이 좋다. 둘째, 의사소통의 내용을 경청하는 이유와 목적을 명확히 가지고 있어야 한다. 셋째, 다음에 어떤 문제가 생길지, 또는 이전에 경험에는 어떠한 일이 있었는지와 관련시키지 않는 것이 좋다. 넷째, 더 많은 정보를 얻기 위하여 질문할 기회를 충분히 가지고 잘 이해하게 되었는지를 확인하도록 한다. 적절한 시기에 문제를 요약하는 기술은 정확하게 이해했는지를 검토하는 좋은 방법이며 말하는 사람의 생각을 명확하게 하는 데 도움을 주거나 대화의 방향을 조정하는 데 도움을 준다.

이상의 경청능력 향상을 위한 지침들은 상호 밀접한 관계를 가지고 있다. 더구나 실제로 개인 간의 의사소통에 이러한 지침들을 적용하는 것은 그리 용이하지 않다. 따라서 경청기술은 관리자로서 지속적으로 노력하여 개발하여야 한다.

3) 요약하기

요약(summarizing)하는 능력은 집단에서의 의사결정을 하거나 합의를 하려고 할 때 또는 개인 간의 대화에서 가장 필요한 기술이다. 요약하는 것은 이미 의논되었던 내용을 다시 상기시키거나 다른 내용들을 끌어내기 위하여 필요하다.

요약하는 것은 토론하는 도중에 이미 합의된 사항이나 이해된 부분을 확인하는 데 사용될 수 있다. 또한 논의를 지속시키는 데도 이 기술은 필요하다. "즉 이제까지 이러한 문제들이 논의되었고 이러한 문제점들이 발견되었다." 등이 그 예이다. 그러면 다른 의견을 가진 집단은 동의를 하거나 반대를 하여 논의를 지속시킨다. 만일 반대의견이 있다면 그 부분을 명확히 하고, 동의가 이루어졌다면 문제에 대한 해결방안을 마련한다.

4) 질문하기

관리자들은 대부분의 시간을 대면적인 상호관계를 맺으며 공식적 또는 비공식적인 대화를 하게 된다. 거의 모든 경우에 질문들이 오가며 다른 사람들의 반응을 유도하기 위한 대화로 연결되기도 한다. 관리자는 상황에 따라 효율적인 질문(questioning)을 할 수 있어야 한다.

질문이 이루어지는 경우

관리자는 직원들, 주민들 그리고 대외적으로 접촉하는 외부 인사들과 의사소통을 하는 과정에서 다양한 질문을 하게 된다. 한 조직 내에서 질문들은 주로 정보나 사실을 알아내고자 할 때, 감정이나 태도를 파악하고자 할 때, 반응방법이나 유형을 파악하고자 할 때, 생각이나 토론을 자극하고자 할 때, 문제해결을 위한 사고를 도우려 할 때, 문제를 명확히 하고자 할 때 이루어진다.

질문의 유형

질문의 유형에 따른 다른 대답과 결과를 가져오기도 하기 때문에 질문을 어떤 유형으로 하는 가도 대단히 중요하다.

개방형 질문

사람들의 의견을 자유롭게 표현하도록 돕는다. "당신의 의견은?", "그렇게 생각하는 이유는?"과 같은 질문이다.

폐쇄형 질문

대답을 간략하게 하도록 유도하고 "예.", 또는 "아니오."라는 답을 하게 한다. 자주 사용하기보다는 가끔 사용하게 되고 개방형의 질문이 따라오게 된다.

확장형 질문

더 자세한 내용의 답을 요구한다. “그 밖의 내용을 더 이야기해 줄래요?” 등의 예를 들 수 있다.

연결형 질문

마지막 반응에 대하여 연결해서 다른 질문으로 유도한다. 이러한 연결된 질문은 적극적인 청취와 주의를 요구한다.

가상적 질문, 주도적 질문, 또는 한정적 선택을 전제로 한 질문

이러한 질문들은 의사소통에 별로 도움을 주지 않으며 일반적으로 사용하지 않는 것이 좋다. 앞에서 제시한 모든 질문의 유형들은 다른 사람들의 답을 유도하지만 위의 유형들은 결론을 내지 못하게 하는 위험이 있다. 가상적인 질문은 어떠한 상황이나 문제를 우선 가정한다. 이에 대한 반응은 우선 정신적인 유연함이나 창의성을 유도하지만 실제로 이를 어떻게 실행할 수 있는지와는 관련이 없다. “만일 이 관리소의 소장으로 일한다면 어떻게 조직을 할 것입니까?” 두 묶음의 질문을 한꺼번에 하는 것도 문제이다. “당신의 책무는 무엇이고 당신은 이를 어느 정도 좋아합니까?” 이러한 질문은 응답의 방향을 유도하여 어느 정도 하고 있는 일을 좋아한다는 것을 전제로 하고 있다. 또한 제한적인 선택을 유도하는 질문도 문제가 있다. 이는 마치 구매목록을 주고 그 중에서 고르라고 하는 것과 같은데 이 목록을 모두 기억하기도 힘들고 또한 그 목록이 정확하지 않은 경우도 있다.

5) 비언어적인 의사소통기술

관리자들이 일상적으로 하는 대부분의 의사소통은 비언어적인 의사소통으로 이루어진다. 정보가 보내지고 이를 받고 이해하는 과정은 많은 경우에 무의식적인 수준에서 이루어진다.

비언어적 의사소통은 다음과 같은 특성을 갖고 있다.

첫째, 비언어적 의사소통은 지속적으로 이루어지는 항상성을 가지고 있다. 우리가 다른 사람을 대할 때 아무 말을 안 한다 해도 기분이나 태도를 몸짓이나 표정을 통해서 알 수 있다. 둘째, 비언어적 의사소통은 모호하여 이로 인해 때로는 오해나 갈등이 생길 수 있다. 셋째, 비언어적 의사소통은 문화에 따라 달리 해석된다. 지방에 따라 언어의 의미가 달라지듯이 비언어적인 의사소통에도 태도나 표정에 대한 해석이 달라질 수 있다.

대부분의 사람들은 상대방이 화가 나거나 긴장하거나 편안한 상태인지, 흥미 있는지, 지루한지, 상대방의 자세나 얼굴 표정, 눈이나 행동을 보면 알아차릴 수 있다. 위와 같은 내용을 가까이서 자세히 살펴보면 의사소통하는 데 많은 도움이 된다. 예를 들어 어떤 사람이 느긋한 얼굴을 하고 편안한 자세로 앉아 있을 때 안정된 느낌을 준다는 것을 안다면 상대방이 긴장하고 있다고 느낄 때는 이러한 자세를 취하는 것이 좋다는 것을 알 수 있다. 기본적으로 우리의 자세가 편안할 경우 이러한 느낌은 다른 사람에게도 전해진다.

6) 조직 내의 의사소통

집단의 구조를 반영하는 의사소통의 연결망은 그 집단 구성원의 행태에 다양한 영향을 미치고 있다. 조직 내의 각 개인이 어떠한 연결망으로 연결되는지에 따라 의사소통의 구성이 달라진다.

의사소통의 연결망이 원형일 경우 한사람에 의해서 지배적으로 의사소통의 권한이 행사되지는 않는다. 구성원들이 모여 있을 경우 의사소통의 속도는 빨라지고 정확도도

표 4-1 의사소통 연결망과 조직행위

조직행위 \ 연결망	원형	수레바퀴형	쇠사슬형	완전연결형 (개방형)
권한의 집중도	낮음	중간	높음	매우 낮음
의사소통의 속도	모여 있는 경우 : 빠름 떨어져 있는 경우 : 늦음	단순한 과업 : 빠름 복잡한 과업 : 낮음	중간	빠름
의사소통의 정확성	모여 있는 경우 : 높음 떨어져 있는 경우 : 낮음	모여 있는 경우 : 높음 떨어져 있는 경우 : 낮음	문서 : 높음 구두 : 낮음	중간
집단의 만족도	높음	낮음	낮음	높음
의사결정 속도	늦음	중간	빠름	늦음
집단의 몰입도	높음	중간	낮음	높음

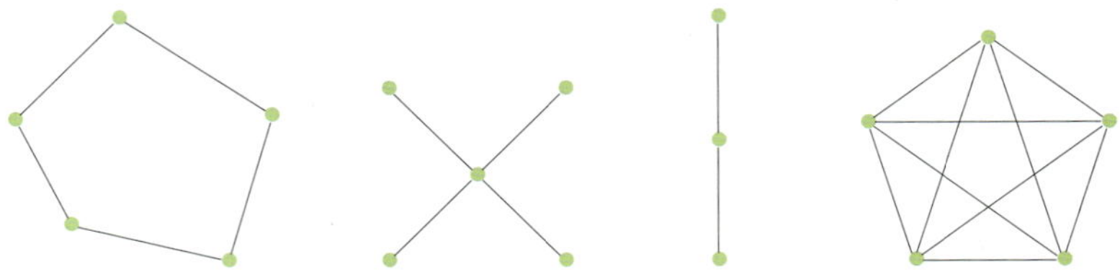

그림 4-1 의사소통 연결망

높아질 수 있다. 전체적인 의사소통의 속도는 느린 편이나 이러한 의사소통 방법을 택하면 집단의 만족도는 높다. 의사소통 연결망의 형태에 따라 이러한 내용들은 차이를 보인다(그림 4-1 참조).

3 효율적인 의사소통의 일반원칙

관리자는 효율적인 의사소통을 하기 위하여 다음과 같은 원칙을 지키도록 노력한다.

일관성

의사소통은 일관성(consistency)이 있어야 하며 처음의 메시지와 나중의 메시지의 내용이 모순되지 않아야 한다. 또한 어떠한 지시나 명령이든 조직의 목표와 부합되는 내용이 되어야 한다.

명료성

효율적인 의사소통을 위해서는 간결한 문장과 평이한 용어를 사용하는 명료성(clarity)이 있어야 한다. 전달자는 의도하는 내용을 정확히 표현하고 수신자는 그 의미를 정확하게 이해할 수 있어야 한다.

적시성

의사소통은 너무 늦게 또는 너무 이르게 이루어지면 효과가 없으므로, 적시성(timing)을 중시하여 적절한 시기에 이루어져야 한다.

적절성

의사전달을 위한 메시지의 내용은 적절성(adequacy)을 위해 적정량이 되어야 하며 너무 많은 경우나 너무 적은 경우에는 수신자의 이해를 어렵게 한다. 또한 의사소통의 경로는 적절한 것으로 선택해야 한다.

적응성

의사소통에 있어서 적응성(adaptability)을 가지고 융통성을 부여하는 것을 의미하고 상대에 따라 개별성을 나타내는 경우도 있으며 현실과 합치되는 표현을 해야 한다. 만일 어린이를 대상으로 정보를 전달한다면 어린이들에게 이해되는 언어를 사용해야 하며 노인들을 대상으로 정보를 전달한다면 노인에게 적절한 단어를 사용한다.

수용성

의사소통은 전달자와 수신자가 서로 관심을 가지로 그것을 받아들일 수 있는 가능성, 즉 수용성(acceptance)이 있을 때에 능률적으로 이루어진다. 따라서 수용적인 태도가 중요하다.

4 의사소통기술의 활용

이상에서 제시한 의사소통을 위한 기본적인 기술과 원칙은 관리자들을 위한 기본적인 도구이다. 그러나 관리자들이 현장에서 일할 경우 상황에 따라 상담이나 회의진행, 또는 의견조절을 위한 워크숍 등을 기술적으로 해야 할 경우가 있다. 이와 관련된 내용을 살펴보자.

1) 상담기술

공동주택을 관리하는 관리자들은 조직 내의 직원들의 문제나 개인적이고 재정적인 문제에 관여하는 것은 바람직하지 않다고 생각한다. 그러나 상담은 위기관리나 여러 가

표 4-2 상담진행 모형

어떠한 순서로 진행할까	어떠한 행동이 이루어지는가
1. 신뢰를 구축한다.	상담자는 잘 듣고 상대방이 편안하게 느끼도록 한다.
2. 문제를 제기하게 한다.	상대방이 말하게 하여 문제를 드러낼 수 있게 한다.
3. 중요한 문제를 찾아내게 한다.	중요한 문제를 찾게 한다. 많은 경우에 부수적인 문제만 드러내고 실제로 중요한 문제를 알지 못하는 경우가 많다.
4. 의사결정을 하게 한다.	여러 가지 대안들을 제시하게 하고 각 대안들의 장단점을 밝히게 한다. 그리고 스스로 선택하게 한다.
5. 결론을 찾아낸다.	상담자는 전체 과정을 요약해서 정리하고 해야 할 일을 다시 알려 준다. 여기에서 적절한 제안과 격려를 해 준다.

지 고충을 잘 처리하고 직원들 간의 신뢰를 쌓고 도울 수 있는 능력과 관계가 있다.

능숙한 상담은 개인적인 문제나 조직 내의 문제를 잘 풀 수 있는 능력을 개발시킬 수 있고 여러 가지 공동주택 내의 문제나 개인적인 문제에 대하여 자유스럽게 말하게 한다.

상담 시에 관리자는 상대에게 더 말하게 하고 관리자의 말은 줄이며 더 많은 시간을 듣는 데 보낸다. 상대방에게 더 많은 대안을 생각하게 하고 이러한 대안들이 수행되었을 때 어떠한 문제들이 발생할지에 대하여 생각해 보게 한다. 그리고 결국 그들에게 해결방안을 마련하게 하고 이를 수행하게 한다. 실제로 상담에서 가장 중요한 요소는 상호 간에 신뢰를 구축하는 것이다.

상담은 결코 쉬운 일이 아니지만 스스로 배우고 연습할 수 있다. 상담기술은 또한 격려하고 칭찬하고 상대방 스스로의 문제를 일깨울 때 잘 활용할 수 있다.

2) 회의진행기술

다양한 의사소통기술은 형식적인 또는 비형식적인 회의를 진행하는 데 매우 긴요하다. 관리자는 일하는 많은 시간을 회의에 참석하거나 회의를 진행하는 데 사용하고 있다. 실제로 많은 사람들은 회의시간이 낭비라고 생각하거나 목표가 분명하지 않고 회의진행이 조절되지 않아 불평하게 된다.

능숙한 의사소통기술과 회의진행기법에 대하여 알게 되면 회의를 효율적으로 진행할 수 있다.

회의준비

- 회의의 목적을 분명하게 한다. 회의가 필요하지 않다면 절대로 열지 않는다.
- 회의에 참석하여 효과적으로 기여할 수 있는 사람들이 참석하게 한다.
- 회의에 대하여 기본적인 사전 정보를 준다. 회의의 목적과 관련 서류를 함께 보내 준다.

주민회의 진행방법

미국 캘리포니아 주 데이비스 시의 사우스 파크 공동주택단지

의사결정을 위한 회의

주민회의는 의견을 개진하고 조정하고 의사결정을 하는 중요한 통로이다.

이 단지에서는 매년 연초에 하루 온종일 하는 주민회의를 개최하고 이 회의에서는 구체적인 논의보다는 전체적인 합의에 치중하는 주제에 관하여 논의한다. 한 달에 두 번 정기적인 주민회의를 하는데 일요일 저녁 7시에서 8시 30분까지 개최한다. 회의의 주제는 두 명의 의장들이 하게 되는데 이는 자발적으로 하고자 하는 사람에게 주민들의 동의를 얻어 위임한다. 이들의 임기는 6개월이다. 의장은 회의 전에 의제를 정하고 주민회의에는 운영위원들이 있으며 이들은 주요 사안에 대하여 대안을 제시하고 결정은 주민들이 참여하는 회의에서 이루어진다.

의사결정 방법

의사결정을 위한 방법은 기본적으로 합의체제를 원칙으로 하고 있다. 실제로 자가주택연합회의 주민회의 규정에는 다수결 원칙이 정해져 있으나 이 단지의 주민회의에서는 투표를 할 경우에는 승자와 패자가 결정되므로 이러한 공동체에서는 바람직한 형태로 보지 않고 있으며 따라서 시간이 걸리더라도 합의를 도출하고자 노력한다.

만일 다양한 의견이 있을 경우에는 세 단계를 거쳐 문제를 해결하는데 첫째 단계에서는 다양한 의견을 개진하고 기본적인 가치에 관하여 논의하는 과정이다. 두 번째 단계에서는 의견을 접수하는 단계로 다양한 의견들이 나올 수 있다. 세 번째 단계는 두세 번의 집중적인 회의를 진행하는 것이다. 이러한 세 단계를 거치면 대부분 만족할만한 합의를 도출할 수 있다. 만일 합의에 반대하는 의견이 있을 경우에는 반대의견이 어떠한 원칙에 근거하여 제시되고 있는지를 설명하여야 하며 회의에 참석하여 다른 의견을 구체화하는 데 노력해야 한다. 합의가 불가능할 경우에는 투표로 정하기도 하나 투표의 기준은 참석자의 3/4 이상의 동의가 있어야 결정할 수 있다(이경희, 2002).

회의계획

- 회의장소는 방해받지 않는 조용한 장소로 정한다.
- 기록을 할 수 있도록 기구를 준비한다. 기록의 내용은 누가 어떠한 일을 할 것인지를 보여줄 수 있어야 한다.
- 회의목적에 맞는 토론의 주제에 대하여 시간을 정확하게 정한다. 특히 토론주제, 결정사항, 보고사항 등을 나누어 시간을 정한다.

회의진행

- 회의의 진행은 공정하게 이루어져야 한다.
- 모든 구성원을 회의에 참여하도록 한다.
- 토론은 주제를 벗어나지 않도록 통제하고 다른 주제로 넘어가지 않도록 주의한다.
- 만일 의사결정이 필요한 때 다수결 투표로 한다면 의장은 나중에 이를 표명한다. 만일 동수 표결이 되었을 때 의장의 결정이 중요할 경우에는 의장에게 유리하게 결정할 수 있으므로 추후에 다음 회의에서 다시 토론을 거치는 것도 바람직하다.
- 회의에서 결정된 사항은 기록으로 남겨 다시 보고 점검할 수 있도록 한다.

3) 미래 준비를 위한 워크숍 : 민주적인 제안을 위한 워크숍

공동주택에서 많은 주민들이 함께 거주할 경우 주민들의 의견을 모두 듣는 것은 거의 불가능하다. 민주적인 접근을 위한 아래로부터의 의견수렴의 한 방법으로 '미래 준비를 위한 워크숍(Future Workshop)'이라는 의사소통방법이 사용된다.

이 방법을 주장하는 저변에는 조직의 구성원들 중에는 그들의 의견을 제시할 기회를 가지지 못하는 주민들이 많고 또한 그들의 경험이 반영되기 힘들다는 것이다. 따라서 이들에게 기회를 주자는 것인데 이러한 작업은 '미래를 위한 다양한 제안'을 가능하게 하는 사회적인 실험실이라 칭하기도 한다.

공동주거관리를 위하여 미래 장기계획을 마련하고자 할 때 어떠한 내용들이 우선적으로 마련되어야 할지를 정하고자 한다면 이러한 의사소통방법이 유용하게 사용될 수 있다.

미래의 워크숍은 세 단계로 진행된다.

비판의 단계

이 단계에서는 현재 무엇이 문제인지를 세밀하게 제시하도록 한다. 여기에서는 원하는 것이 무엇인지, 해결해야 할 문제는 무엇인지를 제시한다. 이 단계에서는 주요 단어(key words)가 무엇인지를 나열해 보는 것도 좋은 방법이다.

모든 가능성 모색 단계

문제들이 무엇인지를 확인하고 난 후에는 긍정적인 사고를 통하여 가장 바람직한 상태가 무엇인지 모든 가능성을 제시한다. 이 단계에서는 어떠한 제한적인 요소들을 고려하지 않고 진행한다.

수행을 위한 단계

창의적인 사고를 통하여 사용 가능한 자원을 가지고 원하는 요소들을 어떻게 실행할 것인가를 제안하는 단계이다. 이를 통하여 지속 가능한 실행계획을 준비한다.

워크숍 과정에는 포함되지 않지만 모든 수행은 평가를 거쳐 다음 계획에 환류되어야 한다. 따라서 워크숍 마지막 단계에서는 수행 후 무엇을 어떻게 평가할 것인가도 포함되어야 한다.

미래 준비를 위한 워크숍은 잠재적인 주민들의 창의적인 사고와 자원을 활용할 수 있도록 가능성을 확대해 준다. 이러한 방법을 통하여 현재 당면하고 있는 문제들을 명확하게 파악하고 사용가능한 자원에 대해서 미리 알게 해 준다. 이러한 방법은 주민들의 잠재력을 일깨워 주는 데도 크게 효과가 있다.

5 갈등과 분쟁해결을 위한 전략

공동주거생활이란 여러 사람이 공동주택이라는 한정된 공간에서 모여 거주하기 때문에 많은 구성원들의 입장과 견해차이로 인한 각종 문제와 분쟁이 끊임없이 발생하기 마련이다. 이 때문에 거주자들 간의 갈등뿐 아니라 관리자와 입주자대표회의, 부녀회 등 조직 간에 갈등이 커지는 경우도 있다. 이러한 문제가 적절하게 해결되지 못하는 경우에는 법적인 문제로 까지 이어져 각 지방법원의 아파트와 관련된 각종 소송, 민·형사 재판들과 여기에 항소로 인한 고등법원, 대법원의 상고심까지 더한다면 매년 수백건 이상의 법에 의한 문제해결 사례가 일어나고 있는 실정이다.

공동주거에서는 대체로 어떠한 유형의 분쟁이 일어나는 것일까. 이에 대한 원인을 분석하고 적절한 의사소통으로 이러한 문제를 예방하기 위해서는 어떠한 방법이 있는지 살펴본다.

1) 자주 발생하는 분쟁의 유형

관리업무 관련 분쟁

공동주택 시설이나 건물관리와 관련해 자주 발생하는 갈등과 분쟁은 안전사고에 대한 책임·배상, 주민에 대한 관리자의 서비스 문제, 하자보수 등이 주를 이루고 있다.

안전사고에 대한 책임·배상의 경우 단지 내 시설물의 이상 발생이나 승강기 사고, 화재, 절도 등 사건·사고의 원인과 관련해 관리부실이나 점검소홀 등에 대한 책임소재 규명 등의 사례들이 대부분이다. 이 경우에는 관리 주체가 평소 관리와 점검 등을 철저히 하고 이를 일지 등으로 문서화된 기록을 남기거나 관리교육 등 일상관리에 철저를 기하는 것이 바람직한 예방법이라고 볼 수 있다.

관리자의 대민 서비스에 관한 갈등은 관리 부분에서 어느 정도까지의 서비스를 기대하는지, 상호 간에 의견차이가 있을 경우 문제가 될 수 있다. 이러한 문제는 조직에서 기본적인 일의 범위를 정하고 이를 문서화하는 것이 바람직하다.

가장 빈번하게 발생하는 하자보수 관련 문제는 건물관리, 법적 분쟁의 대표적인 사례로 꼽힌다. 최근에는 건설사들이 하자보수에도 점차 관심을 갖기 시작했지만 아직까지는 건설사 중심의 주택보급정책으로 인한 무책임한 사후관리 또는 부실시공 등에 대해 분쟁이 끊이지 않는 편이다. 이 때문에 사업 주체 측이 입주민 측의 요구에 불응하거나, 마찰을 빚을 경우 발생하는 하자 소송은 대법원까지 상고되는 경우도 허다하다. 이와 같은 하자보수 관련 소송은 사업 주체의 하자보수 의무기간, 하자보수의 범위와 공사비 산출에 따른 보수비용 등을 사전에 철저히 준비한 후 법적 절차를 밟는 것이 합리적이다.

인사 · 노무, 계약 관련 분쟁

공동주거의 관리사무소 인력과 관련된 분쟁은 자주 일어나는 사례라 볼 수 있다. 대체로 이익을 추구하는 일반 기업과는 다르게 입주민의 재산과 주거안정을 도모한다는 성격을 지닌 관리업무는 업종 고유의 특성을 가지고 있다. 관리자의 인사권을 가진 입주자대표회의는 인사관리나 노무, 계약 등에 관하여 정확한 지식을 가지고 있지 않은 경우가 많아 복잡한 문제가 발생되기도 한다. 여기에 종종 일어나는 입주자와 관리 주체 사이의 감정적인 불협화음 등도 적지 않은 영향을 미친다.

이로 인해 일어나는 관리사무소 인력이나 위탁관리 계약체결 등과 관련해 자주 야기되는 분쟁은 임금, 부당해고, 고용승계, 고령자고용촉진장려금 등에 관한 것으로 소송으로 이어지기도 한다. 노무와 인사 등과 관련한 법적 분쟁은 대체로 계약에 의한 관계 성립을 기반으로 하기 때문에 법원이 판결을 내리는 데 있어서 이에 관한 절차의 합리성을 중요하게 보는 편이다.

또한 노동법이나 근로기준법 등 관련법의 이념은 사회적 약자에 해당되는 근로자를 보호하는 것을 최우선으로 한다. 이 때문에 해고의 경우를 예로 들면 합리적 절차에 의해 징계위원회를 소집했는가와 당사자에 대한 해고통보 등에 불리한 점은 없었는가 등이 주요 관건이 된다. 또한 해고사유 역시 근무태만이나 배임 등 명확한 근거를 제시하고 이에 대한 증거 등을 확보하는 것도 중요하다. 따라서 이와 관련된 자료는 문서로 작성하여 보관할 필요가 있다.

입주자 간의 분쟁

입주자 간의 분쟁은 소음이나 주차문제, 애완동물 문제 등 다양한 내용으로 구성되어 있다. 대체로 분쟁 당사자들이 서로 자신이 옳다고 주장하는데다가 이에 대한 명확한 규정도 정해져 있지 않은 경우가 많아 분쟁해결에 어려움이 많다.

입주자대표회의의 구성이나 입주민 간의 다툼 등으로 야기되는 공동체 관련 분쟁사례는 아파트와 관련한 많은 소송 중에서도 해결이 어려운 사례로 지적된다. 이 때문에 사법부의 해석은 관리규약에 의거해 어느 쪽이 보다 공동의 이익을 추구했는가와 이에 대한 절차상의 타당성을 반영했는가 등을 관건으로 여기는 편이다. 소송으로 이루어지는 대표적인 분쟁사례로는 회장 등 선임결의부존재확인, 입주자대표회의무효확인, 지위부존재확인, 업무방해(금지), 명예훼손 등을 꼽을 수 있으며, 이와 같은 사례는 대체로 입주민 간의 의사소통이나 의사반영 등이 원만하게 이루어지지 않았을 때 발생하는 불만으로 야기되어 공동체에 심각한 혼란을 불러온다.

이 같은 분쟁은 대체로 입주민들이 감정적으로 사태에 대응하기 때문에 혼란은 더욱 커질 뿐 아니라 법적인 판결이 났다 하더라도 손상된 공동체를 회복하는 것이 쉽지 않다. 이 때문에 입주민 간 또는 동대표 간 분쟁이 발생했을 경우에는 무엇보다도 관리규약에 의거한 충분한 의사소통과 합의의 노력을 최우선으로 해야 한다.

2) 분쟁에 대한 예방과 대처법

공동주거생활에서 분쟁을 줄이기 위해서는 다음과 같은 사항을 주의해야 한다.

첫째, 관리업무와 관련된 모든 사항을 기록하여 문서로 남겨야 한다. 정해진 관리규약 이외에도 주민회의에서 결정된 사항들도 기록으로 남겨서 문제가 생겼을 때 이를 근거로 조정해야 한다.

둘째, 주민 모두가 관리규약을 준수하도록 노력해야 한다. 문서화된 관리규약 이외에도 주민회의에서 결정된 사항들은 입주자들에게 홍보하여 주지시켜야 한다. 이러한 결정사항이나 관리규약을 어겼을 때에는 주민들이 감정적으로 비난하기보다는 공식적인 의사소통 통로를 이용하여 잘못된 점을 통보하고 이를 시정하게 한다.

셋째, 무엇보다도 조직 내에서 구성원 간 분쟁을 최소화하려면 의사소통이 원활하게 이루어져야 하며, 한 주거단지 내에서 공동이익을 함께 추구하는 공동체라는 의식을 가질 수 있도록 구성원들이 많은 노력을 기울여야 한다.

조직 내의 분쟁해결을 위한 법적 소송은 공동체가 겪게 되는 각종 분쟁의 최후의 해결 방법임을 인식하고 그 이전에 구성원들 간에 효율적인 의사소통을 통하여 모든 문제를 합의로 해결하는 것이 가장 바람직하다.

참 | 고 | 문 | 헌

구현정(2004). 의사소통의 기법. 서울 : 서광학술자료사.

김영애(2002). 사티어 의사소통 훈련프로그램. 서울 : 김영애가족치료연구소.

김윤겸(2004). 아파트에서 발생하는 법적 분쟁의 유형과 원인. 한국아파트신문. 2004. 9. 1.

박연호(1996). 현대인간관계론. 박영사.

이경희(2000). 공동주택개발에 있어서 서구의 협동주택의 적용가능성에 관한 연구. 대한가정학회지. 38(2), 185-202.

이종열(1997). 자발적인 주민참여를 통한 살기 좋은 아파트 공동체 형성. 아파트 공동체 실현을 위한 시민대토론회 자료집.

임영제(2003). 인간관계의 이해. 법문사.

한창섭(2004). 공동주택관리의 발전과제. 건교신문. 2004. 12. 20.

Bell, A. H. & Smith, D. H.(2005). *Management Communication*. NY: John Wiley & Sons.

Caincross, L.(1996). *Housing Management, Consumers, and Citizens*. Library Binding, December 12.

Henning, C.(2006). Housing and Care in the Local Context, *Paper presented at the International Conference ENHR Ljubljana' 2006*.

Jones, S.(1995). Computer-Mediated Communication and Community, *Computer-Mediated Communication Magazine* 2-1. http://www.ibiblio.org/cmc/mag/1995/mar/jones.html

National Affordable Housing Management Association(2000). *Fair Housing: A Guidebook for Owners and Managers of Apartments*. The Compass Group.

Radtke, J. M.(1998). *Strategic Communications for Nonprofit Organizations : Seven Steps to Creating a Successful Plan*, Wiley Nonprofit Law, Finance and Management Series.

Schmitz, A.(2000). *Multifamily Housing Development Handbook*. Uli Development Handbook Series.

Tohomdet, O.(2006). Community Based Communication, *The World Bank*. 2006. 1. 24. http://www.comminit.com/strategicthinking/st2006/thinking-1579.html

Withers, B. & Lewis, K. D.(2003). *The Conflict and Communication Activity Book: 30 High-Impact Training Exercises for Adult Learners*. Amacom.

제 5 장

거주자참여와 커뮤니티 활성화

전통적인 생활문화와의 융화를 기반으로 자연발생적으로 진화되는 과정 없이 공급되기 시작한 공동주택은 커뮤니티 내 이웃관계의 질을 급격히 떨어뜨리는 결과를 낳았다. 공동주거에서 발생하는 갈등과 대립, 비인간적인 행위는 물질 중심의 성장에서 비롯되었으며, 공동체 문화의 결여 및 이웃관계의 단절을 초래하고 있다.

거주자 간 교류의 활성화와 공동체 의식 형성은 공동주거의 삶의 질을 높일 수 있는 선결과제이다. 따라서 공동주거관리자는 거주자 참여의 의의를 분명히 이해하고 코디네이터로서 관리자의 역할이 기대되는 커뮤니티 형성, 주민참여 활용 · 지원, 지역사회 네트워크의 활용과 구축방안을 알아야 한다.

제 5 장

거주자참여와 커뮤니티 활성화

1 거주자참여와 커뮤니티의 의의

1) 거주자 인적자원관리의 중요성

인적자원은 그 개념 자체가 기업의 전략적 목표를 달성하는 데 있어 가장 핵심적인 역할을 담당하는 전략적 자산이라는 인식으로 자리잡고 있다. 일반적으로 인적자원관리는 조직목표를 달성하는 데 기여할 수 있는 구성원의 잠재적 능력을 조직의 전략적 자산이 될 수 있도록 육성 · 개발함과 동시에 그러한 전략적 자산이 조직의 전략적 목표를 달성하는 데 기여하도록 인적자원을 계획하고, 육성하며, 활용하는 등의 조직적 활동이라고 정의된다.

거주자에 의해 형성되는 조직과 단체는 경영자원을 토대로 부가가치의 창출을 목표로 하는 기업의 조직과는 다른 성격을 갖는다. 거주자 조직과 단체의 목표는 거주자 간 커뮤니티의 형성과 공동의 자산관리에 있다. 따라서 목표는 다르지만 기업과 거주자 조직을 관리하고 경영하는 기본적인 마인드는 일맥상통한다고 볼 수 있다.

공동주거관리에 있어서 거주자의 관리는 경영학 및 행정학에서 다루는 인적자원관리(Human Resources Management : HRM)로부터 이해될 수 있다. 인적자원관리는 조직을 전제로 하는데, 조직은 일정한 목적을 달성하기 위해 모인 사람들 간의 분업과 협업의 체계이다. 여러 사람들이 모여서 활동하는 조직 혹은 단체는 자연발생적으로 일어날 수도 있지만, 그 조직 자체가 오랜 시간 동안 존속되기 위해서는 사람들 간의 관계를 자연발생적인 상태로 방치해서는 안 된다. 공동주거에서 거주자에 의해 만들어지는 조직이나 단체 역시 그 존속을 도모하기 위해서는 어떤 형태로든 그것을 계획하고 요구하고 촉진하는 활동이 필요하게 된다. 이것을 조직의 관리(management)라 한다(정재훈, 2005).

거주자의 인적자원관리는 커뮤니티 형성과 공동의 자산관리라는 목표를 달성하기 위해 전략적으로 인적자원을 계획하고 육성 · 활용하는 일련의 활동으로 정의할 수 있으며, 구체적인 활동내용은 다음과 같다.

인적자원 계획활동

인적자원의 수요와 공급계획, 역할분석, 핵심역량의 파악을 통한 인재상의 설정 등

인적자원 육성활동

인적자원의 확보활동(모집, 배치 등)과 개발활동, 그리고 평가활동 등

인적자원 활용활동

보상활동, 유지활동, 참여율 향상활동

이와 같은 거주자의 인적자원관리는 커뮤니티를 형성하기 위한 거주자 참여와 프로그램의 영속적인 운영과 개발, 거주자 요구 반영, 거주자 자치를 실현하기 위한 체계적인 지원을 할 수 있다는 점에서 매우 중요한 전략을 가지고 구성되어야 한다.

2) 커뮤니티 의의와 구성요소

거주자의 사생활 보호와 단지 생활에서의 익명성을 위해 개인영역을 중시했던 근대주거단지 계획이념은 이웃 간의 단절과 폐쇄적 단지환경을 조장함에 따라 전통적인 근린관계를 약화시켰다. 하워드(E. Howard)의 전원도시론과 페리(C. A. Perry)의 근린주구론으로부터 출발하고 있는 커뮤니티 이론은 일상생활에서 자연발생적으로 생성된 이웃 간의 교류보다는 직주분리에 의한 교육 · 문화 중심의 도시적 생활공동체 의미를

강조하고 있다. 이에 따라 학교와 쇼핑센터, 레크리에이션 시설을 중심으로 한 근린영역 형성을 계획의 기준으로 삼고 있다. 근대 이후 주거단지 계획에 지대한 영향을 미치고 있는 르 코르뷔지에(Le Corbusier)가 300만을 위한 도시나 위니테 다비타시옹(Unite d'Habitation)에서 제시한 공동체의 개념 또한 도시적 차원의 커뮤니티 공간의 조성에 의한 도시생활을 강조하고 있다(박광재 외, 2001).

공동주거 커뮤니티의 정의와 기능

커뮤니티(공동체)는 '특정 지역을 함께 공유하는 구성원들이 사회적 상호작용을 통해서 서로에 대한 유대감과 소속감을 공유하면서 조화로운 공생을 통해 스스로의 존속을 꾀하는 사회집단(대한주택공사, 1999)', 또는 '주거단지라는 공간적 장소를 매개체로 하여 공유하면서 거주자들 간의 지속적인 접촉과 공동생활의 참여를 통해 형성되는 심리적 공동의식과 주거단지에 대한 애착심을 가진 사회집단(박광재 외, 2001)'으로 정의된다.

공동주거의 공동체 의식은 초기엔 주로 관리비 절감, 공사 및 구매 관련 비리해소 등 공동주거생활의 당면문제에 대해 주민들이 결집하는 형태로 표출되어 왔다. 그러다가 차츰 주민 간의 단절된 관계를 회복해 보자는 측면으로 나타나기 시작하였다. 현대의 공동주거 커뮤니티 회복은 공동주거 개념에 대한 사회생활의 규범이자 도시지역으로 사회가 재통합되는 과정에서 보이는 인간화 과정이라 할 수 있다(곽도 외, 2004). 따라서 도시적 커뮤니티의 의미는 주거단지에서 개인생활영역의 확장과 함께 주거생활의 편리성과 문화생활을 영위하기 위한 커뮤니티 시설공간의 확충으로 이어진다. 하지만 커뮤니티가 곧 커뮤니티 시설공간을 의미하지는 않는다.

커뮤니티가 현대 사회의 대안으로 제시되는 이유는 커뮤니티가 궁극적으로 현대 사회에 대해 순기능적인 역할을 하기 때문이다. 커뮤니티를 통해 거주자들은 심리적 연대감, 소속감, 공통된 가치공유 등의 공동체 의식을 갖게 된다. 이는 도시화로 인해 삭막해진 개인과 가정에서 요구되는 사항이다. 현대의 커뮤니티는 유기체적인 사회구조 속에서 개인이나 개별가구가 독자적으로 해결하지 못하는 문제들을 해결할 수 있도록 도움을 주기도 한다. 또한 현대의 커뮤니티가 전통적인 것과는 구별되는 속성을 지니고 있듯이, 그 기능 역시 현대 도시생활에 맞게 다양하게 요구되고 있다.

松原治郎(1975)는 커뮤니티가 갖는 기본적인 기능을 주민활동의 장, 인간성 회복의 장, 생활정보 교환의 장, 협동생활의 장, 자치행정 실천의 장으로 나누었는데, 거주자가 단지에서 일어나는 문제를 해결하고 관리에 참여하며 공동의 의식을 형성하기 위해서는 무엇보다도 자치활동의 장으로서의 역할이 중요하다.

커뮤니티 활성화 요소

공동주거 커뮤니티의 형성을 위해 고려되어야 할 점은 공유공간 등의 하드웨어 측면과 활동 프로그램 등의 소프트웨어 측면, 활동 주체 등의 휴먼웨어 측면으로 나눌 수 있다.

즉, 하드웨어적 측면에는 공유공간 계획 및 조경 등 물리적 측면이 있고, 소프트웨어적 측면에는 공동체 의식이나 생활양식, 운영방식, 의사결정 구조, 자금 및 경제구조, 각종 규약 및 규정, 각종 커뮤니티 활동 프로그램 등에 관한 것이 속한다. 휴먼웨어 측면에는 거주성(amenity) 등 인간의 감성과 관련된 것으로, 인간의 마음에 와 닿게 하는 방법, 아름다움, 즐거움, 따뜻함, 평온함 등의 거주성을 만들어 내고 보전하는 것이 있으며 활동 주체의 양성 등 인적자원 측면이 있다고 볼 수 있다.

하드웨어적 측면

공동주거 커뮤니티 공간은 그 유형을 크게 실내공간과 실외공간으로 구분할 수 있으며, 내용별로는 다음과 같이 분류할 수 있다.

- 기초생활 및 생활편익을 위한 커뮤니티 공간 : 단위주호에서 이루어지던 생활을 공간절약 차원에서 계획한 공간으로, 이웃과 같이 나누어 사용할 수 있는 공간이나 주민들의 기초적인 생활의 편리를 가져다 주는 서비스 공간이다.
- 이웃관계 및 자치활동 증진을 위한 커뮤니티 공간 : 단지 내 주민들의 마을행사나 이웃관계, 주민자치활동을 위해 특별히 필요한 공간이다.
- 여가행태 수용을 위한 커뮤니티 공간 : 주 5일 근무제와 증가되는 여가수요에 대응하여 다양한 가족구성원의 여가활동을 단지 내에서 수용할 수 있는 커뮤니티 공간이다.
- 새로운 수요에 대응하는 커뮤니티 공간 : 증가하는 정보화와 환경문제, 육아문제, 재택근무 등을 지원해 줄 수 있는 공간이다(최재순 외, 2000).

주택법에 의하면 공동주택의 부대시설로 주차장 · 관리사무소 · 담장 및 주택단지 안의 도로 등이 있으며, 복리시설로는 어린이놀이터 · 근린생활시설 · 유치원 · 주민운동시설 및 경로당 등이 있다.

표 5-1 단지 내 부대시설과 복리시설의 종류

구분	정의 및 종류	근거법
부대시설	"부대시설"이라 함은 주택에 부대되는 다음의 시설 또는 설비를 말한다. 1. 주차장 · 관리사무소 · 담장 및 주택단지안의 도로 2. 「건축법」 제2조제3호의 규정에 의한 건축설비	주택법 제2조
	"건축설비"라 함은 건축물에 설치하는 전기 · 전화 · 초고속 정보통신 · 지능형 홈네트워크 · 가스 · 급수 · 배수 · 배수 · 환기 · 난방 · 소화 · 배연 및 오물처리의 설비와 굴뚝 · 승강기 · 피뢰침 · 국기게양대 · 공동시청안테나 · 유선방송수신시설 · 우편물수취함 · 저수조 그 밖에 건설교통부령이 정하는 설비를 말한다.	건축법 제2조제3호
	"대통령령이 정하는 시설 또는 설비"라 함은 다음의 시설 또는 설비를 말한다. 1. 보안등 · 대문 · 경비실 · 자전거보관소 2. 조경시설 · 옹벽 · 축대 · 주택단지 안의 도로 3. 안내표지판 · 공중전화 · 공중화장실 4. 저수시설 · 지하양수시설 · 대피시설 5. 쓰레기수거 및 처리시설 · 오수처리시설 · 정화조 6. 소방시설 · 냉난방공급시설(지역난방공급시설을 제외한다) 7. 기타 건설교통부령이 정하는 시설 또는 설비	주택건설기준 등에 관한 규정 제4조
복리시설	"복리시설"이라 함은 주택단지 안의 입주자 등의 생활복리를 위한 다음의 공동시설을 말한다. 1. 어린이놀이터 · 근린생활시설 · 유치원 · 주민운동시설 및 경로당 2. 그 밖에 입주자 등의 생활복리를 위하여 대통령령이 정하는 공동시설	주택법 제2조
	"대통령령이 정하는 공동시설"이라 함은 다음의 시설을 말한다. 1. 제1종 근린생활시설 및 제2종 근린생활시설(장의사 · 총포판매소 · 단란주점 · 안마시술소 및 안마원을 제외) 2. 종교집회장과 그 종교집회장 안에 설치하는 납골당 3. 판매 및 영업시설 중 소매시장 · 상점 4. 교육연구시설 및 복지시설 5. 업무시설 중 금융업소 6. 공동작업장 · 아파트형 공장 · 사회복지관(종합사회복지관 포함) 7. 주민공동시설 8. 도시계획시설인 시장 9. 기타 건설교통부령이 정하는 공동시설 또는 사업계획의 승인권자가 거주자의 생활복리 또는 편익을 위하여 필요하다고 인정하는 시설	주택건설기준 등에 관한 규정 제5조

자료 : 법제처 www.moleg.go.kr

부대복리시설 설치기준을 보면, 관리사무소는 50세대를 기준으로 50세대 초과 시 초과세대수마다 0.05m^2 증가하고, 최대면적은 100m^2로 제한하고 있다. 노인정은 100세대를 기준으로 최소 15m^2, 최대 300m^2로 규정하고 있으며, 보육시설은 500세대 이상, 문고는 500세대 이상, 주민공동시설(주민운동시설, 청소년수련시설, 주민휴게시설, 도서실, 독서실, 입주자집회소, 기타 취미활동이나 가정의례 또는 주민봉사활동 등에 사용할 수 있는 시설)은 300세대 이상인 경우에 의무적으로 설치하도록 규정하고 있다. 특히 주민운동시설은 500세대 이상인 경우 실외의 체육시설을 반드시 설치하도록 하고 있다(주택건설기준 등에 관한 규정 제2조제3호). 이러한 단지 내 부대복리시설이 주민 간 커뮤니티를 실현할 수 있는 대표적인 공간이라 할 수 있다.

현재 관련법상 규정된 부대복리시설의 용도변경 및 증개축 관련 행위는 각 사항에 따라 입주자 동의를 얻어서 관할구청에 허가 및 신고하는 절차를 따르고 있다. 특히 부대시설과 입주자 공유인 복리시설의 용도를 변경하고자 할 때에는 주택건설기준 등에 관한 규정에서 정한 부대복리시설의 설치기준에 적합한 범위 안에서 생활편익시설 외의 시설(영리를 목적으로 하지 않는 시설)로 용도변경하고자 하는 경우로, 전체 입주자 2/3 이상의 동의를 얻은 후 신고하도록 하고 있다. 또한 주택법시행령 제47조에서는 공동주택의 지하층을 주민공동시설로 활용할 수 있도록 허용하고 있다.[1)]

현재 부대복리시설 위주로 마련되어 있는 커뮤니티 공간 외에 단지 내 개발 가능한 공간은 주거동 지하층, 주거동 필로티, 단지 내 도로, 단지입구 마당, 어린이놀이터, 휴게동, 화단, 주거동 입구현관 등을 고려할 수 있다. 이들 공간은 가능한 용도변경[2)]과 지자체의 지원을 통해 개발할 수 있다.[3)]

---

1) 주택법시행령 제47조(행위허가 등의 기준 등)
⑤ 공동주택의 지하층은 「주택건설기준 등에 관한 규정」 제11조 규정에 의한 '주민공동시설'로 활용할 수 있다. 이 경우 관리 주체는 대피시설로 사용하는 데 지장이 없도록 이를 유지 · 관리하여야 한다(2006. 2 개정).

2) 주택법시행령 제47조제1항 관련 [별표 3]의 '공동주택의 행위허가 또는 신고의 기준'에 따라 부대시설 및 입주자 공유인 복리시설을 용도변경하거나 신축 · 증축 등을 할 수 있다.

3) 구체적인 적용사례는 다음과 같다.
- 주거동 필로티에 주민 회의실, 취미실, 휴게실 등을 마련
- 단지 입구 마당을 주민 콘서트, 영화상영, 발표회 등 주민잔치를 위한 공간으로 활용
- 각 동 앞 화단의 구성과 관리를 해당 동 주민에게 일부 위임. 동 주민의 의결에 의해 화단의 디자인을 정하고 수목과 화초를 선택하도록 하며 주민에게 자발적인 관리 임무를 부여함으로써 화합을 도모
- 단지 내 도로 중 막힌 도로나 자투리 도로를 활용해 주민 스포츠 공간이나 휴게공간으로 활용

소프트웨어적 측면

소프트웨어적 측면에서 커뮤니티와 관련해 무엇보다 중요한 것은 커뮤니티 활동 프로그램의 기획과 운영 · 지원으로 볼 수 있다. 그동안 공동체 운동을 통해 수행되어 온 공동주거 내 커뮤니티 활동 프로그램을 분류해보면, 주거환경 개선, 마을축제, 취미 · 건강 · 문화강좌, 주민소식지 발간 · 홈페이지 운영, 봉사 · 복지 · 탁아방, 어린이 · 청소년 대상 활동, 마을도서관 · 독서실 운영, 기타 활동(곽도 외, 2005)으로 나눌 수 있다. 또한 커뮤니티 활동 주체로는 입주자대표회의를 비롯한 부녀회, 관리사무소, 기타 자생단체 등이 있다(곽도 외, 2004). 구체적인 사례는 다음과 같다.

- 주거환경 개선

그늘막(pergola) 설치, 돌 조경길 조성, 꽃길 조성, 사계절을 즐길 수 있는 수목의 선택과 계절별 조경 축제, 차 없는 지상공간 조성, 조경충당금 계정과목 신설, 자기나무 갖기 운동, 나무 이름표 달기, 벽면 녹화사업, 자연친화 주거단지 조성사업, 나무 · 꽃 가꾸기 날 지정, 사랑의 봄꽃 나누기 행사 등

- 마을축제

초청강의, 가족사진 콘테스트, 이웃과 함께 음식 만들기, 그림 그리기 행사, 영화상영, 동짓날 팥죽먹기, 척사대회, 단지 내 벚꽃축제, 한여름밤의 축제, 노래자랑, 체육대회, 정원대보름 놀이, 명절놀이, 문예백일장, 도서 후원의 밤 등

- 취미 · 건강 · 문화강좌

문학의 밤, 노래교실, 국악교실, 연극교실, 사진교실 등 성인 프로그램, 사랑방 문화클럽, 단전호흡 등 건강 프로그램, 생활법률강좌

- 주민소식지 발간 · 홈페이지 운영

주민이 만드는 문학마당지, 마을신문 등

- 봉사 · 복지 · 탁아방

사랑의 쌀 모으기, 수재민 돕기 캠페인, 지역 내 장애우 · 독거노인 · 소년소녀가장 돕기 등 복지 사업, 헌옷 · 장난감 나누기, 노인정 김장 담그기, 어버이날 경로잔치 등

- 어린이 · 청소년 대상 활동

어린이 고향 만들어 주기 운동, 어린이 아파트 체험교실, 어린이 과학잔치, 놀이와 문

화가 있는 놀이터 만들기, 체육 프로그램, 기타 교양 프로그램 등

- 마을도서관 · 독서실 운영

독서왕 선발대회, 독서토론실 운영, 장서 모으기, 어린이도서실 지킴이 등

- 기타 활동

스마일 운동, 이웃과 인사하기, 콜 백(call-back) 서비스[4], 경조사 품앗이, 농산물 직거래, 공동체 생활불편 해소 위원회, 전문위원회 운영 등

아파트 공동체는 지역수준에서의 지속할 수 있는 개발을 위한 조직의 가능성을 가지고 있다. 즉, 근대 도시사회에 내재된 복잡한 문제들에 접근하기 위한 행동계획과 행동양식을 개발하고 적용 가능한 조직적인 틀과 프로그램을 자연스럽게 제시할 수 있는 공동체적 틀을 만들 수 있다. 아파트 공동체는 지역 및 지구 생태계와 환경을 동시에 보호하면서, 지역주민과 지역의 시민단체 조직과 함께 지역사회 전반에 걸친 서비스를 계획하고 공급하는 하나의 모델로 제시될 수 있다. 아파트의 공동체활동은 지역의 생활개선활동에의 주민참여와 지역 현안에 대한 감시 및 대안제시 활동에 참여할 수 있는 매개체로서 리더가 주의 깊게 접근하여 지속할 수 있도록 시간을 필요로 하는 프로그램이지만 아주 중요하다.

휴먼웨어적 측면

공동주택 거주자들이 구성하는 조직은 법정단체와 자생단체로 나눌 수 있다. 법정단체의 대표적인 형태가 동대표로 구성된 입주자대표회의(분양아파트)와 임차인대표회의(임대아파트)이며, 자생단체로는 부녀회를 비롯한 노인회, 각종 동호회를 들 수 있다.

법정단체인 입주자대표회의는 주택법 등에 의거, 그 구성과 운영, 책임과 임무 등에 대한 규정을 적용받고 있으며, 주민의 대표로서 단지의 주요 현안을 결정하고 감독하는 조직이다. 법에서 정한 입주자대표회의의 구성조직은 회장을 포함한 이사 3인 이상과 감사 1인 이상을 구성하도록 강제 규정되어 있다.

자생단체인 부녀회의 경우, 대개 회장과 부회장, 감사, 기타 임원으로 조직되어 있으

4) 찾아가는 관리 서비스 실현을 위한 제도로 입주민이 세대 내 시설의 점검과 보수를 요청하면, 세대설비 보수팀이 빠른 시간 안에 방문해 문제를 해결하고 점검해 주는 자체적인 제도이다. 특히 독거노인 세대의 경우 특별관리대상으로 지정하여 관리 서비스를 하며, 단지 주민의 봉사활동을 통해서도 독거노인의 정기적인 안부를 확인한다(서울시 동작구 신대방 ○○아파트 사례).

며 그 구성은 단지마다 조금씩 차이가 있다. 운영은 부녀회 운영기준을 두어 준거로 삼고 있다. 특히 부녀회는 입주자대표회의와 함께 주민 프로그램을 적극 추진하는 데 좋은 조력자가 될 수 있다. 여성들의 섬세한 시각은 주민들이 무엇을 필요로 하고, 어떠한 활동이 요구되는지 잘 파악할 수 있으며, 주민에게 쉽게 다가갈 수 있기 때문에 주민참여를 독려할 수 있다.

공동주거 커뮤니티를 형성하는 일은 적극적으로 추진하는 사람들을 찾고 그들과 여타 주민들을 어떻게 연결시킬 것인가에 달려있다. 따라서 각 단체의 리더 역할이 매우 중요하며, 타 단체와의 공조 또한 커뮤니티 활성화 성공의 조건이라고 할 수 있다.

공동주거 커뮤니티 활성화와 지원

공동주거의 커뮤니티 활성화를 위해서는 여러 가지 전략적인 방안들이 요구된다. 이러한 전략은 중앙정부와 지자체, 시민단체와 전문가 집단, 주민조직, 일반 사회단체 등에 의해 각기 그 역할이 기대된다. 관리자의 경우, 커뮤니티 활성화를 위한 조직과 프로그램, 법률적 정보 등에 관한 정보를 파악하여 이것을 단지 특성과 요구에 맞게 구성할 수 있는 코디네이터로서의 능력이 요구된다. 주민의 커뮤니티 활성화의 조력자이자 코디네이터로서의 관리자의 역할은 커뮤니티 형성의 승패를 좌우하는 데 주요한 임무로 점차 부각될 것이다.

다음의 내용은 거시적 측면에서의 커뮤니티 활성화 방안과 지원에 관한 대안들이다.

커뮤니티 활성화 지원센터 구축

도시주거에서의 커뮤니티는, 개인주의의 팽배와 소원한 이웃관계, 커뮤니티의 필요성에 대한 공감대 형성 미비 등 사회적인 변화로 인해, 자생적으로 이루어지는 데는 그 한계가 있다. 따라서 필요한 지원과 대안을 제시할 수 있는 지원센터(community/neighborhood service center) 등 체계적인 지원처가 모색되어야 한다.

도시화와 공동주거의 공급을 통해 이미 커뮤니티 형성의 필요성을 느낀 여러 국가에서는 커뮤니티 활성화를 위한 구체적인 전략을 중앙과 지방정부 차원에서 모색하였다. 우리와 유사한 문화권에 있는 일본의 경우, 마치즈쿠리(まちづくり, 마을만들기) 운동이라는 모토 하에 적극적인 커뮤니티 활성화가 이루어지고 있다. 전담 행정조직인 '마을만들기 지원과' 나 '마을만들기 센터' 등을 두어 제도적 지원을 하고 있으며, 재정적

일본 이바라키현 히타치니의 커뮤니티 센터 사례

초기 행정적인 목적으로 만들어진 주민 커뮤니티 조직은 이후 주민들 스스로 커뮤니티 조직에 대한 필요성을 공감하여, 스스로 운영하게 되었다. 커뮤니티 센터는 여러 가지 회합이나 행사 이외에 커뮤니티의 신문편집 및 인쇄 등을 할 수 있도록 배려하였다. 이 센터는 행정적인 규격에 따라 획일적으로 설계된 시설이 아니라, 설계 단계부터 주민들이 참여했으므로 커뮤니티 활동에 편리하게 되어 있다. 운영은 지역 내의 각종단체(살기 좋은 마을 꾸미기회, 초등학교 학부모회, 부인회, 노인회, 스포츠 소년단 등)의 대표자로 구성된 커뮤니티센터 운영위원회가 맡고 있다. 시설 자체는 시가 설치한 것이지만 그 관리는 커뮤니티가 운영 · 관리하고 있으며, 구체적인 운영사무는 운영위원회로부터 위촉을 받은 협력자가 매일 교대로 맡고 있다(眞山達志, 1991).

인 측면에서도 '마을만들기 지원기금' 등을 운영하고 있다(천현숙, 2000). 미국의 경우 1974년 주택 커뮤니티법으로 지방자치단체에 많은 재량권과 함께 연방예산을 지원하고 있으며, 각 지자체는 마을단위의 커뮤니티 활성화를 위한 센터를 설치하는 등 지방정부의 가시적인 노력이 이루어지고 있다. 이들 선진 외국의 사례를 통해 볼 때, 커뮤니티 활성화는 범국민적인 차원에서 그 방안이 모색되어야 하며, 여기에 정부 및 지자체의 역할이 무엇보다도 중요함을 지적할 수 있다.

우리나라의 경우 지역마다 행자부 소속의 주민자치센터를 두어 지역주민에 대한 서비스를 강화하고자 하였다. 그러나 자치센터의 건설은 국가나 시의 보조금을 받아 가능하지만 운영경비의 경우는 문제가 되고 있으며, 운영비의 부족한 부분은 주민강좌나 프로그램 등을 운영함으로써 충당하고 있다. 현재 운영의 주체는 전적으로 관주도로 이루어지고 있으며, 주민대표나 관심 있는 지역주민의 의견을 수렴하는 장치가 부족한 실정이다. 일본 히타치니 커뮤니티 센터의 경우 행정적인 지원은 하되, 운영은 커뮤니티 위원회 등을 통해 주민 스스로 운영할 수 있는 방안도 고려되고 있어 매우 고무적이다.

커뮤니티 센터는 넓게는 지자체별, 좁게는 각 단지 내에서 구성될 수 있다. 공통적으로 고려할 점은 커뮤니티 센터를 건설할 때에는 정부의 지원이 요구되며, 관리와 운영은 주민이 주체가 되어 만들어 나갈 수 있도록 유도할 필요가 있다.

커뮤니티 능력증진 네트워크

커뮤니티 능력증진 네트워크(community empowerment network : CEN)는 자발적 참여를 원하는 이해관계자들을 중심으로 구성될 수 있으며, 공동주거단지의 이익과 단합을 위해 중심 역할을 할 수 있다. 효과적인 커뮤니티 능력증진 네트워크는 다양한 커뮤니티 수요를 확인시켜 주어야 하며, 공동의 이익을 위해 완전히 대표하는가를 확인해야 한다. 이미 영국은 2001년에는 지역사회와 자생적 단체들이 지역 전략 파트너십(local strategic partnership)에 참여할 수 있도록 커뮤니티 능력증진 네트워크를 설립하였다. 그것의 목적은 지역 전략 파트너십의 활동들이 이웃관계와 자생적 활동의 영역을 고려하고, 지역 공동체의 수요에 초점을 맞추기 위함이었다.

커뮤니티 능력증진 네트워크는 지역 전략 파트너십뿐 아니라 공동주거단지 수준 간의 효과적인 운영을 위해 구성될 수 있다. 커뮤니티 운동 조직과 자생조직, 임차자 조직, 지역 포럼 등과 같은 주거지를 기반으로 하는 단체와 단지별 커뮤니티를 대표하는 단체들과 함께 활동을 수행할 수 있어야 한다. 예를 들어 공동주거관리에 있어 비리가 많은 공사입찰 및 물품 · 용역 구매 등에도 공정성을 기할 수 있으며, 단지 내 자생단체 간의 교류를 증진시키고, 각 단지별 커뮤니티 활동정보를 공유하거나, 지역적 활동으로 발전시켜 나갈 수도 있다. 이상적으로 커뮤니티 능력증진 네트워크는 우산 받침과 같이 모든 커뮤니티의 자생적인 영역을 함께 묶는 역할을 수행할 수 있다. 또한 그들의 지역 전략 파트너십과 마을 커뮤니티 활성화에 대한 개입을 증가시키는 역할을 할 것이다.

커뮤니티 지원체계와 제도적 접근

커뮤니티 활성화를 위해서는 무엇보다도 정부의 커뮤니티 지원에 대한 정책적 방향과 지원기관, 지원책 등의 설정이 요구된다. 각 지자체 역시 지역발전과 지역주민 화합을 위한 목표를 설정하고 구체적인 인력확보와 자원, 지원 조례 등의 보완을 통해 가시화할 수 있다.

우리나라 주택법 등에 있는 커뮤니티 지원에 대한 규정은 공유공간 등 물리적인 측면에 관한 일부규정을 제외하고는 전무한 실정이다. 커뮤니티 활성화가 지역단위 혹은 주거지 단위 등으로 이루어지기 위해서는 물적인 지원 가능성뿐 아니라 행정적 지원과 재정적 문제, 프로그램 개발과 인력 등에 대한 정부 및 지자체의 지원이 필수적이며, 이러한 뒷받침 없이는 그 영속성과 성공을 장담하기 어렵다.

관리자는 소속 지자체가 조례 등을 통해 지원가능한 제도적 · 재정적 사항을 정확히 파악하여, 관리단지의 커뮤니티 공간의 개선이나 공유공간의 용도변경 가능 유무 등을 입주자대표회의나 주민에게 전달할 수 있어야 한다.

커뮤니티 교육 프로그램의 개발과 실행

복지적 차원에서 주택을 공급했던 영국의 경우 공공임대주택에 있어 커뮤니티 문제에 적극적인 입장을 보여 왔으며, 주민교육을 통해 이를 해결하고자 하는 노력을 해왔다. 영국의 주민교육은 이미 많은 주민들이 자신들이 거주하는 공공임대주택관리에 적극적으로 참여하고 있지만, 참여에 필요한 정보와 기술, 참여의 중요성 측면에서 더욱 역량이 강화될 필요가 있다는 문제의식 하에 진행되고 있다.

영국은 마을공동체 재생(neighbourhood renewal unit)을 활성화하기 위하여 2003년 11월 '단일 커뮤니티 프로그램(single community programme)' 가이드를 발표한 바 있다. 부총리실에서 커뮤니티 교육을 담당하고 있으며 공공임대주택 주민교육을 효과적으로 추진하기 위해 전국적인 민간단체인 TPAS(Tenant Participation Advisory Service), PEP(Priority Estates Project)와 NTRC(National Tenant Resource Centre)에 보조금을 지원하고 이들 단체가 주민대상의 교육을 실시하도록 하고 있다.

영국 정부에서 지원하는 교육은 크게 두 종류이다. 첫째는 공공임대주택과 관련한 포괄적인 주제에 대한 단기교육 과정으로 TPAS와 PEP는 지부를 활용하여 전국을 돌아다니며 교육을 진행하고 있다. 둘째는 '역량형성 교육 프로그램(capacity−building training programme)'이라 불리는 교육과정으로 NTRC에 의해 운영되고 있다. 교육은 지역문제를 다루는 데 있어서 필요한 기술, 자신감, 문제대처능력을 발전시키는 내용으로 구성되어 있으며, 전국의 공공임대주택 주민들을 한 곳에 모아서 교육을 진행하고 있는데 이를 통해 전국 각지의 주민들이 서로 정보와 경험을 공유하는 기회가 마련되고 있다.

영국 정부가 실시하는 주민교육의 주된 내용은 '커뮤니티 교육(community training)'으로 개인 및 조직이나 지역사회의 발전과 관련한 주제를 다루고 있다. 예를 들어 커뮤니티 건물 개발하기, 지역 커뮤니티 활력 불어넣기, 다른 사람과 협상하는 방법, 이웃의 이미지를 변화시키기, 흑인 및 소수 인종 참여시키기, 단지환경 보호하기, 성인과 젊은이들이 협력하기, 발표하기, 기록하는 방법, 인터넷 이용하기, 회의 운영하기, 소식지 만들기, 글쓰기, 갈등 중재하기, 회계장부 관리하기, 주민조직 만들기 등 커뮤니티 형성에 필요한 다양한 지식과 기술을 교육을 통해 제공함으로써 공공임대주택 주민이나 주민조직의 역량을 향상시키는 것을 목적으로 한다(남원석, 2002).

이에 비해 우리나라의 경우 정부정책에 있어 커뮤티니 활성화를 위한 지원은 커뮤티니 공간으로 사용될 수 있는 공유공간 계획 및 변경 등 일부 물리적인 사항에 그치고 있다. 현대 도시주거에서의 커뮤니티는 다양한 일상생활과 사회문화적인 측면이 함께 고려되어야 하며, 각 단지의 특성에 맞는 방법을 개발하고, 실행하는 데 정책적인 지원이 뒷받침되어야 한다.

2 거주자 자원의 구축과 지원

1) 주민참여

주민자치(住民自治, citizen autonomy)는 정치적 의미의 자치행정이며, 주민의 자치능력을 중요시하는 민주적이고 지방분권적인 지방제도이다. 또 주민자치는 지방주민이 주체가 되어 지방의 공공사무를 결정하고 처리하는 주민참여에 중점을 두는 제도를 말한다. 지방자치 시대를 맞이하여 시민의 의사에 배치되는 정책을 통한 삶의 질 향상이란 생각할 수 없는 것이기 때문에(한상철, 2001) 지역시민의 참여는 삶의 질 향상을 목적으로 하는 지방자치의 본질적 요소가 되고 있다. 이와 마찬가지로 아파트와 같은 공동주거관리 역시 삶의 질 향상이라는 궁극적인 목표를 달성하기 위해, 거주자들의 자발적인 참여와 주민자치활동이 필연적으로 요구된다.

주민참여의 의의와 기능

공동주거 주민참여는 정부행정 과정에서 나타나는 시민참여와 같은 맥락에서 이해될 수 있다. 공동주거에서 주민참여의 기능을 정리하자면 다음과 같다.

첫째, 정보(情報)기능으로, 단지 내 주요 안건의 처리와 행정적 결정에 있어 주민이 직접 참여함으로써 입주자대표회의 및 관리 주체의 의결과 집행계획을 주민에게 보다 정확하게 전달할 수 있는 기회를 부여한다. 관리운영에 있어 정보를 공유하지 않음으로 인해 발생할 수 있는 주민의 불만과 저항을 줄이는 데 중요한 기능이라 할 수 있다.

둘째, 신뢰증진의 기능이다. 콜(Cole)과 같은 학자는, 행정에 참여한 주민은 그렇지 않은 일반주민보다 행정기관에 대한 신뢰도가 높다고 설명하고 있다(한상철, 2001). 공동주거관리의 경우도 행정기관과 다르지 않으며, 관리사안 결정 및 수행에 주민의 참여가 이루어질 때, 입주자대표회의와 관리 주체의 업무처리에 대한 이해를 구할 수 있고,

신뢰 구축에도 긍정적인 영향을 미치게 된다.

셋째, 통제의 기능이다. 공동주거의 단지 규모가 커지고, 시설 및 설비 등이 복잡해지며, 관리해야 하는 자산의 규모가 큰 만큼 관리의 전문화와 회계처리, 각종 입찰 등 입주자대표회의와 관리 주체의 역할과 중요성은 점점 더 커지고 있다. 주민참여는 이들 주체에 대한 통제의 효과를 가져다 줄 수 있다. 의결결정권자인 입주자대표회의를 감독하고, 관리업무 수행의 주체인 관리 주체에 대하여 견제할 수 있다.

넷째, 이해조정의 기능을 들 수 있는데, 주민참여는 주민들 간의 이해관계가 보다 쉽게 조정될 수 있는 기회를 부여하기도 한다. 공동생활로 인한 주민 간의 마찰은 더욱 깊어지고 있으나, 행정적 · 법적 규제를 통해 해결하기에는 어려운 점이 많다. 주민들이 직접 관리규약과 관리사안 결정 등에 참여함으로써 스스로 해결점을 찾고, 조정의 방법을 강구하도록 할 수 있다.

물론 주민참여는 순기능뿐 아니라 역기능도 있음을 간과할 수 없다. 참여가 잘못된 방향으로 이루어지는 경우 다음과 같은 문제가 발생할 수 있다. 첫째, 모든 관리사안 결정에 주민이 참여하는 경우 그 처리가 늦어질 수 있다. 즉, 운영상에 있어 비효율성이 초래될 수 있는 것이다. 둘째, 주민집단 간의 의견이 조정되지 못하는 경우, 주민 간 갈등을 해결하기 보다는 오히려 갈등이 심화될 수도 있다. 셋째, 주민의 개인적 견해와 자기중심적인 이해가 지나치게 반영될 경우, 주민 전체의 이익과 객관성에 문제가 생길 수 있다. 특히 소수의 참여자가 강한 영향력을 행사하는 경우 이러한 가능성은 더욱 높아진다.

주민참여의 역기능이 존재함에도 불구하고, 주민이 참여함으로써 기대할 수 있는 관리상의 장점과 효과는 매우 크다. 관리 과정에서 발생하는 각종 비리와 회계사고, 주민 간 불화, 관리소홀 등의 근본적인 문제는 주민의 무관심에 있다. 주민이 단지 운영에 대해 관심을 갖고 참여함으로써 관리업무의 투명성을 증진시킬 수 있기 때문이다.

주민참여의 역량강화

주민의 참여에는 의사결정참여, 수행참여, 혜택참여, 평가참여 등이 있다. 각 부분의 참여가 골고루 이루어질 때 커뮤니티 활성화와 단지 및 지역개발은 성과를 거둘 수 있다. 참여는 상호작용과 커뮤니케이션의 한 형태로서 권력과 책임감의 공유를 내포하며, 계획, 실행 및 프로그램 통제 과정에 주민이 집단활동을 통해 능동적으로 관계하는 것이다(Hong Ki Yong, 1980).

표 5-2 주민참여 저해요인

주 민	입주자대표회의 및 관리자	정책 및 행정기관
• 의타심 • 배타성 • 개인주의 • 공동체 의식 부족 • 무관심 • 공동생활에 대한 이해 부족	• 청렴성 문제 • 지도력, 설득력 미흡 • 독단적 사업 추진 • 대주민 홍보 부족 • 경비 과다 지출 • 불투명한 회계처리 • 주민의 정보접근 차단	• 관리감독의 소홀 • 열악한 지원 • 관련법상 주민참여 저해 유발 조항 • 주민참여 모델 제시 부재 • 공동주거 특성별(분양/임대) 공급방식에 대한 주민의견 수렴 부족 • 담당기구의 열악성

주민참여는 표 5-2에서와 같이 주민요인, 입주자대표회의 및 관리자 요인, 정책 및 행정기관 요인들에 의해 영향을 받는다. 따라서 각 단지의 특성별로 주민참여가 저조한 원인을 파악할 필요가 있으며, 각 단지와 정부 차원에서도 재정비가 요구된다.

관리자는 주민들이 관리업무에 관심을 갖고 참여하고자 하는 의도에 대해 불편해하거나 방해해서는 안 된다. 오히려 주민들이 바른 정보를 가지고 관리 현안에 대해 합리적인 사고와 판단을 할 수 있도록 조력해야 한다. 이를 위해서는 우선 단지 내 모든 사안을 게시판이나 홍보물 등을 통해 적극적으로 주민에게 알리고, 언제든지 주민이 참여할 수 있도록 정보를 제공해야 한다.

분양아파트인지 임대아파트인지에 따라 주민참여의 방법과 지원은 달라야 하며, 이에 대한 관리자의 역할도 달라야 한다. 우선 주택관리에 있어 공공임대주택의 주민참여의 방법으로는 정보제공이나 의견청취, 주민의 대의기구 만들기, 주민으로 구성된 관리조직 만들기 등을 들 수 있다. 분양주택의 주택관리에 있어 주민참여 방법으로는 주민참여형 마을만들기 프로그램을 통한 유도를 들 수 있다. 관리자는 주민참여를 돕기 위한 홍보전략과 주민참여 방법의 제안, 주민조직과의 연계, 타 단지 프로그램 정보의 파악 등을 통해 지원할 수 있다.

보다 구체적인 내용은 다음과 같다.

주민참여형 마을만들기란 지역에서 계속 살기를 원하는 주민이 노후 불량한 주택과 마을을 재건하기 위하여 마을에 대해 공통 인식을 키우고 목표 이미지를 공유하면서 지자체와 전문가, 지역주민과 함께 협력하여 진행된다. 이것은 주민의 의견과 마을의 장소성을 충분히 고려하기 때문에 지역의 공간적인 문맥을 살릴 수 있다. 주민참여를 통한 마을가꾸기는 '마을'에 대한 공통의 인식을 키우고, 마을가꾸기의 이미지를 공유하여 장래의 목표를 설정하고, 또 서로 합의하는 것에서부터 출발[5)]한다.

공동주거에 있어서도 주민참여를 유도하기 위해서는 개인적, 조직적, 사회적 측면에서의 임파워먼트(empowerment)가 고려되어야 한다. 일반적으로 임파워먼트는 '사람들이 자신의 삶에 대한 통제력이 증가하는 과정'으로 정의할 수 있으며(Somerville, 1998), 능력개발 혹은 권한 강화로 달리 표현되기도 한다. 이러한 임파워먼트는 개인적 수준, 조직적 수준, 사회적 수준(Zimmerman, 2000)으로 나눌 수 있는데, 주민참여와 커뮤니티 활성화를 위한 각 수준의 목표와 지원책이 강구되어야 한다.

사회적 측면으로는 공동주거 주민참여의 당위성과 커뮤니티 형성에 대한 인식의 확대가 필요하다. 이를 위해서는 정책적 목표가 설정되어야 하며, 관계 기관의 조직적 지원도 요구된다. 대표적으로 주민교육은 단지 내 커뮤니티에 대한 의식을 형성할 뿐 아니라 지역 현안에 대한 이해와 참여에 필요한 기초정보를 제공하는 역할을 할 수 있다. 주민교육은 주민 및 주민조직들의 참여역량 혹은 문제해결역량 향상을 목표로 한다. 주민교육은 크게 개인역량 향상, 주민조직역량 향상, 단지 및 지역문제 해결역량 향상, 관리역량 향상 등의 범주를 토대로 다양한 내용을 포함해야 한다. 주민교육 방식은 워크숍 등 '참여형 교육방식'이 바람직한데, 주민들 스스로 단지 내 문제가 무엇인지 토론을 통해 확인하고 이를 해결하기 위한 구체적인 행동계획을 직접 만들어 볼 수 있도록 한다.

공동체 운동의 성공을 위한 가장 중요한 요소는 주민들의 자발적인 참여이다. 주민들이 자발적으로 참여하여 자신들의 권익을 보호하고 문제를 민주적으로 해결할 수 있어야만 아파트 공동체가 현실적으로 존재할 수 있다. 주민들에게 자발적인 참여를 위한 동기가 부여되고 반향이 야기될 수 있는 조건이 형성되려면, 먼저 주민들의 의견을 적극 수렴하는 장치가 필요하다. 관리자는 커뮤니티 활동과 프로그램의 아이디어를 주민으로부터 끌어낼 수도 있으며, 주민 간의 네트워크가 형성되도록 유도할 필요가 있다. 주민 간 서로 원하는 연결고리가 무엇인지 정확히 파악하여 그에 알맞은 활동들이 개발되어야 한다. 무엇보다도 공동생활과 커뮤니티 활동에 거주자의 한 사람으로 당연히 동참해야 한다는 의식과 문화를 형성하는 것이 무엇보다도 중요한 과제라 할 수 있다. 의식과 문화의 형성은 상당히 오랜 시간을 요하는 것이므로 이러한 문화 형성에 구심점이 될 만한 여러 장치들은 정책적 의도와 제도적 지원에 의해 개발되어야 한다.

---

5) 예를 들어 일본의 도쿄 〈고야지구의 마을가꾸기〉의 주민참여 프로그램의 다섯 가지 방법은 걸리버 지도만들기, 마을가꾸기 체험게임, 이미지 카드게임, 증개축 디자인게임, 평가게임이다.

2) 주민자치활동

주민자치활동과 주민자치조직

우리나라의 공동주거를 중심으로 한 주민자치활동의 시발은 단지 현안의 해결을 위해 시작된 주민운동에서 찾을 수 있다. 하자보수 및 거주자 권익보호와 1990년대 중반부터 말까지의 전국적인 공동주거관리 비리사건을 계기로 주민자치활동이 발발하기 시작하였다. 단지 현안을 해결하기 위해 구성된 주민조직의 경우, 당면문제가 해결되면 해체되거나 활동이 미미해지는 등 활동의 연속성을 띠지는 못했다.

그러다가 주민자치활동의 성격이 1990년대 후반부터 살기 좋은 공동주거 만들기, 커뮤니티 형성, 공동생활 등의 공동주거 문화 차원으로 바뀌기 시작하면서 주민조직의 다양성과 활동의 내용도 달라지게 되었다. 공동주거 당면문제뿐 아니라 취미활동, 봉사, 문화활동, 환경개선, 정보교류 등 삶의 질을 높이는 활동에 주안점을 두고 있다. 이러한 일련의 활동은 공동주거관리업무에도 관심을 갖도록 하여, 관리비 절감방안이나 입주자대표회의 공개 운영, 공동체불편해소위원회 운영 등(곽도 외, 2004)의 형태로 관리에 참여하는 모습을 보이고 있다.

공동주거 커뮤니티를 형성하는 일은 적극적으로 추진하는 사람들을 찾고 그들과 여타 주민들을 어떻게 연결시킬 것인가에 달려있다. 각 단체의 리더 역할이 매우 중요하며, 타 단체와의 공조 또한 커뮤니티 활성화 성공의 조건이라고 할 수 있다.

공동주택에서 법정단체인 입주자대표회의는 주택법 등에 의거 주민의 이익을 위해 절차에 따라 모든 의사결정을 밟아야 하며, 그 과정을 항상 주민에게 공개해야 한다. 또한 주요 사업 등 예산집행의 결정 시 주민의 공동이익을 보장할 수 있는지를 고려해야 한다. 입주자대표회의에서는 의결을 거쳐 단지 내 수입금의 일부를 부녀회에서 운용하도록 하기도 한다.

자생단체인 부녀회의 경우, 운영은 부녀회 운영기준을 두어 활동의 준거로 삼고 있다. 부녀회의 주 수입원은 알뜰시장 유치 시 상인 기부금, 단지 내 상가와 상인 이익금, 게시판 게시물 등 광고 이익금, 기타 수익사업에 의한 수입금 등을 나눌 수 있다. 이러한 각종 수입금은 주민 공용공간을 이용하여 발생하는 것으로, 주민의 공동이익을 위해 투명하게 사용해야 한다.

단지 내 주민조직 간의 문제로 가장 빈번하게 발생하는 것은 법정단체인 입주자대표회의와 임의단체인 (자치)부녀회 간의 갈등이다. 부녀회의 수입금은 부녀회 운영기준에 의해 주민복지와 행사 등의 명목으로 사용되기도 하고, 혹은 수입금의 전체 또는 일부를 단지 전체의 잡수입으로 처리하기도 한다. 부녀회 행사로는 단지 내 조경비용, 어버이날 노인정 식사대접 · 경로잔치 및 운영비 보조, 회원 간 친목도모 등의 명목으로 사용된다. 이 때문에 일부 단지에서는 수입금의 사용을 두고 입주자대표회의와 마찰을 겪는가 하면, 입주민들의 참여의식을 이끌어 내지 못하고 갈등[6]을 유발하기도 한다.

부녀회도 공익을 목적으로 하는 단체인 만큼 공금운용에 있어서 총액주의 원칙과 공개주의 원칙에 따라 투명하게 관리해야 한다. 부녀회 기금은 공동주거단지의 거주자 공동의 이익을 위해서 사용되어야 한다는 원칙이 필요하다. 부녀회의 회칙을 필히 만들고 민주적 절차에 따라 운영하되, 재정 공개는 최소한 1년에 1회 이상 투명하게 밝히는 것이 바람직하다. 부녀회의 운영은 입주자대표회의와 협의하되 1년에 1회 이상 결산보고와 감독을 받는 것이 원칙이다(한국도시연구소, 2003).

노인회의 경우, 회장 등을 두고 운영하고 있으나 특별한 금전적 소득원이나 운영자금이 없기 때문에 감사나 운영기준을 갖고 있지 않은 경우가 대부분이다. 기타 동호회 경우 동호회의 규모와 성격에 따라 다른데, 테니스 동호회 등 규모가 큰 단체는 회장, 부회장, 감사 등을 두기도 하며 회원들의 회비로 운영하되, 회칙 등을 통해 운영기준으로 삼는다.

주민자치조직과 행정조직 간의 관계

행정조직은 지역주민 관련 시설의 감독과 운영에 관여하고 있다. 그러나 공동주거단지 내의 주민시설과 관련해서는, 주택건설 주체가 주민공동시설뿐만 아니라 사회복지 수준 향상차원에서 국가의 지원이 요구되는 노인정, 독서실, 보육시설 등 사회복지 증진 관련시설 공급을 전적으로 책임지는 것이 관례로 되어 왔다. 공급된 주민 공동시설의 관리는 관리자의 업무범위에도 포함되어 있다.

일본의 경우, 주민복지 관련 시설 공급의 책임 주체에 대한 역할 분담이 우리나라와

---

6) 수익금을 둘러싼 갈등처리에 대해 건설교통부는 '부녀회에서 임의대로 공동주택 단지 내에 상인을 유치 및 수익금을 임의대로 사용할 경우 시정(처벌)조치의 절차' 등에 대해 "공동주거의 관리로 발생한 수입의 용도 및 사용절차는 관리규약으로 정하도록 되어 있으므로 부녀회 등에서 임의로 할 수 없는 사항이다."라고 회신한 바 있다. "다만, 재활용품 매각대금은 공동주거시설 임대료나 광고수입 등과 달리 공동주택의 관리로 인한 수입으로 보기는 어려우므로 부녀회 등에서 사용할 수 있을 것이다(아파트관리신문, 2005. 12)."라고 밝히고 있다.

다른데, 단지별 건설 주체인 주택공급 주체와 지자체가 지역주민에 대한 주거 관련 복지문제 해결을 위해 공동의 책임을 갖고 있다. 노인정, 문고, 탁아소 등 복지후생 관련 시설의 공급 및 시설관리에 대해서는 지자체가 담당하고 있고, 주택건설 주체는 주민들이 단지 내에서 일상적으로 사용하는 공동의 시설과 공간(집회소, 취미실, 관리실)을 공급하는 것으로 구분되어 있다(박광재 외, 2001).

우리나라의 공동주거단지 내 주민시설의 공급과 관리는 건설 주체와 주민, 관리자에게만 떠넘겨져 있는 상황이며, 정부와 행정조직에서는 용도변경 등 제도적인 범위 내 사항에 대해 감독만을 할 뿐이다. 따라서 주민조직에 대한 구청 및 동사무소 등 관계 행정기관의 입장은 법에서 정한 사항 외의 모든 의무와 활동에 대해 비간섭의 입장을 유지해 오고 있다. 관리자는 소속 지자체에서 지원가능한 재정적 · 물적 · 인적 지원을 파악하여, 관리단지에 최대한 서비스를 할 수 있도록 요구해야 한다.

3 지역사회 네트워크의 구축과 활용

1) 주민조직과 지역사회 활동

주민조직은 커뮤니티 활성화의 과정에서 핵심적 위치를 차지하고 있으므로 공동주거단지에서 뿐 아니라 지역사회 개발에 있어서도 주민은 중요한 역할을 하며, 주민의 참여는 주민조직을 통해서 이루어진다. 주민조직은 목적추구를 위하여 의도적으로 신중하게 계획해서 구성된 사회적 단위 또는 인간집단이므로(Amitai Etzioni, 1964 ; 노일래, 1998 재인용), 지역주민조직(Community Based Organization : CBO)과 같은 자발적 조직체가 갖는 사회적 기능은 중요하다.

개인의 생활에 영향을 미치는 지역사회 주민조직의 기능은 다음과 같다. 첫째, 개인에게 지위나 권력을 부여한다. 둘째, 조직 구성원들의 사회화 및 기존 가치와 이데올로기 습득기회를 제공해 준다. 셋째, 소속감을 갖게 해 생활에 안정감을 준다. 넷째, 일상생활의 복잡한 스트레스를 해소시킬 수 있는 기회를 제공한다. 다섯째, 사회이동의 중계역할을 한다. 여섯째, 조직 구성원의 기득권을 보호해 준다. 일곱째, 정보나 아이디어 제공으로 교육적 효과를 진작시킨다. 여덟째, 외부세계와 연결할 수 있는 기회를 제공해 준다(P. G. Noel & F. F. Sylvia, 1971 ; 노일래, 1998 재인용).

지역사회 주민조직화의 기본적 원리 중 중요한 것은 지역사회 주민들로부터 많은 지지를 가질 수 있는 목표와 방법을 가져야 한다. 조직의 활동에는 지역 특정문제뿐 아니라 정서적 내용을 지닌 활동을 포함해야 한다. 주민조직은 구성원 상호 간에 있어서 지역사회와 활발하고 효과적인 전달망을 개발하여야 하고 유능한 리더를 발굴하는 데 힘써야 한다(G. R. Murray, 1967 ; 노일래, 1998 재인용).

지역주민운동 영역에서 가장 추상성이 높은 지역사회 커뮤니티의 개념은 구(區) 단위 정도의 범위로 상정하는 구민(區民)공동체라고 할 수 있다. 예를 들어 서울시 송파구를 무대로 활동하고 있는 '위례시민연대' 는 인간의 존엄성을 옹호하는 공동체 정신을 실현하고 지역사회의 시민단체와 연대하여 공동체적인 가치와 생활질서를 구현하며, 복지, 환경, 문화, 지방자치, 통일, 실업대책 등 시민의 권익옹호와 주민자치의 활성화를 설립목적으로 하고 있다. 이들이 일상적으로 벌이는 사업은 실직가정 아동들을 주 대상으로 하는 탁아소와 공부방 운영, 지방의정 감시활동, 절기 살리기 행사 및 지역문화 답사활동, 지역생태 탐사와 환경교실 운영 등이 있다. 이러한 지역사회 네트워크는 다양한 계층의 대중을 대상으로 운동의 핵심그룹이 추구하는 가치를 표현하는 말일 뿐, 구 전체가 마치 실체가 있는 소규모 공동체처럼 긴밀하게 통합되어 기능하는 것은 아니다(한국도시연구소, 2003).

공동주거 커뮤니티는 실체로서의 공동체적 요소와 가치로서의 공동체적 요소를 동시에 지닌 중간적 성격이라 할 수 있다. 즉, 하나의 공동주거단지는 생활수준이 비슷한 동일한 계층의 사람들이 모여 살면서 집단거주시설을 함께 관리해야 하는 데서 오는 공통의 이해기반을 가지고 있다. 따라서 희박하게나마 같은 울타리 안에서 같은 문제를 안고 살아간다는 집단의식이 있고 자치회의 운영 등을 통해서 낮은 수준의 교류를 하고 있다. 그러나 인간관계를 토대로 서로 협력하며 상부상조하기 위해서는 의식의 확장 내지 고양이 요구된다(한국도시연구소, 2003).

공동주거관리자는 주민조직의 필요성과 이해를 바탕으로, 단지 내 주민조직과 관할 지역사회 내 주민조직 간의 연계를 도울 수 있다. 주민조직 간의 교류의 장을 알선할 수 있으며, 장소제공 및 지역사회 주민조직과의 네트워크 활동에 필요한 조력을 할 수 있다.

2) 지역 전략 파트너십의 개발

지역사회 커뮤니티는 단지 내 커뮤니티와는 유사성과 차별성을 갖는다. 사회학자 오카무라 시게오는 지역사회 커뮤니티의 유형을 다음의 네 가지로 나누어 설명한다(그림 5-1). 지역사회 커뮤니티는 일반조직과 복지조직으로 나눌 수 있는데, 행위와 의식을 두 축으로 해서 네 가지의 커뮤니티가 발생한다고 보았다. 화살표의 방향과 같이 각 커뮤니티는 지역사회의 보편적 이익을 위해 주체로서의 보편적 이익우선형으로 발전할 수 있도록 해야 한다는 것이다(최종형, 2002). 공동주거단지 내의 커뮤니티는 지역사회 커뮤니티로 확대될 필요가 있으며, 지역사회로부터 다양한 혜택을 공유함으로써 생활의 편의를 도모할 수 있다. 지역사회 주민 모두에게 주어지는 보편적인 이익을 단지 차원에서 전략적 파트너십을 네트워크로 맺음으로써 대주민 서비스에 보다 발전적 접근이 가능하다.

한국 지역사회의 조직을 살펴보면, 시민단체, 일반 주민단체 등 각기 다른 목표와 지향을 가진 커뮤니티 조직들이 존재한다. 이러한 조직이 지역 전체의 커뮤니티 활성화라는 공동의 목표하에 모임과 의견교류를 통해 공동의 활동 내지는 공동의 의식을 가질 수 있도록 전략적인 유도방안이 요구된다. 단지 내 분쟁에 대해 시민단체나 전문가 단

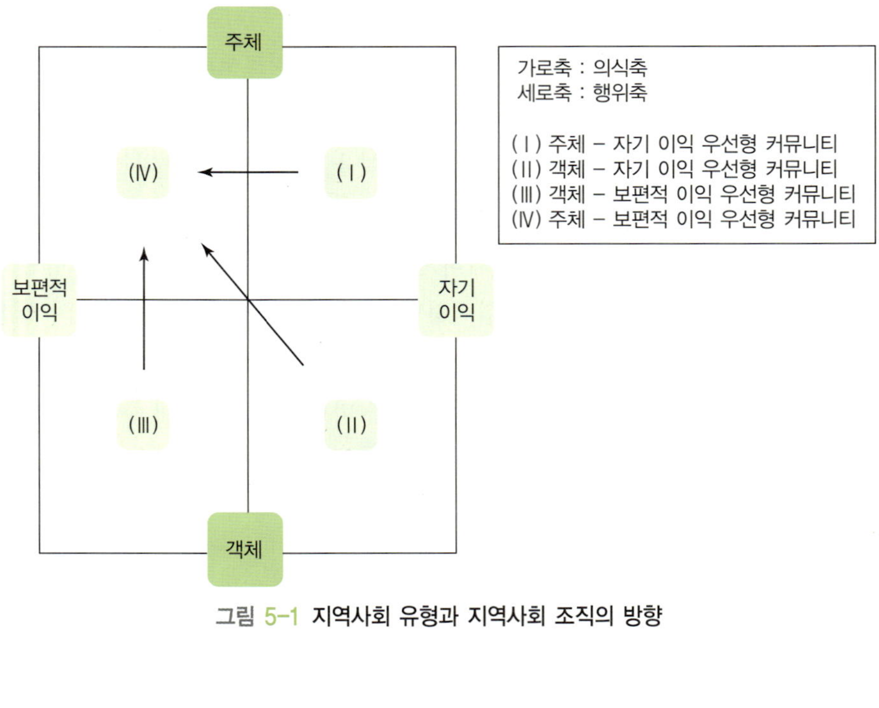

그림 5-1 지역사회 유형과 지역사회 조직의 방향

체의 도움을 받을 수 있으며, 주거환경의 질적 향상을 위한 여러 가지 아이디어를 보다 넓은 지역사회의 커뮤니티 조직으로부터 얻을 수도 있다. 법적 분쟁 및 관리 사안에 대한 상담 사이트도 공기관을 비롯해 민간단체에 이르기까지 다양하게 운영되고 있다.

지역 내 기관 중 주민 편의와 서비스를 연계해 제공할 수 있는 대표적인 곳으로는 보건소, 동사무소, 주민자치센터, 건강가정지원센터, 대학, 학교, 복지관 등이 있다. 보건소의 경우 노인과 아동을 대상으로 한 예방접종 서비스를 연계할 수 있으며, 동사무소에서 주최하는 강연이나 봉사활동, 지역 현안 문제에 대한 주민참여, 노인복지 및 저소득층 수급 여부 등의 정보를 연결시킬 수 있다. 행자부 소속의 주민자치센터와 여성가족부 소속의 건강가정지원센터에서는 지역주민을 위한 교양강좌 및 각종 프로그램을 운영하고 있으며, 가족상담, 아동문제, 부부갈등 해소, 식생활과 영양, 주거문제 등을 상담하거나 워크숍을 통해 정보를 제공하고 있다. 인근 대학에서도 평생교육원 등을 통해 아동, 노인, 여성 관련 프로그램과 생활법률, 스포츠, 교양문화, 자격증 취득 등 지역주민이 참여할 만한 프로그램과 행사를 운영 중에 있다. 인근 초 · 중 · 고등학교의 경우, 주민운동회 시 운동장을 대여할 수 있으며, 바자회나 발표회 등 학교행사를 단지 주민에게 홍보하여 동참을 유도할 수 있다. 관리자는 지역의 이러한 정보를 파악하여, 단지 내 자생단체 및 각종 동아리, 주민 개개인에게 필요한 사항을 적극 홍보하고, 지역 공동의 이익을 위해 협조하는 중간자 역할을 해야 한다.

지역사회 커뮤니티 조직과 기관과의 연계는 주민조직의 대표에 의해서도 이루어질 수 있으며, 행정적 지원을 통해서도 성사시킬 수 있다. 또한 그 역할의 일부는 각 공동주거단지의 관리자를 통해서도 추진될 수 있다.

3) 지역 커뮤니티 시설과 프로그램 활용

각 지역의 시민단체는 지역사회 커뮤니티 활성화를 위한 여러 가지 운동을 펼쳐왔다. 지역 시민단체들의 활동은 크게 지역주민들의 권익을 옹호하고 대변하는 활동과 지역주민들로 하여금 직접 문제해결에 나서도록 만드는 활동으로 나눌 수 있다. 아직까지 지역단체들의 활동은 주로 전자의 기능에 치우쳐 있는 것이 사실이지만, 점차 직접참여 방식의 중요성과 비중이 강조되고 있으며, 이는 커뮤니티 형성을 위해 바람직한 흐름이라고 할 수 있다. 따라서 활동의 내용도 풍물 강습, 주민도서실, 생태탐사 등과 같은 문화 · 교양 프로그램을 매개로 한 주민 소모임의 운영, 학교운영위원회나 주민자치센터에의 참여 등 주민자치를 위한 활동, 지역의 각종 이슈에 대응하는 활동 등으로 다양해지고 있다(한국도시연구소, 2003).

각 지역에는 시민단체가 주관하는 프로그램뿐 아니라 정부기관에서 시행하고 있는 프로그램과 공간이 있다. 대표적인 것이 주민자치센터이다. 2000년대 이후 행정자치부의 준칙을 받아들여 운영되고 있는 주민자치센터는 지역주민들의 자치의식을 높이고 지방행정에 대한 참여 폭을 넓혀 나간다는 취지로 설립되고 있다. 그러나 한 가지 아쉬운 점은 '참여와 자치'를 유도하는 프로그램에 대한 고민과 연구는 많은 반면, 커뮤니티의 기본 전제가 되는 주민들 간의 직접적인 관계형성을 촉진하는 방안에 대한 고민은 상대적으로 적다는 것이다(한국도시연구소, 2003).

주민자치센터에서 운영되는 프로그램은 문화 · 여가 프로그램이 대부분을 이루며, 교양강좌 등 시민교육 프로그램과 불우이웃돕기 · 청소년 지도 등 지역사회 진흥기능, 청소년공부방 · 마을금고 등 복지기능은 매우 열악한 것으로 보고되고 있다. 이같은 문화 · 여가 프로그램에 대한 치중은 주민자치센터의 프로그램 기획 · 운영의 주체를 동장이나 관련 공무원, 자치위원회 등이 담당하고 있어 주민들의 취미 · 문화적 욕구를 맞추기 위한 단순한 강좌식 프로그램만을 배치한 데 따른 것이다.

특히 문화 · 취미 프로그램들이 지역주민들의 특성 및 욕구에 맞추지 않은 채 각 동에서 반복적으로 운영되고 있다는 점도 지적되었다. 예를 들어 맞벌이 부부가 대부분인 빈곤지역 주민들에게 시급한 문제는 바로 육아문제이므로, 영어, 꽃꽂이 같은 문화 · 교양 강좌보다 주민자치센터에 보육시설을 설치하거나 어린이들을 위한 종일 프로그램을 마련하는 것이 더 바람직하다는 의견도 제시되고 있다. 이에 따라 프로그램 중복 방지와 자원 절약을 위해 자치센터의 네트워크화가 필요하다는 제안이다(인천일보, 2004. 4). 지역에 따라 많게는 80% 이상이 아파트인 자치구도 존재하는 만큼, 아파트의 커뮤니티 센터와 주민자치센터와 같은 지역 프로그램을 연계하여 적극 활용한다면, 프로그램의 다양성과 저렴한 비용의 활동들을 제공할 수 있다. 또한 지역축제와 화합으로 확대됨으로써 지역주민의 커뮤니티와 지역발전에도 긍정적인 효과가 예상된다.

참 | 고 | 문 | 헌

곽도 · 은난순(2005). 아파트 공동체 활성화를 위한 교육 프로그램. 군포경실련.

곽도 · 은난순 · 하성규(2004). 아파트 공동체 활성화 방안. 주택연구. 12(2), 139-160.

남원석(2002). 영국의 공공임대주택 주민교육. 도시와 빈곤. 통권 59호, 34-47.

노일래(1998). 지역사회개발에서 주민조직의 효과성과 주민참여. 지역복지정책. 제12권, 278.

민지선(2001). 지역주민운동을 통한 아파트 공동체 형성과정에 관한 연구. 서울대학교 석사학위논문.

박광재 · 백혜선 · 서수정(2001). 아파트 공동체 실현을 위한 방안연구. 대한주택공사 주택도시연구원.

아파트관리신문. 2005. 12. 26.(612호).

인천일보. 2004. 4. 9.

정재훈(2005). 인적자원관리. 서울 : 학현사.

천현숙(2000). 세타가야(世田谷) 마치즈쿠리센터. 국토. 223호, 62-66.

최재순 · 이재준(2000). 살고 싶은 아파트단지 만들기를 위한 커뮤니티 증진 방안 연구. 대한주택공사.

최종혁(2002). 도시 영구임대주택지역의 주민조직화 활성화 방안. 한국사회복지학. 51권, 257-286.

한국도시연구소(2003). 도시공동체론. 서울 : 한울아카데미.

한상철(2001). 시민행정론. 서울 : 법문사. 63-64.

Hong Ki Yong(1980). "Partnership Education in Rural Development". 한국농촌교육학회지. 12(1), 36-40.

眞山澾志(1991). 커뮤니티 센터의 역할과 운영. 지역복지정책. 5권, 19-28.

Etzioni, A.(1964). *Modern Organization*. Englewood Cliff, N. J.: Prentice-Hall, Inc., 79; 노일래(1998). 지역사회개발에서 주민조직의 효과성과 주민참여. 지역복지정책. 제12권.

Murray G. R.(1967). *Community Organization, Theory*, Principles and Practice. (2nd ed). NY: Haper and Row. Publishers.; 노일래(1998). 지역사회개발에서 주민조직의 효과성과 주민참여. 지역복지정책. 제12권.

Noel, P. G. & Sylvia, F. F.(1971). *Urban Society*. NY: The Y. Crowell Company. 385; 노일래(1998). 지역사회개발에서 주민조직의 효과성과 주민참여. 지역복지정책. 제12권.

제6장

공동주거관리에 필요한 자료수집과 분석

공동주거관리에 있어 조사와 분석은 매우 중요하다. 그 중에서도 관리 서비스의 대상자인 주민의 의견을 수렴하는 과정은 매우 중요한 과정이다. 주민의 요구를 정확히 파악하여 이를 반영한 주거관리 서비스는 주민의 만족을 보다 극대화시킬 수 있기 때문이다.

주민의 요구를 파악하는 방법은 설문지를 이용하거나, 개별 면접이나 인터뷰 기법을 이용하는 등 여러 가지가 있으며, 목적에 맞게 적절한 방법을 선택할 수 있다.

객관적 · 과학적인 방법으로 주민의 의견을 수렴하는 과정에 필요한 연구의 절차, 연구방법 및 통계학의 기초 개념, 설문조사법을 이용한 자료수집과 분석방법을 알면 공동주거관리 방향설정에 있어서 매우 유용하다.

제6장

공동주거관리에 필요한 자료수집과 분석

1 주민의견 조사의 절차

주택관리사는 주거관리업무의 집행 책임자로 주요 관리 사안에 대해 반드시 입주자(등)의 동의를 받거나 입주자대표회의에서 의결된 공동주거관리업무를 수행해야만 한다(주택법 제55조 관리소장의 업무 등). 이를 위해서 주택관리사는 현재 관리하고 있는 단지의 입주자 현황을 파악하고 입주자대표회의 및 주택법과 그 하위 법령 그리고 관리규약에 규정된 입주자 관리업무에 근거하여 주민의견을 수렴하고 있다.

법령에 규정된 일상적이고 정기적인 관리업무 이외에도, 실제 관리현장에서는 법에서 규정하고 있지 못하는 많은 관리 현안이 발생한다. 이것은 주거관리업무가 하나의 통일되고 표준화된 업무가 아니며 불안정성, 불확실성을 특징으로 하는 주거관리의 실천적 측면으로 인해 비롯된다고 볼 수 있다. 따라서 문제해결을 위해 주택관리사에게는 아파트 주민의견을 수렴할 수 있는 전문적인 능력이 요구되며, 이것은 객관적이고 과학적인 연구절차를 통해서 수렴할 필요가 있다. 즉, 객관적 · 과학적인 주민의견 수렴절차는 일부 주민의 의견을 전체 주민의 의견으로 간주하는 오류를 방지할 수 있는 방법일 뿐만 아니라 주민의 의견을 정확하게 읽어 낼 수 있는 과정이다.

분야에 따라 그 단계를 생략하거나 좀더 세분화하여 진행할 수는 있지만 일반적으로 적용되는 과학적 조사분석의 절차는 여섯 단계에 걸쳐 이루어진다.

1) 주제의 선정

객관적 · 과학적 주민의견 수렴조사를 위한 첫 번째 단계는 바로 '주제의 선정'에서 시작된다. 이 단계는 왜 이것을 조사해야 하는지, 무엇이 문제인지를 파악하는 단계이다. 보통 학술논문과 같은 학술적 연구에서의 주제는 연구자 개인의 경험이나 통찰에서 나오지만, 주거관리현장과 같은 현장에서의 실용적 조사에서는 해결해야 하는 '문제의 제기'로 시작될 수 있다. 예를 들어 '금년도에 우선적으로 개선되어야 하는 단지환경'에 대해 주민들의 의견을 물을 수 있다.

주제선정의 목적과 주의사항

주제선정 단계에서는 조사의 목적을 명확히 해야 한다. 조사의 목적에 맞게 선정되어야 한다는 것은 조사자가 주제를 구체적으로 서술(description)하고 설명(explanation)할 수 있어야 함을 의미하는데, 조사를 통해 다음에 나열하는 것을 한 가지 이상 달성해야만 그 조사의 가치가 있다고 할 수 있다.

서 술

- 과학적 연구의 가장 기본적인 목적이다.
- 현상을 체계적으로 묘사하는 것으로 변수 간의 관계를 정확히 진술하는 것이다.
- 실증적 연구로 가능하다.
- 관리현장에서는 관리문제를 구체적으로 나열할 때 활용될 수 있다.
- 예를 들어, 관리방법에 대한 찬반 결정, 입주자들의 가장 원하는 서비스, 관리직원들의 평균근무시간, 주택관리 종사자의 평균연령 등은 단순한 통계만으로도 충분이 그 실태를 파악하여 서술할 수 있다.

설 명

- 인과관계를 규명한다.
- 왜 그런 현상이 일어나는가를 설명한다.
- 어떤 현상이 일어나는 선행원인이나 조건을 밝힌다.
- 예를 들어, "쓰레기 분리수거가 잘 안되는 이유는 무엇인가?", "관리비 체납의 이유는 무엇인가?" 등은 어떤 현상이 일어나게 된 원인을 설명해 주어야 한다.

주제선정 시 주의사항

- 기존 조사 데이터의 여부(기존 조사가 불충분한가?) : 이미 같은 주제에 대한 조사가 이루어져 있어 그 결과가 나와 있다면 이는 조사할 가치가 없게 된다.
- 조사결과 상충(기존 연구가 새로운 현상과 대립되는가?) : 기존의 조사결과에서 보여 주는 것과 실제로 현실에서 일어나고 있는 현상이 다른 경우, 이는 새로운 조사의 가치가 있는 것이다.
- 조사내용의 가치(비용과 시간을 써서 연구할 만한 가치가 있는가?) : 조사결과를 통해 새로운 가치와 진실을 밝혀낼 수 있다고 하더라도 실제 그 결과를 얻기 위해 너무 많은 시간과 비용을 들이게 된다면 조사의 효용성에 문제가 발생된다.
- 조사가능성(가용인력과 예산범위에서 조사할 수 있는 사안인가?)

2) 가설의 구성 및 개념의 명료화

조사하고자 하는 주제를 선정한 다음, 두 번째 단계는 조사가 가능한 구체적인 가설이 설정되어어야 한다. 가설이란 주제에 대해 어떤 결론을 이끌어내기 위해 조사가능한 구체적인 변수 간의 관계를 나타낸 것이다(채구묵, 2001). 예를 들어, 주거만족도와 공동체활동의 참여도의 관계를 주제로 선정한 경우, 주거만족도와 공동체활동의 참여도의 내용을 어떻게 조사해야 할지 애매하다. 따라서 조사를 통해서 얻고자 하는 가설(주거만족도가 높은 사람일수록 공동체활동의 참여도가 높을 것이다)을 세울 필요가 있다.

조사할 때의 주제는 명확히 정의되어야 한다. 즉, 조사의 주제는 추상개념이 아닌 측정 가능한 구체적 개념으로 표현되어야 하는데 이를 조작적 개념정의(operational definition)라 한다. 예를 들어, '주거만족도가 높은 사람일수록 공동체활동의 참여도가 높을 것이다' 라는 가설의 경우, 독립변수인 주거만족도와 종속변수인 공동체활동의 참여도가 사람마다 이해를 달리하는 복잡한 개념이거나 추상적인 개념이어서 직접 조사가 불가능하다. 이 경우 이러한 개념들을 잘 대변할 수 있으면서 측정 가능한 대체개념을 정립해야 한다.

3) 조사의 설계

세 번째 단계는 주제를 어떻게 풀어나갈 것인가 하는 '설계' 과정이 필요하다. 조사의 설계 과정은 조사자가 파악하고자 하는 주제를 가장 적절히 측정해 낼 수 있도록 과학적으로 검증 가능한 형태로 만드는 과정을 의미한다. 이 단계에서 조사자는 자료수집 방법(질문지법, 면접, 실험, 관찰, 내용분석, 2차 자료분석 등), 모집단 및 표본추출 방법, 조사대상의 선정, 연구문제를 잘 밝힐 수 있는 정확하고 일관성 있는 조사도구(설문지)의 작성 등을 결정해야 한다.

4) 자료의 수집

네 번째 단계는 자료수집 단계이다. 자료수집이란 조사자가 조사설계에 의해 자료를 수집하는 단계이다. 자료수집 이전의 단계를 설계과정이라고 한다면 자료수집 이후의 단계는 설계를 집행하는 단계라 할 수 있다. 이 단계에서는 자료수집 능력이 중요하며 조사계획이 적절한 조사대상을 중심으로 실제상황에서 적절히 수행되도록 해야 한다. 자료수집에는 질문지법, 면접, 실험, 관찰, 2차 자료수집 등 여러 가지가 있으며 각 조사대상과 자료수집 방법에 따라 장점과 단점을 각각 갖고 있으므로 주제의 객관성을 가장 확보할 수 있는 방법으로 수집하는 것이 중요하다.

5) 자료분석과 해석

자료수집을 마치면 수집된 자료의 분석에 들어가야 한다. 자료를 나열하고 분류하여 구조적으로 묶을 수 있는 방법을 통해 조사대상을 분석하고 해석하게 되는데 이때 통계분석(statistical analysis)을 이용하여 자료분석을 하는 것이 가장 보편적이다.

6) 조사결과의 발표

마지막 단계는 조사한 결과의 발표를 위해 조사자가 수행한 조사결과를 효과적으로 발표하는 단계이다. 보고서를 내기도 하고 발표를 위해 시각자료(PPT 등)를 만들어 보고회를 갖기도 한다.

2 연구방법 및 통계분석의 기초 개념

과학이란 진리, 본질, 본성 또는 법칙을 찾아내기 위한 체계적인 방법의 의미로 사용되기도 하고, 그런 체계적인 방법에 의해서 얻어진 지식을 말하기도 한다. 사회과학은 인간과 관련된 사회현상을 연구대상(채구묵, 2001)으로 하며, 공동주거관리의 현장에서 사용될 수 있는 연구방법은 사회현상을 연구대상으로 하는 사회과학의 일부로 볼 수 있다.

1) 양적 연구와 질적 연구

연구방법에 따라 사회과학을 구분하는 가장 일반적인 형태는 양적 연구(Quantitative Research)와 질적 연구(Qualitative Research)이다. 양적 연구는 주로 설문조사와 통계적 기법을 활용하여, 측정도구를 이용하여 계량화된 정보를 양적으로 축적, 관리하는 연구방법이다. 질적 연구는 연구자가 경험적으로 인간행위와 상호작용, 사회현상 등의 관찰과 현상분석 등을 통하여 심도 있게 연구하는 방법이다.

양적 연구는 방법론적 일원주의로 콩트의 실증주의에 기초하여 객관적 실재를 가정하는 연구방법이다. 이것은 외부자적(etic) 관점에서 사전에 미시적으로 설계된 절차에 따라 연역적으로 이론을 검증하는 데 초점을 두고 있다. 따라서 사회현상을 분석하기 위해 대상의 속성에 숫자를 부여하여 자료를 수집하고 컴퓨터 기법을 활용한 통계적 분석기법을 활용한다. 가장 대표적인 예가 질문지를 활용한 설문조사 방법이 있다.

질적 연구는 해석학적 과학관이라고 불리며, 현상학과 해석학에 근거하는 연구방법이다. 이것은 내부자적(emic) 관점으로 인간의 의도를 중시하며 거시적 측면에서 귀납적으로 이론을 개발하거나 참여자의 관점을 이해하는 데 초점을 둔다. 따라서 소수를 대상으로 문화기술적 면접과 참여관찰을 통해 자료를 수집·분석하고 결과를 해석하는 방식이며, 수량화된 자료의 한계를 보완할 수 있는 방법이다. 연구방법으로서 사례연구, 현지연구 등의 방식이 있다.

양적 연구이든 질적 연구이든 사회현상에 관한 연구를 하고자 할 때 연구자는 설문조사, 면접, 관찰, 실험 등 여러 가지 방법에 의해 자료를 수집한다.

표 6-1 양적 연구와 질적 연구의 특징

구 분		양적 연구	질적 연구
연구특성		통계결과 중심	인간행위와 상호작용 중심의 서술
정보의 획득수준	정보깊이	수량적·계량적 정보, 표면적 수준의 정보획득이 가능하다.	정성적 정보, 깊은 수준의 정보획득이 가능하고 계량화하기 어려운 영역의 관찰이 가능하다.
	정보넓이	비교적 광범위한 일반적 성향의 정보를 제공한다.	비교적 개별적이고 지엽적 단위의 성향의 정보를 제공한다.
	정보객관성	표본추출된 객관화, 일반화의 확보가 상대적으로 용이하다.	사례 중심이므로 객관화, 일반화의 확보가 상대적으로 어렵다.
	정보체감성	수량적·통계적으로 제시되므로 체감성이 낮다.	실제 사례와 관찰의 세부묘사를 이용하여 체감성이 높다.
	정보가치	광범위하고 수량화할 수 있는 영역을 표현하는 데 강점이 있다.	수량화할 수 없는 내면적·변화적 영역을 표현하는 데 강점이 있다.
통계적 적용	통계기법	척도의 수준에 따라 다양한 통계기법을 적용할 수 있다.	대체로 수량화해야 하며, 빈도분석과 교차분석이 중심이 되므로 비교적 제한적이다.
	변수의 통제	인구사회학적 특성, 기타 조건별 통제가 가능하다.	거의 불가능하다.
	가설검증	가설검증이 용이하다.	사례 자체가 지닌 의의로 만족해야 하며 가설검증이 매우 어렵다.
	모집단추정	확률표집의 경우 표본수가 적절하면 충분히 가능하다.	매우 어렵다.
조사기간		상대적으로 짧다. 시계열 조사의 경우 단위당 진행시간이 짧다.	편차가 무척 다양하며, 양적 연구에 비해 대체로 길다.
조사인력		조사과정에서 다수의 비전문인력 투입이 가능하나 전반적으로 소수 전문인력이 단기간 투입된다.	소수 전문인력이 지속적으로 투입된다.

2) 설문조사법

설문조사법의 특성은 연구자가 알아보고자 하는 내용을 설문지(questionnaire, 또는 질문지라고도 함)에 미리 적어 연구대상자로 하여금 응답하게 하는 방법이다. 우리가 흔히 주변에서 듣고 있는 인구 및 주택 센서스[1] 조사도 설문지에 의한 조사방법을 활용하는 것이다. 우리나라의 공동주택관리업무는 300세대 이상의 대단지에서 이루어지고 있으므로 많은 사람들의 의견을 수렴하기 위해서는 설문조사법이 매우 유용한 연구방법이 된다.

설문조사법에는 두 가지가 있다.

구조적 설문조사법은 반응으로 나올 만한 선택문항을 미리 제시하여 이를 선택하게 하는 질문지 형식으로 폐쇄형 질문이라고도 한다. 예를 들어, "난방상의 문제점은 무엇입니까? ① 조절이 어렵다, ② 난방효과가 떨어진다, ③ 난방비가 많이 나온다." 등 번호를 이용해 선택문항을 제시하는 것이다.

구조적 설문조사법의 장점은 제한된 선택범위를 주기 때문에 결과의 처리가 매우 쉽다는 장점이 있어 가장 많이 활용되고 있는 설문조사법이다. 그러나 선택지가 완벽하지 못하거나 빠진 항목이 있다면 응답자의 정확한 대답을 이끌어 낼 수 없는 단점이 있다.

비구조적 설문조사법은 응답자가 비교적 자유로운 반응을 하여 기입할 수 있도록 하는 방식으로 자유반응형 질문(open ended question)이라고도 한다. 보통 "난방상의 문제에 대한 의견을 자유롭게 적어주십시오."라고 개방형으로 묻는 방법이다.

장점은 자유반응형 질문지는 응답자가 자유롭게 반응할 수 있으므로 응답자의 숨겨진 태도, 가치관 등을 측정할 수 있은 점이고, 단점은 자료를 부호화하기 어렵다는 점이다.

일반적으로 설문조사 분석방법이 흔히 쓰이기는 하지만 장점과 단점이 있으므로 조사목적과 내용이 무엇이며, 얼마의 비용을 들여 얼마의 기간동안에 결과가 나와야 하는가에 따라 적절히 선택하는 것이 좋다.

설문조사법의 장점

- 간단하고 신속해서 시간과 경비가 절약된다.

---

1) 센서스란 일부만을 대상으로 하는 것이 아니라 모집단 전체를 대상으로 하는 것이다.

- 비교적 공간적 상황에 구애받지 않는다.
- 질문지는 응답자를 익명으로 할 수 있다. 특히 사회적으로 바람직하지 못하거나 민감한 조사에서 익명으로 대답하게 하면 솔직한 답을 제공할 여지가 더 크다.
- 각 응답이 같은 용어, 즉 표준화된 용어를 사용하므로 응답 결과의 비교가 쉽다.
- 큰 규모의 집단의 특성을 묘사할 수 있다.
- 적은 표본으로도 객관성이 있는 자료를 수집할 수 있다.
- 체계적인 자료를 수집할 수 있다.
- 연관성이 있는 연구 주제들을 한번에 조사할 수 있다.

설문조사법의 단점

- 응답자가 질문내용을 잘 이해하지 못하는 경우 명백하게 이해시킬 수 없다.
- 응답이 불완전하거나 부적당한 경우 적합한 응답을 다시 조사할 수 없다.
- 설문지는 글을 아는 응답자에게만 가능하여 교육수준이 어느 정도 있는 사람에게만 유용하다.
- 응답자를 통제할 수가 없다. 즉, 응답자가 거짓으로 응답하여도 알 수가 없고 사회적으로 바람직하다고 여기는 방향으로 응답할 수도 있다. 그리고 문항을 빠뜨리거나 또는 중립적인 답(잘 모르겠다, 그저 그렇다)에 응답할 수 있다.
- 응답자가 답하기 전에 자신의 기록을 생각해 보고 동료와 의논할 수도 있으며 이에 응답한 내용을 수정할 가능성도 있다.
- 개인 중심의 조사이기 때문에 사회구조적 권력적 요인을 조사하기 어렵다.

3) 면접법

면접법(interview)은 훈련된 면접자가 조사대상과 직접적인 대화를 통해 정보를 수집하여 기록하는 것이다. 예를 들어 관리자가 부녀회원을 대상으로 면접을 통해 의견을 수렴하고자 할 때 이용할 수 있다. 이때 면접자(관리자)와 피면접자(부녀회원)와의 사회적 상호작용을 통해 정보를 수집하는 과정이므로 둘 간의 신뢰감 형성이 무엇보다 중요하다고 할 수 있다.

면접진행 시 질문의 순서는 일반적인 것에서 특정적인 것으로 할 수도 있고 반대로 진행할 수도 있다. 또한 면접자의 외모나 태도에도 쉽게 영향을 받는다는 점도 유의해야 한다. 면접자가 질문이나 답을 반복하거나 중립적 질문을 통해 정확한 정보를 얻어내는 것도 좋다.

면접법의 유형에는 두 가지가 있다.

구조화된 면접은 미리 준비된 질문지에 따라 질문의 내용과 순서를 지키면서 진행된다. 조사표를 사용하기 때문에 응답자료를 사용하는 데 편리하여 면접자의 주관적 판단에서 오는 오류를 최소화할 수 있다.

비구조화된 면접은 면접계획을 세울 때 면접의 목적만 명시하고 내용이나 방법은 면접자에게 일임하는 방식이다. 면접자는 피면접자의 상태에 따라 질문을 할 수 있는데, 면접자와 피면접자 간의 공감대 형성이 용이하며, 면접 결과의 타당도가 높다. 그러나 고도의 면접기술이 요구되며, 면접자의 주관이 개입될 우려가 크다.

면접법의 장점과 단점은 질문지법의 장단점과 상반되며 보충적이다. 즉, 질문지법의 장점이 면접법에서는 단점이 되며 질문지법의 단점이 면접법에서는 장점이 된다.

면접법의 장점

- 응답률이 매우 높으며 응답자가 거부하지만 않는다면 문항 전체에 대한 응답을 받을 수 있다.
- 면접과정에서 피면접자에 대한 비언어적 정보를 수집할 수 있다.
- 복잡한 질문도 가능하며 질문의 내용을 이해 못하거나 모호한 응답에는 추후질문을 통해 신뢰도 있는 응답을 얻어낼 수 있다.
- 읽고 쓸 수 있는 능력이 없는 사람에게도 가능하다.
- 면접환경을 표준화할 수 있고 대리 대답이 없으며 다른 사람의 영향을 받지 않는다.

면접법의 단점

- 비용과 시간이 많이 든다는 점이다.
- 면접자의 편견으로 응답자의 답을 오해하거나 표기상의 오류가 가능하다.
- 응답자는 면접자의 성, 사회적 계급, 나이, 옷, 외모 등에 영향을 받을 수 있다.
- 응답자의 신분이 노출되어 사적인 정보는 거부될 수 있다.
- 질문용어가 표준화되어 있지 못하므로 응답자의 응답의 비교가 어렵다.

- 응답자와의 접근이 어렵다. 특히 응답자가 여러 지역에 넓게 분포된 경우에 문제가 된다.

최근에는 FGI(Focus Group Interview)라 하여 주어진 질문에 대해 가장 적합한 대상을 한자리에 모아 놓고 집중토론이나 인터뷰를 함으로써 의견수렴이나 문제해결 방법을 더 신속하고 정확히 찾아내는 기법이 이용되고 있다. 이때는 어떤 대상을 몇 명 모아 놓고 어떤 상황에서 FGI를 진행할 것인가가 중요하며 그 방법은 다양하게 개발되고 있다.

4) 통계분석의 기초

모집단과 표본

모집단과 표본

공동주거관리자가 주민의 의견을 수렴하기 위해 자료를 수집하는 경우, 전 입주자를 대상으로 하여 자료를 수집하는 것은 비용과 시간이 많기 들기 때문에 쉽지가 않다. 통계학에서 이를 모집단(population)과 표본(sample)으로 개념화하여 실제 조사 시 적용한다. 모집단이란 특정 연구에서 연구대상이 되는 모든 개체의 집합을 의미한다(채구묵, 2001). 즉, 주거관리 현장에서는 관리자가 관리하는 아파트단지 전체 주민이 모집단이 된다고 볼 수 있다.

조사를 완벽하게 하기 위해서 연구자는 모집단 전체를 조사하여야 할 것이다. 모집단이 작을 때에는 조사대상 전체를 조사하는 것이 별 문제가 없지만 모집단이 큰 경우에는 모두를 조사하는 데 막대한 시간과 노력, 경비가 소요된다. 따라서 연구자들은 모집단의 일부를 추출하여 조사한 후 그 결과를 모집단의 특성으로 일반화하는 형태를 취한다. 주거관리 현장에서는 아파트 주민의 일부를 조사대상으로 선정하여 그들을 대상으로 의견을 조사하여 이를 일반화한다. 이와 같이 시간, 노력, 경비 등을 줄이기 위해 모집단 중 연구대상으로 추출된 일부를 표본이라 한다.

표집원칙

전체를 대상으로 조사를 할 수 없으므로 표본을 추출할 때에는 모집단의 대표성(representativeness)을 지니는 표본을 추출해야 하는데, 이를 표집(sampling)이라 한다. 이를 달성하기 위해서는 첫째, 모든 조사대상이 표본으로 추출될 동등한 기회를 가지도록 하고, 둘째, 가능한 한 표본이 크도록 해야 할 것이며, 셋째, 이질적인 모집단보다 동질적인 모집단에 대해 표본을 추출할 필요가 있다(채구묵, 2001).

확률표집과 비확률표집

표집(sampling)의 유형에는 크게 확률표집과 비확률표집 두 가지가 있다.

확률표집(probability sampling)은 모집단의 요소들이 표본으로 추출될 확률이 알려져 있고, 모든 연구대상이 표본에 포함될 확률이 같을 때 사용되며 표본을 추출할 때 무선의 방법을 적용한다는 것이 전제된다. 따라서 시간과 비용이 많이 들지만 연구의 대표성을 확보할 수 있다. 확률표집의 대표적인 방법으로 단순무선표집 방법이 있는데 각 응답대상자에게 선택될 동등한 기회를 부여한다. 우리가 가장 많이 보는 방법 중에 하나는 대통령 선거 때 전화번호부에 등재된 번호를 무작위로 1, 101, 201번과 같은 식으로 선택하여 전화를 걸어 응답을 받아내는 경우가 해당된다.

예를 들어, 관리소장이 입주민들의 공동주택관리 만족도를 조사한다면 평소 안면이 있거나 하는 입주자를 대상으로 해서는 정확한 결과를 얻을 수 없다. 따라서 만약 총 300세대 아파트단지라면, 300세대에게 모두 300개의 번호를 부여하여 1, 11, 21, 31번과 같은 식으로 표집을 선정하고 이들을 대상으로 설문조사를 해야만 대표성 있는 표집을 할 수 있는 것이다.

비확률표집(nonprobability sampling)은 그 확률이 일정하지 않은 경우에 사용한다. 비확률표집은 모집단을 분명히 말할 수 없으므로 연구결과를 일반화하는 데 제약이 있으나 모집단이 정확히 알려져 있지 않은 경우에 또는 연구하고자 하는 현상이 거의 나타나지 않을 때 사용할 수 있다. 가장 대표적인 비확률표집의 방법은 편의표집으로 연구자가 우연히 지나가는 사람들을 대상으로 하는 것이다.

예를 들어, "주거환경에서 중요하게 생각하는 것이 무엇입니까?"라는 질문을 그냥 길거리에서 하면 이것은 편의표집이 된다. 이 경우 아파트에 사는 사람도 있을 것이고 단독주택에 사는 사람도 응답을 했을 것이고 또는 노숙자도 응답을 했을 것이다. 이 방법은 대표의 정확성은 떨어지지만 시간과 경비가 절약되는 방법이다.

표본의 크기

통계방법을 사용함에 있어 전체 모집단의 크기는 언급하지 않지만 표본의 크기는 반드시 언급되어야 한다. 왜냐하면 표본의 크기는 모집단의 통계적 오류와 밀접한 관련이 있기 때문이다. 예를 들어 주민의 자가 거주율을 조사한다고 했을 때 10명을 무작위로 표집하여 조사한 평균보다 100명을 대상으로 하는 경우가 모집단의 평균에 가까울 것이기 때문이다. 상식적으로 모집단이 클수록 표본의 크기도 커야 한다. 또한 조사시간, 비용, 실제 표집 가능성 등도 표본의 크기를 정할 때 고려되어야 한다.

통계적 자료분석에서는 표본의 크기가 최소 30이면 가능하지만 실제 연구에서는 100을 최소 크기로 잡는다. 왜냐하면 연구는 보통 여러 개의 변수들을 포함하고 있어 여러 개의 하위집단으로 나누어야 되며, 이때 표본수가 작으면 각 집단에 해당되는 대상 수가 아주 적어져 분석이 불가능해지기 때문이다.

변수의 속성과 기능

변수란 사람, 물건, 사건 등의 특성 또는 속성을 의미한다. 예를 들어 여자는 변수가 될 수 없으나 성별은 변수가 된다.

변수는 통계분석의 기본 단위로서 통계분석을 위해 변수의 특성을 알아 두는 것은 중요한 일이다. 왜냐하면 변수가 어떤 특성을 가졌느냐에 따라 어떤 통계기법을 사용해야 하는가가 거의 결정되기 때문이다.

변수의 속성에 따른 분류

명목척도(nominal scale)[2)]는 본질적으로 분류체계의 성격을 갖고 있으며 모든 질적인 변수는 명명척도로 분류된다. 명명척도에는 최소한 두 개의 특성을 갖고 있다. 어떤 변수도 두 범주에 중복되어서는 안 된다는 상호배타성과 측정하는 각각의 사례는 제시된 범주에 다 포함되어야 한다는 포괄성이 그것이다. 성은 남성과 여성의 두 개의 범주를 가지면 상호배타성과 포괄성의 조건을 충족시킨다.

서열척도(ordinal scale)[3)]는 사물들을 서로 비교하기 위하여 그 사물들의 어떤 속성

---

2) 〈명명척도의 예〉
성별 (남자=1 / 여자=2)
직업 (회사원=1 / 공무원=2 / 자영업=3 / 학생=4)

3) 〈서열척도의 예〉
1. 당신의 건강상태는 어떻습니까?
① 나쁨 ② 보통 ③ 양호
2. 당신은 현 관리자를 얼마큼 지지합니까?
① 적극 반대 ② 약간 반대 ③ 보통 ④ 약간 찬성 ⑤ 적극 찬성

이 많고 적음 또는 대소의 순위에 따라 수치를 부여하는 것이다. 순위에 따라 1, 2, 3, 4….를 매기므로 5>4의 관계는 성립되지만 5−4=2−1의 관계는 반드시 성립된다고 할 수 없다.

등간척도(interval scale)[4]는 각 사물들의 서열뿐만 아니라 수치들 사이의 간격이 동등한 척도를 말한다. 즉, 측정대상이 갖고 있는 속성의 양적인 정도의 차이에 따라 등간격으로 수치를 부여한 척도이다. 절대적 원점(0, absolute zero)이 존재하지 않으므로 관측값의 +, − 계산은 가능하며 평균, 표준편차 등의 계산은 가능하나 비율의 의미는 존재하지 않는다.

비율척도(ratio scale)[5]는 가장 높은 수준의 척도로서 명명, 서열, 등간척도의 세 가지 속성을 다 만족시킨다. 절대적 원점이 존재하고 비율척도에서는 수치는 실제 수량과 같기 때문에 모든 수학적 계산이 가능하다. 즉, 소득이 0이라면 소득이 전혀 없음을 의미하며, 소득 200만 원은 소득 100만 원의 두 배라고 확실하게 말할 수 있다. 수학에서의 4칙연산이 가능하며, 평균이나 표준편차 등의 계산이 가능하다.

예를 들어, 나이를 측정함에 있어 나이를 그냥 기입하게 하면, 이것은 나이를 비율척도로 측정한 것이다. 비율척도로 측정하면 모든 수학적 계산이 가능하므로 전체 응답자의 연령을 모두 합하여 평균연령을 구할 수 있다.

그러나 ① 20대, ② 30대, ③ 40대, ④ 50대와 같은 식으로 측정하였다면 이것은 명목척도로 측정한 것이다. 이것은 20대가 몇 명, 30대가 몇 명과 같이 각 연령대별 숫자는 구할 수 있지만 응답자의 평균연령을 구할 수 없다. 왜냐하면 ① 20대라고 응답한 사람이 20살인지 29살인지 알 수가 없기 때문이다.

이상, 네 가지 척도의 특성을 보면, 앞에서 설명한 순서대로 상위변수는 그보다 하위변수가 가지고 있는 모든 특성을 가지고 있을 뿐만 아니라 그 변수 고유의 특성을 좀더 가지고 있다고 할 수 있다. 즉, 비율척도는 등간척도가 가지고 있는 모든 특성을 가지고 있으면서 절대 영점을 가지고 있고, 등간척도는 서열척도가 가지고 있는 모든 특성을 가

---

4) 〈등간척도의 예〉
월평균 난방온도　30도　31도　32도　33도

5) 〈비율척도의 예〉
관리비 ________원
주택관리사의 소득 ________원
주택관리사의 연령 ________세

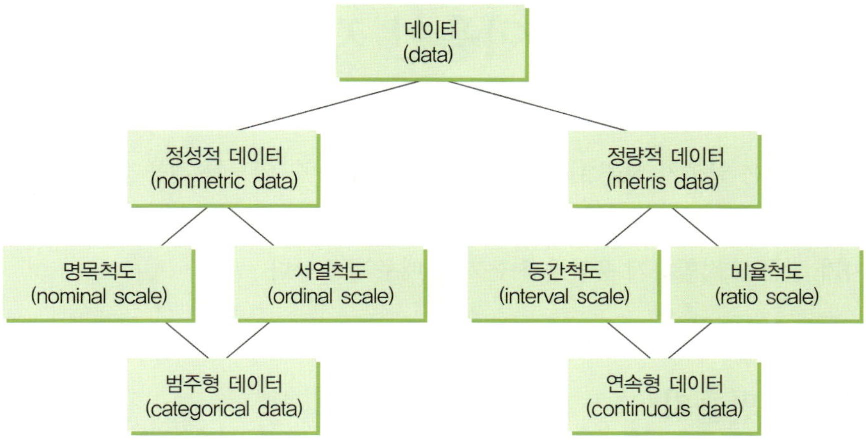

그림 6-1 데이터의 종류

지고 있으면서 서열의 등간성이란 특성을 가지고 있다. 서열척도는 명목척도가 가지고 있는 특성을 가지고 있으며 카테고리 간의 서열을 알 수 있다는 특성을 더 가지고 있다.

또한 척도들은 크게 연속적 척도(continuous scale)와 비연속적 척도(discontinuous scale)의 두 가지로 분류할 수 있다. 연속적 척도는 말 그대로 변수가 연속성을 가지고 있는 등간척도, 비율척도가 여기에 속한다. 비연속적 척도는 변수가 연속성을 가지고 있지 않는 것으로 명목척도, 서열척도가 이에 속한다. 그러나 서열척도는 때때로 연속적 척도로 사용되기도 한다.

변수의 기능에 따른 분류

변수는 그 기능에 따라 독립변수(independent variable)와 종속변수(dependent variable)로 나눌 수 있다.

독립변수는 설명변수라고도 하며 다른 변수에 영향을 주는 원인적 변수이다. 즉, 어떤 변수가 다른 변수의 발생에 대한 원인이 된다고 가정될 때 우리는 그 변수를 독립변수라 할 수 있다. 예를 들어, IQ와 학업성적과의 관계를 연구하고자 할 때 IQ는 독립변수가 된다. 왜냐하면 IQ가 학업성적에 대한 원인적 변수이기 때문이다.

종속변수는 반응변수라고도 하며, 독립변수에 영향을 받는 변수로 결과가 되는 변수이다. 예를 들어, 국제유가의 증가는 난방비를 증가시킨다는 가설에서 국제유가의 변동이 있느냐 없느냐 하는 것은 독립변수라 할 수 있으며, 난방비 단가 변동은 종속변수라 할 수 있다.

3 설문조사법을 이용한 자료수집과 분석

설문조사법은 알고자 하는 내용을 적절하게 측정할 수 있도록 질문지를 만드는 것에서부터 출발한다. 즉, 조사목적에 적절한 질문으로 구성되어 있는가가 중요하다. 또한, 응답자가 질문에 적합하게 응답을 하는가도 매우 중요하다.

1) 질문지 만들기

질문의 유형

질문지는 개방형 혹은 폐쇄형으로 만들 수 있는데 각각 장단점이 있다.

개방형 질문

개방형 질문[6)]은 비구조적 설문조사법으로, 응답자가 자유롭게 자신의 의견을 표현하도록 개방된 것이다. 응답자들의 가능한 의견을 파악할 수가 있으므로 탐색연구에 유용하여 본 조사 전에 조사주제에 관련되는 모든 특성을 자세하게 알아보는 데 적합하다. 개방형 질문을 통해 조사자가 기대하지 않았던 정보뿐만 아니라 예기치 않았던 문제점도 알 수 있다.

개방형 질문의 장점은 다음과 같다.

- 응답범주가 알려지지 않을 때 사용될 수 있다.
- 응답자가 마음대로 자세하게 분명하게 적절하게 답할 수 있다.
- 별개의 적은 범주로 응축될 수 없는 복잡한 문제에 더욱 좋다.
- 응답자의 창의성, 자기표현의 기회를 더욱 허용한다.

단점은 자유롭게 기입하게 됨으로써 가치 없고 부적절한 정보의 집합이 될 수 있고, 자료가 표준화되지 못하고 분석을 어렵게 할 수 있으며 부호화가 어렵고 주관적이어서 평정자 간의 신뢰도가 낮다.

---

6) 〈개방형 질문의 실례〉
귀하께서 특별히 생각하시는 아파트관리에 대한 문제점과 개선안이 있다면 말씀해 주십시오.

폐쇄형 질문

폐쇄형 질문[7]은 구조적 설문조사법으로, 응답범주가 분명하고 비교적 응답범주 수가 적을 때 사용된다. 명목변수처럼 범주가 서로 배타적이고 포괄적일 때 폐쇄형 질문이 알맞다. 이 유형은 답을 쉽게 할 수 있어 교육수준이 낮은 대상들에게 사용될 수 있다. 우편질문이나 자기기입 질문처럼 혼자서 응답해야 할 질문지법에 더욱 적절하다. 폐쇄형 질문에는 이분문항, 선다형 질문, 순위질문[8] 등이 있다.

폐쇄형 질문의 장점은 응답이 표준화되어 분석하기가 쉽고 질문지로부터 직접 부호화할 수 있어 시간과 경비를 줄일 수 있으며, 소득, 교육연수, 연령과 같은 예민한 문제들은 응답자가 정확한 답을 원치 않을 수 있으므로 폐쇄적 질문이 바람직하다.

폐쇄형 질문의 단점은 답을 모르거나 의견이 없는 응답자도 적절한 답을 추측하여 응답할 수가 있다는 점과 질문을 잘못 해석하여 답을 할 수 있다는 것이다.

측정도구의 구성

측정도구로 질문지를 만들 때는 내가 알고자 하는 내용을 어떻게 측정해낼 것인가 하는 문제해결을 위해 정확한 측정을 하는 것이 목표이다. 그래야만 정확한 결과를 얻어낼 수 있다. 측정이란 추상적 개념에 수치를 매겨 실증자료화하는 것으로 특정 사물의 속성가치나 수준을 파악할 수 있도록 측정도구를 만들어야 한다.

---

7) 〈폐쇄형 질문의 실례(순위질문)〉

귀하는 현재 살고 계신 아파트에서 아파트 가격을 높이기 위해 어떤 활동을 하는 것이 필요하다고 생각하십니까?(대표적인 것으로 두 가지 선택)

① 계획적인 유지보수와 쾌적한 환경조성
② 노후한 아파트에 대한 재건축이나 리모델링 공사
③ 공원, 주차시설 등 공동시설 확충
④ 입주자에 대한 다양한 편리한 서비스
⑤ 단지주민 간의 화합과 화기애애한 분위기 조성
⑥ 단지주민 간의 아파트의 적정가격 유지에 대한 합의

8) 이분문항은 '남녀', '예' 또는 '아니오'와 같이 두 가지로 묻는 질문이다. 선다형 질문은 4지선다, 5지선다와 같이 선택할 수 있는 보기를 여러 개 제시하고 하나 또는 두 개를 선택하도록 하는 것이다. 순위질문은 가장 선호하는 것은 무엇인가로 하여 순위를 묻는 것으로, "당신의 주택을 선택할 때 가장 무엇을 고려하십니까? 순서대로 두 가지만 선택하십시오." 와 같은 질문이 그 예이다.

측정도구를 구성하는 이유와 주의사항

사회현상은 많은 경우에 단일문항으로 측정하기 어려운 다차원적, 추상적 속성을 갖고 있다. 예를 들어 우울증을 측정하는 데 있어 "당신은 얼마나 우울하십니까?" 라는 하나의 질문으로 정확하게 측정하기 어렵다. 이럴 경우 증상에 대한 여러 가지 하위수준의 질문들을 하여 하나로 묶어서 변수로 사용하면 그 타당성이 높아질 수 있다.

예를 들어, 아파트관리에 대한 만족도를 조사하기 위해 관리자는 다음과 같은 설문지를 만들 수 있을 것이다. 즉, 아파트관리와 관련된 중요한 여러 가지 하위수준의 질문을 하나로 묶어서 아파트관리에 대한 만족도를 구할 수 있는 측정도구이다. 측정도구는 전

주거관리만족도 설문조사의 예

다음은 현재 살고 있는 아파트의 관리만족도에 대해 조사하는 것입니다. 각 질문에 대해 해당되는 만족정도를 표시하여 주십시오.

1. 귀하는 현재 아파트단지의 관리인 태도에 만족하십니까?
   ① 매우 불만족 ② 약간 불만족 ③ 보통 ④ 약간 만족 ⑤ 매우 만족
2. 귀하는 현재 아파트관리비에 만족하십니까?
   ① 매우 불만족 ② 약간 불만족 ③ 보통 ④ 약간 만족 ⑤ 매우 만족
3. 귀하는 현재 입주자대표회의의 운영에 대해 만족하십니까?
   ① 매우 불만족 ② 약간 불만족 ③ 보통 ④ 약간 만족 ⑤ 매우 만족
4. 귀하는 현재 단지 내 조경관리에 만족하십니까?
   ① 매우 불만족 ② 약간 불만족 ③ 보통 ④ 약간 만족 ⑤ 매우 만족
5. 귀하는 현재 아파트 쓰레기 처리에 대해 만족하십니까?
   ① 매우 불만족 ② 약간 불만족 ③ 보통 ④ 약간 만족 ⑤ 매우 만족
6. 귀하는 현재 아파트 편의시설(도서관, 놀이터) 운영에 대해 만족하십니까?
   ① 매우 불만족 ② 약간 불만족 ③ 보통 ④ 약간 만족 ⑤ 매우 만족
7. 귀하는 현재 냉난방설비 작동에 대해 만족하십니까?
   ① 매우 불만족 ② 약간 불만족 ③ 보통 ④ 약간 만족 ⑤ 매우 만족
8. 귀하는 현재 엘리베이터 운행에 대해 만족하십니까?
   ① 매우 불만족 ② 약간 불만족 ③ 보통 ④ 약간 만족 ⑤ 매우 만족
9. 귀하는 현재 전반적인 아파트관리에 대해 어느 정도 만족하십니까?
   ① 매우 불만족 ② 약간 불만족 ③ 보통 ④ 약간 만족 ⑤ 매우 만족

반적인 것을 한 개의 문항(문항 9)으로 질문할 수도 있고, 하위문항으로 나누어(1~8번 문항) 질문할 수도 있는데 응답자가 정확하게 응답을 했다면 그 결과는 같을 것이나 분석목표에 따라 질문방법이 달라지는 것이다.

측정도구 구성 시 주의사항으로는 점수체계를 어떻게 해야 정확한 응답을 이끌어 낼 수 있는가 하는 데 주의를 기울여야 한다는 점이다. 척도점은 여러 가지가 있는데 측정하는 문제가 "예", "아니오" 둘 중에 하나로 응답이 가능하다면 2점 척도를 사용한다. 그러나 찬반을 결정하는 문제가 아닐 때는 그 정도를 표시하기 위해 3점 척도 이상의 척도를 사용하는데 흔히 5점 척도(Likert scale)를 많이 이용한다. 분명한 찬반 선택을 원하면, 그리고 응답자가 내용에 대하여 일정 수준 이상의 지식이나 태도를 갖고 있다고 볼 수 있다면 중간점을 없애는 것도 좋으며, 질문이 너무 어려운 것일 경우에만 한정하여 '모르겠다'는 범주를 포함해야 한다.

질문지에 사용되는 용어는 애매모호하거나 이중복합 질문은 피하며, 가능한 짧은 문장이어야 한다. 언어의 수준도 응답자의 수준에 맞추어야 하고 추상적 질문은 피하도록 하고 구체적으로 묻는 것이 좋다. 응답의 범주는 상호배타적이거나 한 응답자가 한 문항만 선택하도록 해야 한다.

신뢰도와 타당도

질문지를 만들 때는 이 척도가 그 문제에 대한 정확한 답을 구하는 타당성 있는 척도인지, 측정된 각각의 결과가 일관성 있게 그 모집단의 평균을 측정하는지 검증하여 구성해야 한다.

신뢰도(reliability)란 통계에서 어떠한 값이 알맞은 모집단의 평균이라고 믿을 수 있는 정도를 의미한다. 즉, 측정된 결과치가 측정하고자 하는 현상을 일관성 있게 측정하는 능력을 의미하며, 안정성, 일관성, 예측가능성, 정확성 등이 내포된 개념으로서, 동일한 개념에 대해 측정을 반복했을 때 동일한 측정값을 얻을 가능성이다.

타당도(validity)란 측정하고자 하는 개념이나 속성을 얼마나 실제에 가깝게 정확히 측정하고 있는가의 정도를 의미한다. 즉, 개념이나 속성을 측정하기 위해서 개발된 측정도구가 해당 속성을 얼마나 정확하게 반영하느냐의 정도를 나타내므로 결국 측정개념이나 속성에 대한 개념적 · 조작적 정의의 타당성을 의미하며 내용타당도를 통하여 검증하는 경우가 많다.

질문의 순서와 수정

질문지를 만든 후에는 문항의 순서를 정해야 한다. 같은 문항의 질문이라도 그 순서에 따라 응답이 달라져 응답률도 차이가 날 수 있다. 연구의 성격과 대상자에 따라 문항 배열이 달라지겠지만 대체로 다음과 같은 유의점을 염두에 두면 도움이 된다.

첫째, 예민한 질문과 개방형 질문은 나중에 넣는다. 개인의 사생활이나 대답을 꺼리는 질문은 먼저 하게 되면 경계심을 갖게 되기 때문이다.

둘째, 시작하는 질문은 흥미를 유발할 수 있어야 한다. 나이, 학력, 종교와 같은 인구학적 변인과 같은 질문은 끝까지 질문지를 다 완성한 후에 응답하도록 맨 마지막에 배열해야 한다.

셋째, 질문은 논리적 순서에 따라 작성하고 질문의 질이나 유형은 다양화시키면 흥미를 유발시켜 끝까지 응답하게 할 수 있다. 쉬운 질문은 질문지 앞에 먼저 오게 한다.

설문지 작성 시 유의사항

1. 질문은 명확히 해야 한다.
2. 설문은 짧게 해야 한다.
   "설문조사 시점 전 한달 동안 아파트 관리사무소에 관리 서비스를 요청한 후에 서비스를 제공받기까지 며칠이 소요되었습니까?"
   ➡ (수정) 지난 한달 동안 관리 서비스 요청 후 며칠 있다가 서비스를 받으셨습니까?
3. 연구목적에 적합한 질문만 해야 한다.
4. 이중질문은 회피해야 한다.
   관리사무소의 직원이나 서비스 수준에 대하여 만족하십니까?
   ➡ 한 질문에는 하나의 내용만 질문해야 하므로, 각각(직원과 서비스 수준) 질문해야 한다.
5. 편견 또는 도덕적 판단을 요구하는 질문을 해서는 안 된다.
   A단지 아파트가 B단지보다 관리 서비스가 좋지 못하다고 생각하십니까?
   ➡ (수정) A단지 아파트와 B단지 아파트의 서비스는 어느 곳이 더 낫다고 생각하십니까?
6. 유도성 질문은 회피해야 한다.
7. 너무 상세한 질문은 회피해야 한다.
   아파트단지 내에 조경수는 몇 개입니까? (×)
8. 응답자 눈높이에 맞는 용어선택 여부를 선택해야 한다. 장기수선충당금 등의 너무 어려운 용어는 용어에 대한 설명을 첨부해야 한다.
9. 응답자가 질문에 대한 지식을 갖고 있다고 가정하지 말아야 한다. A백화점을 가보지 않은 사람에게 A백화점 상품의 질을 묻는 것은 바른 설문이 아니다.

넷째, 반응유형을 만들지 않도록 질문문항을 작성하고 긍정적으로 서술된 질문과 부정적으로 묻는 질문의 쌍은 무선으로 배분한다.

질문을 정확히 하기 위해서는 사전조사를 하여 질문지를 수정하는 과정이 요구된다. 사전조사는 본 조사에 대해 소규모로 실시하되 응답자가 느낀 바를 쓰게 하여 질문지를 수정하도록 한다. 질문의 언어와 순서, 꺼리는 질문과 빠진 질문, 부적절하거나 혼동을 주는 응답과 범주, 척도문항의 미비, 개방형 질문에 대한 불충분한 대답, 그 밖의 부적당한 면에 대해 비판적 분석을 사전조사에서 발견하도록 해야 한다.

응답자의 분석과 의견을 모두 받아들일 필요는 없으나 여러 사람이 같은 생각을 표명한 지문은 수정되는 것이 바람직하다. 특히 무반응, 대답할 수 없음, 모르겠다로 응답의 비율이 높은 질문은 반드시 수정되어야 한다.

질문이 모든 응답자와 관련이 있다고 확신하기 어려울 때와 응답자 표본이 개인적 특성이나 태도, 성향 등이 이질적일 때는 유관질문을 한다.

협조문

설문조사를 할 때는 바로 알고자 하는 질문을 물어보는 것이 아니라 조사의 협조를 구하는 협조문을 설문지 앞에 기술해야 한다. 협조문은 서문이라고도 하는데 보통 연구

협조문의 예

공동주택관리체계의 현황과 개선방안에 대한 설문지

안녕하십니까?
현재 저는 공동주택관리체계 개선에 대해 연구하고 있습니다. 이 연구는 그동안 공동주택관리체계가 안고 있는 많은 문제점을 진단하고 이에 대한 개선방안을 제시하는 것이 주요 목적입니다. 설문조사는 개인의 비밀을 완전하게 보장하기 위하여 무기명으로 실시되며 응답결과 또한 통계적으로만 처리됩니다. 끝으로 가장 좋은 개선방안은 주민이나 이해당사자로부터 나온다는 사실을 이해하시고 여러분의 기탄없는 의견을 간곡하게 부탁드립니다.

_____년 __월

소속 ________________

이름 ________________

연락처(핸드폰 번호, 이메일 주소) ________________

의 목적을 밝히는 부분과 응답에 대한 지시 부분으로 나누어진다.

조사의 목적을 밝히는 데는 조사의 주제 및 목적 그리고 중요성을 강조하고, 조사를 수행하는 개인이나 단체를 밝힌다. 또한 응답자는 다른 사람으로 대치할 수 없는 표집 과정에서의 과학적 선택임을 강조하고, 조사의 기밀성이 보장되며, 옳고 그른 답이 없고 신뢰성 있는 응답을 기대한다고 언급한다.

2) 조사하기

표집대상의 선정

표집은 앞서 살펴 본 표집절차에 따라 모집단을 대표할 수 있는 집단을 선정한다. 아파트단지가 작은 경우는 전수조사도 가능하지만 1,000세대 이상 되는 대규모 아파트의 경우 전수조사는 사실상 비용과 시간이 많이 들어 곤란한 경우가 있다. 이런 경우 200~300세대만을 대상으로 하여 무작위로 추출하여 조사할 수 있다.

자료수집 절차

자료수집을 할 때는 조사자가 현장에서 실제로 뛰어야 한다. 유용한 자료를 얻으려면 자료수집 시 준비가 있어야 한다. 도구를 사전 검사하여 적합성 여부를 확인하는 것도 좋은 자료를 얻기 위한 준비지만 표본에 접근하여 협조와 동의를 얻고 정확한 응답을 얻어내는 것도 아주 중요하다. 응답대상자의 협조를 구하는 것이 어려운 것은 민감한 연구주제, 시간의 제약, 사생활의 노출 등 여러 가지 이유에서이다.

자료수집상 어려움이 있다면 설문응답에 대한 대가로 사례를 하는 등의 방법을 사용할 수 있다. 표 6-2는 자료수집상의 어려움을 극복하는 방법이다. 또한, 조사의 협조를 얻기 전에 조사에 대한 충분한 정보를 주어 참여할 것이지 안 할 것인지를 스스로 결정하도록 할 수 있다.

한편, 정확한 자료를 수집하기 위한 사전조사가 반드시 수행되어야 한다. 자료는 가능한 한 체계적으로 수집해야 하지만 실제로는 대부분 그렇지 못한 경우가 많다. 잘못된 자료수집은 옳지 않은 결론을 이끌어 내는 원인이 되며 많은 자료를 쓸모없게 한다.

자료수집의 어려움을 줄이기 위해서는 반드시 예비조사(pilot study)나 사전검사

표 6-2 자료수집상 장애의 극복방법

협조요청의 장애	극복방법
시간을 뺏긴다.	정보, 금전, 물건, 서비스 등과 같은 유인물을 제공한다.
흥미가 없다.	이타주의에 호소하거나 유인물을 제공한다.
돈이 소모된다.	미리 모든 경비를 제공한다.
일상생활에 방해가 된다.	방해를 최소화한다.
너무 사적이라 침해가 된다.	비밀이나 익명을 보장한다.
위험을 느낀다.	비밀이나 익명을 보장하거나 이익을 보여 준다.

(pretest)를 해야 한다. 예비조사는 방대하고 경비가 많이 드는 대규모 조사를 하기 전에 행하는 소규모 조사로 한다. 예비조사를 통해 후속되는 대규모 연구의 시간, 에너지, 돈을 낭비하지 않도록 발생가능한 문제를 모두 찾아낼 수 있어야 한다.

사전검사는 자료수집 전에 측정도구를 수정하고 정교화시킬 목적으로 실시해 보는 것이다. 사전검사를 통해 측정도구의 애매한 점, 누락된 것 등의 문제점을 찾아내어 수정하여 본 조사에서 오류를 최대한도로 줄여야 한다.

예를 들어 관리소장이 아파트 거주자들에게 장기수선충당금이 현재와 같은 수준으로 적립되는 것이 바람직한지 아닌지를 알아보기 위해 다음과 같은 질문을 만들었다고 가정해 보자.

이 경우 실제로 예비조사를 하면서 조사자는 응답자들의 현 상황을 알 수 있을 것이다. 어떤 응답자는 장기수선충당금이 무엇인지 조차 모르는 사람도 있을 것이다. 이 경우 장기수선충당금이 무엇이며, 현재 아파트에서 월 얼마의 비용을 적립하고 있는지 설문지에 미리 기입하여 응답자의 사전 이해를 높여야 할 것이고, 중립적인 응답, 즉 '③ 보통이다'라는 응답을 넣는 것이 좋은지도 판단할 수 있다. 이러한 과정은 모두 사전조사를 통해 얻을 수 있음을 명심해야 한다.

귀하는 장기수선충당금이 현재와 같은 수준으로 적립되는 것이 바람직하다고 생각하십니까?

① 매우 바람직하다.　② 바람직한 편이다.
③ 바람직하지 않다.　④ 전혀 바람직하지 않다.

설문조사 시 유의사항

설문조사에서 응답률을 높이고 또한 정확한 정보를 얻기 위해서는 몇 가지 유의사항이 있다. 구체적인 방법은 다음과 같다.

1. 우리 아파트단지에서 꼭 필요한 유용한 연구를 하는데, 각 응답자는 선택된 사람이고 그 응답은 매우 중요하며, 비밀이 보장된다는 확신을 주어 동기유발을 시킨다.
2. 관심 있는 객관적인 질문이 앞에 오도록 하고 인구학적 정보는 마지막에 두어 자연스럽게 개인적인 인적 사항을 응답하도록 한다.
3. 질문지를 회수하지 못하면 2~3일 간격으로 후속적으로 이에 대한 안내를 한다.
4. 글자의 크기와 질문지 종이에 신경을 쓰고, 조사자의 소속기관이나 이름 등을 밝히는 등의 자세한 과정을 밝힌다.

3) 액셀을 이용한 자료입력과 분석방법

부호화

수집된 자료를 일정한 기준에 의해 분류한 후 컴퓨터에 입력하기 전에 자료를 컴퓨터가 읽을 수 있도록 전산화시키는 작업을 부호화(coding)라 한다. 양적인 자료는 보통 부호화가 필요 없다. 예를 들어 건축년도, 아파트 건축년도 등은 이미 숫자로 되어 있으므로 그대로 컴퓨터에 입력시킬 수 있다.

그러나 범주화하지 않은 질적인 자료는 반드시 부호화해야 한다. 응답자가 자신의 직업을 썼다면 그 응답 각각은 다음과 같은 직위변수로 부호화한다. ① 전문직, ② 경영자, ③ 기술자 등으로 부호화할 수 있다.

어떤 설문에서는 응답을 부호화하는 데 많은 시간이 소요된다. 부호화 작업은 시간 소모가 크고 비용이 많이 들 뿐만 아니라 자료의 오류가 발생할 가능성이 있기 때문에 부호화하기 위한 자료입력의 준비를 최소화하여 설문지를 작성하는 것이 중요하다. 예를 들어 "학력은 어느 정도입니까?"라고 물어 자신의 학력을 자유기입식으로 질문하는 대신 "학력은 다음의 어디에 해당합니까?" ① 초등졸, ② 중졸, ③ 고졸, ④ 대졸, ⑤ 대학원졸로 질문하는 것이 자료 부호화 절차를 간소화할 수 있다.

자료의 조직과 입력

자료의 입력과정에서 가장 흔하게 나타나는 자료의 오류 중에 하나는 바로 무응답이다. 무응답은 통계학적 용어로 불충분한 자료(missing data)라고 하는데 보통 응답자가 응답을 빠뜨리는 경우가 이에 해당된다. 하나의 설문지에서 무응답의 경우가 많지 않으면 상관이 없으나 전체적으로 답을 하지 않은 문항이 많다면 이는 모든 분석에서 제외시켜야 한다.

또한 설문조사에서 얻은 자료는 조사자의 목적에 따라 재구성될 필요가 있다. 예를 들어 엘리베이터 사용행태를 보고자 할 때 이를 그냥 가족수로 입력하는 것보다 가족형태로 입력하는 것이 훨씬 좋은 결과를 나타낼 수 있다. 왜냐하면 똑같은 3인의 가족이라고 해도 초등학교 자녀를 1명 둔 부부의 가족이 가족수는 똑같이 3인이지만 직장에 다니는 성인자녀를 둔 노부부의 엘리베이터 이용은 훨씬 그 사용빈도가 적기 때문이다. 따라서 이런 경우 질문지를 작성할 때 가족수와 함께 가족형태를 알아보는 질문을 함께 해야 한다. 즉, 가족수 1명, 2명, 3명, 4명과 같은 식으로 입력하는 것보다 ① 독신가정, ② 학령기 자녀 1+부부, ③ 노부부와 같은 식으로 부호화하여 입력할 수 있다.

액셀로 데이터 입력하기

액셀과 같은 통계프로그램을 이용하여 자료를 분석하기 위해서는 데이터 파일을 만들어야 한다. 데이터 파일은 여러 가지 방법으로 만들 수 있는데 관리사무실에서 쉽게 이용할 수 있는 방법 중의 하나가 액셀 프로그램이다.

액셀을 띄우면 데이터를 입력할 수 있는 창이 나타난다. 자료를 입력하려면 먼저 변수를 정의해야 한다. 맨 위 칸에 변수이름(name), 변수유형(type), 변수자릿수(width), 소수점 이하 자릿수(decimals), 변수설명(label) 등에 관한 내용을 지정한다.

변수를 지정하고 나면 변수에 해당되는 자료를 설문지에서 찾아서 입력하면 된다. 예를 들어서

"귀하가 거주하는 층수는 몇 층입니까?" ________층

이라는 질문에 해당하는 변수자리에 응답자들이 기입한 층수를 기입하면 된다. 1번 설문지 응답자가 1층에 거주하여 1이라고 응답했으면 1이라고 쓰고, 2번 설문지 응답자가 13층에 거주하여 13이라고 응답했으면 13을 해당 칸에 기입하면 된다.

이러한 순서로 설문지의 모든 문항을 컴퓨터 엑셀 파일에 입력하면 자료분석을 위한 데이터 파일이 만들어지게 된다.

●: 빈도를 이용한 자료분석 방법과 해석

빈도분포(frequency distribution)는 가장 기초적인 통계치로서 전체 자료를 점수별로 나누어 빈도수로서 기록하는 방법이다. 일반적으로 빈도분포는 관측값의 범주를 알 수 있고 그 분포가 어떤 유형을 나타내는지를 보여 준다. 따라서 빈도분석은 이들 통계량에 관한 정보를 산출하는 데 이용된다. 이를 통해 자료의 분포를 파악하고 체계적인 편차를 파악할 수 있다.

빈도는 데이터가 제대로 입력되었는지 입력오류를 확인하는 작업에도 사용된다. 이것은 본격적인 자료분석에 들어가기 전에 수집된 자료가 정확히 컴퓨터로 파일화되었는지 검증하는 단계에 사용된다. 예를 들어

> 당신은 아파트 공동체 활성화가 필요하다고 생각하십니까?
> ① 필요하다.　　　② 필요하지 않다.

라는 질문에 대한 응답을 모두 입력한 후에 ①번 질문에 대한 빈도수를 출력하였을 때 ①번이 50개, ②번이 49개, ③번이 1개로 빈도가 나왔다면 이것은 자료입력이 잘못된 것이다. 왜냐하면 대답 자체에 ③번이 없기 때문이다. 이 경우 어떤 부분에서 ③번이 나왔는지 액셀에 입력한 코딩자료를 하나씩 검토하면서 잘못된 오류를 수정해야 한다. 이런 경우 대부분 설문지를 컴퓨터에 입력하는 과정에서 사람의 실수로 오타를 내는 경우가 많다.

다음은 빈도분석의 예를 통해 빈도를 통한 자료분석 및 해석방법을 알아보자.

거주자를 대상으로 한 질문내용은 다음과 같다.

> 아파트관리에서 공동체가 활성화되지 않는 가장 큰 이유는 무엇이라고 생각하십니까?
> ① 주택관리사(보)의 관련지식 부족
> ② 주택관리사(보)의 과중한 업무
> ③ 공동체 활성화를 위한 프로그램의 부족
> ④ 주민들의 무관심

위의 응답에 대해서 액셀 파일에 응답한 내용을 모두 입력하게 된다. 이 경우 대답할

표 6-3 거주자가 생각하는 아파트 공동체가 활성화되지 않는 이유

원인	빈도
주민들의 무관심주민들의 무관심	261
공동체 활성화를 위한 프로그램 부족	97
주택관리사(보)의 과중한 업무	22
주택관리사(보)의 관련 지식 부족	12
계	392

수 있는 범위가 ①~④이므로 컴퓨터에 입력된 내용은 ①~④만 나와야 한다. 이를 모두 입력한 후에 액셀 프로그램에 '함수-빈도'를 클릭하면 된다. 그 다음은 이러한 데이터를 갖고 연구자가 스스로 빈도분석표를 한글에서 작업해야 한다(표 6-3).

이렇게 빈도분석표까지 만들고 나면 거주자들이 생각하는 공동체 활성화의 장애원인이 주민들의 무관심임을 알 수 있다. 즉, 조사자는 현재 공동주거관리에서 공동체가 활성화되기 위해서는 주민들의 무관심을 해소하는 것이 무엇보다 중요하다는 것을 알아낼 수 있다.

백분율(%) 분포를 이용한 자료분석 방법과 해석

퍼센트는 각 응답항목의 빈도를 백분율로 표시한 것이다. 통계학적인 용어정의의 백분율 분포(Percentage distribution)는 총 도수를 100으로 놓고 각 계급의 도수를 퍼센트(%)로 나타낸 도수분포표이다. 빈도분석보다 퍼센트를 이용한 방법이 더 유효한 것은 빈도는 절대적인 숫자이기 때문에 숫자를 갖고 비교하는 빈도분석보다는 빈도를 백분율로 환산한 퍼센트가 일반적으로 사용된다.

예를 들어, A단지(1,000세대)의 경비직원수가 10명, B단지(300세대)의 경비직원수가 9명이라고 가정할 경우 단순하게 경비직원수만 비교하여 A단지의 경비가 많다고 결론을 내리면 안 된다. 왜냐하면 상대적으로 A단지의 경비직원수가 적기 때문이다.

A단지=10명/1000세대=세대당 0.01명
B단지=9명/300세대=세대당 0.03명

퍼센트를 내기 위해서는 엑셀 파일의 '함수-퍼센트'를 클릭하면 각 응답에 대한 퍼센트를 보여 준다. 설문지의 질문내용은 아래와 같으며, 이에 대한 퍼센트를 정리하면 표 6-4와 같다.

> 아파트 관리업체를 선정할 때 가장 중요한 기준은 무엇이어야 한다고 생각하십니까? 다음의 보기 가운데 해당하는 것을 하나만 고르십시오.
> ① 저렴한 위탁 수수로
> ② 전문기술력 보유 및 관리 전문성
> ③ 주민에 대한 질 높은 서비스
> ④ 관리회사의 경영상태 및 관리실적

표 6-4 입주자가 생각하는 관리업체 선정기준(복수응답 가능)

구 분	퍼센트(%)
저렴한 위탁 수수료	6.2
전문기술력 보유 및 관리전문성	31.9
주민에 대한 질 높은 서비스	30.8
관리회사의 경영상태 및 관리실적	11.5
무응답	19.6
계	100.0

표 6-4의 분석결과를 통해, 조사자는 입주자들이 생각하는 관리업체 선정기준을 파악할 수 있다. 응답결과 다른 것보다 전문기술력 보유 및 관리전문성이 31.9%, 주민에 대한 질 높은 서비스가 30.8%로 이 두 가지 요인이 입주자가 가장 중요하게 생각하는 비율임을 알 수 있다. 반면에 저렴한 위탁관리수수료는 불과 6.2%로 이에 대한 선정기준의 중요도가 상대적으로 낮음을 알 수 있다. 따라서 조사결과를 통해 현재 다른 업체와의 경쟁에서 이기기 위해 위탁관리수수료를 면제해 주거나 저렴하게 하는 식의 영업전략보다는 서비스 질의 개선과 기술력 확보가 더 중요하다는 점을 관리업체가 인식해야 한다는 것을 알 수 있을 것이다.

평균, 표준편차를 이용한 자료분석 방법과 해석

평균(average, mean)은 어떤 값들의 집합의 적절한 특징을 나타내거나 요약하는 것을 의미한다. 이 의미로서는 중앙값과 최빈수[9])를 포괄한다. 보다 축소된 의미로서의 평균은 그 집합의 모든 값을, 가령 산술평균이나 기하평균과 같이 합성하는 것이다. 통상 평균이라는 용어는 산술평균을 이야기하는 것으로 이해할 수 있다. 이와 유사하지만 통계집단의 특성을 한 개의 수치로 나타내는 대표값의 일종인 평균(mean)이 있는데, 여기에는 평균값을 얻는 방법에 따라 산술평균, 기하평균, 조화평균이 있다.

예를 들어, 아파트 각 단지별 주차장 수입료가 90만 원, 50만 원, 0원, 20만 원이라고 하자. 그러면 이들의 평균 주차장 수입료는 그들이 전체적으로 얻은 수입을 균분하면 될 것이다.

평균 = (90만 원+50만 원+0만 원+20만 원)/4
= 160/4 = 40만 원

또한, 평균을 이용한 해석에서 중요하게 다루어야 할 통계치 중에 하나는 '표준편차'이다. 표준편차(standard deviation)란 각각의 관찰값들의 평균까지의 거리를 의미한다. 통계집단의 단위의 계량적 특성값에 관한 산포도를 나타내는 도수 특성값을 말한다. 따라서 표준편차가 0일 때는 관측값의 모두가 동일한 크기이고 표준편차가 클수록 관측값 중에는 평균에서 떨어진 값이 많이 존재한다는 의미이다.

이 개념은 예를 들어 설명하면 보다 쉽게 이해할 수 있다. 예를 들어, A동의 관리 서비스 만족점수의 평균이 80점, B동의 평균이 80점으로 같다고 가정하자. A동과 B동의 각각 전체 평균은 80점이나, A동의 표준편차는 4.75, B동의 표준편차는 14.14점이다. 즉 A동 표준편차<B동 표준편차가 된다. 이것은 B동 거주민들의 개인별 점수차이가 A동 거주민들보다 크다는 의미가 된다(표 6-5).

즉, 평균값이 같아도 표준편차의 값이 너무 크게 되면 평균이 갖는 의미가 그리 크지 않을 수 있다. 다시 말해 평균을 이야기할 때는 그 표준편차도 함께 이야기해야 각 관찰값들이 평균과 비슷한지 아니면 각 관찰값들이 평균과 많은 차이를 보이는지 알 수 있다.

---

9) • 중앙값(median) : 모든 값을 제일 작은 값부터 큰 값까지 모두 일렬로 늘어놓았을 때 가장 중앙에 위치하는 값이며, 중앙값이 평균에 근접하면 비교적 균질적인 값으로 구성되어 있음을 알 수 있다.
• 최빈수(mode) : 가장 자주 나타난 값으로서 최빈수가 평균에 근접하면 비교적 균질적인 값을 지닌 집단임을 알 수 있다.

표 6-5 A동과 B동의 관리 서비스 만족점수

A동	B동
85	100
75	90
85	70
75	60
평균 80	평균 80

4) 통계 프로그램을 이용한 집단 간의 차이와 관계분석 및 해석

엑셀을 이용하여 자료를 입력하고 간단히 빈도, 백분율, 평균, 표준편차를 계산하는 법과 그 의미를 해석하는 방법을 알아보았으나, 자료를 분석하고 해석하려면 이것만으로는 부족하다. 그 이외에도 두 집단 간의 평균차이가 통계적으로 유의한지 알아보는 t-검증, 세 집단 이상의 평균차이가 통계적으로 유의한지 알아보는 분산분석, 두 개의 변수값을 교차분석하여 각각의 값이 나타내는 두 변수의 관계가 통계적으로 유의한지 알아보는 카이검증(x^2 test) 등을 알아 두면 자료의 분석과 해석을 유용하게 할 수 있다. SPSS나 SAS 프로그램을 이용하여 직접 통계분석을 하지는 않는다 하더라도 간단한 연구분석 자료를 이해하면 차이검증과 교차분석 자료를 읽을 수 있다.

두 집단 혹은 세 집단 이상의 차이분석과 해석

t-검증이란 두 집단 간의 차이가 있는가를 검증하는 통계적 기법이다. t-검증은 모집단의 분산을 모르는 경우, 표본수가 작을 경우(표본수가 30개수 이하)[10], 모집단이 정규분포를 이룬다는 가정하에 모집단의 평균을 비교하기 위해서 사용된다. 즉, t-검증은 등간척도나 비율척도로 측정된 변수를 이용해 측정된 변수를 이용해 모집단에서 추출된 독립적인 두 표본집단의 평균 간의 차이를 검증할 때 이용된다.

이러한 t-검증은 독립표본 t-검증과 종속표본 t-검증으로 나눌 수 있는데, 독립표본

10) 통계적으로 표본수가 30 이상이면 그 집단은 전체 모집단의 분포에 가까운 정상분포를 이룬다고 가정할 수 있다.

t-검증은 두 집단간 통계량의 차이를 검증할 때 사용한다. 이때 두 집단은 상호독립적으로 표본추출된 집단이어야 한다. 두 집단이 독립적으로 표본 추출되었다는 것은 한 집단의 표본이 다른 집단의 표본에 아무런 영향을 끼치지 않는다는 것을 의미한다. 예를 들어 아파트 거주자와 단독주택 거주자, 분양아파트 거주자와 임대아파트 거주자 등을 들 수 있다.

종속표본 t-검증은 통계치를 비교 혹은 차이의 유의도를 검증하고자 하는 두 집단이 서로 상관되어 표본 추출된 경우에 사용한다. 상관표본 혹은 종속표본이란 ① 부부나 형제와 같이 생태학적으로 상호 상관성을 갖는 경우의 상관표본, ② 실험연구에서 실험 전에 동등성을 갖도록 조건을 통제한 결합 표본, ③ 한 집단을 가지고 실험 전후에 두 번 측정한 반복표본 등 세 가지가 포함된다. 조사연구보다 실험적 연구에서 사용하는 두 집단의 통계량 간 차이의 유의도를 검증하는 방법이다.

따라서 공동주택관리와 같이 실험적 연구보다는 주민의식 등의 조사연구를 주로 하는 분야의 경우 독립표본 t-검증을 주로 사용한다.

독립표본 t-검증의 사례를 들면 다음과 같다.

거주자의 관리(예 : 단지 가꾸기 행사)에 참여하고자 하는 의사가 성별(남자, 여자)에 따라 차이가 있는지 분석하고자 한다. 이를 위해 설문지를 통해 아파트 거주자 대상으로 다음과 같이 질문하였으며, 500명의 응답치를 통계 프로그램을 이용해 독립표본 t-검증을 한 결과는 표 6-6과 같다.

1. 귀하의 성별은 무엇입니까?
   ① 남자 ② 여자
2. 귀하께서는 단지 가꾸기(꽃길 가꾸기, 유실수 심기 등) 행사에 참여하실 의사가 있으십니까?

적극 참여 하겠다	참여 하겠다	보통	참여하고 싶지 않다	전혀 참여하고 싶지 않다
5	4	3	2	1

t-검증이 두 표본집단(예 : 남, 여)에 대한 평균의 차이를 분석하기 위해 사용하는 것이라면, 분산분석(ANOVA)은 세 집단 이상의 다집단에 대한 평균을 비교측정하는 통계방법이다. 분산분석은 일원분산분석(one-way ANOVA)과 이원분산분석(two-way ANOVA) 등으로 나눌 수 있다. 일원분산분석이란 독립변수가 1개일 때, 이원분산분석은 독립변수가 두 개일 때 사용된다. 여기서는 일원분산분석(one-way ANOVA)에 대해 소개하고자 한다.

표 6-6 성별에 따른 관리참여의사

구 분	빈 도	평 균[11]	t값
남 자	60	3.37	2.84*
여 자	440	4.08	

*$\rho < .01$[12]

해석 거주자의 관리에 참여하고자 하는 의사가 성별(남자, 여자)에 따라 차이가 있는지 분석한 결과, 유의수준 $\rho < .01$(99% 수준)에서 통계적으로 유의한 것으로 나타났다. 남자와 여자의 평균 간 차이는 통계적으로 유의하다. 즉, 단지 가꾸기 행사에 대한 참여의사에 있어 성별에 따라 차이가 있는 것으로 나타나, 여자의 관리참여의사가 통계적으로 유의미하게 높은 것을 알 수 있다.

일원분산분석은 독립변수가 한 개에 종속변수가 하나여야 하는데, 이때 독립변수는 두 개 이상의 범주로 정의되어야 한다. 예를 들어, 독립변수를 연령(20대, 30대, 40대, 50대 : 네 집단임)로 하고, 종속변수를 '관리참여의사'로 하여 분석하고자 할 때 일원분산분석[13]을 사용할 수 있다.

일원분산분석의 사례를 들면 다음과 같다.

1. 귀하의 연령은 무엇입니까?
   ① 20대　　② 30대　　③ 40대　　④ 50대
2. 귀하께서는 단지 가꾸기(꽃길 가꾸기, 유실수 심기 등) 행사에 참여하실 의사가 있으십니까?

적극 참여 하겠다	참여 하겠다	보통	참여하고 싶지 않다	전혀 참여하고 싶지 않다
5	4	3	2	1

거주자의 관리(예 : 단지 가꾸기 행사)에 참여하고자 하는 의사가 연령(20대, 30대, 40대, 50대)에 따라 차이가 있는지 분석하고자 한다. 이를 위해 설문지를 통해 아파트

11) 평균값은 5점 척도로 질문하였으며, 5점을 만점으로 한다.

12) $\rho < .01$은 유의수준을 나타낸다. 유의수준 $\rho < .001$은 99.9% 수준에서, $\rho < .01$은 99% 수준에서, $\rho < .05$는 95% 수준에서 통계적으로 유의미하다는 것을 나타낸다.

13) 분산분석을 하는 경우는 범주형 자료의 독립변수와 연속형 자료의 종속변수로 자료가 수집되었을 경우이다.

거주자 570명을 대상으로 다음과 같이 질문하였으며, 응답치를 통계 프로그램을 이용해 일원분산분석을 한 결과는 표 6-7과 같다.

표 6-7 연령에 따른 관리참여의사

구 분	빈 도	평 균[14]	F값	Scheffe[15]
20대	30	2.91	4.18*	B
30대	241	3.02		B
40대	159	3.53		A
50대	77	4.10		A

*$p<.001$

해석 거주자의 관리에 참여하고자 하는 의사가 연령에 따라 차이가 있는지 분석한 결과, 유의수준 $p<.001$(99.9% 수준)에서 통계적으로 유의한 것으로 나타났다. 각 연령대별로 평균 간 차이는 통계적으로 유의하다. 즉, 단지 가꾸기 행사 등 관리참여의사에 있어 연령에 따라 차이가 있는 것으로 나타나, 50대의 참여의사가 가장 높았고, 20대의 참여의사가 가장 낮은 것을 알 수 있다. 집단 간의 차이를 알아보기 위해 사후검증을 실시한 결과, 40대 및 50대, 그리고 20대 및 30대로 집단 간의 유의미한 차이가 있는 것으로 나타났는데, 40대, 50대의 관리참여의사가 20, 30대 연령대에 비해 높은 것을 알 수 있다.

두 변수 간의 교차분석과 해석

교차분석(crosstabs analysis)이란 둘 이상의 변수를 교차시켜 각각의 값에 해당하는 사례로 분할하여 그 빈도를 표시하는 것을 말한다. 이때 각 변수의 빈도는 하나 이상의 변수값에 따라 나누어지며, 두 개 이상의 변수들의 측정치를 조합하여 이루어진 칸(셀)들로 교차표를 구성한다. 교차분석은 각 칸의 사례수만으로 자료를 분석하거나 특정한 유의도 검증을 통하여 통계적인 분석을 하는 데 활용된다. 교차분석은 명목 또는 서열척도로 측정된 자료를 이용하여 두 변수 간의 관련성을 분석하기 위한 통계기법이다. 이때 교차분석에서 이용하는 통계량은 기대빈도와 관찰빈도 간의 차이에 의해서 얻어지는 통계량으로 x^2(Chi-Square)이라고 한다.

---

14) 평균값은 5점 척도로 질문하였으며, 5점을 만점으로 한다.

15) F값은 집단 간에 발생한 평균차이를 알려 주지만 어느 집단 간에 차이가 나타나는지는 알 수 없다. 집단 간의 차이를 알아보기 위해서는 Turkey, Duncan 그리고 Scheffé 등의 사후검증 방법이 사용되며, 같은 알파벳끼리는 차이가 없음을 의미한다.

교차분석의 사례를 들면 다음과 같다.

1. 귀하가 보유하고 있는 자격사항은 무엇입니까?
   ① 주택관리사(보) ② 주택관리사
2. 귀하께서는 현재 근무하고 있는 단지의 유지관리가 어느 정도 이루어지고 있다고 생각하십니까?
   잘 되고 있음 보통 잘 안 되고 있음
   3———————2———————1

관리자의 보유 자격사항과 근무단지의 유지관리 평가 간에 차이가 있는지 알아보고자 한다. 이를 위해 설문지를 통해 아파트 거주자 108명을 대상으로 다음과 같이 질문하였으며, 응답치를 통계프로그램을 이용해 교차분석을 한 결과는 표 6−8과 같다.

표 6-8 관리자의 자격사항과 유지관리 업무수행 평가

수행정도 / 자격사항	잘 안 되고 있음	보 통	잘 되고 있음	계(%)[16]	확률값
	빈도(기대값)[17] %	빈도(기대값) %	빈도(기대값) %		
주택관리사보	12(7.14) 50.04	5(5.85) 20.85	7(9.00) 29.19	24(100.00)	$x^2 = 7.96^*$
주택관리사	38(42.85) 45.24	6(5.14) 7.14	40(36.00) 47.62	84(100.00)	
계(%)[18]	50(51.02)	11(6.12)	47(42.86)	108(100.00)	

* $\rho < .05$

해석 관리자의 보유 자격사항과 근무단지의 유지관리 평가 간에 차이가 있는지 분석한 결과, 유의수준 $\rho < .05$ (95% 수준)에서 통계적으로 유의한 것으로 나타났다.
주택관리사보의 경우 유지관리가 잘 안되고 있다는 의견(관찰빈도)이 기대값(기대빈도)보다 높았으며, 주택관리사의 경우는 잘 되고 있다는 의견(관찰빈도)이 기대값(기대빈도)보다 높았다. 즉, 주택관리사보는 유지관리 업무가 잘 안 되고 있다는 의견이 높았으며, 주택관리사는 잘 되고 있다는 의견이 높아 통계적으로 유의한 차이가 있음을 알 수 있다.

---

16) 여기서 '계'는 행(row)의 합계를 의미한다. 즉, 응답자 중에서 주택관리사보는 14명으로 '잘 안 되고 있다' 에서 '잘 되고 있다'까지의 빈도를 합한 값이며, 백분율(row%)은 14명을 100으로 놓았을 때의 각각 값에 대한 비율을 나타낸다.

17) 여기서 빈도는 관찰빈도를 의미하고, 기대값은 기대빈도를 의미하며, Expected의 약자인 E로도 표시한다. 관찰빈도가 기대빈도보다 클 때 유의미한 수치로 해석된다.

18) 여기서 '계'는 열(column)의 합계를 의미한다. 즉, 응답 중에서 '잘 안 되고 있다'라고 응답한 수는 50명이며, 이는 주택관리사보 12명, 주택관리사 38명이 각각 응답한 빈도를 합한 값이다. 백분율은 row%로 산출된 값을 열에 따라 각각 더한 값이다.

참 | 고 | 문 | 헌

박정민 · 나상균 · 정호일(2006). SPSS 13.0을 활용한 **통계자료분석**. 서울 : 법문사.

원태연 · 정성원(2001). SPSS **통계조사분석**. 서울 : SPSS아카데미.

윤정숙 · 김선중 · 박경옥(1996). **주거학 조사분석방법**. 서울 : 문운당.

은난순(2003). 공동주택관리업무 수행평가도구 개발. 경희대학교 박사학위논문.

______(2004). 관리사무소장을 통해 본 공동주택 관리실태와 관리업무 수행유형. **주택연구**. 12(2), 213-238.

이학식 · 김영(2003). SPSS 10.0 **매뉴얼**. 서울 : 법문사.

조복희(2002). **생활과학연구방법론**. 서울 : 교문사.

채구묵(2001). **현대 사회과학 통계분석**. 서울 : 나남출판.

홍형옥 · 유병선(2003). **주거관리론**. 서울 : 교문사.

Babbie, E.(2001). *The Practice of Social Research* (9th ed.). Wadsworth/ Thomson Learning.

제 7 장 공동주거와 디자인

진정한 디자인은 겉모습만이 아니라 사물이 가져야 할 성능을 보다 효율적으로, 손쉽게 사람들에게 전달하는 의미의 형태적 특징을 가져야 한다.

특히 공동주거의 디자인에 있어서는 디자인의 의미가 더욱더 단순한 형태적 표현을 의미해서는 안 된다. 사람들이 사는 거주의 공간은 겉모습으로 디자인된 부분은 아니다. 공동주거의 디자인은, 사람들의 삶에 활력을 부여하고, 형태적 표현을 통해 산뜻한 느낌을 주며, 적합한 공간 구조를 형성함으로써 건전하며 의미 있는 삶을 유도하는 보편적 의미를 내포해야 할 것이다.

이러한 관점에서 공동주거에서의 디자인적 의미와 공동주거 디자인을 위한 요소, 공동주거를 구성하는 요소별 디자인 특성, 그리고 공동주거 생활과 디자인과의 관계를 이해할 필요가 있다.

제7장
공동주거와 디자인

1 공동주거의 디자인적 의미

1) 공공성과 개별성

공동주거는 단독의 주거와 달리 사람들이 건물의 일부분을 공유하는 주택유형이다. 따라서 공유하는 부분에 있어서 개인적 성향과 공공의 성향이 복합적으로 디자인 특성으로 드러날 수 있다. 어느 개인의 미적인 아름다움이 모든 거주자에게 동등하게 아름답다고 인식되는 것만은 아니기 때문이다. 미(美)라는 것의 상대적이며 개인적인 특성에 의해 공공적 영역으로 분류되는 공동주거에서 디자인은 거주자의 다양한 의견수렴을 위한 중요한 이슈가 되는 것이다.

예를 들면, 개인의 삶의 공간이 되는 주호 공간은 이웃과 벽체를 같이 하며, 천정과 바닥을 이웃집과 공유한다. 또한 개인의 주호 공간으로 진입되는 계단이나 엘리베이터도 이웃과 함께 사용해야 한다. 이들 공간은 개인적인 미적 판단에 의해 어떠한 변화를 주고 싶어도 개별 주호의 한정된 특성에 따라 원천적으로 그러한 시도가 불가능할 뿐만 아니라, 설령 디자인 변화가 가능한 경우라고 하더라도 이웃의 협조를 얻어야만 디자인을 적용할 수 있게 된다. 공동주거에 있어서 디자인에 가장 큰 영향을 미치는 요소는 바로 이러한 공공성과 개별성이다.

개인 공간의 변형을 한정하는 방식을 기본적인 전제로 하고 있는 공동주거는 개별적인 특성의 확장을 제지한다. 공동주거 내에서 자신의 주호를 튀게 하기 위하여, 외벽에 자신의 기호에 따라 색을 칠하고 싶다고 하더라도, 공동주거의 전체 벽면색상과 관련이 없다면, 그 색을 칠할 수 없다. 또한 공동주거 내의 자신의 주호로 진입하는 계단이 마음에 들지 않아 자신이 좋아하는 모양으로 개조하고 싶다고 하더라도 그 건물의 계단을 함께 사용하는 사람들의 동의를 받지 않는다면, 그 계단의 개조는 불가능하다. 마찬가지로, 공동주거 내에 놀이터의 위치가 마음에 들지 않고, 노인정의 디자인이 불만족스럽더라도, 공동주거의 공동체를 이루는 입주자대표회의를 통해 주민의 의견이 수합되지 않는다면 그 일은 성사되기 어렵다.

즉, 공동주거는 개인의 디자인 욕구를 제어하는 다른 체제가 있으며(Chemajef, 1971), 개인은 이를 따르겠다는 묵시적인 동의에 의해 공동주거에 입주해 살고 있는 것으로서, 각 개인은 공공적 성격의 디자인 방법을 따라야만 하는 것이며, 관리자는 거주자에게 이를 잘 이해시키고, 다양한 개인적 감각을 어떻게 공통의 목표로 귀결시킬 것인가에 대해 고민해야 하는 것이다.

2) 아이덴티티

공동주거는 개인의 특징을 드러내지는 못하지만 단지 전체의 주민에게 동등하게 적용되는 디자인에 의해서 단지의 고유한 특징을 갖게 된다. 그것이 다른 단지에서는 보이지 않는 그 단지만이 갖는 고유한 성격인 아이덴티티인 셈이다. 아이덴티티를 갖는다는 것은 개인의 삶이 의미를 갖는 것처럼 공동체 주민에게는 특정 단지에 거주하고 있다는 자부심을 제공해 주는 한 요소가 될 수 있다.

디자인은 단지의 형태를 다루는 것으로서 유형적인 아이덴티티[1]라고 할 수 있다. 단

1) 아이덴티티는 무형적인 것과 유형적인 것으로 구별할 수 있는데, 무형적인 것은 단지의 주민들이 만들어가는 일종의 커뮤니티와 같은 성격이 될 수 있다. 예를 들어 주민들의 대다수가 자원봉사활동을 적극적으로 한다거나, 주민들이 주말마다 모여 아나바다 시장을 만들어 자원절약과 이웃돕기에 나서거나 한다면, 그러한 행위들이 그 단지 주민들의 성향을 간접적으로 설명해 주면서, "그 단지 사람들은 참 하다."라는 주위의 평을 듣게 되는 것과 같은 것이다. 이와 같은 무형적인 아이덴티티는 사람의 성격을 설명하듯 매우 많은 가능성을 가진 부분이기도 하다.

지의 디자인 아이덴티티는 단지를 구성하는 물리적 요소에 변화를 줌으로써 다른 단지에서는 볼 수 없는 특징을 부여하는 것이다. 가장 쉽게 떠올릴 수 있는 것은 아파트단지의 외벽색상에 변화를 주는 방법이라고 할 수 있다. 색상이 갖는 고유한 성격으로부터, 푸른색을 근간으로 하는 외벽색상을 갖는다면 차분하면서도 시원한 이미지를 줄 수 있을 것이며, 밝은 색을 근간으로 하는 외벽색상을 갖는다면, 깨끗하면서도 정돈된 그러나 약간은 떠 보이는 듯한 인상을 줄 것이다. 만일 단일색상을 사용하지 않고 문양을 만들어 여러 가지 색상을 조합하여 사용한다면 단지의 이미지는 보다 복잡하게 전달될 것이다. 아파트단지의 외벽색상은 직접적으로 눈에 보이는 아이덴티티 요소로서 주민들이 민감해하는 사안이 되며, 색상을 통한 이미지 전달에 많은 의견들이 나오고 의사결정이 늦어지는 원인이 되기도 한다.

공동주거에 있어서 물리적 구성요소는 아파트 외벽색상 외에도 매우 많다. 단지 내 도로의 형태 및 크기도 단지의 인상에 많은 영향을 미치며, 건물들의 높이와 외부공간의 모양, 부대복리시설의 형태, 건물의 주출입구 모양, 안내표지판, 가로등의 디자인 등등, 아이덴티티를 구성할 수 있는 물리적 요소는 수없이 많다. 그러나 우리나라에 지어지고 있는 아파트단지들은 대부분이 유사한 모양과 체계를 갖고 있어, 이러한 물리적 요소들에 의해 단지의 특징적 성격이 주어지는 경우가 많지 않다.

그러나 1986년에 지어진 서울 목동의 주거단지나 1988년에 지어진 방이동의 올림픽 선수촌, 1986년 부산 망미동의 주공아파트단지 등은 건물의 배치에 있어서 다른 단지와

그림 7-1 네덜란드의 아파트 모습 : 원형의 건물을 통해 아파트의 아이덴티티를 형성한 경우

는 차별되는 모습을 보여 줌으로써, 주민들에게 그들만의 장소에서 찾는 아이덴티티에 자부심을 갖게 만들기도 하였다. 처음에는 똑같은 모습으로 시작한 아파트단지라고 하더라도, 거주자들의 독특한 요구가 반영되어 디자인의 개선이 이루어진다면, 시간이 지날수록 그 단지는 자신만의 독특한 아이덴티티를 확보해 나갈 것이다.

3) 인간적 공간구성

모든 건축물은 인간의 필요에 의해 만들어진다. 그러나 주거공간이 다른 건축물과 다른 점이 있다면 그것은 인간이 상주하는 공간이라는 것이다. 24시간 엄마와 아이가 뛰어 놀며, 생활하고, 직장과 학교로 일을 보기 위해 나간 사람들이 내일의 충전을 위하여 다시 돌아오는 공간이다. 즉, 주거공간은 회귀하는 곳이며, 삶의 피난처이며 휴식의 장소이다.

개개의 중요한 주거공간을 군집하여 만드는 공동주거의 경우에서는 인간적인 측면을 보다 중요한 요소로 반영한 건축물이 되어야 한다. 공동주거는 개인의 주거공간과는 달리 매우 큰 규모로 건축된다. 10~20여 층의 높이에, 50~100세대를 묶어서 하나의 건물을 이루기도 하고, 수많은 건물이 반복되며 단지를 구성하기도 한다. 이와 같은 모습은 필연적으로 거주자에게 위압적인 느낌을 주게 된다. 사람들이 걸어다니는 길은 차도와 섞여 있고, 차량의 주차공간은 대규모로 구획되어 있다. 모든 것이 대량의 거주자를 위해 양적으로 해결되고 있고, 사람들에게 친밀한 공간으로 느껴지지는 않는다.

20세기의 위대한 건축가이며 도시계획가인 르 코르뷔지에(Le Corbusier)는 이상적인 주거단지의 모형으로서 '빛나는 도시'를 주창하면서, 인간적 척도(human scale)에 의한 건축구성을 모든 것의 근원으로 생각하였다. 거주와 휴식을 위해 매일같이 일상생활을 하는 공간이 개인에게 친밀감을 주지 못한다면, 거주자가 머무를 곳이 없어지는 상황이 되고 말 것이다. 또 한 사람 한 사람의 불만족스러움이 쌓여 단지 전체에 대한 애착이 없어지는 곳이 될지도 모른다. 그러므로 다수의 사람들이 거주하는 공동주거의 경우, 친인간적인 모습에 보다 많은 노력을 기울여야 할 것이다.

매일같이 하루 종일을 보내야 하는 거주자를 위해 쾌적하며, 편하게 쉴 수 있는 휴식공간이 갖추어져야 하는 것은 물론이며, 공동주거 내의 길은 편안하고 안심하며 기분좋게 걸을 수 있는 길이 되어야 한다. 병풍처럼 처지는 건물은 사람들에게 하늘을 볼 수

그림 7-2 일본 주거지의 친인간적 스케일 구성

있도록 일부 개방되어 있어야 할 것이며, 위압적인 건물은 사람들의 시선이 미치는 낮은 부분을 친인간적인 스케일로 조정하여 편한 느낌이 들도록 해 주어야 할 것이다.

최근에는 이와 같은 친인간적 공간구성의 중요성이 부각되어 공동주거의 저층부 특화계획이나 출입구 특화, 주차장의 프로그램 주차공간 구성, 프로미네이드(promenade) 같은 보행전용 녹지공간 확보 등의 시도를 보여 주기도 한다.

4) 안전과 방범

디자인의 3요소는 구조와 기능과 미(美)이다. 어떠한 상품이든지 간에 올바른 기능을 하더라도 사용 중 쉽게 파손되어서는 안 되며, 상품으로서 미적인 아름다움을 가져야 한다는 뜻이다. 공동주거의 디자인에 있어서는 구조적 측면에서의 안전과 기능적 측면에서의 방범이 디자인 3요소의 중요한 부분이 된다.

우리나라 공동주거의 대표격인 아파트를 보면, 대다수가 구조적인 특징으로 콘크리트 벽식 구조를 보여 준다. 벽 모양을 갖는 거푸집에 콘크리트를 부어 벽을 만들어 구조와 내부공간 구획의 방법으로 사용하는 것이다. 대다수의 아파트가 이와 같은 구조로서 층층으로 동일한 구조를 반복하여 쌓아올린 형태이다.

콘크리트 벽식 구조는 기둥의 크기를 얇은 벽으로 처리함으로써 건물을 시공하거나 공간을 구획하는 데 유리한 점이 있어 오랜 시간 쓰여 왔으나, 최근 가변적인 공간에 대한 요구가 커지면서, 벽식 구조의 한계가 강조되고 있다. 아파트에서의 내부공간 개조 시 벽식 구조체의 훼손은 공동주거 전체의 구조적 측면을 심각하게 훼손한다. 층층이 올라가는 기둥이 중간에 하나 없어지는 셈인 것이다. 또한 내부공간 개조는 연속된 벽체를 없애기 위해 강한 충격을 줌으로써 다른 구조체에 구조적 결함을 야기할 수도 있는 매우 심각한 행위이다. 따라서 기존의 벽식 구조체에서 구조의 변형을 가하는 내부공간 개조를 엄격히 규제하는 것은 당연하며, 이미 훼손된 경우에도 즉각 원형을 복구해야 한다. 당장은 심각하지 않지만 지진이 올 경우 벽체가 훼손된 아파트일수록 연쇄 붕괴의 위험성은 크다.

초고층 주거나 주상복합 주거의 경우, 벽식 구조가 아닌 철근 콘크리트나 철골조의 기둥식 구조를 보여 주는 경우가 늘고 있다. 이는 벽식 구조가 제한하는 평면상의 한계에 의해 거주자의 욕구변화나 시간적인 수요변화에 능동적으로 대응하며 다양한 실내 공간을 구성할 수 있도록 하기 위한 시도라고 할 수 있다.

공동주거에서의 방범문제 또한 매우 중요한 문제이다. 여러 이웃이 함께 거주하기 때문에 소속을 알 수 없는 이방인의 출입이 잦게 된다. 따라서 안심하고 자녀를 놀이터로 보낼 수 있고, 단지 내를 돌아다닐 수 있도록 단지 디자인이 되는 것은 매우 중요하다. 일상의 범죄행위는 사람들의 시선이 미치지 못하는 곳에서 발생될 위험성이 크다. 따라서 단지 내에서 후미진 공간을 배제하는 디자인이 필요하다. 출입구는 넓은 쪽으로 개방되어 항시 출입이 노출되도록 할 필요가 있으며, 보행로나 놀이터는 주동에서 내려다 볼 수 있는 곳에 위치하는 것이 필요하다. 우리나라의 아파트 경우에는 앞뒷면이 명확하기 때문에 배치방식을 잘못 적용하게 되면 시선의 사각지대가 발생되기 쉽다. 이러한 경우에는 아파트 측면 등에 간이 펜스(fence)를 설치하거나 CCTV 등을 설치하여 원천적으로 범죄환경을 차단할 필요가 있다. 특히 야간에는 시야가 한정되므로 이에 대한 주의가 더욱 필요한데, 야간 조명등을 충분히 갖추고, 순찰을 강화하여 이를 해결해야 할 것이다. 또한 차량범죄를 차단하기 위해서는 단지의 주출입 동선에서 차량의 입출을 관리할 필요가 있다.

그러나 범죄의 예방만을 강조하여 이방인의 출입을 통제한다면, 단지 내부가 너무 삭막한 환경이 될 수도 있다. 어느 정도 적절한 선에서 조율하여 출입과 관리가 균형을 이루도록 하는 것이 중요하다.

2 공동주거의 디자인 요소

1) 오픈 스페이스 체계

19세기 말 영국은 산업혁명과 함께 농촌에 있던 많은 사람들이 도시로 몰려들었으며, 갑자기 밀려든 사람들을 위해 무작위로 많은 공동주택을 지어 이들을 수용하였다. 그러나 곧 무작위로 지어진 공동주택들이 제 기능을 다하지 못한다는 것을 깨닫게 되었다. 햇빛을 받지 못하도록 촘촘하게 지어진 건물들은 화재의 위험성을 안고 있었으며 환기도 되지 않고, 결국 전염병이 돌아 많은 사람들이 병에 걸려 죽어나가는 상황이 발생한 것이다. 이와 같은 역사적 교훈을 얻은 현대의 건축가들은 공동주거는 햇빛을 잘 받아야하며, 통풍이 잘되고, 건물과 외부공간이 적절히 잘 배합된 모습을 가져야한다는 것을 규범으로 적용하게 되었다.

그리하여 아파트단지는 건물을 중심으로 배치하기 보다는 열린 공간 즉, 오픈 스페이스를 우선적으로 고려하며 건물을 배치하도록 요구한다. 주거단지에 있어서 오픈 스페이스는 건물이 들어차지 않는 열린 공간을 말하며, 오픈 스페이스 체계를 언급할 때는 그러한 공간이 넓게 열린 모양을 띠거나 연속되거나 매듭지어지며, 햇빛과 바람의 통로가 되고, 사람들의 시선을 유도하는 장치가 되어 결국 이동통로로 적합하게 사용될 수 있도록 체계화하는 것을 유도하기 위해 사용된다.

그림 7-3 암스테르담 자바 섬의 아파트단지 오픈 스페이스 구성사례

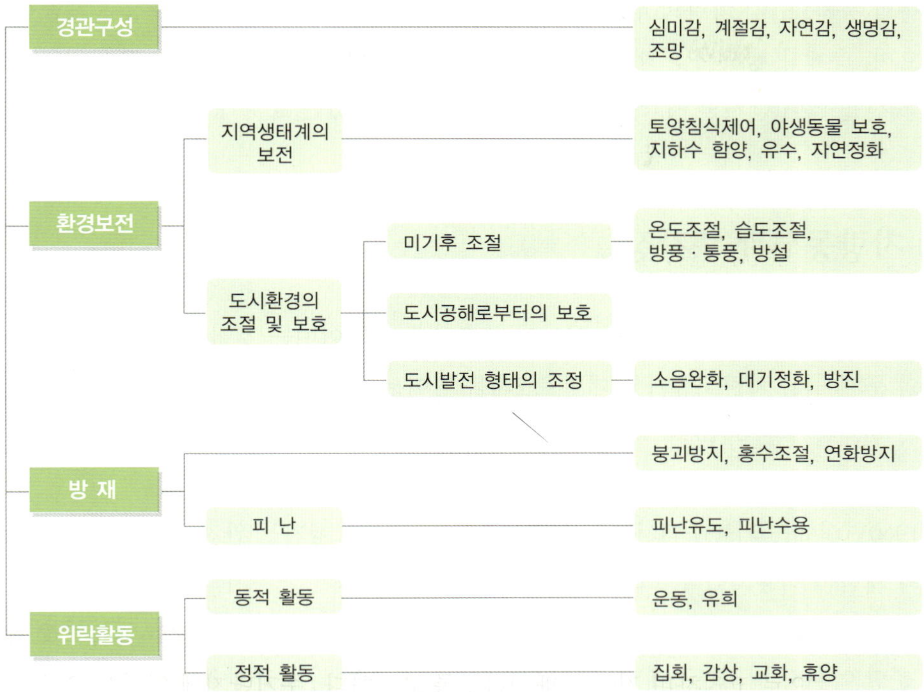

그림 7-4 오픈 스페이스의 기능

자료 : 김철수(2007)

우리나라의 아파트단지에서도 이와 같은 성향을 볼 수는 있지만 그렇게 적극적이지는 않다. 비좁은 땅에 많은 세대를 수용하려다 보니 이와 같은 오픈스페이스 체계가 충족하게 형성되고 있지 못한 것이 현실이다.

햇빛을 충분하게 받아들이기 위해서는 건물과 건물 사이의 인동간격이 중요하며, 우리나라에서는 일조권 규정에 의해 건물과 건물 사이를 남측 건물 높이의 일정배율을 띄우도록 되어있다. 1972년에 대규모로 지어진 반포아파트단지는 이러한 규정에 매우 충족하도록 만들어지기는 했지만, 획일적인 一자 배치에 의해 오픈 스페이스의 단조로움을 야기하였다. 그 이후 중정형 배치방식에 의해 커다란 광장을 두고 건물들을 배치하는 방식이 나타났다. 최근에는 중정형 광장의 아늑함을 가지면서도 답답함을 제거할 수 있도록 개방성을 갖는 튼 ㅁ자형의 아파트 배치안이 적용되고 있는 상황이며, 그러한 공간들이 단일공간으로 남지 않도록 인접한 공간과 연계하여 체계를 이루고자 하는 시도가 나타나고 있다.

오픈 스페이스 체계를 유지한다는 것은 심리적으로 거주민이 단지 내를 걸을 때(학생들의 등하교 시) 차량의 위험 없이 편하게 걸어 다닐 수 있는 좋은 환경을 제공할 수 있으며, 축제나 행사시 퍼레이드의 연속성을 줄 수 있고, 부분적으로는 오픈된 공간으로 시선을 열어 단지의 시각적 답답함을 완화해 줄 수 있는 효과가 있다.

2) 차량동선과 주차장

오늘날 주거단지를 계획함에 있어서 중요하게 다루어지는 것이 차량의 동선과 주차장의 문제이다. 차량소유가 세대별로 1대를 넘어서고 있는 현실에서, 교통의 안전과 기능적 연계를 원활히 하는 차량동선과 넓은 공간을 차지하는 주차장은 공동주거단지에서 해결해야 할 중요한 기능적 이슈이다.

1960년대에는 기능주의자들의 해결책으로 차량과 보행자를 완전히 분리하는 보차분리의 개념이 적용되었다. 그러나 오늘날에 있어서 차량은 거주자의 사용빈도나 이용편의성 측면에서 보행자와 보다 밀접한 관련을 갖게 되었고, 보차분리는 보행동선을 길게 할 뿐만 아니라 범죄환경에 노출되고, 노약자에게 이동의 불편함을 초래하여 근래에는 보차의 혼용을 제안하되 보행의 안전을 제공할 수 있는 방법으로 차량동선 계획이 바뀌어가고 있다.

도로의 일반적 형식과 그에 따른 적용방법에 대해 설명하면 다음과 같다.

차량도로의 형식

격자형 도로

격자형 도로(grid pattern)는 교통을 균등 분산시키고 넓은 지역을 서비스할 수 있다. 교차점은 교차로의 정체를 막고 교차로의 안전운전을 위하여 40m 이상 떨어져야 한다.

선형 도로

선형 도로(linear pattern)는 폭이 좁은 단지에 유리하고 양쪽 면 또는 한쪽 면의 단지를 서비스할 수 있다. 산지와 같은 지형적 제약이 있는 곳에 유리하다.

쿨드삭

막다른 골목형이라고 불리는 쿨드삭(Cul-de-Sac)은 이웃 간의 친화를 높이는 데 기여하는 도로체계이다. 쿨드삭의 적정길이는 120m(미연방주택국 : F.H.A.)에서 300m까지를 최대로 제안하고 있다. 300m일 경우 혼잡을 방지하고 안정성 및 편의를 위하여 중간지점에 회차 구간을 두어 전구간 이동의 불편함을 해소시키는 것이 좋다. 도로의 형태는 단지의 가장자리를 따라 한쪽 방향으로만 진입하는 도로와 단지와 중앙 부분으로 진입해서 양측으로 분리되는 도로의 형태로 구분할 수 있다. 모든 쿨드삭은 2차선이어야 한다. 차량의 흐름을 주변으로 한정하여 서로 연결되며 차량과 보행자를 분리할 수 있다. 그러나 출구가 하나이므로 교통이 혼잡해질 것에 유의해야 한다.

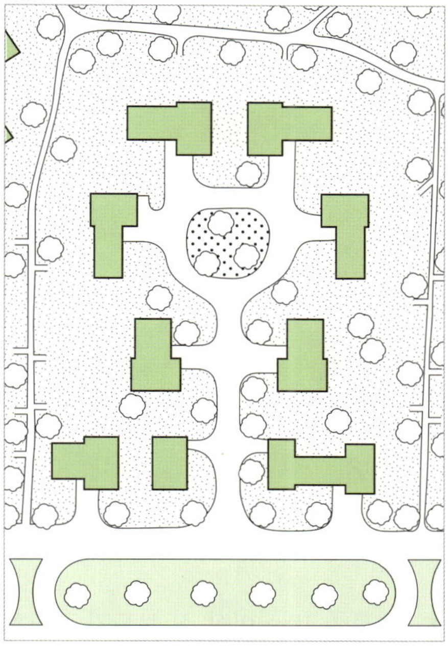

그림 7-5 쿨드삭의 유형

순환도로

순환도로(ring road)는 단지의 가장자리를 커다란 루프(loop)로 둘러싸서 내부의 세대와 연결시키는 방법과, 단지의 중앙부를 지나는 보다 작은 루프로서 양측의 세대를 서비스하는 방법이 있다. 도로가 단지 주변에 분포되는 경우 최소한 4~5m 정도 완충지를 두고 식재한다. 단지가 공원 또는 다른 오픈 스페이스와 인접할 경우 7~8m 정도의 여유를 두고 후퇴시켜 보행자의 이동 및 이들 공간과 인접한 세대들을 위하여야 한다.

보행자 도로의 형식

- 최소 폭은 3인이 부딪치지 않고 통과할 수 있도록 하는 것이 권장된다.
- 자전거 도로의 경우 보도와의 사이에 가드레일을 설치하거나 단차(段差)가 나는 보도를 설치해야 한다.
- 보도는 블록 내에서 단절되지 말아야 하며, 다른 시설들로부터 안전하여야 한다.
- 규모가 큰 건축물의 입구가 직접 면하지 않도록 한다.

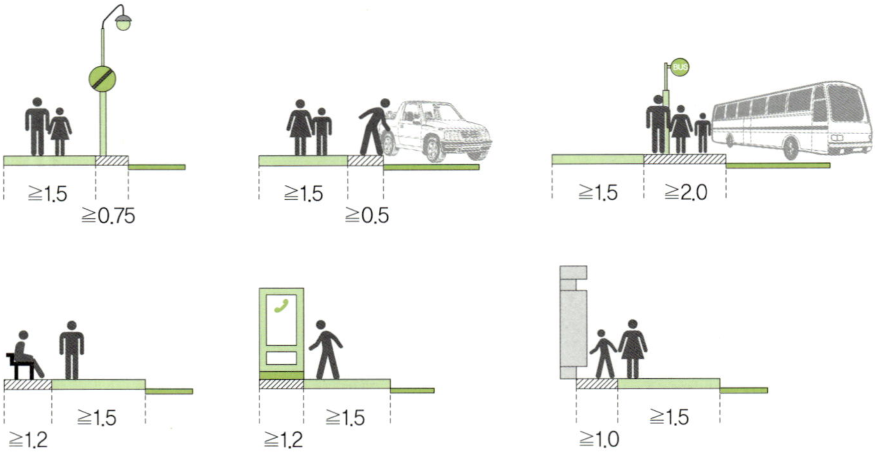

그림 7-6 보행자 통로와 인접 설치물 간의 치수관계

- 도로폭 10m 이상 시 보도가 필요하며, 보도의 폭은 주간선 도로에서는 3m, 보조간선 도로 및 세로(細路)에서는 2m, 통학로에서는 4m 이상으로 한다.

주차공간은 아파트단지의 경우 건물을 짓고 난 후 빈 공간을 모두 주차장화하는 것이 일반적인 방법이었으나, 근래 외부공간을 보행자에게 제공하고자 하는 시도에 따라 주차공간을 지하화하는 방법이 제안되고 있다. 주차장은 가까이 있으면 사용자에게 편하게 각 개인주호로 접근할 수 있는 장점이 있으나, 단지가 대규모화될 경우 모든 주호 앞에 가까이 주차장을 설치하는 것은 불가능해진다. 일반적으로 주차장으로부터 건물 출입구까지의 보행거리는 50m를 넘지 않도록 계획하는 것이 상례이지만, 이삿짐 차량이나 장애인 차량, 앰뷸런스, 소방차 등의 비상차량이 건물의 출입구까지 진입할 수 있도록 디자인해 주는 것은 매우 필요하다.

또한 대부분의 거주자가 출근을 하는 주간에는 주차장의 자동차가 많이 비어 있는 현상을 활용하여, 프로그램 주차방식이 제안되기도 한다. 즉, 단지 내 일부의 주차장을 주간에는 주차를 금지하며, 인라인 스케이트 등 아이들의 놀이공간으로 제공하고 야간에는 다시 주차장으로 활용하는 방식이다.

주차장 공간이 협소한 기존의 아파트단지에서는 퍼즐식 기계 주차방식에 의한 주차공간 확보방안 등도 검토될 수 있을 것이다. 좁은 면적에 많은 차량을 주차시킬 수 있는 기계식 주차방식은 작동법의 부주의에 의한 사고유발과 유지관리를 위한 비용이 많이 드는 것이 단점이다.

3) 공용공간의 종류와 위치

공동주거단지 내에는 법적인 시설로 단지 내 공용의 편의시설이 공급되고 있다. 관리사무소, 도서실, 집회실, 노인정, 어린이놀이터와 약간의 상업시설이다. 이러한 시설들은 단지구성상 필수적인 시설로 분류되며, 단지배치에 따라 단지의 중앙 부분이나 입구 부분에 배치되기도 하고, 여의치 않은 경우 동떨어진 위치에 자리하기도 한다.

공용공간의 종류는 법적인 기준에 따라 일정하게 정해져 있으나, 최근 단지 내의 부대시설에 대한 규제가 완화되면서 휴게 카페나 헬스, 에어로빅, 요가, 피트니스, 필라테스 시설, 북카페, 전시홀, 세미나실, 인포넷, 키즈짐, 영어마을 등 다양한 용도의 편의시설이 갖추어지고 있다. 그러나 문제는 어떠한 용도를 갖출 것인가 하는 것보다는 갖추어진 용도의 시설이 제대로 운용될 수 있는가가 매우 중요하며, 이는 주어진 단지의 여

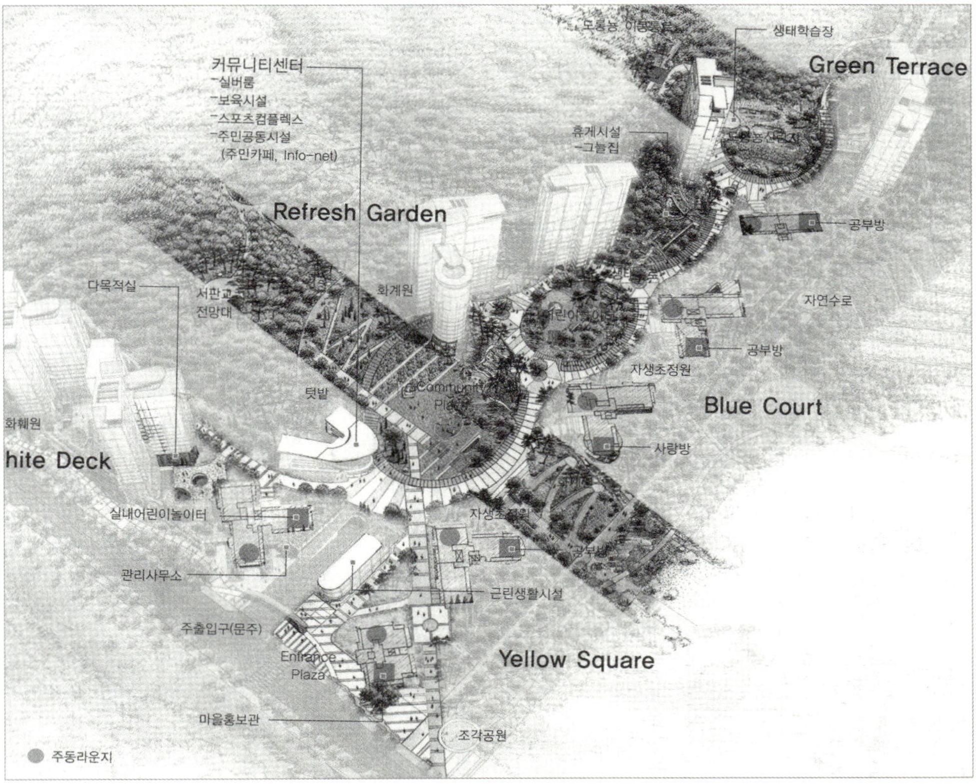

그림 7-7 주민 공동 편의시설의 배치 사례

자료 : 삼우건축

표 7-1 아파트단지에서 법적으로 갖추어야 할 공용시설

구 분	시설내역	단위	내 용	관계 법 조항
교통 시설	주차장	대분	가구당 전용면적 85m^2 이하의 경우 75m^2당 1대, 가구당 전용면적 85m^2 초과의 경우 65m^2당 1대(지자체 조례 참조)	주택건설기준 등에 관한 규정 제27조
	자전거 보관소	대분	매 100세대당 15대	대한주택공사 기준
관리 시설	관리 사무소	m^2	50세대 이상 설치, 10m^2+0.5m^2(세대수－50) 이상. 단, 100m^2를 초과 안 할 수 있음.	주택건설기준 등에 관한규정 제28조
복지 및 후생 시설	경로당	m^2	100세대 이상 설치, 40m^2+0.1m^2(세대수－150) 이상. 단, 300m^2를 초과 안 할 수 있음.	주택건설기준 등에 관한규정 제55조
	보육시설	m^2/명	300세대 이상은 20인, 500세대 이상은 40인 이상의 영유아를 보육할 수 있는 시설 설치	
	문고	m^2	300세대 이상 설치, '도서관 및 독서진흥법 시행령'의 기준에 적합한 문고, 전용면적 30m^2 이상 규모	
	주민 공동시설	m^2	300세대 이상 설치, 50m^2+0.1m^2(세대수－300) 이상, 단 300m^2를 초과 안 할 수 있음.	
판매 시설	점포	m^2	세대당 6m^2. 단, 500m^2 미만 시는 500m^2로 할 수 있음.	주택건설기준 등에 관한 규정 제50조
교육 시설	유치원	m^2	2,000세대 이상 설치(300m 이내 유치원이 있는 경우 제외)	주택건설기준 등에 관한 규정 제52조
체육 시설	운동장	m^2	500세대 이상, 300m^2 이상 500세대 초과 200세대마다 150m^2 추가, 그 안에 '체육시설의 설치 · 이용에 관한 법률 시행령'의 규정에 의한 체육시설 중 1개소 이상 설치	주택건설기준 등에 관한 규정 제53조
안내 및 표지판 시설	안내판	설치	300세대 이상의 공동주택단지와 그 주변에 설치(단지유도 표지판, 단지입구 표지판, 단지종합 안내판, 단지 내 시설 표지판, 동번호, 게시판, 머릿돌 또는 기록탑)	주택건설기준 등에 관한 규정 제31조
기타 시설	폐기물 보관시설	개소	차량출입이 가능하고, 주민이용이 편리한 곳에 설치	주택건설기준 등에 관한 규정 제38조
	휴게소	개소	300세대 이상 설치, 500세대당 1개 추가 설치	주택건설기준 등에 관한 규정 제29조
	어린이 놀이터	m^2	100세대 이상 300m^2(시 · 군 지역 200m^2)에 초과 세대당 1m^2(시 · 군 지역 0.7m^2) 증가	주택건설기준 등에 관한 규정 제46조
	유아 놀이터	m^2	보육시설을 설치하는 주택단지, 보육시설과 연계하여 수용인원 1명당 2.5m^2(최소 75m^2)	주택건설기준 등에 관한 규정 제55조
	보안등	설치	단지 내 도로 50m 이내마다 자동 점멸장치 부착하여 설치(폭 15m 이상인 도로의 경우 양측에 설치)	주택건설기준 등에 관한 규정 제33조

러 가지 여건에 따라 달라질 수 있다. 또한 한번 정해진 용도도 시간이 지남에 따라 용도변환이 일어나기도 한다.

편의시설이 제대로 운용되기 위해서는 시설의 위치도 매우 중요하다. 수시로 출입을 하면서도 분위기를 필요로 하는 노인정 같은 시설은 단지의 중심부이면서도 비교적 조용한 곳에 위치할 필요가 있다. 그러나 최근 노인시설이 보다 젊은 노인을 중심으로 한 활동적인 공간으로 바뀌어 나가면서 시설의 위치도 보다 밝고 접근성이 좋은 단지의 중심축에 위치하는 경향을 보인다.

단지 주민을 위한 다양한 편의시설들의 위치는 단지외곽의 버스정류장이나, 통학로 등과도 연계되어 고려되어야 하며, 단지 내에서는 출입구 부분, 단지 중앙부, 그리고 동선의 중심이 되는 곳 등을 고려하여 위치되어야 한다. 그와 함께 경관이나, 일조관계 등을 고려하여 위치할 수 있다. 최근에는 단지 전체의 활동적인 구성을 위해, 편의시설을 단지 내 주동의 1층을 활용하여 분산배치하는 형식의 디자인이 제안되기도 한다. 특히 놀이터의 경우는 주호 내에서 관찰이 가능한 범주에 위치하는 것이 좋다.

관리사무소는 단순히 단지를 돌보는 하드웨어적 개념으로부터 주민의 생활편의를 지원하는 서비스 센터화되는 경향을 고려할 때, 단지의 출입구 부분에 게이트 하우스 개념으로 변화된 기능을 수용하면서 위치시키는 디자인 경향이 나타나고 있다. 우편수발과 택배, 단지행사 안내, 만남의 장소 등의 복합적 기능이 제공된다.

단지 내 공용시설의 종류와 위치에 대해 단지를 중심으로 어느 특정의 위치로 고정하는 것은 단지와 인접한 지역 내의 여러 가지 근린생활 시설과의 관계 때문에 한계가 있다. 주변의 시설과 적절히 연계하여 단지 내 시설을 배치, 운영하는 것이 중요하다.

4) 밀도와 높이

공동주거단지의 디자인에 가장 큰 영향을 미치는 요소는 밀도이다. 즉, 단위공간 내에 몇 명이 거주할 것인가를 결정하는 의미로서 '전체 단지에 몇 세대를 넣을 것인가?' 또는 '건물의 전체 연면적을 어떻게 할 것인가?' 하는 것이 이슈로 제기된다. 전체 대지면적 대비 건물의 총 연면적의 비율을 용적률로 정의하며, 용적률의 산정이 주거단지의 디자인에서 경제성을 결정하는 중요한 요소이다. 즉, 용적률이 적으면 건물면적이 줄어들면서 입주할 세대수가 줄어들어 경제적 효과가 낮을 가능성이 크며, 용적률이 크면

그림 7-8 초고층으로 지어진 홍콩 주거지의 전경

보다 넓은 주호면적을 확보하여 많은 세대수를 입주하게 함으로써 높은 경제적 효과를 거둘 가능성이 크다.

그러나 용적률은 대지를 얼마나 고효율로 사용하는가를 나타내는 지표일 뿐, 주거단지의 생활환경 수준과는 반비례의 관계를 가질 가능성이 크다. 용적률이 크게 될 경우에 많은 세대를 수용하기 위하여 그만큼 건물을 높게 짓거나 다른 건물에 인접해서 조밀하게 지어야 한다는 것을 뜻한다. 즉, 최소한의 법적인 인동간격으로 단지의 디자인을 제약해야 한다. 디자이너가 삶의 풍족한 영위를 위해 만들고 싶은 넓은 오픈 스페이스가 있다고 하더라도, 높은 용적률을 만들어내기 위해 인동간격을 좁혀야 한다면, 원래 의도한 디자인 특성을 지키기 어려운 것이다. 용적률이 크면, 대지의 효율성이 높아져 대지 부분의 경제적 가치가 상승하는 것은 사실이다. 그러나 이러한 경제적 가치 뒤에는 대지 이용의 고효율성 때문에 희생당하는 거주자의 생활환경의 폐해가 발생될 수 있다는 사실을 인지하는 것은 매우 중요하다(표 7-2).

낮은 용적률의 주거단지로서 과천의 주공아파트단지(용적률 100% 내외)는 거주자들에게 우리나라에서 가장 살기 좋은 아파트단지로 선정되기도 하였다. 물론 주변환경이나 교통여건 등의 다른 요소들도 좋은 평가를 받는 데 작용되었겠으나 낮은 용적률이 큰 영향을 미쳤을 가능성이 높다. 낮은 용적률에 의해 건물 높이는 나지막하여 안온한 느낌을 주고, 상대적으로 넓은 외부공간은 답답함이 줄어들어, 특히 아이들을 기르는 부모들에게 좋은 인상을 주었을 것이다.

표 7-2 케빈린치가 제안한 주거밀도와 생활환경 제한

주거밀도	생활환경 제한
50호/ha	어린이가 있을 경우
50호/ha 이상	옥외공간 확보
120호/ha	인간적인 규모 상실
200호/ha	주차, 조경 레크리에이션의 공간 부족
250호/ha 이상	공간의 스트레스, 교통의 혼잡
300호/ha 이상	소음 사생활 생활환경 수준 이하

건물의 층수와 용적률은 어느 정도 비례의 관계를 갖는다. 층수가 높아지면 일반적으로 용적률이 높아질 수 있으며, 층수가 낮으면 용적률을 높이는 데 한계[2)]가 있다.

3 공동주거 구성요소별 디자인 특성

1) 건물 외부공간

공동주거에 있어서 외부공간은 한정된 단위주호의 여유공간으로서, 과거 단독주택이 가졌던 정원의 개념이 확대된 것으로 이해될 수 있다. 산책과 정원 가꾸기의 취미활동을 지원할 수 있으며, 어린아이의 놀이공간으로 확장될 수 있다. 건물 안에서 누리지 못하는 햇빛과 바람을 충분히 쐴 수 있으며, 녹지의 향기와 경우에 따라서는 연못 등의 전원적 분위기를 느낄 수 있는 곳이다. 또한 이웃과 장소를 공유함으로써, 이웃과의 만남이 자연스럽게 이루어지는 사회적 공간의 역할을 하게 되며, 좁은 단위주호 공간으로부터 넓은 사회적 활동공간으로 이행하는 중간단계로서 심리적인 중간공간, 매개공

2) 그러나 어느 정도의 범주에서는 용적률과 상관없이 층수를 낮게, 또는 높게 조절하는 것이 가능하다. 최근에는 동일한 용적률하에서 건물의 층수제한을 완화하여(건물의 높이를 높여 인접건물의 평면적 간섭을 최소화하는 대신, 수직적인 시각적 대상물 정도로 인식되게 하려는 의도) 용적률이 높아지면서 발생되는 인접건물의 피해를 최소화하려는 움직임이 나타나고 있으나, 단지 외부에까지 시각적 영향을 미친다는 견해에 따라 적극적으로 도입되지는 못하고 있는 실정이다.

간의 역할도 빼놓을 수 없는 부분이다.

이와 같은 다양한 성격을 갖는 외부 공간이 제대로 기능하기 위해서는 다양한 옥외활동을 지원할 수 있는 충분한 공간을 확보하여야 하며, 사람들의 흥미를 끌 수 있도록 시각적 초점이 필요하고, 사람들의 자연스러운 만남을 유도할 수 있도록 주동의 출입구를 디자인하는 것이 필요하다.

그림 7-9 건물과 외부공간이 잘 어우러진 단지

자료 : 무영건축

중앙광장과 중심가로

공동주거의 주동 앞이나 인근에 설치되는 외부공간과는 달리, 단지 전체 속에서 중심적인 위치에 설치되는 중앙광장은 주민들의 집중을 유도하면서 단지를 상징하는 역할을 한다. 대부분의 주동으로부터 접근이 편리하도록 배치되며, 단지 외부와도 쉽게 연결되는 위치에 자리하는 중앙광장은 상가, 관리사무소, 도서실 등의 편의시설로도 쉽게 접근되며 단지 내 주민들의 생활 중심지가 된다. 이러한 장소는 무엇보다도 접근이 쉬운 동선이 매우 중요하지만, 차량으로부터의 안전이 확보되어야 하는 이중성을 갖는다. 또한 여름철의 햇빛을 피할 수 있는 조건을 갖추어 주고, 겨울철의 차가운 바람을 막아 줄 수 있는 장치가 필요하며, 봄 · 가을로 자연의 생장을 느낄 수 있다면 좋다고 하겠다.

이러한 광장은 비정기적인 행사 프로그램(벼룩시장이나 아나바다, 바자회 등)에 의해 더욱 활성화될 수 있다. 이러한 용도를 지원하기 위해서는 급배수와 전기공급이 요망되며, 광장의 바닥재료에 있어서도 주민들의 호기심을 끌 수 있도록 디자인되면 좋다. 용도에 따라 다르겠지만 광장의 지름이 사람의 얼굴이 인식될 수 있는 크기인 약 40m는 확보되는 것이 좋다.

주거단지에 따라서는 중앙광장이 설치되지 못하고 중앙가로로서 이와 같은 역할을 대신하는 경우가 있다. 이러한 경우에 있어서도 길을 따라 다양한 활동들을 지원할 수 있으며, 한눈에 길 끝이 들어오지 않음으로서 걸으면서 느낄 수 있고 호기심을 유발하는, 오히려 재미있는 단지 특성을 만들어 낼 수도 있을 것이다.

그림 7-10 판교지구 4공구의 택지조성 다이아그램 : 보행자 통로를 중심으로 한 계획

자료 : 토문건축

필로티

보행가로의 시선을 확보하고, 원활한 흐름을 돕기 위해 건물의 1, 2층 부분을 띄워 기둥만 노출되도록 된 부분을 필로티(pilotis)라고 한다. 어떤 경우에는 건물의 중앙 부분을 비워 띄우기도 하며, 어떤 경우에는 건물의 모퉁이 부분을 띄워 놓기도 하지만 어느 경우이든 간에 건물의 앞뒷면이 보다 쉽게 연결되는 장점을 갖는다. 이러한 필로티 공간은 주차공간으로 활용되기도 하며, 낮은 천정의 경우에는 자전거 주차장 등의 창고용도로 사용되고, 단지 전체의 중앙 가로와 연결되는 부분에서는 일부 공용의 편의시설(취미실이나 실내 어린이놀이터)을 만들어 제공되기도 한다.

그러나 우리나라의 아파트 구조는 벽식 기둥을 위주로 한 것으로서 필로티 공간을 대부분 기둥이 차지하고 있다. 따라서 건물의 앞뒷면으로 시선을 연결하는 데 한계가 있을 뿐만 아니라 바람의 통로로서 회오리바람을 야기하기도 하며, 시선의 사각지대가 생겨

표 7-3 필로티 이용사례

단지명 (사례)	세대수 및 주동수	층수 천정고 반자높이	단의 형성 기둥 형식	기 능 형식(BAY)	특징
A단지	1170세대 13주동	2개층 7.0m 1.0m	있음 기둥 형식	보행통로, 휴게시설, 어린이 놀이시설 중앙 부분형	• 필로티는 주된 동선의 연결기능 이외의 복합적인 기능을 가지고 있다. • 높은 필로티의 천정고와 원형기둥의 사용은 필로티의 시각적인 개방감을 극대화 하고 있다. • 필로티 실내의 조그마한 실내조경과 그림 등은 필로티 공간에 부드러운 이미지를 주고 있다.
B단지	1624세대 7주동, Y형 3주동	1개층 3.0m 1.0m	없음 벽식 기둥 형식	보행통로, 주차장, 자전거 보관소 중앙 부분형	• 단지 내 원활한 동선의 연결을 목적으로 구성된 필로티는 동선의 연결에는 충실하나 시각적 개방감은 고려되지 않고 있다. • 낮은 필로티의 천정고로 인해 필로티 하부와 외부공간과는 시각적으로 연계성이 떨어지며 태양광의 유입이 어렵다. • 단지 진입부의 필로티는 보차분리가 제대로 되지 않아 주차장으로 변질 사용되고 있다.
C단지	1650세대 20주동	2개층 6.8m 1.0m	없음 기둥+ 실형식	보행통로, 시각적인 개방감 중앙 부분형	• 보행자 동선의 확보를 목적으로 한 필로티 계획으로 단지 중앙의 중앙광장, 놀이터, 진입광장을 연계하여 강력한 외부공간의 축을 형성하였다. • 시각적인 개방감을 위해 2개 층으로 구성되었으며 이는 단지에 통일감과 경쾌한 이미지를 부여한다. • 필로티형 주동과 함께 통과형 주동을 사용하였다. • 필로티 부분은 우천 시 휴식공간으로 사용되기도 한다.
D단지	1302세대 18주동	1개층 4.0m 3.0m	없음 기둥 형식	보행통로, 가시공간, 커뮤니티 공간 전층형	• 필로티는 여러 복합적인 기능이 부여되어 있지만 주된 기능은 가시공간의 확보와 인동간격의 확보로 분석된다. • 중앙 커뮤니티 광장과 연계된 보행전용로와 필로티 부분의 바닥 패턴이 연계되기 때문에 자연스러운 동선의 연결이 형성된다. • 필로티를 위한 X자형 가새구조의 도입은 구조적으로 뿐 아니라 시각적으로도 양호하며 필로티 부분에 개성 있는 공간을 연출한다.

E단지	300세대 4주동	2개층	없음	차량 통로	• 차량통과형 필로티는 가장 보기 힘든 형태로 차량진입이 어려운 소규모단지를 고밀도로 개발하면서 생긴 필로티 형식이다. • 차량의 주동 하부 통과로 인한 소음과 진동의 문제를 고려하여 필로티 상부의 주동은 계획되지 않았다. • 차량통로로만 계획된 필로티는 근처의 좁은 보행로를 대신하여 사용되고 있어 사고의 위험이 따른다. • 어린이놀이터와 근접한 필로티 공간은 어린이들의 놀이공간이 되기도 하여 역시 사고의 위험이 따른다.
		3.5m			
		2.5m	벽식 기둥 형식	측면 부분형	

범죄공간으로 전용될 우려도 있다. 이러한 필로티 공간에는 CCTV 등을 설치하여 안전을 도모해야 하며, 적절한 용도를 부여하여 사람들이 활발하게 필로티 공간을 활용할 수 있도록 할 필요가 있다. 건물의 1층 부분과 연계하여 보다 적극적인 디자인 개발이 필요한 부분이기도 하다.

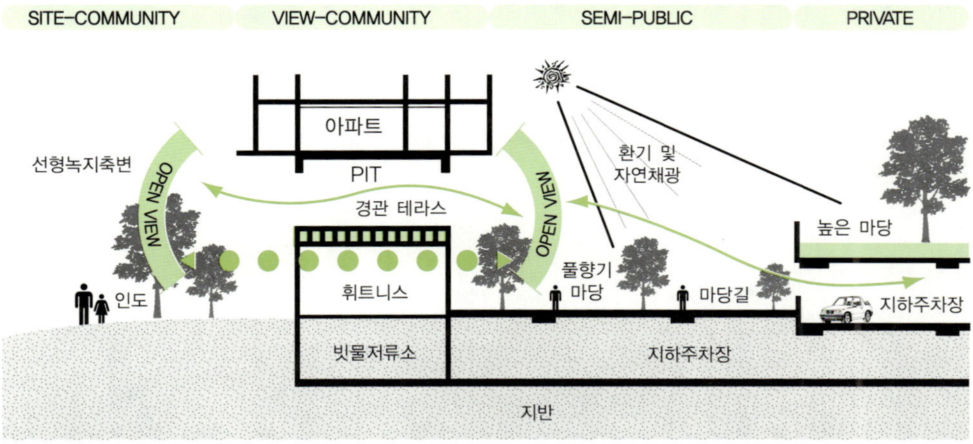

그림 7-11 필로티 등을 활용하여 경관과 바람의 통로를 확보한 예

자료 : 무영건축

2) 건물 내부공간

단위주호와는 달리 공동주거에서는 주호공간과 외부공간을 연결하는 중간공간으로 연결통로와 계단, 건물의 입구 홀 등이 설치된다. 이들 공간은 기능적으로 단위주호의 동선을 연결하기 위한 방편으로 꼭 필요한 부분이지만, 단순한 기능적 역할을 넘어서 사회적 공간으로 제시되기도 한다. 즉, 주호와 주호 사이의 통로나 홀은 이웃 간의 만남이 이루어질 수 있는 부분으로서, 보다 편하게 이러한 만남이 이루어질 수 있도록 공간을 구성하는 것이 필요하다. 공간의 면적을 넓히는 것은 어렵겠지만, 앉는 의자를 설치하거나, 벽체의 색상을 부드럽게 조정하거나, 바닥재료에 변화를 주거나 하는 방법을 고려해 볼 수 있을 것이다.

최근의 주호 연결방식은 대부분 엘리베이터 홀을 중심으로 한 2호 결합형식이라고 할 수 있다. 많은 주호를 연결함으로서 발생되는 사생활의 침해를 최소화하는 데는 유리한 방식이지만 이웃 간의 관계단절이 우려되는 부분이기도 하다.

건물 입구의 현관 홀은 디자인이 보다 강화될 필요가 있다. 상대적으로 약해진 주호결합공간의 사회성을 입구 홀에서 보완하는 방법이 제안된다. 단순히 현관문만 설치되는 곳이 아니라 게시물 등의 정보교환장소, 우편물의 수령, 공용의 물건을 보관하는 장소, 그리고 나아가 주민이 담화를 나눌 수 있는 공간으로 확장될 수 있는 부분이다. 벽

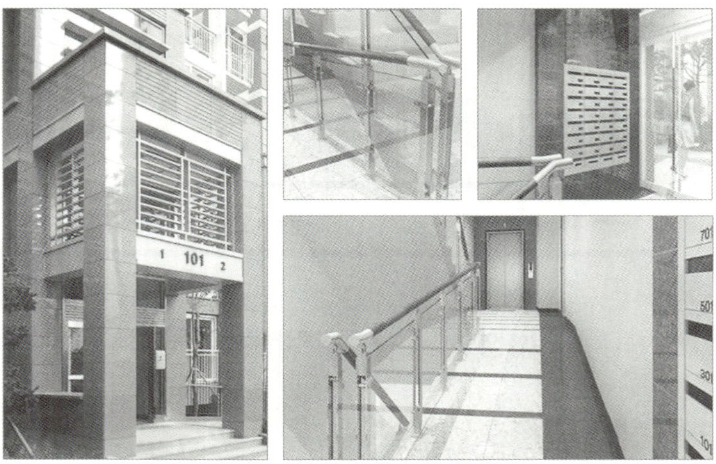

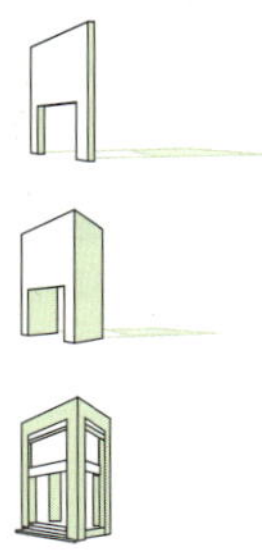

- 간결, 정돈된 형태로 저층부의 조화
- 화강석을 사용하여 진입부 품격 향상
- 2개층 높이를 이용한 인지성, 개방감

그림 7-12 2개 층을 오픈한 주동출입구의 예

자료 : 희림건축

체의 색상이나 내부공간의 재료를 온화한 재료로 구성하는 것도 이를 돕는 좋은 방법이 될 것이다.

3) 옥 상

옥상은 전망이 넓고, 바람이 잘 통하며, 햇빛을 충분히 쬘 수 있는 장소이다. 특히 옥상은 화재나 비상 시 지상층으로 피난이 불가능한 경우 도피할 수 있는 공간으로 제공될 수 있다. 그러나 옥상은 이용하는 사람이 많지 않을 경우, 한적한 곳으로 범죄환경에 노출될 가능성이 크며, 옥상으로부터의 낙하 위험성도 제기된다. 현재로서는 장점보다는 단점의 위험성이 커서 관리상 이유로 옥상으로의 출입을 통제하는 곳이 많다.

그러나 주거단지의 밀도가 점점 높아지면서 지상공간에서의 휴게공간 제공이 점차 어려워지는 시점에서 옥상공간의 활용에 대한 논의가 활발해지고 있고, 옥상수영장의 설치나, 옥상정원, 옥상놀이터, 이웃과의 대화의 공간, 카페의 설치 등등 많은 가능성이 제안되고 있다. 범죄에 대해서는 CCTV를 설치하여 이를 방지하고, 추락의 위험성은 시선은 가리지 않고 앞을 막는 유리벽을 설치하여 이를 차단하는 방법이 사용된다.

4 공동주거 디자인과 주민생활

1) 아파트의 색상개선

공동주택의 외벽색상에 대해 주민의 약 70%가 관심을 갖는다고 조사된 바가 있고, 단지의 이미지 형성에 중요한 영향을 미친다는 응답이 80%에 이르듯이, 외벽색상은 거주민에게 있어서 중요한 관심의 대상이다. 그러나 색상은 개인적인 취향이 달라 좋아하는 색상이 개인별로 다르게 나타난다. 비록 일반인들이 가장 선호하는 색상을 제시한다고 하더라도, 약간의 색상 변화나 패턴의 변화, 색상의 조합이 달라지면 또 다시 기호의 변화를 야기한다.

아파트에 있어서 외장색을 칠하는 이유는 칠해진 페인트가 3~5년이 지나면, 벗겨져 미관상 좋지 않을 뿐만 아니라, 콘크리트가 노출되어 마감면의 손상을 가져올 수 있기 때문이다. 이러한 유지관리상의 이유로 아파트 외부를 도색하지만, 궁극적으로는 시각적인 효과를 내기 때문에, 사람들은 결과적인 이미지에 매우 큰 관심을 드러낸다. 최근에는 전문 디자이너에게 의뢰하여 아파트의 색상을 계획하고 주민들의 의견을 물어 다수의 주민이 선호하는 색상과 패턴으로 칠을 하는 것이 일반적이다. 그러나 거주자들이 조그만 사진으로 예시된 색상계획을 놓고, 우열을 가리기는 쉽지 않다. 그래서 전문가의 자문이나 업체의 설명이 지배적인 영향을 미칠 수 있다.

아파트의 외벽색상 디자인에서 고려되는 사항

- 아파트 색채는 근경, 중경, 원경에 따라 인식이 변한다. 따라서 이것을 고려하여 주변(자연 산림지역이나 도심지역, 해변가, 저층 주거지역, 아파트단지 등)과 조화되는 색채를 디자인한다. 특히 주변이 아파트단지로 둘러싸인 경우, 독특성과 조화가 잘 되도록 하는 것이 관건이다.
- 부위별 색채 설계는 거리를 고려하여 디자인한다. 근거리에서 원거리로 갈수록 명도는 높아지고 채도는 저하되며, 아파트 상부는 원거리에서 조망이 가능하기 때문에 랜드마크적인 색상이 필요하며, 근거리는 가까운 거리에서만 보이기 때문에 친인간적인 색상이 요구된다.
- 향에 따른 색상변화를 고려하여야 한다. 일반적으로 동서향은 시간에 따라 색상변화가 많으며 남북향은 색상의 변화가 많지 않다. 남향배치를 주로 하는 우리나라 아파트 배치경향을 고려할 때, 북면의 색상에 대한 고려가 보다 필요하다고 하겠다.

아파트 색상 디자인의 과정

아파트 색상 디자인의 과정을 보면 우선, 아파트 주변의 특징을 분석할 필요가 있는데, 자연녹지가 둘러싸인 교외의 아파트는 자연색상과 어울리는 색상이 바람직하며, 아파트단지로 둘러싸인 경우 주변 아파트의 색상을 고려하여 주조색을 정할 수 있다. 주조색은 보통, 단지 주민의 의견을 수렴하는 경우가 많다. 보통은 노란색 계통이나 붉은색, 초록색 계통을 선호한다. 주변의 특성이 분석되고 주조색이 결정된 후 칠하고자 하는 아파트의 구조적 특징을 분석한다. 예를 들면, 건물의 돌출부와 후퇴부, 반복되는 구조요소와 장식요소, 면적인 특성과 선적인 특성 등의 분석을 통해 색상과 건물의 구조적 관계를 설정하며, 주조색의 배색을 결정한다. 주조색과 함께 배색의 이미지를 결정할 수 있다. 단지의 이미지를 경쾌하고, 활기찬, 변화감 있는, 독특한, 깔끔한 이미지의 배색이나 고급스러운, 차분한, 중후한, 편안한 느낌의 배색 중에서 주민의 의견을 들어 결정한다. 그리고 주조색과 배색을 갖고 건물의 구조적 특성에 맞추어 디자인을 적용한다.

이 과정에서 비전문가들이 가장 실수하기 쉬운 부분은 면적인 특성이다. 조그만 샘플로 보았을 때와 거대한 건물 벽면에 색상을 칠해 놓았을 때는 느낌이 달라지기 때문이다. 여건이 된다면, 건물의 한 동을 시험적으로 칠하고, 장단점을 보완하여 다른 건물에도 칠을 해나가는 방식이 제안될 수 있을 것이다.

국내에서는 일반적으로 차분한 색상이 선호되지만 외국에서는 매우 강렬한 색상으로 단지의 특징을 드러내는 경우도 있다.

2) 공동주거의 디자인 공동지침

18세기 프랑스에서 방돔 광장을 설계하면서, 광장을 그럴듯하게 만들기 위해서는 광장주변의 건물들이 일정한 규칙을 갖고 만들어져야 한다고 생각하였다. 그리하여 그들은 가장 강한 방법으로 광장을 둘러싼 건물을 규정하였는데, 바로 광장에 면할 건물의 전면을 미리 지어 주는 방법이었다. 그 전면 뒤에서는 각 개인이 어떻게 건물을 짓든 상관하지 않았지만 건물전면 만큼은 광장을 형성하는 데 가장 어울리도록 미리 규정한 것이다. 공공의 영역과 만나는 개인적 영역의 경계를 보여 주는 부분이다. 그러나 오늘날 이렇게 강력한 디자인 방법을 적용하기는 쉽지 않다.

일본에서 적용되는 '마치즈쿠리(まちづくり, 마을만들기)'는 주민 스스로가 일정한 규정을 통해 마을의 통일된 디자인 특징을 부여하고자 만들어졌다. 마을을 이루는 개인주택을 주요 대상으로 하지만 그 규정내용은 공동의 주거에서도 적용할 만큼 세부적이며, 공공성을 띤다. 예를 들면, 개별 주호의 광고판의 크기, 주차장 출입구, 건물의 용도, 색상 등이 규정된다. 최근에 지어지는 우리나라의 신도시 주거단지의 경우에서도 이와 비슷한 규정들이 적용되고 있지만 그렇게 구체적이지는 않은 상황이다.

우리나라의 경우, 기존의 아파트와 같은 공동주택에서 이와 같은 공공디자인 규약이 적용되지 않는 이유는 상식적인 범위에서 주민들이 보이지 않는 룰을 잘 지키고 있기

표 7-4 일본의 공공디자인 : 마치즈쿠리 지침의 예

구 분		마치즈쿠리 지침
건물 관련 요소의 비교내용	층수/높이	• 높이 상한 또는 층수 상한 • 3층 건립은 승인을 요하며 운용상의 조건을 부가(일정비율 등)
	규 모	• 현행 도시계획의 용도지역의 제한과 병행 – 건폐율, 용적률 상한지정
	건물용도	• 전용주택 • 주택지로서의 한정과 안정된 분위기 유지를 위해 점포 등 혼재방지, 특정 부지에 대한 용도지정(입구 부분) • 구역을 한정하여 병원, 교실, 미용실 등 특정 용도의 주거허용
	셋백(set back) 및 돌출규정	• 양호한 주거선 형성 보전과 일조조건의 양호를 위해 도로측 인지측에 대한 최소한도의 후퇴거리 설정 • 북측인지 경계로부터 사선제한
	건물형식	• 1호 주택, 2세대 주택허용 • 호수 상한에 의한 연립, 공동주택 허용 • 연동식 타운하우스
	색 상	• 색 지정 • 기조색을 지정(입구부 제외)
	증 · 개축	• 증 · 개축 후에도 조건만족 • 운용체계 설정
	지붕형태 및 재료	• 지붕형상은 주거 가로공간의 구성에 크게 영향을 주므로 눈에 띄는 주택에서는 지붕형상, 구배 등을 지정(제한보다는 유도) • 구배, 최저 또는 최고 제한
	다락방	• 높이규모 상한지정 • 사안에 따라 추장품 지정
외부공간 관련	식 재	• 식재수목 지정 • 기존 그린벨트의 보전 • 그린벨트는 위치, 구조, 형상을 지정 • 상징목의 식수할 위치와 수종을 지정 • 입구 식재의 경우 위치, 수목, 수형을 지정 • 방충, 제초 노력의무 규정 • 도로측 경사면의 녹화규정 필요
	담 장	• 담의 개방성을 위해 재료, 높이 제한(도로측, 인지측) • 개방형 재료사용 • 브록크 금지

주차장 관련	주차장 설치기준	• 도로, 인접지로부터 후퇴 거리 지정 • 도로로부터 주차장 지붕의 후퇴선 지정
	규 모	• 높이 상한지정
	주차장 출입구 및 통로	• 추장품 지정 • 조성법 처리에 준한 대응을 고려(가로선 형성의 중요 요소) • 위치, 형상의 제한
기타시설 관련	간판 및 옥외광고물	• 크기, 설치위치 제한 • 의장통일
	간판 및 옥외광고물	• 인입주 설치 및 지하매설 • 각호 집합형식 • 추장품 지정, 외관상 도로에서 벗어나게 설치

때문이라고 생각된다. 아파트 베란다 문틀을 누군가가 새빨간 색으로 만들지 않으며, 유리창 안으로 형형색색의 필름지를 붙이지도 않고, 창밖으로 빨래를 내걸지도 않는다. 또한 현관문을 장식하지도 않고, 아파트 출입구를 치장하지도 않는다. 기껏해야 아파트 앞마당에 가을걷이 고추를 말린다거나, 텃밭을 가꾼다거나 하는 것이 개인이 공동주거의 터전을 침해하는 정도이다. 공동주거의 주민들이 공공성에 매우 익숙해져 있는 모습이다.

그러나 앞으로 우리나라의 젊은 계층들은 점차 개성이 강해지고 있고, 개인의 삶의 가치에 대한 표현욕구가 커지면서 공동주거에서의 개별적 특성이 어느 정도 배려되기를 희망하며, 개인의 표현이 집밖으로 확장될 수 있기를 바란다. 따라서 앞으로는 개인의 욕구표현과 공공적 디자인 특성이 상충하는 것을 막기 위하여 단지의 디자인 규정을 정비해 대비할 필요도 있을 것이다.

3) 공동주거 디자인에서의 주민참여

공동주거의 특성상 주민 개개인의 요구사항을 균등하게 반영하기란 쉽지 않다. 특히 개인의 성향 차이에 따라 선호하는 내용이 다를 때에는 더욱더 그렇다고 할 수 있다. 예를 들어 어린이놀이터의 경우, 어떤 사람은 소음이 문제되므로 주동에서 조금 떨어져 배치되어야 한다는 것을 주장하는 반면, 어떤 사람은 관찰이 우선적이므로 소음은 참아야 하지 않느냐는 의견의 상충을 보일 수 있다. 물론 다수의 의견에 따라 결정을 내릴 수 있겠지만 다수의 결정이 꼭 맞다고 할 수 없어, 중재자의 역할이 요구되는 부분이다. 이때 중재를 맡은 사람은 충분한 디자인 자료를 이용하여 설명하는 노력을 기울일 필요가 있다. 일상사의 경우 상식에 기초하여 설명할 수 있으나, 디자인에 관련해서는 전문적인 지식이 요구되기도 한다.

이때 중재자는 디자인 키트(design kits)라는 도구를 활용할 수 있다. 모형이라고도 할 수 있는 키트는 공동주택의 요소를 조그만 모형으로 제작한 것으로서 사안이 생겼을 때, 각 요소의 모형을 옮기면서 예상되는 문제들에 대한 이해를 높일 수 있다. 말로만 하는 것보다 이해의 효과가 높으며, 실제 규격을 갖고 있으므로, 현장여건에 맞는 해결책이 되는지에 대한 답을 줄 수 있기 때문이다. 우리나라에서는 아직 다양한 키트들이 개발되어 있지 않아 실제 적용에는 어려운 점이 있으나 모형제작사를 통해 단지 내에서 구비할 수도 있을 것이다. 요즘에는 3D 시뮬레이션 기술이 발달되어, 개조 전과 개조 후의 모습을 실물 영화를 보듯 제작이 가능하므로 이러한 기법을 활용하는 것도 방법이다.

그러나 무엇보다도 디자인 변화를 추구하는 이유와 목표에 대한 공감대를 이루어 내는 것이 중요하며, 예상되는 문제점과 장점에 대해서는 전문가의 컨설팅을 통해 충분한 정보를 습득하는 것이 중요하다. 그 이후에 이와 같은 키트나 시뮬레이션 수법이 적용될 수 있을 것이다.

참 | 고 | 문 | 헌

강병근 외(2003). 공동주택단지 무장애 설계 매뉴얼. 대한주택공사 주택도시연구원.

고명조랑, 박숙 역(1992). 집합주택지. 도서출판 국제.

미무로 히로시, 이영석 · 남승진 역(1999). 주거환경을 정비한다. 발언.

신혜경(1997). “주거와 커뮤니티”, 주거론. 기문당. 262−281.

오덕성(1997). “노후주거단지의 개량화”, 주거론. 기문당. 409−428.

이광로 외(1990). 건축계획. 문운당.

헨리 사노프, 윤장섭 역(1990). “주택 설계 참여 : 일반적 선택 방법과 그 방법의 관념적 의미”, 커뮤니티 참여 디자인 방법론. 태림문화사. 173−204.

Schulz, C. N., 이재훈 역(1997). 거주의 개념. 태림문화사.

Chermayeff, S. & Tzonis, A.(1971). *Shape of Community*. Penguin Books.

제8장

공동주거와 정보 네트워크

정보 네트워크란 사회 각 구성요소 간의 연결을 의미하며, 정보화 사회에서 공동주택에 거주하는 사람들 사이의, 혹은 공동주택 내에서 거주하는 사람과 외부에서 거주하는 사람들과의 상호관계가 공동주택 내 정보통신망을 통하여 점점 더 고도화되고 심화되고 있다. 이에 따라 공동주거관리자들은 공동주택에 적용된 정보기술의 트렌드를 이해하고 정보 네트워크의 활용을 통해 커뮤니티 관리능력을 배양할 필요가 있다.

제 8 장

공동주거와 정보 네트워크

1 공동주거와 정보 네트워크의 발전

공동주택은 2005년에 이르러서는 전체 주거형태의 66.2%를 점할 정도로 급속한 양적 팽창을 가져오게 되었다.[1] 공동주택의 양적 팽창과 더불어 시설 · 설비 등 질적 측면의 발달도 함께 병행되었는데, 컴퓨터와 인터넷을 이용한 공동주거의 정보 네트워크화가 그 한 예이다.

우리나라는 1994년 6월 한국통신(KT)이 최초로 인터넷 상용 서비스를 개시한 이후 불과 10년 남짓 지난 2005년에 인터넷 이용률 세계 3위, 초고속 인터넷 보급률 1위 등 자타가 공인하는 세계 최고수준의 IT 강국으로 발전하였다. 그 결과, 가구당 1.2대의 컴퓨터를 보유하고 있으며, 컴퓨터 보유가구 중 91.0%(전체 가구 대비 70.3%)가 인터넷에 접속되어 있고, 인터넷 접속가구의 95.6%가 초고속망으로 접속되어 있다(한국인터넷진흥원, 2004).

이렇게 우리나라 전체가 초고속 인터넷을 기반으로 하는 IT 선진국이 될 수 있었던 것은 1995년부터 추진된 국가기간정보 인프라로서 정부의 초고속 정보통신망 구축계획의

1) 특히, 수도권 신도시의 입주가 본격화된 1992년 이후 2005년에 이르기까지는 공동주택이 매년 공급되는 주택의 80% 이상을 지속적으로 점하고 있다.

선견성에 있다. 특히 기간통신망 및 가입자망 구간의 고속 · 고도화 정책에 발맞추어 추진된 '초고속 정보통신 건물 인증제도'는 공동주택 단지 내 혹은 일반 빌딩 등의 구내 통신망의 고도화를 촉진하여 최종 사용자인 일반 국민이 병목현상 없이 초고속 정보통신 서비스를 즐길 수 있는 국가적 고수위 정보 인프라 완성에 결정적인 촉매제 역할을 하였다.

1) 초고속 정보통신 건물 인증제도

기간통신망 및 가입자망 구간이 아무리 고속 · 고도화되더라도 구내 통신망의 배선 · 배관설비 등이 이를 뒷받침하지 못한다면 최종 사용자인 일반 국민은 고속의 정보통신 서비스를 실감할 수 없다. 초고속 정보통신 건물 인증제도는 그러한 구내 정보통신 설비의 고도화를 촉진시키고 초고속 정보통신을 활성화하기 위한 목적으로 1999년 4월에 도입되었다.

이는 일정기준 이상의 구내 정보통신 설비를 갖춘 건물에 대해 국가(정보통신부)가 직접 인증을 부여해 줌으로써 건설업계가 신축건물에 대해 구내 통신망의 고도화에 적극적으로 참여하도록 유도하는 제도로, 사업 주체(혹은 건설업체)는 건물인증을 획득해 이를 홍보함으로써 건물의 분양을 촉진할 수 있고 소비자는 인증획득 여부와 그 인증등급을 건물 구입의 중요한 기준으로 활용할 수 있다.

인증대상은 20세대 이상의 공동주택과 3,300m^2 이상의 업무시설로 나누어지며, 인증등급은 각각에 대해 특등급, 1등급, 2등급, 3등급으로 구분되어 있다. 당초에는 공동주택에 한하여 준3등급을 별도로 마련하고 있었으나 2004년 1월부터는 유명무실화된 준3등급을 폐지하고 특등급을 신설하여 시행 중에 있다. 각 등급을 가시적으로 구분하기 위해 해당 등급의 인증마크(엠블럼) 및 인증명판이 부여되어 사업 주체(건축주)나

그림 8-1 초고속 정보통신 건물 인증마크

건설업체, 혹은 입주민들은 이를 홍보용으로 활용할 수 있도록 하고 있다.

본 제도의 도입 무렵에 존재했던 공동주택에 대한 준3등급의 인증은, 1~3등급 구분과 같이 배선이나 배관 인프라의 업그레이드가 아닌 기존의 정보통신 배선(전화선)을 이용하되 통신기술의 활용으로 최종 소비자인 입주민에게 1.5Mbps의 서비스 제공여부를 심사기준으로 하고 있다. 이는 이미 공급된 공동주택에서의 초고속 정보통신 환경구축을 장려하기 위한 보완적인 조치의 성격이었다.

그러나 초고속 정보통신 건물 특등급 공동주택이란 기존 1등급의 경우 공동주택의 동(棟) 단자함까지(Fiber to the Curb : FTTC) 광케이블을 설치해야 했으나, 광선로를 세대내 단자함까지(Fiber to the Home : FTTH) 구축하여 가구당 최소 100Mbps 이상의 속도를 보장함으로써 통신 · 방송 · 인터넷이 융합된 광대역 멀티미디어 및 홈 네트워크 서비스가 가능한 FTTH 기반의 차세대 네트워크 인프라가 구축된 주거용 건물을 가리킨다.

2) 사이버 아파트의 등장

정부가 주도한 초고속 정보통신 건물에 대한 인증제도와 때를 같이하여 민간에서도 공동주택을 둘러싼 정보 네트워크에 큰 변화의 조짐이 보였다. IMF로 상징되는 1997년 말의 국가적 외환위기 사태 이후 1998년까지 계속된 경기침체 속에서 고전을 치른 건설업체들은, 아파트 미분양 해소 및 새로운 소비자의 요구에 부응하고자 고심하던 중 당시에 폭발적으로 붐이 일기 시작한 인터넷에 착안하여 앞다투어 일명 '사이버[2] 아파트'라는 개념을 도입하였는데 그 시점과 수요가 정부의 초고속 정보통신 건물 인증제도 시행과 맞아떨어졌다.

초고속 정보통신 건물 인증을 최초로 받은 아파트는 1999년 4월에 입주가 시작된 서울의 돈암동과 옥수동의 재개발아파트였다. 그 건설회사는 같은 시기에 초고속 인터넷 및 제2시내전화 사업자로서 영업을 개시한 하나로통신[3]이 전략상품으로 출시한 ADSL[4]과 영상전화를 전 세대에서 무료로 사용할 수 있는 인프라를 제공해 주고 준3등

2) 가상(virtual), 공상의 의미를 포함하며, 현재는 컴퓨터 안이나 각 컴퓨터를 연결하는 네트워크 망을 포괄해서 부른다. 캐나다의 공상과학소설가 윌리엄 깁슨(1948~)이 그의 소설 'Neuromancer(1984)'에서 처음 사용했다.

3) 2004년 7월, 현재의 하나로텔레콤(주)로 사명이 변경되었다.

급 인증을 신청하였다.[5] 그 후 '국내 최초로 정부의 초고속 정보통신 아파트 인증을 신청한 사이버 아파트'로, '집에서 VOD로 영화를 즐길 수 있고 자녀들이 환경이 나쁜 PC방에 가지 않아도 가정에서 인터넷 게임을 즐길 수 있다' 등의 선전 구호로 대대적인 홍보를 하여 분양에 성공하였다. 이후 분양하는 자사의 아파트 상품명을 아예 '사이버 아파트'로 하는 마케팅을 전개하여, 정보화 시대에 대응하는 첨단아파트의 이미지를 구축하여 대성공을 거두었다.

이를 효시로 여타 건설회사에서도 경쟁적으로 초고속 정보통신 아파트 예비인증[6]을 받은 후 분양에 이를 적극 활용한 것이 공동주택에 '사이버 아파트'란 이름으로 인터넷 기반의 초고속 정보통신 인프라를 갖추어 가는 시발점이 되었다. 즉, 당시 '사이버 아파트'란 것은 정부의 초고속 정보통신 건물 인증제도에 기반을 두어 구내의 정보통신 인프라(배선과 배관)의 업그레이드를 통한 물리적인 환경 개선에 초점이 맞추어진 것이었다.

3) 사이버 아파트의 발전

초기의 사이버 아파트가 기존의 통신 인프라를 이용해서 가정에서 초고속 인터넷을 원활히 이용할 수 있도록 하는 기술이 중심이 되었다고 한다면, 1999년 하반기부터는 초고속 정보통신 건물에 대한 인증제도가 건설회사의 신규 아파트 분양전략에 경쟁적으로 활용되어 2등급을 거쳐 8월에는 공동주택에서 최초로 1등급 예비인증[7]을 받는 아파트가 나왔다.[8] 당시 기준으로서의 1등급 아파트의 가장 큰 특징은 단지의 MDF실[9]이 아닌 각 동

4) ADSL(Asymmetric Digital Subscriber Line : 비대칭 디지털 전화 가입자선), 음성통화와 고속 인터넷 통신을 동시에 즐길 수 있는 접속 서비스로서(전화 모뎀을 이용한 인터넷 통신의 경우 인터넷 통신을 하는 동안은 전화통화가 불가능했음) 이전까지의 전화 모뎀속도에 비해 최고 100배 이상 빠른 통신방법이다. 이 방법은 별도의 회선설치의 번거로움 없이 기존에 설치된 전화회선으로 초고속 인터넷을 즐길 수 있는 것이 매력으로 이론상 상향 최대속도는 640Kbps, 하향 최대속도는 8Mbps이다.

5) 동년 7월에 정식 인증을 받았다.

6) 기본적으로 인증신청은 완공된 건축물에 한하여 가능하나 분양의 효율성을 제고하기 위해서 인증등급을 사전에 예고하고자 하는 경우에 건축허가를 받은 후 건축물의 설계도에 대한 심사를 통해 예비인증을 신청할 수 있게 하였다.

7) 건축허가를 받은 후 예비인증을 받아 분양에 활용하고, 준공예정일 이내 본인증을 받을 수 있다.

의 단자함까지 광케이블이 들어오는 '적극적인 의미에서의 FTTC'[10]가 구현된다는 점으로, 공동주택 단지를 단일 LAN[11]으로 구성하는 데 있어 가장 큰 장애였던 단지 내 동 간의 거리문제가 광케이블로 인해 완전히 해결되어 적절한 네트워크 장비를 추가하면 단지 전체를 하나의 서버(server) 컴퓨터를 중심으로 묶을 수 있다는 데 차별적인 의의가 있다.

공동주택단지가 하나의 서버를 중심으로 LAN으로 네트워킹되고 그 서버를 통해서 외부와 통신하는 개념이 신축아파트를 중심으로 경쟁적으로 도입됨으로 인해서, LAN 기반의 사이버 아파트의 구축은 물론 운영에 대한 관심과 중요성이 부각되었다. 이에 일부 선도적인 건설사들은 사이버 아파트의 개발(구축)과 운영을 별도의 사업 모델(business model)화하여 스스로 성장해 나가도록 하였다(표 8-1).

표 8-1에서 보는 바와 같이 사이버 아파트를 사업 모델로 해서 건설사 주도로 설립된 별도의 법인들은 설립 초기의 비전으로서 서비스를 표방하고 있고, 수익 모델도 광고료나 제휴를 통한 중개수수료에 비중을 두고 있어 당초부터 사이버 아파트의 구축보다는 운영에 더 큰 비중을 두고 있음을 알 수 있다.[12] 실제로 표 8-1의 4개사 가운데 건설사가 주도한 3개 회사는 '사이버 아파트의 구축과 운영'을 핵심 경쟁력으로 하여, 정보 네트워크를 통한 온라인(on-line)상의 고객관리와 병행하여 오프라인(off-line)상의 고객관리라는 차원에서 공동주택관리 분야에 참여하고 있다.

초고속 정보통신 건물 인증 1등급으로 발전된 사이버 아파트의 LAN 기반의 초고속 인터넷은, 종래의 공동주택 홈 오토메이션 시스템[13]이 통신기술의 발달로 새롭게 진화한 홈

8) 서초동 가든 스위트(2000년 6월에 입주)

9) MDF(Main Distribute Frame) : 주배선반실로, 외부회선과 내부회선이 연결되는 유니트로 공동주택에서는 외부 네트워크에서 단지 내부로 들어오는 통신회선이 있는 공간이다.

10) 이에 비해, 당시 2등급 아파트는 각 동이 아닌 단지(MDF실)까지 들어오는 소극적 의미의 FTTC라 할 수 있다.

11) LAN(Local Area Network) : 근거리통신망

12) 그러나 2007년 현재, 실제 수익은 신축 공동주택에 대한 지능형 아파트의 구축이란 공사성 매출수익과 신축 공동주택에 네트워크를 공급한 후 전용선을 이용한 통신 재판매를 통한 수익(인터넷 접속료)이 중심을 이루었다.

13) 가정 내 자동화시스템(Home Automation System : HAS). 중앙에서 전원 차단 등을 통해 집안의 전등, TV 등을 켜고 끌 수 있게 하여 가정 내의 전기, 전자 기기들을 제어하고, 안전(가스, 화재, 알람 등)과 방범(비상연락, 현관 모니터링 및 도어 개폐)에도 자동 대응하는 통합장치로 주로 거실 인터폰이 중심이 되어 있다. 계측기, 계량기와 같은 비전자기기들도 전자식으로 교체함으로써 홈 오토메이션이 가능하게 되었다.

표 8-1 사이버 아파트 구축 및 운영을 사업 모델로 탄생한 회사

브랜드	아이씨티로 (www.icitiro.com)	사이버빌리지[14] (www.cvnet.co.kr)	이지빌 (www.ezville.net)	테크노빌리지 (www.technovillage.co.kr)
법인명	(주)아이씨티로[15]	(주)씨브이네트	(주)이지빌	테크노빌리지(주)
설립일	1999. 12. 30	2000. 4. 6	2000. 4. 6	2000. 5. 18
주관사	대림산업	삼성물산	GS건설	IT벤처회사
비 전	Cyber Apt Total Service	Total Service Provider	Digital Living Service	All Life Portal Service
수익모델 (당초)	인터넷접속료, 광고료, 제휴수수료	광고료, 제휴수수료, 아파트 관리수수료	광고료, 제휴수수료	광고료, 제휴수수료
주요 사업영역 (현재)	사이버 아파트 구축 및 운영, 인터넷 접속 서비스, 시설관리	사이버 아파트 구축 및 운영, 인터넷 접속 서비스	사이버 아파트 구축 및 운영, 인터넷 접속 서비스, 공동주택관리	사이버 아파트 구축 및 운영
공동주택관리	참여	참여 후 분사(分社)	참여	참여 않음

네트워크 기술과 결합되어 공동주택에 있어 주민생활의 편의성과 안정성 및 오락성을 획기적으로 증진시켜 '홈 네트워크(혹은 지능형) 아파트'가 등장하는 계기를 만들어 주었다.

4) '홈 네트워크 아파트'와 '지능형 아파트'의 등장

홈 네트워크는 가정에서 유 · 무선 인터넷을 통해 냉장고, 에어컨, 전자레인지, TV 등 주요 가전제품을 제어하고 기기 간에 콘텐츠를 공유할 수 있는 물리적 네트워크 기술을 말하며, 홈 네트워크 구현에는 가전기기의 디지털화와 홈 서버를 중심으로 각 디지털 기기를 운용하기 위한 통신 프로토콜의 개발이 필수적이다. 홈 네트워크는 용도에 따라 컴퓨터를 중심으로 집안의 정보통신기기를 엮어 주는 데이터 네트워크, TV 및 오디오 등을 한데 엮는 A/V 네트워크, 백색가전을 위시한 가전기기들의 정보가전 네트워크, 방범 · 방재 및 냉난방 가스제어 등 제어를 위한 제어 네트워크로 크게 구분할 수 있으며,

14) 2005년부터 '유아시스(www.uasic.com)'를 통합브랜드로 사용하고 있다.

15) 대림정보통신와 합병하여 대림I&S로 사명을 변경하였다.

상호 간 통신이 가능하고 사용자와 유·무선 유저 인터페이스(user interface)[16]를 통하여 주택 내, 외부에서 능동적으로 데이터를 주고받을 수 있는 등 홈 오토메이션에 비해 제어가 지능적이고 사용자 편의성이 크게 증진된 기술이다.

이러한 홈 네트워크가 적용된 아파트에 대해 '홈 네트워크 아파트'라는 표현이 처음 등장한 것은 2001년 무렵이었다. 홈 네트워크 아파트는 '홈 네트워크 대응 아파트'라는 의미로 볼 수 있으며 초고속통신망 설치가 전제로 된다는 점에서 사이버 아파트가 한 단계 진화한 형태로 볼 수 있다. 같은 시기의 '지능형 아파트'[17]라는 표현은 과거에 있었던 홈 오토메이션을 전제로 하는 종래의 '인텔리전트 아파트'[18]와는 달리 초고속통신망에 홈 오토메이션 시스템이 결합된 개념으로 해석될 수 있으며, 경우에 따라서는 '지능형 홈 네트워크 아파트'라는 표현도 등장하지만, 표현만 상이할 뿐 '홈 네트워크 아파트'와 동일하게 정의될 수 있는 유형이라 하겠다.

홈 네트워크가 실제로 첫선을 보인 공동주택은 2002년 10월부터 1,500가구가 입주한 도곡동의 한 주상복합아파트이다. 이곳의 입주자들은 10.4인치 LCD 화면에 간단한 터치식 키보드로 구성된 웹패드(web pad)[19]와 월패드(wall pad)[20]를 이용해 세탁기, 에어컨, 전등 등을 켜고 끌 수 있으며 자동으로 모든 검침을 할 수 있고, 아파트 외부에서도 휴대전화로 세탁기나 에어컨, 히터 등을 가동하거나 가스의 잠김과 열림 상태를 알 수 있도록 설계되어 있다. 이를 계기로 이후 건설사들이 내세우는 첨단아파트는 홈 네트워크를 키워드로 하거나 아예 '홈 네트워크 아파트'를 표방하고 있다.

---

16) PC, 휴대폰, PDA, 웹패드, 월패드 등의 단말기

17) '인텔리전트 빌딩'에서 응용된 '인텔리전트 아파트'의 한글화된 표현으로, '지능형 아파트'란 용어는 1999년 11월에 '수요대응형 지능형(Intelligent) 아파트 표준 모델 개발' 연구가 건설교통부 국책 연구과제로 채택되면서 사용되기 시작하였다. 본 연구는 대한주택공사가 주관하고 삼성물산, 서울통신기술, 한국전기통신공사가 컨소시엄을 구성해 연구를 시행했으며, 그 결과 2001년 12월에 인텔리전트 아파트 표준 모델을 선보였다.

18) 1987년 금성통신이 올림픽 훼미리 아파트에 홈 오토메이션으로 '홈 메이트'를 설치한 것이 우리나라 최초의 인텔리전트 아파트로 알려져 있다.

19) 주로 실내에서 인터넷 접속을 주목적으로 한 단말기로, 모바일한 편이성(무선, 가볍고 심플한 디자인)과 사용의 간편성(터치스크린, 실용적인 가격)으로 일반 PC와 차별화 된다. 최근에는 제어기능이 추가되어 홈 네트워크에 대한 리모콘(제어박스) 역할도 하게 되었다.

20) 웹패드가 종래 거실 벽에 위치한 홈 오토메이션 기기와 결합된 형태의 단말기

그림 8-2 홈 네트워크 건물 인증마크

2005년 초부터 등장한 '유비쿼터스[21] 아파트'는 일부 건설사에서 첨단아파트라는 이미지를 홍보하려는 의도에서 당시 유행하던 키워드를 인용한 것으로 내용 면에서는 홈 네트워크 아파트와 크게 다르지 않다. 즉, 자사가 공급하는 홈 네트워크 대응 첨단아파트를 멋스럽게 표현을 하는 것으로 굳이 차별성을 부여한다면 휴대폰과 같은 통신 단말기를 활용하여 '언제 어디서나' 가정 내 홈 네트워크와 정보를 주고받는 것을 강조한 점이라 할 수 있다.

5) 홈 네트워크 건물 인증제도

초고속 정보통신 건물 인증제도로부터 발전한 사이버 아파트가 홈 네트워크 아파트로 진화함에 따라, 정보통신부도 홈 네트워크 서비스의 보급을 촉진시켜 공동주택 거주자들의 정보격차를 줄이고, 홈 네트워크 서비스 제공을 위한 배관 · 배선, 장치 설치공간 등의 설치 기준을 제시하기 위해 기존의 초고속 정보통신 건물 인증제도와 연계하여 2007년 1월부터 홈 네트워크 건물 인증제도를 시행하고 있다.

홈 네트워크 건물 인증등급은 초고속 정보통신 건물 1등급 이상의 공동주택이 추가적으로 취득할 수 있으며 조명제어, 침입탐지, 원격검침, 난방제어 등의 홈 네트워크용 배선설비와 관련 기기 설치공간 확보수준에 따라 AA, A, 준A 등 세 개 등급으로 구분된다.

이와 발을 맞추어 건설교통부도 신축과 리모델링을 망라하여 홈 네트워크 아파트에

21) Ubiquitous. 라틴어로 언제, 어디서나 존재한다는 의미로 사용자가 네트워크나 컴퓨터를 의식하지 않고 장소에 상관없이 자유롭게 네트워크에 접속할 수 있는 정보통신 환경을 의미한다.

대한 체계적인 계획과 시공, 유지 · 관리를 위한 방안 및 법제도적 기반을 종합적으로 수립하기 위해 대응을 서두르고 있다.

6) 공동주거 정보 네트워크의 발전과 관리자

이상에서 살펴 본 바, 우리나라 공동주택의 정보 네트워크는 초고속 인터넷에 대한 소비자들의 니즈(needs)와 가입자망을 고도화하려는 정부의 정책적인 의도, 그리고 첨단 초고속 정보통신 환경 대응주택 제공이라는 건설사들의 아파트 판매를 위한 마케팅 전략이 맞물려 급속히 발달하여 왔으며 홈 네트워크 솔루션, 네트워크 장비, 정보가전 등 주변기술의 발전에도 지대한 영향을 끼쳤다.

그러나 첨단아파트의 경쟁이 심화되면서 완성도가 떨어지는 기술을 적용하여 오작동을 불러일으킨다거나, 신기하고 환상적이긴 하지만 사용자의 편의성이 고려되지 않아 시간이 지나면서 무용지물, 애물단지로 전락하거나, 유지 · 관리적인 측면의 비용이 충분히 고려되지 못한 채 적용되어 아파트의 분양가만을 올릴 뿐, 결국은 소비자에게 그 부담만 전가되는 부작용도 있었다.

초고속 정보통신 인프라가 구축되어 있고 홈 네트워크 대응 시스템을 갖춘 공동주택이 속속 공급되고 있지만 유지 · 관리 분야에서의 대응은 상대적으로 매우 미미하다. 종래의 공동주택에서 시설 정도와 규모에 따라, 전기 혹은 설비 관련 자격 보유자가 필요하였듯이 정보통신 분야에 대한 자격 보유자의 필요성과 함께 전문업체에 유지 · 관리를 아웃소싱해야 한다는 주장도 있다. 실제 건설교통부도 공동주택관리자의 관련 자격증 취득, 혹은 자격 보유자의 채용 등 법제도적인 보완 방향으로 대책 마련을 검토하고 있다.

그러나 무엇보다 가장 중요한 것은 공동주택관리자 스스로가 빠른 속도로 발전하고 있는 정보통신 인프라 및 홈 네트워크 시스템에 대해 관심과 이해를 갖고 자기계발과 학습을 통해 전문 관리자로서 정확한 대응능력을 길러 나가는 것이 요구되고 있다. 즉, 최첨단의 정보통신 인프라가 갖추어진 공동주택이면서도 관리자가 그 내용을 파악하고 있지 못하거나 이해하지 못하여 충분히 활용되지 못하는 사례는 발생하지 않도록 해야 할 것이다.

2 관리활동과 정보 네트워크

공동주거관리는 크게 거주자들에 대한 생활관리와 주거시설에 대한 유지관리, 회계나 문서관리를 포함한 운영관리로 나누어 행해지고 있다. 오늘날 정보 네트워크는 생활관리에 있어서 거주자들끼리 시간과 공간을 초월한 직접적인 커뮤니케이션을 가능하게 해 주었으며, 시설관리에 있어서는 관리자들에게 더 많은 정보와 데이터베이스를 제공해 주어 계획적이고 체계적이며 정확한 대응을 할 수 있도록 해 주고 있다.

초고속 인터넷 기반의 정보 네트워크의 발달이 공동주거 거주자들에게 가져다 준 변화와 특성에 따라 이에 대응하기 위해 관리자들이 갖추어야 할 기본적인 지식도 늘어나고 있다.

1) 인터넷 아파트

앞 절에서 살펴 본 바, 초고속 정보통신 아파트, 사이버 아파트, 지능형(intelligent) 아파트, 홈 네트워크 아파트, 유비쿼터스 아파트 등으로 다양하게 불리고 있는 명칭의 기준은 정보화 시대에 있어 물리적인 인프라나 하드웨어 시스템적인 대응의 수준에 맞추어져 있으며, 주택 공급시장에서 건설사들이 브랜드 경쟁을 위해 적극적으로 활용되었다.

반면에, '인터넷 아파트' 혹은 '정보화(Information) 아파트'라는 용어는 첨단의 물리적인 인프라와 시스템을 필수조건으로 하는 사이버 아파트(혹은 지능형 아파트)와 비교할 때, 콘텐츠 지향적이며 커뮤니티 대응적인 이미지가 강하다. 즉, 사이버 아파트(혹은 지능형 아파트)의 인프라를 바탕으로 가상의 아파트 커뮤니티가 형성되고, 그 결과 거주자들의 참여를 통해 공동주택의 거주성에 대한 만족도가 높아지는 아파트를 의미한다. 또한 인터넷을 기반으로 하는 정보화 시대에 대응하는 '사이버 공동체'는 아파트 공동체의 또 다른 형태이며, 주로 아파트 홈페이지[22] 등을 통해 교류가 이루어진다.

22) 인터넷 카페, 블로그 등의 형태도 있으나, 총괄하여 홈페이지로 성격을 규정한다.

2) 아파트 홈페이지

아파트 홈페이지의 탄생과 시행착오

인터넷의 보급과 함께 등장한 우리나라 최초의 아파트 홈페이지는 한 인터넷 사업자가 주민들의 의견을 수렴하여 1998년 5월에 개설한 목동아파트 8단지의 홈페이지로 알려져 있다(www.internetapt.com). 인터넷 보급 초기에는 아파트를 대상으로 하는 인터넷 포털 비즈니스 모델에 착안한 사람들이 앞다투어 회사를 설립하고 홈페이지 개설을 제안하는 사례들이 많았다. 특히, 대형 건설회사와 정보통신 사업자들이 출자하여 만든 사이버 아파트 구축 및 운영을 비즈니스 모델로 하는 회사들(표 8－1)과 아파트 인터넷 포털을 표방하는 사업자들이 본격적으로 등장을 한 1999년 하반기부터는 아파트 홈페이지가 우후죽순처럼 불어나 2000년 6월에는 6,601개에 달하였다(김한수 외, 2000). 그러나 2005년 11월의 조사[23]에 의하면 아파트 홈페이지는 약 2,883개로 당시 전체 아파트단지수 17,886개 가운데 16.1%에 해당되어 정보화의 진전에도 불구하고 절반 이상이 사라졌다.

이러한 현상의 가장 큰 원인으로는 광고수익 등을 비즈니스 모델로 하면서 아파트 홈페이지 구축을 제공해 주었던 아파트 인터넷 포털 사업자들의 서비스 중단을 꼽을 수 있다. 인터넷이 보급된 초기에 무료 홈페이지 제공 서비스를 통한 광고수익 등을 비즈니스 모델로 하는 업체들이 난립하여 일방적으로 홈페이지를 개설해 주는 사례가 많았는데, 그 결과는 거의 실패로 이어졌다. 그 표면적인 이유로는 아파트 홈페이지의 개설 이후, 유용한 콘텐츠 확보나 운영 서비스에 지속적인 투자가 이루어지지 못해 홈페이지를 중심으로 하는 사이버 공동체가 활성화되지 못한 점을 꼽을 수 있다. 그러나 보다 근본적인 이유로는 사업자들이 아파트 공동체의 특성과 객체 관계를 정확하게 파악하지 못했을 뿐 아니라 아파트 홈페이지의 정체성을 정확하게 규명하지 못한 채 섣부르게 사업적인 관점에서만 접근을 했기 때문이었다.

23) 다음이나 네이버의 카페 기능을 이용한 홈페이지 제외하였다. 이 또한 아파트 홈페이지가 줄어든 원인이 될 수 있다(윤무현, 2005).

아파트 인터넷 동호회의 탄생과 발전

아파트를 공급하는 건설업자들에 의하거나 아니면 아파트 포털을 꿈꾸는 인터넷 사업자들에 의해서 제공되는 홈페이지의 개설방식에 이어 2001~2002년 무렵부터는 구성원(아파트 거주자)들 가운데서 자생적으로 홈페이지를 만들어 운영하는 사례가 본격적으로 등장하였다. 이러한 공동체를 인터넷 동호회[24)]의 연장선상에서 '아파트 인터넷 동호회' 라 부르기 시작하였다. 이는 전문가가 아니라 하더라도 손쉽게 아파트 홈페이지를 구축할 수 있는 툴이 발달하고 1999년 5월부터 서비스를 시작한 '다음카페' 등과 같이 누구나 간단히 만들어 스스로 운영자가 될 수 있는 기능이 일반적인 인터넷 포털 사업자들에 의해서 제공되는 등 인터넷 사용환경의 발달과도 관련된다. 아파트 인터넷 동호회는 한 사람의 정보를 빠른 시간에 여러 사람이 쉽게 공유할 수 있고, 관련 분야의 지식도 회원 가운데 전문지식이 있는 사람을 통해서 쉽게 전수받을 수 있어 공동의 이슈를 쉽게 만들어 낼 수 있다.

아파트 인터넷 동호회는 필요에 의해 자생적으로 탄생하여 비교적 활발하게 사이버 공동체를 형성해 왔다는 점에서는 높은 평가를 받을 수 있으나, 공동주거 생활에 필요한 객체 관계자들이 모두 참여한 공식적인 홈페이지로 발전하는 경우가 드물고 종종 또 다른 객체(입주자대표회의 혹은 관리사무소)와 대립하는 경우가 많아 이에 대한 적절한 대응이 관리자로서 필요하다.

아파트 홈페이지의 유형

아파트 홈페이지의 유형을 파악해 두는 것은 공동주거관리자로서 홈페이지의 새로운 구축이나 기존 홈페이지의 파악 및 문제해결에 효과적으로 대처할 수 있는 정보를 제공해 줄 수 있다. 아파트 홈페이지의 유형은 대체로 개설 및 운영 주체에 의한 분류와 형태에 의한 분류 그리고 운영목적에 의해 분류할 수 있으며 이를 정리하면 표 8-2와 같다.

---

24) 사전적으로 '동호회'가 '취미나 기호를 같이하는 사람들끼리의 모임'으로 정의되는 데 반해, '인터넷 동호회'는 학연이나 지연을 중심으로 한 모임이나 특정 상품의 소비자 집단이 모인 모임, 이념이나 이상을 가진 사람들의 모임 등 전통적인 의미에서는 동호회와는 의미상 거리가 있는 모임까지도 모두 '동호회'로 부르는 경우가 많다. 즉, '인터넷 동호회'라 함은 '같은 관심사를 가진 사람들이 시간과 공간적 차원을 넘어 언제 어디서나 서로 정보를 교환할 수 있는 사이버 공간을 가진 사이버 공동체'를 말한다.

표 8-2 아파트 홈페이지의 분류

구분	분류	유지비용
개설 및 운영 주체에 의한 분류	거주자가 개설한 비공식 홈페이지	무료 또는 유료
	관리주체 또는 입주자대표회의 공식 홈페이지	무료 또는 유료
	상업용 목적의 회사가 제공하는 홈페이지	무료
형태에 의한 분류	홈페이지(독립 URL)	유료
	홈페이지(외부자 URL에 sub-URL로 존재)	무료
	유사 홈페이지(카페, 커뮤니티, 동호회 등)	무료
운영목적에 의한 분류	관리활동을 위한 공식 홈페이지	무료 또는 유료
	단지안내 및 홍보성 홈페이지	무료 또는 유료
	아파트 동호회 활동을 위한 홈페이지	무료 또는 유료
	상업적인 목적에 의해 제공된 홈페이지	무료

개설 및 운영 주체에 의한 분류는 내부자와 외부자에 의한 것으로 구분할 수 있으며, 내부자에 의한 것은 관리 주체(관리사무소) 혹은 입주자대표회의에서 공식적으로 개설, 운영하는 것과 특정의 거주자 개인 혹은 동호회가 주체가 되는 경우이다. 외부자에 의한 것으로는 사이버 아파트 개발, 공급업자나 아파트 인터넷 포털을 비즈니스 모델로 하는 업자들이 아파트 거주자들을 상대로 개설, 운영하는 홈페이지가 있다.

형태에 의한 분류는 아파트 홈페이지의 구성요소를 대체로 갖추면서 자체적으로 독립적인 도메인을 확보하고 있는 경우와, 특정 서비스 업체의 도메인을 활용한 서브 URL 형태로 존재하는 경우, 그리고 상업적인 포털 사이트[25]에 카페, 동호회, 커뮤니티 등과 같은 기능을 활용해 운영되는 유사 홈페이지로 구분할 수 있다.

운영목적에 의한 분류는 단지안내 등 기본적인 정보만 제공되고 있는 홍보성 홈페이지, 아파트 혹은 아파트 인터넷 공급 사업자 등이 자사의 고객관리 차원에서 운영하고 있는 상업성 홈페이지, 관리 주체나 입주자대표회의에서 관리활동을 위하여 활용하고 있는 공식적인 홈페이지와 개인이 비공식적이지만 공통의 관심사나 특정의 이슈, 취미 등을 나누기 위해 홈페이지를 개설하거나 포털 사업자들의 카페, 커뮤니티, 동호회 등의 기능을 이용하여 운영하고 있는 동호회 홈페이지로 구분할 수 있다.

25) 대표적인 예로 다음, 네이버, 프리첼, 닥터아파트 등이 있다.

아파트 홈페이지의 정체성

아파트 홈페이지의 다양한 개설유형과 운영목적은 아파트 홈페이지가 갖는 정체성에 큰 혼란을 가져왔다. 이러한 혼란을 막고 아파트 홈페이지가 공동체의 중심에 서도록 하기 위해서, 공동주거의 관리자는 아파트 홈페이지의 객체 관계를 정확히 파악하고 개념적으로 정체성을 확실히 하는 것이 중요하다.

아파트 홈페이지를 구성하는 핵심 객체는 구분소유자 혹은 임차자로서 입주자 등과 이들을 대표하는 입주자대표회의 그리고 관리사무소라 할 수 있으며 이를 표현하면 그림 8－3과 같다. 만약에 반상회나 부녀회, 노인회, 기타 동호회 등의 자생적 임의단체들이 홈페이지를 운영하고 있다면 아파트를 대표하는 공식적인 홈페이지로서 정통성에 문제가 야기될 수 있을 뿐 아니라 단지 내에서 공식적인 주민 자치기구인 입주자대표회의 혹은 관리 주체와 불필요한 마찰이나 갈등을 불러올 가능성이 크다. 따라서 정보화 시대 관리 주체 혹은 관리자로서 공동주거의 관리 문화를 선도하기 위해서는 사이버 공동체에 대한 주도적이고 정확한 대응이 요구된다.

아파트 홈페이지의 역할은 크게 두 가지 측면으로 나누어 정체성을 말할 수 있다. 하나는 시스템 측면에서의 관점으로 관리사무소가 정보화된 시대적 상황에 걸맞게 고객에게 제공하는 서비스를 확대하기 위해 온라인에서 거주자와 커뮤니케이션을 하기 위한 솔루션이다. 다른 하나는 해당 아파트를 매개로 하는 다양한 아파트 공동체가 시간

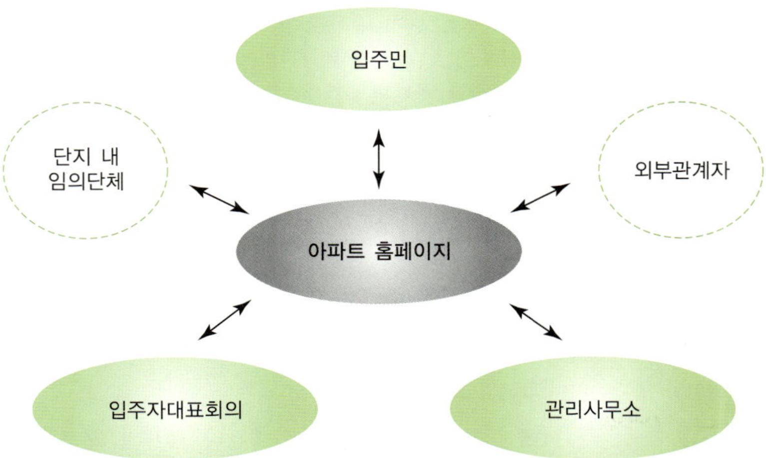

그림 8-3 아파트 홈페이지 객체 관계

과 공간을 초월하여 온라인에서 상호 간 이해관계를 나눌 수 있는 사이버 공동체의 플래트폼으로서의 역할이다(윤무현, 2005).

특히 정부는 2007년 3월 개정된 주택법시행령 제56조를 통해 공동주택관리 현황을 개별통보하거나 아파트 홈페이지를 통한 공개를 의무화함으로써 공동주택관리의 솔루션으로 인터넷 홈페이지의 필연성은 한층 더 부각되었다.

공동주거의 관리자는 관리 전반에 대한 공개와 홍보를 위해 아파트 홈페이지를 적극 이용할 수 있도록 합리적인 지원자가 되어야 하며, 이를 위해서 사이버 공동체에 대한 특성 등 제반사항을 파악해 두는 것이 필요하다.

아파트 홈페이지의 콘텐츠 유형

아파트단지의 홈페이지 구성은 개설 및 운영 주체에 따라서, 또 운영목적에 따라서 차이를 보인다. 이를 종합하여 분석한 한 연구 결과(이영애, 2007)를 통해 볼 때, 아파트 홈페이지의 콘텐츠의 기본 유형은 표 8-3과 같이 단지소개, 관리정보 및 관리현황, 아파트 생활정보, 지역정보, 인터넷 사이트 정보, 공동체 활성화, 개인 서비스 등으로 분류할 수

표 8-3 아파트 홈페이지의 콘텐츠 유형

<table>
<tr><th colspan="2">유형</th><th>콘텐츠 종류</th></tr>
<tr><td rowspan="2">단지소개 및 관리정보</td><td>단지소개</td><td>단지위치, 배치도, 평면도, 분양세대수, 단지소개/장점, 단지사진</td></tr>
<tr><td>관리정보 및 관리현황</td><td>게시판/Q&A, 단지 내 주요 연락처, 관리비 내역조회, 아파트 A/S, 관리사무소 소개/공지사항/건의사항, 입주자대표회의 소개/공지사항/건의사항, 부녀회 소개/공지사항/건의사항</td></tr>
<tr><td rowspan="3">생활정보 제공</td><td>아파트 생활정보</td><td>벼룩시장(우리 단지/타 단지 포함), 공동구매, 주민공용시설 이용정보, 구인구직, 입주자 간 정보교류</td></tr>
<tr><td>지역정보</td><td>우리지역소개, 대중교통안내, 단지상가목록/연락처, 전국 지역정보 검색</td></tr>
<tr><td>인터넷 사이트 정보</td><td>엔터테인먼트/교육/쇼핑/금융/부동산/법률 등</td></tr>
<tr><td colspan="2">공동체 활성화</td><td>대화모임 게시판, 동호회</td></tr>
<tr><td colspan="2">개인 서비스</td><td>이메일, 홈페이지/블로그, 일정관리, 웹파일, 무료문자 서비스, 가계부</td></tr>
</table>

표 8-4 개정된 주택법시행령 제56조의 내용

제56조(관리현황의 공개) 관리 주체는 다음 각 호의 사항을 그 공동주택의 인터넷 홈페이지 또는 게시판에 게시하거나 입주자 등에게 개별 통지하여야 한다. 다만, 입주자 등의 세대별 사용내역 등 사생활 침해의 우려가 있는 것은 공개하지 아니한다. 1. 입주자대표회의의 소집 및 그 회의에서 의결한 사항 2. 관리비 등의 부과내역 3. 관리규약 · 장기수선계획 및 안전관리계획의 현황 4. 입주자 등의 건의사항에 대한 조치결과 등 주요업무의 추진상황 5. 동별 대표자의 선출 및 입주자대표회의의 구성원에 관한 사항 6. 관리 주체 및 관리기구의 조직에 관한 사항

있다. 여기에 배너와 링크를 통한 주변상점, 기타 서비스 광고 등 광고성 정보와 상업적인 목적으로 아파트 홈페이지를 제작해 주고 운영하는 회사의 경우에는 전자상거래 기능이 추가되기도 한다.

아파트 홈페이지 콘텐츠 가운데 '관리정보 및 관리현황'에 관한 내용은 2007년 3월부터 주택법시행령을 통해 아파트 홈페이지에 공개가 의무화되었으며 그 내용은 표 8-4와 같다.

3) 사이버 공동체

아파트 공동체가 갖는 전통적인 특성으로는 주거를 기반으로 하는 지역공동체적인 특성과 소비자공동체적인 특성을 들 수 있으며, 소비자공동체는 아파트라는 하드웨어 상품을 구매한 소비자와 입주 후 관리 서비스라는 소프트웨어 상품을 구매한 소비자로서의 행동으로 나누어 생각할 수 있다.

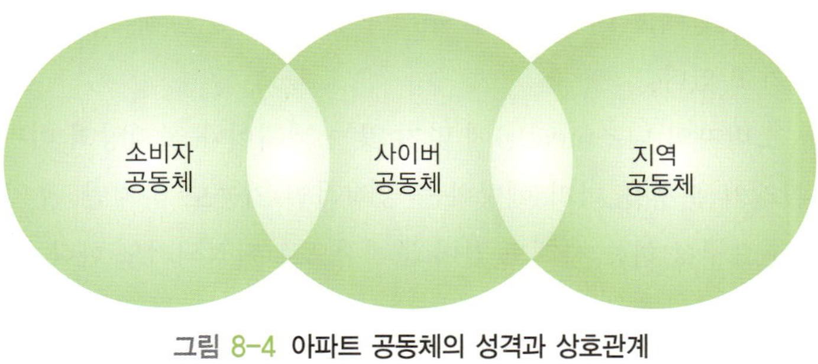

그림 8-4 아파트 공동체의 성격과 상호관계

동일한 아파트를 구매한 거주자들은 개인이 구매할 수 있는 단일 상품으로 가장 비싼 재화를 구매한 소비자로서 입주예정자 상태에서부터 입주 후 하자처리 기간에 이르기까지 집단적인 의사 결정이나 행동으로 소비자 권익을 찾고자 노력할 것이다. 또한 입주 후의 아파트관리를 전문 위탁관리회사에 맡기게 되면 관리 서비스라는 소프트웨어를 공동구매한 소비자 지위가 되며 일정규모 이상이 되는 공동주택의 경우에는 주택법에 의거하여 입주자대표회의를 구성한 후 이를 통해 소비자의 권리를 행사하게 된다.

인터넷 홈페이지를 중심으로 활동하는 아파트 동호회를, 공동의 목적과 관심을 가진 사람들이 인터넷이라는 가상의 공간에서 만나 정보를 교환하며 상호작용하는 '사이버 공동체' 로 정의할 때, 정보화 시대에 있어 소비자공동체 혹은 지역공동체는 사이버 공동체라는 특성을 동시에 가지며 그 결과 새로운 변화가 아파트 공동체에서 일어나고 있다.

인터넷이 주거공동체에 미치는 영향

인터넷의 발달은 소비자의 소비생활 전반에 다양한 영향을 끼치고 있으며 아파트도 예외가 아니다. 가상의 공동체가 거주자의 소비활동에 영향을 미치는 이유는 거주자로 구성된 사이버 공동체가 소비생활에 매우 유용한 정보원천이 될 수 있다는 것과 거주자 운동의 새로운 방법이 될 수 있기 때문이다(김기옥 · 여정희, 2005).

일례로, 아파트 구매자들이 스스로 만드는 '입주예정자 인터넷 동호회' 는 그 좋은 사례이다. 과거엔 아파트를 구매한 사람들은 입주 후에야 비로소 관리 주체의 도움을 받아 입주자대표회의를 구성하고 구매한 상품(아파트)의 시공상의 하자에 대해 사업 주체나 건설회사를 상대로 공동 대응을 할 수 있었다. 그러나 요즈음은 아파트를 분양받은 입주예정자가 계약과 동시에 곧바로 사설 홈페이지나 대중적인 포털 사이트의 온라인 카페 등을 개설해 '입주예정자 인터넷 동호회'를 구성 · 운영하면서 공사단계에서부터 아파트 설계와 건설에 관여하고 사업 주체나 건설회사를 감시하는 역할을 하는 사례가 일상화되어 가고 있다.

그 가운데는 소비자의 니즈(needs)에 맞지 않는 계획이나 설계상의 미비점이나 오류를 지적하여 미래의 분쟁을 미리 예방하는 긍정적인 기능도 하지만, 추가적인 비용이 들어가는 과도한 요구를 하는 사례도 있어 문제점으로 지적되기도 한다.

그림 8-5 건설 단계에서의 인터넷 동호회 사이트의 예

인터넷은 공동주택의 관리 서비스 활동에 있어서도 큰 변화를 가져 왔다. 공동주택의 주거 소비자들은 과거에는 소비자로서의 권리를 입주자대표회의에 철저히 일임하고 수동적인 입장에서 관리 서비스를 받아오는 형태였으나 최근엔 동호회 홈페이지를 중심으로 자신들의 권익을 능동적이고 주도적으로 추구하고 있다.

소비자 집단의 그러한 변화는 기존 아파트보다는 신규 아파트에서 쉽게 감지된다. 근래에 들어 와서는 입주를 하지 않은 단계에서 예비입주자들이 홈페이지를 만들고 이를 중심으로 인터넷 동호회를 만들어 서로 정보를 교환하고, 이를 근거로 집단적인 의사표시를 하는 경우가 보편화되어 가고 있으며 더 적극적인 경우는 온라인 동호회 차원에서 머무르지 않고 '입주예정자협의회'를 만들어 활동하기도 한다. 이들 인터넷 동호회는 아파트 건설 중에는 사업 주체나 건설회사를 감시(조합아파트의 경우에는 집행부와 건설회사의 유착을 감시, 견제)하는 기능을 주로 하다가 입주가 가까워지면 사업 주체의 몫인 위탁관리회사의 선정에도 영향력을 행사하는 사례가 늘어 가고 있다.

인터넷 동호회를 통한 소비자들의 이러한 활동은 위탁관리업체 및 부대용역사업자[26] 선정을 둘러싼 잡음과 불투명함을 없애는 데 크게 기여를 하고 있으나 한편으로는 지나친 관여로 순수성이 결여되거나 전문성이 있는 관리 주체의 정당한 활동에 위축을 줄 수 있는 점은 경계되어야 한다.

인터넷이 지역공동체에 미치는 영향

지역공동체에 관한 한 연구(채혜원 · 홍형옥, 2002)에서는, 지역공동체로서 우리나라의 아파트 공동체는 짧은 시간에 대량 공급을 통해 형성되는 과정에서 성숙한 지역공동체로서의 발전에 장애가 되는 몇 가지 문제점을 지적하고 있다. 첫째 사용가치로서의 주거공간이라기 보다는 자산이득을 위한 소유개념으로 인식이 너무 강한 점, 둘째 대량생산 및 집중건설로 인한 사생활 침해에 대한 우려로 지나치게 폐쇄적으로 설계된 점, 셋째 공동생활에 관련된 주민의식은 물론 법률과 제도가 공동생활에서 발생하는 여러 현안에 제대로 대응하지 못하는 점, 넷째 계획과 설계단계에서 고객 니즈에 대한 조사나 의견수렴이 제대로 이루어지지 않아 입주 후 지역시설에 기반을 둔 활동에 참여의식과 공동체의식이 낮다는 점 등이다.

그러나 인터넷은 지역공동체로서의 아파트 거주자들의 의식과 활동에도 많은 영향을 끼치고 있으며 인터넷을 통해 문제점들의 상당 부분 해소하거나 보완하는 쪽으로 진행되고 있다. 홈페이지와 인터넷 동호회 활동은 우리나라 아파트의 시설에 기인한 커뮤니티 활동의 폐쇄성을 상쇄시키면서 거주자들의 자발적인 참여와 공동체 의식을 이끌어 내는데 크게 기여를 하고 있다.

어느 해 광복절을 앞두고 서울시 도봉구의 25개동 2,678세대의 한 대형 아파트단지는 인터넷 동호회의 한 회원이 홈페이지 게시판에 제안을 한 것이 계기가 되어 전 세대에 태극기가 게양된 사실이 언론을 통해 보도(조선일보, 2006. 8. 14)된 바 있는데 인터넷이 아파트라는 지역주민의 참여와 공동체 의식을 이끌어 내는 데 기여한 한 가지 상징적인 사례라 할 수 있다.

그 사례로 제도권 참여가 있다. 아파트 공동체 형성에 역할이 기대되는 입주자대표회의가 있는데, 종래는 신규 아파트에 있어 초기 입주자대표회의 구성에 사업 주체 관

26) 경비, 청소, 소독 등 아파트 관리활동에 필요한 용역

계자나 혹은 구성원들의 영향이나 참여는 컸으며 특히 사업 주체가 재개발이나 재건축 조합인 경우 그러한 경향은 농후하였다. 실제 재개발(재건축) 조합의 대의원들이나 임원들이 동별 대표에 대거 출마하여 당선되거나 사업추진 시의 조합장이 입주자대표회장으로 선출되는 사례도 있었다. 이에 대해 인터넷 동호회는 '온라인(인터넷)'을 통해 동별 대표자를 선발하여 입주 후에 '오프라인'에서 벌어지는 동별 대표자 선출에서 자신들이 지지하는 대표자를 출마시켜 당선시킴으로써 사업 주체로서의 조합 관계자를 견제하고 제도권 하에서 아파트 관리활동에 주도적으로 참여하는 사례도 자주 등장하게 되었다.

사이버 공동체의 특성

아파트 홈페이지를 중심으로 하는 사이버 공동체는 과거에 불가능했던 소비자공동체로서의 사전활동을 가능하게 만들어 주었고, 우리나라 아파트들이 갖는 계획적 · 구조적인 문제점과 그로 인한 지역공동체 발전의 장애요소를 극복하는 데 상당 부분 기여하고 있다. 또한 인터넷 동호회의 활동은 아파트 구매계약을 맺은 시점부터 초기 관리회사의 선정을 거쳐 입주 후의 일상적인 관리활동에 이르기까지 두루두루 그 영향력을 넓혀 가고 있다. 아파트관리자들의 입장에서 인터넷이 가져 온 이러한 빠른 변화에 대응해 나가기 위해서는 인터넷을 기반으로 하는 정보기술에 대한 지식을 습득함과 동시에 사이버 공동체에 대한 특성을 정확히 이해하는 것이 아주 중요한 사실로 부각되었다. 인터넷의 등장 이후 사이버 공동체에 관한 연구가 꾸준하게 진행되고 있다. 그 결과 대체로 다음의 다섯 가지 형태가 사이버 공동체의 특성으로 표현되고 있으며(강혜정, 2004), 공동주거의 관리자들은 이를 잘 숙지할 필요가 있다.

첫째, 현실을 기반으로 하는 공동체가 많은 수를 차지하고 있다. 홈페이지나 동호회의 온라인 카페를 중심으로 하는 아파트의 사이버 공동체는 대표적인 현실을 기반으로 하는 공동체이다.

둘째, 온-오프라인 공간을 모두 활용하고 있다. 오프라인 공간은 구성원들 간의 친밀감을 증진시키고 정체성과 신뢰감을 형성에 크게 도움을 준다. 아파트의 인터넷 동호회의 경우 입주 전에도 정기적 혹은 비정기적인 오프라인 만남과 단체행동을 통해 결속력과 설득력을 높여 나가고 있는 사례가 많다. 아파트에 특정된 사이버 공동체 연구는 아직도 미진한 편이나 아파트 홈페이지와 관련된 또 다른 실증분석 연구[27]는, 아파트 홈페이지를 중심으로 한 사이버 공동체가 성공적으로 운영되려면 아파트 활동에 참여도가 높은 입주민과 이웃과의 친밀도가 높은 입주민을 아파트 홈페이지에 참여시키는 것이 사이버 공동체 활성화에 중요한 요소라는 것을 시사해 주고 있다.

셋째, 구성원들의 자발성이 증가하고 있다. 온라인에서의 구성원들의 자발성은 오프라인에서도 폭넓은 계층의 참여를 유도해 내고 있다. 인터넷 동호회가 주도하는 아파트의 입주자대표회의 구성원들은 그렇지 않은 과거의 예와 비교해 볼 때 젊고, 사회적으로도 엘리트 계층의 사람들의 참여가 두드러짐을 발견할 수가 있다.

넷째, 익명성이 점점 실명화되어 가고 있다. 익명성은 초기에는 인터넷의 장점으로 많이 인식되기도 하였으나 익명화로 인한 폐해의 증가로 실명을 선호하는 공동체가 늘어나고 있다. 아파트 인터넷 동호회의 경우, 자신의 동과 호수를 등록하지 않으면 회원가입 자격이 주어지지 않으며 실명을 사용하거나 실명을 확인할 수 있도록 되어 있다.

다섯째, 현실공동체에 비해 민주적이고 수평적이다. 결과, 구성원들의 주인의식을 고양시키는 데 도움을 주고 있다. 즉, 입주자대표회의는 주민투표에 의해 선출된 동대표자 가운데 입주자대표회장을 비롯한 감사, 총무이사, 기술이사 등과 같은 임원진을 다시 선출하여 구성한다. 때문에 봉사직임에도 불구하고 선출된 동대표나 입주자대표회장은 상당히 권위적인 면모를 보여 주는 경우를 쉽지 않게 발견할 수 있다. 이에 반해 인터넷 동호회는 구성원의 자발적인 참여와 평등의 원리를 공동체의 기본 규범으로 한다.

이상 연구에서 밝혀진 다섯 가지 사이버 공동체의 특성과 아파트를 대상으로 한 간단한 검증을 통해서 알 수 있는 것은, 과거 인터넷이 도입된 초기에는 사이버 공동체가 현실의 공동체와는 이질적이고 배타적이라고 생각되기도 하였으나, 사이버 공동체는 오

---

27) 아파트 홈페이지가 아파트 생활에 미치는 영향에 대한 연구이다. 본 연구에서 실증적으로 도출된 결과는 다음과 같다. 첫째, 주택에 관한 일반적인 사항, 즉 세대주 vs 비세대주, 평수, 거주기간, 소유형태(자가/전세/월세) 등은 아파트 홈페이지에 대한 평가(혹은 참여)에 영향을 주지 않는다. 둘째, 현실의 아파트 활동에 참여도가 높을수록 아파트 홈페이지에 대해 긍정적으로 평가한다. 셋째, 아파트 관리 및 운영에 대한 만족도가 높다고 해서 아파트 홈페이지에 대한 평가에 반드시 긍정적인 영향을 주지 않는다. 이 결과는 아파트관리 및 운영에 대한 만족도와는 상관없이 아파트 홈페이지에 대한 평가를 긍정적으로 하기 때문으로 해석된다. 넷째, 이웃과의 친밀도가 높을수록 아파트 홈페이지에 대해 긍정적으로 평가한다. 다섯째, 아파트 홈페이지에 대해서 긍정적으로 평가할수록 아파트에 대한 필요성이 증가한다(윤무현, 2005).

히려 현실과 괴리되어 존재하기가 어렵고, 상호 배타적이지 않으며 오히려 상호 보완적임을 많이 시사하고 있다.

이외에도 사이버 공동체가 갖는 기본적인 특성으로는, 빠른 정보전달 능력과 높은 지식공유 능력이 있다. 예를 들어, 아파트 인터넷 동호회는 빠른 정보전달 능력을 통해 관리상의 다양한 문제점을 접하게 되면, 과거에 동대표나 입주자대표회의 활동경험이 없는 주민들도 곧 바로 경험이나 지식을 갖고 있는 회원들의 지식공유 활동을 통해 공동체가 새로운 지식을 빠른 시간에 학습하고 습득하여 그 문제점에 현실적으로 대응하게 된다.

4) 관리활동과 정보 네트워크의 활용

공동주거 행정, 기술 관련 업무는 매우 종합적이라 할 수 있으며 광범위한 전문분야의 지식을 필요로 하고 있다(표 8-5). 웹을 기반으로 하는 정보 네트워크의 발전은 애플리케이션 서비스 공급자(Application Service Provider : ASP)[28]에 의한 전문적인 전산 지원 서비스를 저렴한 비용으로 아파트에서 받을 수 있도록 해 주었다.

표 8-5 공동주택 행정, 기술 관련 업무분석

대분류	중분류	소분류
운영·생활관리(행정적)	입주자관리	입주자대표회의 운영, 관리홍보, 민원/대민봉사
	회계관리	수입/지출/부과, 예산/결산/세무, 장기수선충당금
	사무관리	노무관리, 외주관리
유지관리(기술적)	시설물관리	점검/보수, 장기수선계획 및 실행
	환경관리	공공시설물보호, 미화관리
	안전 및 방재관리	안전관리, 방재관리, 보안관리

28) 개인이나 기업이 필요로 하는 애플리케이션을 인터넷 등의 네트워크를 통해 제공해 주는 서비스 사업자이다. 즉, 필요한 애플리케이션을 서비스 공급자의 특정 서버에 설치하고 사용자는 네트워크로 접속해 필요한 소프트웨어를 빌려 쓸 수 있도록 하는 것이다.

회계관리 시스템

ASP에 의한 서비스로 변화가 가장 빠르게 일어난 분야가 아파트 관리사무소의 회계관리 업무이다.

종래에는 '아파트 전산업체'라는 이름으로 영세한 업체들이 난립하여 스스로 개발하거나 빌려 온 아파트 회계 프로그램을 스탠드어론(stand-alone) 방식으로 관리사무소의 컴퓨터에 설치하여 관리비 부과 등 회계작업을 한 후, 업체가 다시 디스켓을 받아서 관리비 고지서를 출력해서 전달하는 방식이었다.

2003년 한 선도적인 전산업체에서 ASP 서비스를 선보인 이후 빠른 속도로 정착되어 가고 있다. 아파트 회계관리 프로그램이 관리사무소의 컴퓨터에 설치되지 않은 경우, 인터넷을 통해 회계관리 서비스 제공업체의 메인 컴퓨터에 접속하는 이 방식은 많은 장점을 갖고 있다. 관리사무소 입장에서는 환경변화에 따른 시스템 업그레이드나 데이터 손실에 따른 손해를 염려할 필요 없이 저렴한 비용으로 아파트 회계관리 프로그램을 사용할 수 있다. 입주자 입장에서는 필요시에는 언제든지 과거의 것을 포함하여 관리비 부과내역을 간단히 조회해 볼 수 있으며, 위탁관리의 경우에는 관리회사가 사업장의 회계 상황을 실시간으로 공유하고 확인할 수 있으며 필요하면 전산 ASP 사업자의 협조를 받아 관리회계를 위한 툴을 마련할 수 있는 등 정보 네트워크의 발전은 아파트 회계의

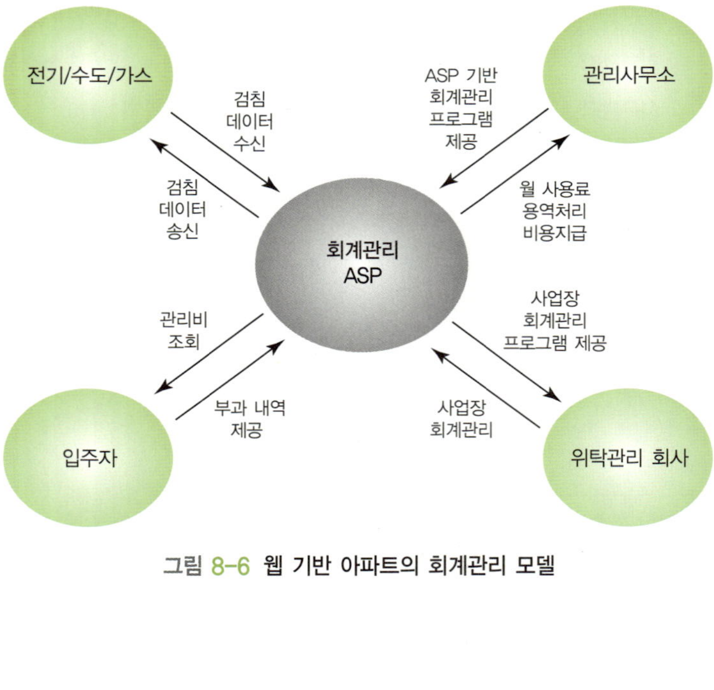

그림 8-6 웹 기반 아파트의 회계관리 모델

선진화는 물론 투명화에도 크게 기여를 하고 있다.

이 방식의 강점은 ASP 사업자에게도 있다. 사업적으로는 초기 일정한 투자로 규모의 경제효과를 볼 수 있으며, 종래의 스탠드어론 방식에서는 시간이 지나면 소실이 되든가 각 아파트단지의 컴퓨터에 흩어져 있던 데이터들이 모두 ASP의 데이터베이스에 축적되므로 아파트 회계관리 문제나 관리비용 문제에 체계적인 접근과 연구가 가능해져 활용에 따라서는 부가가치 창출의 여지가 크다 하겠다. 또한, 회계관리 서비스 제공 프로그램의 업그레이드를 통해서 아파트 관리사무소에서 필요한 다른 인사 · 노무 · 외주 · 행정 업무 등 ERP[29] 수준의 업무지원 서비스 제안으로 확장해 나가는 것도 가능하다.

사무관리 시스템 – 그룹웨어[30]

공동주택의 운영업무는 표 8–5에서도 보는 바와 같이 상당히 광범위한 지식 기반 업무이자 관리자의 경험이 중요시되는 분야라 할 수 있다. 공동주택관리의 방식에 있어 자치관리와 위탁관리는 각각 장단점이 있으나 위탁관리의 장점은 자치관리보다도 그러한 지식과 경험이 풍부하다는 점을 꼽을 수 있다. 위탁관리회사의 웹 기반 그룹웨어는 많은 사업장(관리사무소)에 분산되어 있는 정보나 경험을 조직 내에서 효율적으로 공유하게 하여 예방관리를 할 수 있게 해 주며 데이터베이스와 연동되어 과거의 정보나 자료라도 언제 어디서든지 검색하고 활용하는 것을 가능하게 해 준다. 단, 개인 혹은 단위 관리사무소는 그룹웨어를 통해서 자신이 갖고 있는 정보와 경험을 먼저 제공해 줌으로써 조직 전체가 갖고 있는 정보와 경험을 체계적으로 공유할 수 있는 자격을 얻게 된다는 점에서 관리자의 참여의식이 중요하다. 우리나라 공동주택 위탁업계에 그룹웨어가 처음 선을 보인 것은 2003년 5월로, 향후 더욱 보편화될 것으로 기대된다.

---

29) Enterprise Resource Planning. 기업에서의 전사적 자원관리 시스템을 의미한다.

30) 그룹웨어(groupware)란 기업이나 기관, 단체의 구성원들이 컴퓨터로 연결된 작업장에서 서로 협력하여 업무효율을 높이기 위해 사용하는 소프트웨어로, 기업 내의 컴퓨터 사용자들이 LAN, 인터넷 등의 통신망으로 연결된 개인 컴퓨터를 통해 서류작성, 결재, 문서보관, 전자우편, 전자게시판, 데이터 공유, 전자회의 지원 등의 업무까지 전산 처리할 수 있게 해 준다. 부서나 업무별로 분산되어 있던 정보를 종합, 처리하고 업무과정도 표준화할 수 있으며 이러한 이유 때문에 그룹웨어는 기업 생산성 향상의 핵심요소로 떠오르고 있다.

웹 기반 유지관리 시스템

일정 규모 이하의 공동주택의 경우 관리를 위해 상주하는 인력의 인건비는 거주자에게 상대적인 부담이 크며 이 경우 정보 네트워크를 활용하면 매우 효율적인 관리 시스템을 갖출 수 있다. 특히 규모가 100세대 미만의 공동주택이 대부분인 일본의 경우 그림 8-7과 같이 네트워크를 활용한 유지관리 시스템은 매우 보편화되어 있다.

일상적으로는 센서와 네트워크를 활용한 원격감시와 정기적인 순회 점검으로 상주 인력을 없애 관리비를 절감하며, 각종 설비기기에 설치된 센서를 통해 이상이 감지될 때는 해당 전문업체에 이상내용이 통보되고 출동을 요청하게 된다. 보안에 이상이 감지될 시에는 제휴를 맺은 경비회사에 동시 통보되어 즉시 출동이 이루어진다.

근래에는 공동주택에 설치된 설비기기들의 제어와 원격검침 기능이 있는 솔루션으로 단지 밖 센터에서 원격관리를 제안하는 모델도 소개되고 있으나 우리나라의 경우는 공동주택의 규모상 기술인력이 상주하는 경우가 대부분이라 단지 안의 중앙통제실까지 네트워크가 집중되고 관리요원에 의한 감시가 이루어지는 것이 보편적이다.

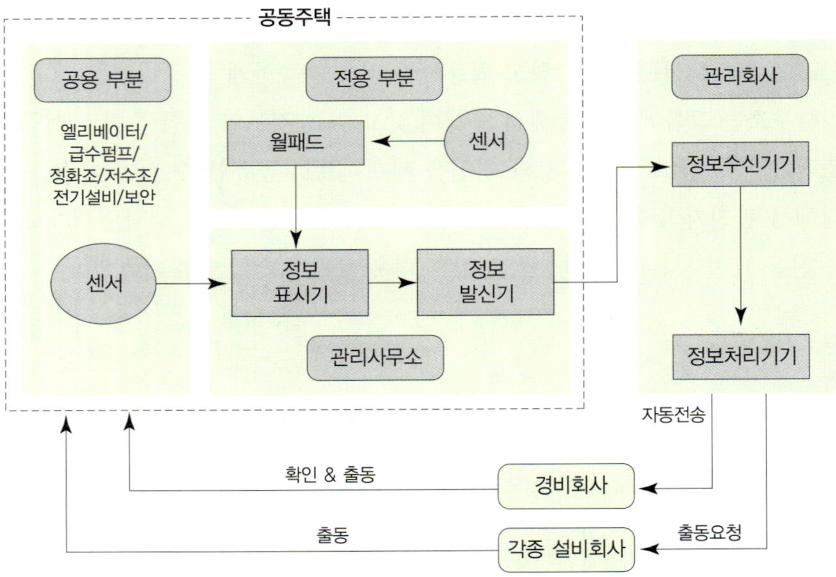

그림 8-7 일본의 공동주택 유지관리 시스템

자료 : 강미선 외(2000)

•: 웹 기반 수선유지 시스템

웹 기반의 정보 네트워크를 활용하였을 때 혁신이라고 할 만큼 큰 변화를 줄 수 있는 분야로 시설물 수선유지관리가 있다. 기존 공동주택에 대한 수선유지관리는 공용 부분과 세대 내 전용 부분으로 나눌 수 있으며 공용 부분은 장기수선계획에 의해 진행되어야 할 것과 그렇지 않은 것으로 구분된다.

현재 공동주택의 시설물에 대한 유지관리업무는 공용 부분을 중심으로 이루어지고 있지만 단지마다 다른, 비전문가 그룹인 입주자대표회의가 구성되어 수선유지에 대한

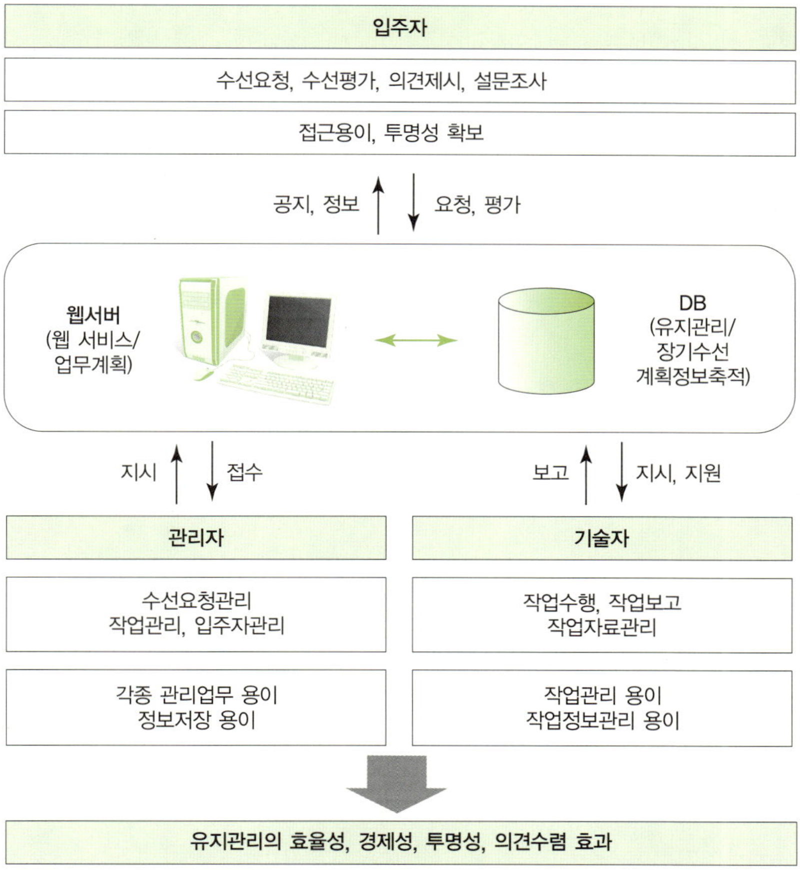

그림 8-8 웹 기반 공동주택 유지관리 시스템의 작업흐름과 기대효과

최종적인 의사결정을 하는 점과 기존 공동주택의 수선유지 업무에 종사하는 사업자들의 영세성은 이 분야의 업무를 더욱 열악하게 만들고 이를 지원하고 감독하는 관리자도 개인의 능력에 따른 대응수준의 차이가 커서 향후 많은 개선을 필요로 한다.

회계관리 분야에서 ASP로 변신한 아파트 전산업체가 공동주택 아파트 회계관리를 업그레이드시키고 효율화시킴과 동시에 훌륭한 사업 모델로 성장시킨 사례와 마찬가지로 공동주택 수선유지 분야도 웹 기반의 네트워크를 중심으로 통합될 때 상당한 시너지가 기대된다. 특히 이 경우 공용부분에 대한 장기수선계획의 수립 및 집행관리뿐만 아니라 과거에는 체계적인 수선유지 히스토리 관리가 거의 불가능했던 세대 내 전용 부분에 대한 대응까지 그림 8-8의 모델과 같이 적용시켜나가는 것을 가능하게 해준다.

참 | 고 | 문 | 헌

강미경(2001). 웹 기반의 공동주택 단위주거 유지관리 시스템. 대한건축학회 논문집. 17(9), 11-18.

강혜정(2004). 사이버 공동체의 공론장으로서의 가능성에 대한 연구 : 지역공동체와 생활공동체의 사례를 중심으로. 한국사이버커뮤니케이션학회 춘계학술대회 자료집.

기호영 · 권치홍(2003). 사이버 아파트 이용현황 및 이용자 요구. 주택도시. 제77호, 180-185.

김기옥 · 여정희(2005). 소비자의 가상공동체 활동과 소비자효율성. 성균관대학교 생활과학연구소. 생활과학. 제8호.

김정아(2001). 정보화 사회의 주거, 도시의 변호와 개발방향에 관한 연구. 이화여자대학교 석사학위논문.

김한수 · 임준홍 · 송홍수(2001). 아파트 정보화의 실태와 주민의식. 한국주거학회지. 12(1), 21-31.

우룡(2002). 아파트 홈페이지의 설치 및 운영이 근린관계에 미치는 영향. 정보와 사회. 제4호, 93-120.

윤무현(2005). 아파트 홈페이지가 아파트 생활에 미치는 영향 : 서울 · 경기지역 아파트를 중심으로. 성균관대학교 석사학위논문.

윤병남 외(2001). 초고속 정보통신망 구내망 발전방향에 관한 연구. 한국전산원.

이영애(2007). 아파트단지 내 사이버 공동체 콘텐츠 유형화와 거주자 평가. 건국대학교 석사학위논문.

임현진 외(2004). 인터넷 커뮤니티가 정치와 경제, 시민사회에 미치는 영향. 정보통신 학술연구 보고서. 서울대학교.

채혜원 · 홍형옥(2002). 지역공동체에 관한 연구의 접근방법과 쟁점. 한국가정관리학회지. 20(1), 33-44.

한국인터넷진흥원(2006). 2006년 상반기 정보화실태조사.

한국전산원(2003). 한국의 초고속 정보통신망 발전사.

제 9 장

지속가능한 공동주거관리

최근 신축 공동주택은 지구에 환경적인 부하를 적게 하는 지속가능한 주거를 지향하고 있다. 기존의 공동주택도 내구연한이 길어지면서 재건축보다는 개별 가구의 개조와 단지 전체의 리모델링이 늘고 있으며 친환경적인 설계를 하는 것이 바람직하다.

공동주거관리자는 지속가능한 삶과 주거의 의미를 이해하고, 지속가능한 주거환경을 조성할 수 있는 물리적인 방법과 이를 유지할 수 있는 주거환경관리방법 및 자원사용방법에 대한 이해가 필요하다.

제 9 장
지속가능한 공동주거관리

1 지속가능한 삶과 주거

21세기 지구환경에 대한 새로운 패러다임으로 등장한 '지속가능한 개발'은 환경에 미치는 악영향을 최소화시키자는 개념으로 '환경적으로 건전하고 경제 및 사회적으로도 지속가능한 개발'을 지향하는 것이다. 환경문제의 심각성에 대한 인식이 국제적으로 확대되면서, 1992년 브라질 리오데자네이로에서 열렸던 유엔환경개발회의(UN Conference on Environment and Development)에서 지속가능한 개발(Environmentally Sound and Sustainable Development : ESSD)을 기본원칙으로 한 리오선언이 채택되었다. 이전까지 자연과 개발은 서구 합리주의 기계론의 영향 아래 대립적 개념으로만 인식되었으나, 앞으로 인류는 후손의 복리를 저해하지 않는 한계에서 현재의 복리를 최대화할 수 있는 발전을 도모하여야 한다는 것이었다.

'의제 21(agenda 21)'로 약칭되는 '21세기 지구환경보전 강령'은 리오선언이 천명한 지속가능개발의 이념을 실현하기 위한 구체적 지침을 담고 있다. 유엔환경개발회의의 환경선언이나 '의제 21'이 그 자체로서는 어떤 구속성을 가지지 않는다고 하지만, 이러한 선언이나 협약이 앞으로 사실상의 구속력을 가지는 국제적 환경규제 및 이와 관련된 의정서의 합의를 위한 근거가 된다. 한 예로 1997년 일본 교토에서 기후변화 협약에 관한 교토의정서가 채택되고 2005년 2월 14일 러시아 비준에 따라 발효됨으로써 OECD 31개 협약국가들은 환경부하 저감을 위하여 온실가스의 감축의무를 준수해야 한다. 이에 따라 우리나라도 지속가능한 개발의 이념을 받아들여 적극적으로 실천에 옮겨야 하는 것이다.

1) 지속가능한 주거단지

인간생활의 기반으로 사회 · 경제 활동의 영향을 받는 주거단지 개발에도 지구의 자원고갈과 환경파괴를 줄이는 지속가능한 개념을 적용하는 것은 당연한 시대적인 요청이다. 지속가능한 주거단지의 개념은 인간활동이 주거환경 개발과 연관되므로 어느 정도는 환경에 피해를 줄 수밖에 없으나, 현실 여건을 감안하여 '인류 및 동식물의 지속적 생존을 보장할 수 있는 정도 범위 내의 환경상태'의 환경친화적 단지로 볼 수 있다.

제2차 유엔인간정주회의(1996)는 리우환경회의의 연결선상에서 세계의 모든 도시, 정주공간, 지역사회를 건강하고 안전하며, 공정하고, 지속가능하게 만들기 위하여 'Habitat Agenda(II)'를 채택하였다. '지속가능한 정주지 개발'이란 생태계 수용능력의 한계 내에서 자원을 효율적으로 이용하며, 환경에 대한 악영향을 최소화하며 모든 사람에게 자연과 문화적 유산을 통한 정신적 · 문화적 가치가 조화를 이루면서 건강하고 안전하며 생산적인 생활을 할 동등한 기회를 제공하는 것으로 보았다.

지속가능한 정주지 개발은 크게 '사회적 지속성', '경제적 지속성', '환경적 지속성'으로 구성된다. 세 측면의 지속성을 고려하여 정주지 개발이 이루어져야 하며, 이 중 물리적 계획과 밀접한 연관이 있는 환경적 지속성 측면을 고려하여 사회적 지속성과 경제적 지속성이 유지될 수 있다. 환경적 지속성을 중심으로 지속가능한 정주지 개발의 개념을 '토지이용', '교통', '에너지 및 자원', '생태서식지 조성 및 보전' 측면으로 나누어 살펴볼 수 있다(대한주택공사, 1997, 1998; http://hurijugong.co.kr/ecohouse/04_01_06.html).

토지이용 측면

토지이용은 적정한 주거밀도를 고려하여 정주지 개발을 하는 것이다. 밀도는 주거지역 환경의 질에 가장 큰 영향을 주는 요인으로서 과도한 밀도는 녹지 등 생태자원의 보존을 어렵게 만들고 주차문제, 환경오염문제 등을 야기시키며 과밀로 인한 사회적 부작용도 발생시킬 우려가 있기 때문이다. 또한 지속가능한 정주지는 주거기능 이외에 상업, 업무

표 9-1 지속가능한 주거단지를 위한 고려사항

구분	주요주제	고려사항	계획내용
사회적 지속성	사회개발	커뮤니티 활성화	커뮤니티 광장, 커뮤니티 센터 중심거리, 오픈 스페이스
	사회적 혼합	연령층, 소득계층의 혼합	다양한 주택형, 규모의 혼합 청소년 광장, 이벤트 광장
	교육	환경교육, 자연학습	환경교육관, 자연학습원
	문화유산	문화적 유산의 보존	역사적 장소, 물건, 상징물, 건축물의 보존, 문화광장
		한국적 아이덴티티	한국적 공간질서, 건축유산 반영설계
		지역특성의 반영	원주민의 고려
경제적 지속성	경제의 개선	경제활동시설의 유치	복합개발
		재생 가능한 산업유치	재활용 산업
		주민취업증대	취업교육센터
		미래개발공간 설정	개발유보지 설정
	농업경제유지	농업지역 보존	농지의 보존
	재해예방	재해지역 지도화	재해지역 개발대책
환경적 지속성	토지이용	접근성 제고	중심지 및 각종 공공시설배치, 상가 · 서비스 시설에의 접근성, 셔틀 · 버스정류장 배치
		적정인구, 건물밀도	밀도조정
		교통거리 최소화	중심지 고밀배치, 외곽주거 최소화
		보행친화	도로폭 축소, 친환경적 도로계획
		녹지자원 보존	토지의 재이용, 녹지, 오픈 스페이스 개발억제
	교통 및 통신	대체교통수단체계 접근성 제고	보행친화적인 도로망, 자전거 도로망, 보행자 도로망
		환경친화적 주차	중심지 및 각종 공공시설배치, 상가 · 서비스 시설에의 접근성, 셔틀 · 버스정류장 배치
		환경친화적 주차	외곽집중주차
		우수 지하침투	포장면적 최소화, 투수성 포장
		정보화	정보통신망 확충

환경적 지속성	에너지 및 자원	재생가능 에너지	태양열 이용, 풍력이용
		청정 에너지 이용	천연가스 이용
		수자원 절약	우수이용, 중수시스템
		에너지 절약	폐열이용, 에너지 절약시설
		재활용시설 접근성	재활용 수집시설의 배치
	자연서식지	친수환경조성	연못, 개천, 저수지, 습지
		생물서식지 보존, 조성	구릉지, 숲, 녹지
		생물이동통로	그린 네트워크 조성

자료 : 주택도시연구원 친환경건축물 인증센터 www.huri.jugong.co.kr/ecohouse/04_01_06html

등을 적절히 혼합하여 고용창출을 통한 경제적인 효과와 직주 근접으로 인한 교통거리의 최소화, 접근성 제고로 인한 생활편익의 증대 등의 효과를 거둘 수 있다. 이 외에도 지속가능한 정주지에는 주민들 간의 여가와 화합을 위한 회합장소, 여가공간, 운동시설 등 오픈 스페이스 및 커뮤니티 공간이 계획된다. 이러한 공간은 거주자들의 사회적 통합을 도모하고 여가활동의 다양화를 통해 살기 좋은 정주지를 조성하는 데 기여하기 때문이다.

교통계획 측면

교통계획은 철도, 전철 등의 대중교통이 중심이 되는 정주지 개발을 유도한다. 도시 간을 통근하는 데 이용하는 개인차량들은 환경오염, 에너지의 비효율적 이용, 교통체증으로 인한 사회적 비용증가의 원인이 되고 있으므로 도시 간을 연결하는 대중교통체계의 계획은 도시의 지속성을 높이는 데 매우 중요하다. 또한 도시 내의 각 지역에서 대중교통수단 네트워크를 통하여 도시 간 교통수단에 용이하게 연결되도록 하여 자가용의 이용을 줄임으로써 도시 내의 공해문제, 에너지 문제, 교통혼잡 등의 문제가 완화되는 정주지 개발을 해야 한다.

에너지 및 자원사용 측면

지속가능한 정주지는 청정 에너지, 재활용 에너지, 재생가능한 에너지의 사용을 통해 이산화탄소 등 온실가스 배출을 저감시킴으로써 지구온난화에 적극적으로 대처하여 지구생태계의 지속성에 기여해야 한다. 또한 에너지 효율적인 설비와 기기를 도입하여 에너지의 효율적 이용과 절약 등 에너지의 지속적인 사용을 도모하는 정주지 개발을 해야 하며, 수자원의 효율적 이용을 위하여 우수의 집수와 중수 시스템을 설치해서 수자원의 절약을 기할 수 있어야 한다.

생태서식지 조성 및 보전 측면

동식물이 건강하게 서식할 수 있는 환경은 인간 삶의 지속성에 필수적인 것이다. 동식물이 서식하기 위해서는 수자원과 녹지자원이 단지 내에 존재해야 한다. 수자원은 연못, 강, 실개천, 호수 등 동식물의 생장에 필수적인 서식공간이 되고 정주지의 미기후 조정에도 중요한 역할을 하는 공간이며, 주민들이 쾌적한 여가활동을 즐길 수 있는 문화적 공간이 되기도 한다. 녹지자원은 구릉지, 산, 숲 등으로 생물서식지이며 단지 공기 정화기능과 단지 내외 생태계의 거점으로 기능하는 곳이다. 또한 이러한 생태서식지를 녹도 등 생물이동통로와 연결하여 그린 네트워크화함으로써 인간과 동식물이 공존할 수 있도록 하는 것도 중요하다.

2) 환경친화적 주거단지와 친환경건축물 인증제

환경친화적 주거단지 계획

지속가능한 정주지 개발을 출발로 하여 일본에서 사용되는 환경공생주택, 우리나라에서 일부 사용되는 환경보전형 주택, 생태주택은 지구 및 지역 생태계의 안정성의 유지를 목적으로 한 자기완결적인 의미의 주거단지이다. 이상의 개념을 총괄하여 환경친화형 주거단지로 정의할 수 있다(주거학연구회, 2003). 일반적으로 친환경의 개념은 첫째 지구환경을 보전하기 위해 에너지와 자원을 재활용하고, 둘째 주변 환경과의 친화성을 가지기 위해 토지의 기후, 지리, 지세, 물, 동식물의 환경요소와 조화되는 개발을 지향하고, 셋째 주거환경을 건강하고 쾌적하게 하기 위해 빛 · 바람의 배려, 노약자 · 장애인들에 대한 배려, 건강에 유해한 물질이 발생하지 않은 건축자재 사용 및 차음성능 효과를 높이기 위한 설계상의 배려와 동시에 거주자들이 함께 모여서 나누며 생활하는 공동체의 중요성이 강조된 개념이다. 환경친화형 주거단지는 환경문제를 근본적으로 해결하고 예방하고자 하는 목적하에 모든 개발행위와 경제활동에서 환경을 중요하게 배려하여 환경에 미치는 악

영향을 최소화시키는 개념으로 계획된 주거단지를 말한다. 1990년대 말부터 세계 여러 나라에서 정주지 조성에 대한 시도가 활발하게 이루어지고 있으며, 우리나라에서는 서울시의 상암주거단지(2003), 대한주택공사의 용인신갈 새천년주거단지(2004)에서 환경친화주거단지에 대한 논의가 구체적으로 이루어졌다.

환경친화형 주거단지는 토지이용 및 교통, 에너지 및 자원, 생태환경, 실내환경 등에서 각 부문별로 다음과 같이 개발되도록 하는 것이다(http://www.huri.jugong.co.kr/ecohouse/04_01_06html).

토지이용 및 교통 부분

- 기존 자연자원을 보존할 수 있도록 적정 밀도로 개발한다.
- 중심지에 대한 접근성을 높여 차량수요를 최소화한다.
- 환경오염 저감 및 에너지 절약을 위하여 주거지 내 보행자 및 자전거 전용도로 네트워크를 조성한다.
- 생태자원의 보호를 위하여 자연지형 및 자원을 최대한 보존한다.
- 에너지 소비 및 공해 발생이 적은 공공교통에 대한 접근성을 높인다.
- 단지 간 구획도로의 폭은 최소화하여 보행친화적인 환경으로 조성한다.
- 정보통신망 구축으로 각종 정보 서비스를 제공한다.

에너지 및 자원 부분

- 단지 내 에너지 소비량을 최소화하여 이산화탄소 발생량을 최소화한다.
- 환경오염을 저감하고 자원 및 에너지를 절약할 수 있는 자연에너지(태양, 풍력, 지열 등)를 적극 이용한다.
- 에너지 효율이 높은 난방시스템을 계획한다.
- 주택건설 시 에너지 절약형 설비기기 사용을 의무화한다.
- 수자원 절약을 위하여 우수재활용, 중수이용시설을 계획한다.
- 적극적인 우수침투를 고려하여 투수성 포장면적을 확대한다.
- 생활쓰레기의 재활용을 위하여 퇴비화 장치 및 컴포스터(composter)를 설치한다.
- 건설폐기물 발생의 최소화를 위하여 자원재활용을 확대한다.

생태환경 부분

- 단지 내 녹지공간의 면적을 최대한 확충한다.

- 단지 내 생물서식공간(육상 · 수상비오톱)을 적극적으로 조성한다.
- 생물서식공간에 대한 접근성을 도모한다.
- 실개천, 녹도, 보행자 전용도로 등을 유기적으로 연결하여 그린 네트워크를 조성한다.
- 단지 외부 생태와 연결하기 위하여 에코 코리더(eco-corridor)를 조성한다.

실내환경 부분

- 태양에너지를 적극 활용하는 에너지 절약형 주동배치를 한다.
- 건강한 실내환경 조성을 위하여 유해 건축재료의 사용을 억제한다.
- 자연친화적인 실내환경을 조성한다.
- 거주자의 요구를 수용할 수 있는 평면계획을 한다.

친환경건축물 인증제

국제적으로 기후변화문제와 관련하여 건물의 에너지 사용과 CO_2 배출 저감 등 환경성 증진방안에 대한 논의가 지속적으로 진행 중이며, 우리나라는 대도시의 과밀화와 신도시 개발 등으로 인한 건축물의 신축과 재건축이 활발하므로 건축물의 건설과 관련하여 친환경적 요소에 대한 사전 고려는 필수적인 요소이다. 건축생산 활동은 국내 산업 전체 CO_2 발생량의 42%, 에너지 소비량의 24%, 폐기물 발생량의 30%를 차지하고 있다(이한승, 2007). 이에 따라 건축분야에서는 단순히 건물의 성능을 평가하는 차원이 아니라 그 영역을 넓혀 준공에서부터 운용, 유지관리, 리모델링 철거, 폐건자재 재활용 등 건물 생애주기 전반에 걸쳐 LCC(Life Cycle Cost)와 $LCCO_2$(Life Cycle CO_2) 등을 포함하여 평가하는 LCA(Life Cycle Assesment)가 등장하였다. LCC 50년의 수명을 가진 건물의 총 소모비용 중 운영 및 유지관리에 소모되는 비용이 83.2%를 차지하고 있고 건축물 유지관리 분야에서 야기되는 비용과 온실가스 LCC와 $LCCO_2$가 대부분을 차지한다. 따라서 건축물의 자재 생산, 설계, 건설, 유지관리, 폐기 등 전 과정을 대상으로 에너지 및 자원의 절약, 오염물질의 배출감소, 쾌적성, 주변환경과의 조화 등 환경에 영향을 미치는 요소에 대한 평가를 통해 건축물의 환경성능을 인증하는

그림 9-1 친환경건축물 인증표시

친환경건축물 인증제도의 시행은 친환경적 건축물의 확산이라는 직접적인 효과가 있다.

이러한 친환경건축물 인증제도를 통한 친환경건축물 건축의 촉진은 국가 경제적 차원에서는 환경부하 저감, 에너지 및 수자원의 효율적 이용, 폐기물 감축, 지역경제발전 등의 성과를 거둘 수 있고, 건축주 입장에서는 토 · 공사비 절감, 건물가치 향상 등의 성과를, 그리고 거주자 입장에서는 건물 유지관리비 절감, 위험 감소, 재실자 건강과 생산성 증대 등의 성과를 거둘 수 있다. 그러나 초기 건설비용 증가, 환경친화적인 건축자재 · 기술의 부족, 신기술 적용 기피 등의 사유로 친환경건축물 건축 확산에 어려움도 있다. 따라서 정부에서는 친환경건축물 관련산업 육성, 친환경건축물에 대한 인센티브(incentive) 부여 방안 강구 등을 통하여 친환경건축물의 건축을 촉진하고 있다.

우리나라에서는 2002년 1월 1일부터 친환경건축물 인증제도가 시행되었다. 대한주택공사 주택도시연구원 친환경견축물 인증센터, 한국에너지 기술연구원, 크레비즘큐어(구 한국능률협회인증원)가 '친환경건축물 인증제도'(세부시행지침 개정 2005. 9)의 인증기관이 되어 평가하고 있으며, 공동주택은 2002년부터 인증평가를 시행하고 있다. 그밖에 2003년 주거복합 및 업무용 건축물(리모델링 포함), 2005년 학교시설 등의 공공건축물, 2006년 판매시설 및 호텔 등의 숙박시설 등에도 친환경건축물 인증제도를 시행하고 있다.

2005년 11월에 건축법 제58조에 친환경건축물 인증제도에 대한 시행근거를 마련하였고, 2005년 3월 9일 '주택공급에 관한 규칙' 제13조의 3(분양가 주요항목 공개)에 공동주택에 대한 친환경 예비인증을 받는 경우 기본형 건축비의 3%에 해당하는 비용을 분양가 가산비용에 포함시킬 수 있도록 하는 인센티브를 제공하고 있으며 이 제도 시행 후 친환경 예비인증을 받는 공동주택이 급격히 늘어나고 있다.

공동주택의 항목은 평가항목과 가산항목으로 구성되어 있으며, 토지이용(8개), 교통(4개), 에너지(2개), 재료 및 자원(8개), 수자원(4개), 환경오염(1개), 유지관리(3개), 생태환경(6개), 실내환경(8개) 등의 44개 항목에 대하여 심사하고 인증등급은 우수, 최우수 2등급으로 구분하여 인증한다(표 9-2).

표 9-2 친환경건축물 인증등급별 점수기준

인증등급	심사점수	비 고
최우수 친환경건축물	85점 이상	100점 만점 (추가 20점)
우수 친환경건축물	65점 이상~85점 미만 (추가 20점)	

인증심사항목 및 인증등급은 표 9-3과 같다(상세한 인증기준은 부록 2 참조). 친환경 건축물 인증 유효기간은 인증 후 5년으로 하고 5년 연장 가능하며 10년 후에는 재신청해야 한다. 인증기관에서는 인증심사결과 친환경건축물로 인증을 받은 건축물에 대하여는 친환경건축물 인증서와 인증명판을 교부한다.

현재 친환경 인증시스템은 에너지 절약과 환경부하 저감 등의 환경적 지속성에 대한 정량적인 평가 위주로 되어 있으며 지속가능한 공동주택단지에 필요한 사회, 경제 및 휴머니티 측면을 소홀히 다루고 있다. 거주자들의 참여 및 통합, 공동체로서의 삶의 질과 휴머니티 향상을 위한 노력들에 대하여 정성적인 평가를 통한 지표개발이 필요하다.

표 9-3 친환경건축물 인증기준

분야	구분	세부항목
토지이용 및 교통 (12)	평가(8)	기존 대지의 생태학적 가치, 용적률, 커뮤니티 센터 및 시설 계획여부, 단지 내 보행자 전용도로 조성여부, 외부보행자 전용도로 네트워크 연계여부, 대중교통에의 근접성, 단지 내 자전거 보관소 및 자전거도로 설치여부, 도시중심 및 지역중심과 단지중심 간 거리
	가산(4)	기존 자연자원 보전율, 체계적 상위계획 수립여부, 일조권 간섭방지 대책의 타당성, 초고속 정보통신설비의 수준
에너지, 재료 및 자원, 수자원, 환경오염 (15)	평가(11)	에너지 소비량, 라이프사이클 변화를 고려한 평면개발, 환경친화적 공법 및 신기술 적용, 생활용 가구재 사용억제 대책의 타당성, 재활용 생활폐기물 분리수거, 음식물 쓰레기 저감, 유효자원 재활용을 위한 친환경 인증제품 사용여부, 우수부하 절감대책의 타당성, 생활용 상수 절감대책의 타당성, 우수이용, 이산화탄소 배출 저감
	가산(4)	대체에너지 이용, 기존 건축물의 재사용으로 재료 및 자원의 절약, 기존 건축물을 재사용하여 재료 및 자원의 낭비절약, 중수도 설치
유지관리 (3)	평가(2)	운영/유지관리 문서 및 지침 제공의 타당성, 사용자 매뉴얼 제공
	가산(1)	환경을 고려한 현장관리 계획의 합리성
생태환경 (6)	평가(5)	연계된 녹지축 조성, 녹지공간율, 생태환경을 고려한 인공환경녹화기법 적용여부, 수생비오톱 조성, 육생비오톱 조성
	가산(1)	표토 재활용률
실내환경 (8)	평가(5)	각종 유해물질 저함유자재의 사용, 환기설계의 정도, 각 실별 자동온도 조절장치 채택여부, 층간 경계바닥 충격음 차단성능수준, 세대 간 경계벽 차음성능수준
	가산(3)	단지 내 음환경, 세대 내 일조확보율, 노약자, 장애자 배려의 타당성
44 항목		평가항목 100점, 가산항목 36점, 합계 136점

이들 지표는 지역적 특성과 문화 및 제도를 고려하여 재검토되어야 하며 획득 가능한 점수 또한 실제 적용과정의 비용과 어려움을 반영하여 결정하여야 한다.

2 지속가능한 주거환경 계획요소

지속가능한 주거환경을 유도하기 위하여 건축물에너지효율인증제도, 친환경건축물 인증제도, 다세대공동주택바닥충격음규정, 다세대공동주택의 실내공기질규정, 주택성능등급제도 등이 법제화되어 있으며, 주택성능등급제도에서도 소음, 구조안전성, 환경, 생활환경, 화재안전성 등 친환경 건축재료의 사용 및 평가가 핵심분야로 관련되어 있다. 친환경건축물 인증에서 다루는 항목을 중심으로 지속가능한 주거환경을 형성하기 위한 계획요소를 살펴보기로 한다.

1) 지속가능한 외부공간과 녹지환경의 조성

건물의 배치

단지계획 단계에서 기존대지의 생태학적 가치를 유지하여야 하며 기존 자연자원인 식생, 지형, 수자원 등을 보존하여야 한다. 단지 내 자연자원(숲, 구릉, 실개천, 호수, 보호수, 노거목 등의 생태자원)을 보존하여 계획한다.

또한, 단지의 용적률을 낮게 하여 단지 내 옥외공간의 질, 쾌적성, 일조 등 단지의 기본적 환경수준을 확보하도록 한다. 현재 우리나라에서는 중층 이하 단지는 용적률 100% 이하, 중고층 혼합단지는 100~150%, 고층단지는 150~200%, 초고층 혼합단지는 200% 이하, 재건축, 재개발단지는 300% 이하이다.

공동주택은 주변 건물의 일조권을 방해하지 않도록 하기 위하여 일조 등의 확보를 위한 건축물의 높이제한은 건축법 제53조 및 령 제86조 규정에 따라 인접 대지경계선과 그 반대편의 대지경계선과의 중심선으로부터 당해 건축물의 각 부분의 높이의 1/2 이상을 이격토록 되어 있다.

단지 내 거주환경의 조성을 위해서는 일정수준 이상의 커뮤니티 시설이나 커뮤니티 공간을 조성하여야 한다. 단지 내 커뮤니티 형성을 도모하는 공간 및 시설계획은 주거단지의 사회적 지속성을 높여 주는 중요한 계획요소이다. 따라서 커뮤니티 센터 또는 커뮤니티 공간의 계획여부를 통해서 주거단지의 커뮤니티 증진을 도모해야 한다. 커뮤니티 센터는 단지 내 주민들이 모여서 커뮤니티 활동을 할 수 있도록 별도로 계획된 건물[1)]로 한다.

교통부하 저감

단지 내 교통부하 저감을 위해서는 자전거의 이용과 정보통신설비 설치가 권고된다.

자전거 이용

자전거 보관소 및 자전거 도로 설치로 인간친화적인 교통환경을 가능하게 하며, 에너지 소비와 공해발생 저감을 도모한다. 100세대마다 15대 이상의 자전거 보관소[2)]를 설치한다. 단지 내 자전거 도로[3)]가 계획된 경우는 자전거 설치 보관시설의 위치를 고려하

---

1) 커뮤니티센터에는 주민들이 공동으로 이용할 수 있는 시설(집회시설, 취미실, 독서실, 강의실 등)을 설치하여야 한다. 커뮤니티 시설에는 단지 내 중앙광장, 노천극장, 테마광장 등이 포함된다. 단지 내 보행자 전용도로를 조성하고 단지 내 시설과 연계하여야 한다. 보행자 전용도로의 최소폭은 4m 이상으로 하며, 단지 내 휴게소, 놀이터, 운동장 및 커뮤니티 공간, 보행생태축(실개천, 녹도 등)과 연계되도록 한다. 단지와 외부보행자 전용도로 네트워크가 연계되도록 단지 내 도로와 외부보행자 네트워크가 담장 없이 연계되게 하거나, 0.6m 이하의 생울타리로 조성하고, 외부보행자 전용도로 네트워크에 주거동수 이상의 출입구가 확보되도록 한다.

2) 자전거 주차장 설치기준(자전거 이용시설의 구조 · 시설기준에 관한 규칙 제16조)
- 자전거 이용자가 안전하고 편리하게 이용할 수 있는 장소에 설치하고 자전거 주차장 표지판을 설치하여야 하며 통행인에게 장애가 없도록 할 것
- 자전거 주차의 편의를 위하여 자전거 주차장치 및 눈 · 비 등을 가리기 위한 천막 등을 설치할 것
- 자전거의 도난방지를 위한 장치의 설치를 용이하게 할 것
- 조명시설을 설치하여 야간에 이용하는 경우에 불편이 없도록 할 것

3) 자전거 도로의 구분(자전거 이용 활성화에 관한 법률 제3조)
- 자전거 전용도로 : 자전거만이 통행할 수 있도록 분리대, 연석 기타 이와 유사한 시설물에 의하여 차도 및 보도와 구분하여 설치된 자전거 도로
- 자전거 · 보행자 겸용도로 : 자전거 외에 보행자도 통행할 수 있도록 분리대, 기타 이와 유사한 시설물에 의하여 차도와 구분하거나 별도로 설치된 자전거 도로
- 자전거 · 자동차 겸용도로 : 자전거 외에 자동차도 일시 통행할 수 있도록 차도에 노면표시로 구분하여 설치된 자전거 도로

여 복지관이나 상가건물 및 주동마다 1개소 이상 배치해야 한다. 주동의 필로티 및 출입구에 인접 배치한다. 보행자 전용도로와 자전거 도로가 함께 조성된 단지 내 도로인 경우 6m 이상으로 조성하고, 자전거 전용도로 폭은 최소 2m 이상으로 조성한다.

초고속 정보통신설비의 설치

주거생활과 관련된 사항을 초고속 정보통신설비를 이용하여 활용함으로써 교통유발 요인을 간접적으로 억제할 수 있다. 초고속 정보통신설비 1등급 수준 이상 설치하는 것이 바람직하다.

단지 내 공기오염방지

이산화탄소는 대표적인 온실가스로 건설 부문에서 많은 양이 발생하므로, 이를 건축물의 계획단계에서부터 고려하여 환경부하를 줄여야 한다. 이를 위해 설계 및 운영단계에서의 이산화탄소 배출량 절감을 위해 기술과 사용 에너지원별 이산화탄소 배출량을 고려하여야 한다.

건축물의 에너지절약 설계기준(건설교통부 고시 제2004-459호, 2004.12.31 개정, 2008.1.11 시행)의 '에너지성능지표 검토서'를 참고한다.

녹지환경의 조성

자연토양의 보존은 천연자원인 기존의 유기토양이 유실되지 않게 보전, 활용하기 위해 필요하다. 표토를 보전하여 미생물과 동식물의 생활공간을 만들어 준다. 자연토양을 보전함으로써 생태적 식생이 가능하게 되며 지하수의 보전, 홍수의 방지, 도시열섬을 최소화할 수 있다.

녹화를 하면 단지 내 공기정화, 에너지 절약과 기온상승 억제, 단지 내 소음절감 등이 가능한데, 기존의 지형을 가능한 한 파괴하지 않으면서 기존지형과 수림대를 활용한다.

단지의 방위별 식재와 식물종류

단지 내에 부분적으로 녹지공간을 배치하는 것보다는 녹지공간을 유기적으로 연결하고 단지 외부의 녹지와 연계하여 생물들이 서로 이동 가능하도록 하여 지역 생태계의 질을 향상시킨다. 녹지공간은 도시 주변의 산에서부터 도심의 하천, 늪지, 습지, 초원,

건물의 옥상, 각 주호의 화단까지 생태통로(eco-corridor)로 연결하는 것이 좋다.

교목 위주의 식재를 하면 생태적 다양성과 안정성이 없으므로 향토수종과 결합한 관목숲으로 조성하는 것이 식물 서식처로 생존율이 높으며 곤충 · 동물 서식처로도 유리하다. 단지의 조경은 용도와 기능을 고려하여 자연상태의 녹지공간의 비율을 높이며 교목, 아교목, 관목, 지피 등 수직적 분포가 다양하게 한다.

지역의 풍향을 고려하여 북측은 겨울철 지역풍에 대비한 상록수 방풍대를 형성하고 남측은 낙엽수에 의한 통풍대를 조성한다.

비오톱 조성

비오톱(biotope)은 다양한 생물의 안전성, 자립성이 있는 생물 서식환경이다. 수목을 위주로 하는 육생비오톱과, 연못 · 개천 등을 중심으로 곤충이나 조류의 생식환경을 육성하는 수생 비오톱이 있다. 육생비오톱은 최소면적은 $100m^2$로 하고 식재는 식이수종, 지피류, 다층식재로 하며, 토양 생태환경은 경도, 공극, 양질토사 등으로 한다. 녹지축이 외부녹지축 또는 비오톱과 4m 이상의 생태통로로 연결되어야 한다. 녹지축은 다층식재 및 양질의 토양 생육환경(식생, 지형, 수자원 등)으로 조성되어 생물서식과 이동이 가능한 구조로 조성된 녹지공간이다. 최소폭은 4m 이상으로 한다.

수생비오톱은 최소면적은 $50m^2$로 하고, 물은 우수저류조, 침전조 등을 활용하며, 식재는 식이식물, 수생식물, 다층식재, 야생초화류 등으로 한다.

친수환경

주거단지 내 친수환경은 실개천, 연못, 분수 등이 대부분이다. 실개천 조성은 단지 내

그림 9-2 수생비오톱

그림 9-3 친수공간

에 기존의 개천이 있으면 그 물줄기를 그대로 이용하는 것이 좋고 수생비오톱(연못)과 연결하여 물을 순환하게 한다. 물의 순환은 자연정화를 도모하며 계절감이나 청량감을 주어 정서적 효과를 낸다.

잔디블록 주차장

최근에 건설된 아파트의 주차공간은 지상에 주차를 하지 않고 모든 차량을 지하에 주차하고 있다. 지상공간은 녹지공간으로 활용되며 일부 지상에 주차공간을 만들 경우 잔디와 블록으로 혼합하여 강한 일사를 방지한다.

지붕녹화, 옥상정원, 벽면녹화

공동주택의 지붕, 내외부의 녹화는 실내 복사열을 저감시키고 온도조절, 대기정화, 차음, 방풍, 방화 등의 기능적인 효과가 있고 이에 의한 생태적인 주거단지를 조성하여 주거환경의 쾌적성을 높인다.

경사지붕의 녹화는 경사가 완만한 지붕 위에 흙을 덮고 잔디, 키가 작은 화초류 등으로 녹화한다. 평지붕은 경량토로 하여야 구조체에 큰 영향을 주지 않고 유지관리에도 도움이 된다. 옥상녹화 시스템의 성능에 대한 실험결과, 건물 옥상부에 조성되는 토심 10cm의 옥상녹화 시스템이 연간 강수량의 50% 이상을 저장할 수 있으며, 냉방기(여름) 중 저장된 우수는 증발에 의해 옥상부를 식혀 주며, 월평균 강우량이 20mm 내외로 소량인 난방기(겨울) 중에는 토양층에 의한 추가적 단열효과가 있다. 기존 건물의 옥상에 녹화를 하는 방식은 건물의 내구성이 저하되고 건축기술과 조경기술이 분리되어 하나의 시스템으로 이해되기 어려웠으나, 신축건물에 한국건설기술연구원 옥상녹화 시스

그림 9-4 잔디블록 주차장

그림 9-5 지붕녹화와 옥상녹화

템 E100 및 E200형을 2003년 서울 영등포 크로바아파트의 노인정과 유치원에 적용하였는데 구조체 위에 단열재가 설치되고 그 상부에 복합방수가 처리되었다. 독일에서는 1980년대에 옥상녹화를 조례화하였고, 일본 도쿄[東京]와 고베[神戶]의 지자체는 옥상녹화를 의무화하는 조항을 공포하였다(이건호, 2006).

벽면녹화는 벽면의 콘크리트나 기타구조물에 자연을 끌어들이는 방법으로 건축물의 내외벽면이나 옥상의 벽면, 아트리움의 벽면, 외부공간의 사면 등을 녹화하는 것이다. 지면을 기준으로 한 식재와 발코니의 플랜트를 이용한 식재 혹은 발코니에 설치된 화분식재 등의 방법이 있다. 벽면녹화는 경관의 향상, 건물 벽면온도의 완화, 표면의 반사광 방지, 흡음효과, 벽의 보강 및 도괴방지의 효과가 있다. 벽면녹화에 사용하는 식물로는 담쟁이, 송악, 능소화, 다래, 머루, 청미래, 인동덩굴, 포도덩굴, 등나무, 넝쿨장미 등이 있으며 기후에 따라 선택한다.

벽면녹화는 지자체 주도로 방음벽 및 푸른 담장 녹화사업 등과 같은 도시경관 개선이나 도시 열섬현상 감소를 위한 대안으로서 이루어지고 있다. 서울시는 '생태면적률' 조례화를 통해 벽면녹화 적용 시 최대 10m까지 녹화면적으로 인정받을 수 있도록 하였다. 국내에는 등반형, 하수형, 플랜트 부착형, 매트형 녹화기법이 있다. 플랜트 부착형은 아파트의 발코니 및 개구부 없는 측벽부, 옹벽용 녹화기법으로 사용하며, 수분공급을 위한 전기공급은 태양열을 이용한다.

그림 9-6 벽면녹화와 발코니녹화

2) 지속가능한 실내환경의 조성

공기환경

실내에 각종 유해물질을 저함유한 자재를 사용하는 것이 중요하다. 실내에 사용된 자재는 거주자의 건강에 직접적인 영향을 미치는 포름알데히드와 휘발성 유기화합물 등 유해물질을 실내에 방출하므로 각종 유해물질이 저함유된 자재를 사용한다. 실내벽면(기

등, 이동 간막이벽 포함), 천장, 바닥의 재료와 이들 최종 마감재에 적용된 접착제의 유해물질 함유량이 환경표지(마크)기준에 적합하여야 한다. 환경표지 대상제품 및 인증기준(http://www.kela.or.kr)을 참고한다.

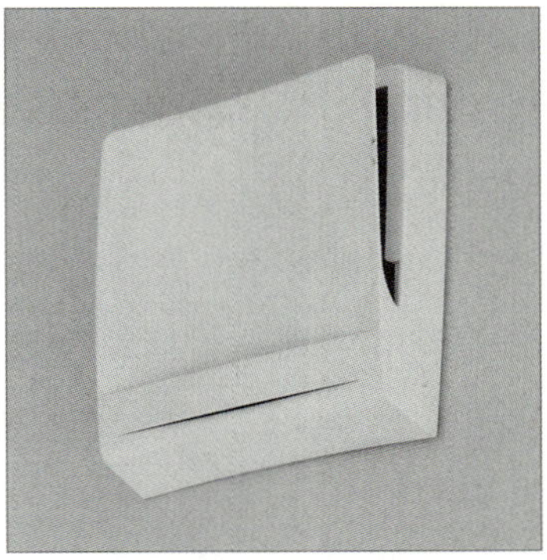

그림 9-7 벽에 설치하는 자연급기구

또한, 환기구 또는 환기장치를 설치하여 환기설계를 할 필요가 있다. 공동주택은 2004년 5월 1일부터 시행된 '다중이용시설 등의 실내공기질관리법'의 적용대상이다. 기준에 맞는 실내공기질을 유지할 수 있도록 창은 개폐할 수 있어야 하며, 제어가능한 환기구 또는 장치가 외기에 면한 벽면, 창틀 혹은 창유리 등에 설치되어 창문을 열지 않고도 필요한 양의 외기를 도입하여 재실자가 직접 환기량을 제어할 수 있거나 습도, CO_2 등 인자에 의해 자동으로 개폐되는 것으로 방충처리가 되어 있어야 한다.

온열환경

쾌적한 온열환경을 유지하기 위하여 각 실별 또는 난방 영역마다 별도의 실내 자동온도조절장치를 설치하거나 각 실에 온도센서를 두고 특정실에 통합 자동온도조절장치를 설치한다. 건축물의 에너지 절약 설계기준(건설교통부 고시 제2004-459호, 2004.12.31 개정, 2008.1.11 시행)을 참고한다.

음환경

공동주택의 소음은 이웃 간의 분쟁이 가장 많은 사항으로 소음규제와 차음에 대한 법규가 점차 강화되고 있다. 주택건설기준 등에 관한 규정 개정으로 2008년 1월 1일부터 신축 공동주택 6층 이상 부분은 현행 실외소음기준(65dB 미만)과 실내소음기준(45dB 이하)을 선택적으로 만족하도록 개선해야 한다. 실내소음기준은 주택단지 면적이 30만m^2 미만인 곳과 소음 · 진동 규제지역에서 적용되며, 이

그림 9-8 주택 내 각 방의 온도를 통합적으로 조절하는 온도조절기

곳에서는 공동주택의 외벽에서 측정한 소음도가 65dB 미만이 되도록 하거나, 6층 이상의 실내 거실에서 측정한 소음도(창호를 닫고 거실에서 측정한 소음도)가 45dB 이하가 되어야 한다.

그러기 위해서는 층간 바닥충격음 차단성능을 높이는 것이 중요하다. 바닥 구조체를 통하여 아래층 세대로 전달되는 충격음의 차단성능을 높인다. 바닥구조에 대한 바닥충격음 차단구조 인정 및 관리기준(건설교통부 고시 제2006-435호, 2006.10.18)을 참고한다.

세대 간 경계벽 차음성능도 높여야 하는데, 경계벽의 구성재료가 콘크리트 옹벽인 경우 벽체의 두께는 250mm 이상이면 차음성능이 아주 우수하다.

단지 내 음환경을 위해서는 교통소음 등 각종 건물(단지) 외부 소음원에 의한 음환경 및 단지 내로 유입되는 소음의 차단을 위한 적정 방음대책이 수립[4)]되어야 한다.

빛환경

일조는 인간이 외부환경에 차단당하지 않고 태양의 직사광선을 받아들여 쾌적하게 생활할 수 있는 헌법에 규정된 권리(환경권)의 하나이다. 각 세대는 동지일 기준 오전 9시~오후 3시 사이 6시간 동안 최소 2시간의 연속일조를 받아야 한다.

공간환경

노약자를 위한 디자인

세대 내 고령자 및 장애자의 신체적 기능저하와 장애에 대비하여 무장애공간(barrier-free) 설계를 반영하여야 하며, 세대 내 거주자의 연령증가에 따른 개조나 고령자용 부품의 설치가 용이하여야 한다.

노약자 및 장애자를 위한 디자인은 아래와 같다.

- 공용복도 유효폭(1.4m 이상) 확보
- 공용계단의 연속난간은 계단 양쪽에 난간이 마련되어 있어야 하고, 이때 난간 손잡이는 도중에 중단되거나 갑자기 끝마치지 말고 적어도 수평방향으로 30cm 이

---

4) 평가치(L)=환경기준-평가소음도가 10dB(A) 이상이어야 한다. 환경기준(환경정책기본법시행령 제2조)

상 연장되게 처리하고, 계단참에서도 끊어지지 않고 연속되도록 한다.

- 주동 및 세대 출입구는 단차가 없어야 한다. 건축물 출입구와 현관 내외 사이는 동일한 레벨로 하고, 내부문턱은 20mm 이하로 한다.
- 엘리베이터 유효폭은 안목치수 기준으로 폭 1.1m 이상, 깊이 1.4m 이상, 출입문의 통과 유효폭 0.9m 이상을 확보한다.
- 주동 및 세대 출입구 문의 유효폭은 0.9m 이상으로 출입문의 전후 1.5m×1.5m의 수평 정지면을 확보한다.
- 공용계단참은 1.5m 이상을 확보한다.
- 세대 내 욕조의 높이는 0.4m 이하로 한다.

라이프스타일을 고려한 평면개발

거주자의 라이프스타일 변화에 대응할 수 있는 평면개발을 유도하여 불필요한 주택의 개조에 따른 자재의 낭비를 막기 위해 각 단위세대에 가변형, 병합형, 주문형 등의 평면을 적용하는 것도 중요하다.

그림 9-9 가변형 벽체

가변형 평면이란 주택 내부의 내력벽 이외에 벽체를 거주자들이 임의로 위치를 변경하거나 철거를 할 수 있도록 계획한 평면(바닥 선시공 후 벽체시공)이다. 병합형 평면이란 가족 구성원의 성장기에 대응하여 두 세대를 한 세대로 확장할 수 있도록 계획단계부터 고려한 평면이다. 주문형 평면이란 계획 초기단계부터 거주자들의 회의를 통해 의사결정을 할 수 있도록 하는 경우, 거주자들이 여러 개의 평면 중 하나를 선택할 수 있도록 다양한 평면개발을 한 경우, 동일 평면에서 내부구조를 선택할 수 있도록 한 경우 등으로서 라이프스타일에 맞게 공간을 조정할 수 있도록 하여 개조욕구를 최소화하는 데 도움이 된다.

공업화 공법 및 신기술 적용

건물의 신축, 개축, 유지관리, 운영은 자연으로부터 많은 양의 자재를 필요로 하게 되어 자원고갈, 에너지 소비, 대기/수질/고형 폐기물 문제를 일으킬 수 있다. 따라서 건설현장에서 발생할 수 있는 폐자재를 최소화할 수 있는 시공법을 적용하여야 한다. 또한 국가가 인정하는 환경 관련 신기술 적용을 하도록 하며 공업화 공법을 사용하여야 한다.

공업화 공법은 건축물의 주요 부재를 PC 부재 또는 조립식 패널, 모듈 등으로 공장에서 생산하여 현장에서 단순 조립하는 공법[PC, 철골, 커튼월, 시스템 폼(system form) 등]으로 현장시공 잉여자재 등의 발생을 억제할 수 있는 공법이다.

생활용 가구재 사용억제

장기적으로 생활용 가구의 개인 소유화를 억제함으로써 새로운 가구를 위한 재료 수요를 감소시킬 수 있다. 세대 내의 생활용 수납공간 설치율을 높이도록 하며 방 면적 대비 수납공간의 면적이 13% 이상이면 높은 수납공간을 확보한 것으로 본다.

3 지속가능한 자원의 사용

지속가능한 자원의 사용은 친환경건축물 인증에서 다루는 항목을 중심으로 살펴본다.

1) 재료의 사용

환경표지 인증제품 또는 우수재활용제품의 GR(Good Recycled) 마크 인증제품의 사용이 중요하므로 유효자원 재활용을 위한 환경친화적 제품 즉, 환경표지(마크) 또는 GR 마크를 획득하거나 제품의 환경성능에 대하여 인증을 받은 제품을 사용하도록 한다.

그림 9-10 환경 마크

자원 재활용을 위해서는 건축물의 노후화 억제 또는 기능 향상 등을 위하여 증축 · 개축 또는 대수선을 하는 리모델링 시, 기존 건축물의 재사용율을 높여 재료 및 자원의 낭비를 줄이고 폐자원에 의한 환경오염을 줄이도록 한다. 기존 대지 위에 건축된 건축물을 전면 리모델링하는 경우 비내력벽 중

주요구조부 또는 비내력벽을 재사용한다. 기존 대지에 건축된 건축물을 전면 리모델링하는 경우 주요구조부 중 30% 이상(체적비율 기준)을 재사용하도록 한다.

2) 에너지의 관리

건축물의 에너지 소비는 화석연료 사용에 의한 온실가스 배출과 밀접한 관계가 있으므로 건축물에서 에너지 절감이 바로 온실가스 배출을 억제하는 것이다. 2005년 기준으로 전체 에너지 소비 중 건물 부분은 24%를 차지하며, 건물 에너지 소비 중 주거는 67%로서 주로 난방용으로 소비하고 있다. 건축물의 환경부하는 85% 정도가 건축물의 냉난방 에너지 및 유지관리 부문에서 발생한다.

주택건설기준 등에 관한 규정 개정으로 2008년 1월부터 500세대 이상의 주택을 공급하는 사업 주체는 입주자를 모집할 때 공급하고자 하는 주택의 에너지 성능등급을 반드시 공개해야 한다. 1,000세대 이상(2008년 1월 이후, 그 이전은 2,000세대 이상)의 주택을 공급하는 사업 주체는 주택을 공급할 때 입주자모집 공고문에 에너지 성능등급 등 20개 항목의 주택 성능등급을 표시해야 한다. 건축물의 설계단계부터 에너지 절약형 건물설계가 되어야 하며 건축물의 에너지 절약 설계기준(건설교통부 고시 제2004-459호, 2004.12.31 개정, 2008.1.11 시행)의 '에너지성능지표 검토서'를 참고한다.

태양에너지 시스템

태양열 시스템은 태양에너지를 건축물의 냉·난방, 온수, 조명, 기타 전기설비의 에너지원으로 이용할 수 있다. 자연적인 열 전달방법인 전도, 대류, 복사에 의해 열이 전달되는 자연형 시스템(passive system)과 태양열을 이용하기 위하여 인공적인 기계나 에너지를 사용해 태양에너지를 물이나 공기에 전달하여 가열한 후 저장하고 이를 필요 시에 이용하는 설비형 시스템(active system)이 있다.

그림 9-11 옥상에 설치한 태양광 발전 판넬

그림 9-12 태양광의 집광기

그림 9-13 집광한 빛을 덕트로 연결하여 지하공간에 자연채광을 하는 산광기

자연형 시스템은 해당지역의 온도, 습도, 풍향, 일사량 등의 조건을 고려해야 하며 외단열에 의해 주택의 열용량을 크게 하는 것, 축열면적을 확보하여 열의 취득량을 크게 하는 것, 건물을 고기밀화 · 고단열화하는 것이 기본이다. 설비형 시스템은 집열기, 태양전지 등 기계적인 장치를 이용하여 태양에너지를 적극적으로 이용하는 시스템이다. 태양열 이용 급탕시스템의 종류는 자연순환형과 강제순환형이 있다. 최근 들어 아파트 옥상에 태양광 발전시설을 설치하는 아파트들이 늘어나고 있다.

태양광선을 전기에너지로 바꾸는 태양전지 패널을 이용하여 단지 내 가로등을 설치하는 방법도 있다.

대체에너지 사용

대체에너지의 사용은 화석연료의 사용을 줄이면서 이로 인해 발생할 수 있는 온실가스 배출량도 줄일 수 있다. 대체에너지란 "대체에너지 개발 및 이용 · 보급 촉진법"의 정의에 의하면 태양에너지, 바이오에너지, 풍력에너지, 지열, 연료전지 등을 말한다. 친환경건축물에 냉방, 난방 또는 전기 설계부하의 2% 이상을 담당하는 수준의 대체에너지 시설을 설치하도록 한다.

그림 9-14 약한 바람으로 발전이 가능한 풍력발전기

자료 : 중앙일보 2006. 8. 2.

풍력발전기도 이용가능한데 바닷가에서 시원하다고 느낄 정도인 초속 3m에서도 전기를 생산할 수 있는 국내의

'터버 풍력발전시스템'이 있다. 원통형이 돌아가는 수직축 방식이며, 바람을 전기에너지로 바꿔 주는 블레이드에 바람 유도장치를 장착하여 블레이드에 바람이 닿는 비율이 높다. 하나의 지지대에 여러 대의 발전기를 층층이 설치할 수 있어 최대 10MW의 대용량의 발전이 가능하다.

고효율 보일러 사용

기존 난방 시스템의 환경부하량을 줄이는 것으로 고효율 보일러와 콘덴싱 보일러가 있다. 콘덴싱 보일러는 태양열 축열난방 시스템의 축열조에 연계되어 보일러의 효율을 높이고 연료비가 절약되는 효과가 있다. 또한 중앙집중식 제어장치를 사용하여 건물에 효율적인 에너지를 공급하여 불필요한 낭비를 최대한 줄이고 전력제어나 기타 기기의 제어기를 설치함으로써 에너지 절약의 효과를 얻을 수 있다.

이중창 설치

국내에서 개발된 이중유리창은 이중유리의 바깥쪽 유리의 하단에 틈새가 있고, 위쪽은 열고 닫을 수 있다. 안쪽 유리창 상단도 여닫게 되어 있다. 이 유리창은 기존 유리창 구조에 비해 에너지를 50% 이상 절감할 수 있다. 여름철 냉방을 할 때는 바깥쪽 유리창 아래 틈새로 공기가 들어오고 그 공기는 유리창 사이로 데워지면서 위쪽으로 올라가서

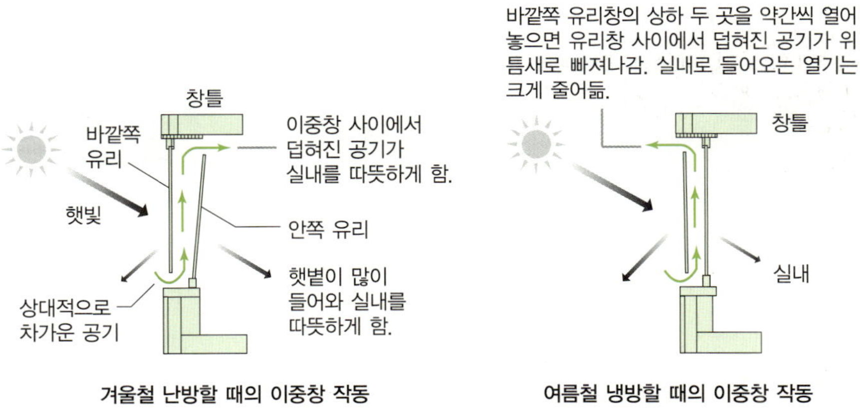

그림 9-15 이중창의 온도조절 원리

자료 : 중앙일보 2006. 8. 11.

바깥쪽 유리창 상단에 난 틈새로 빠져 나간다. 기존 유리창에 비해 적은 에너지로도 냉방을 할 수 있다. 겨울에는 바깥쪽 유리창의 상단을 막고 안쪽 유리창의 상단을 열어 놓는다. 그러면 바깥쪽 창문 아래로 들어온 공기는 유리창 사이에서 데워져 안쪽 유리창 상단 틈새로 들어와 환기도 시키고 햇볕도 이용할 수 있다.

개별세대의 에너지 관리

각 실별 또는 난방 영역마다 별도의 실내 자동온도 조절장치를 설치하면 쾌적한 실내 온열환경을 조성할 수 있고 에너지가 절감된다. 각 실에 온도센서를 두고 특정실에 통합 자동온도 조절장치를 설치하는 방법도 있다.

3) 수자원의 관리

환경친화적인 수자원 활용은 수자원의 절약, 환경오염 최소화 및 자연친화로 요약할 수 있다. 수자원 절약기법에는 우수이용, 중수이용, 절수기기의 도입 등이 있으며, 환경오염 최소화 기법에는 폭우 시 환경오염을 최소화하기 위하여 식생을 이용한 녹지대 확대 및 옥상녹화, 우수저류 및 침투공법을 이용한 우수유출량 제어, 수공간을 이용한 자연정화시스템 등이 있다. 또한 친수공간을 계획하여 건강한 생태환경과 경관을 조성하고 휴식 및 환경보전을 위한 공간을 제공한다.

표 9-4 환경표지 인증 화장실 절수설비

<table>
<tr><th>환경표지 대상제품군</th><th>적용용도 또는 절수방법</th><th>환경표지 대상제품군</th><th>적용용도 또는 절수방법</th></tr>
<tr><td rowspan="6">절수형 수도꼭지</td><td rowspan="2">즉시지수형 (전자감응식, 페달 및 풋밸브 방식)</td><td rowspan="4">샤워헤드</td><td>밸브 부착 샤워헤드</td></tr>
<tr><td>개폐방식 샤워헤드</td></tr>
<tr><td>자폐식</td><td>즉시지수방식 샤워헤드</td></tr>
<tr><td>정량지수형</td><td>기타 절수용 샤워헤드</td></tr>
<tr><td rowspan="2">수도꼭지 절수부속 (세면용에 한함)</td><td rowspan="2">절수형 양변기</td><td>절수용 양변기</td></tr>
<tr><td>양변기용 부속</td></tr>
</table>

자료 : 친환경 상품진흥원 환경표지대상제품 및 인증기준

생활용 상수절감

생활용 상수소비를 절감하여 에너지와 상수공급, 하수처리를 위한 설비 및 비용을 줄일 수 있다. 환경표지 인증을 얻은 제품을 사용하여 화장실의 물 사용량을 줄인다.

우수의 이용

우수 부하의 절감은 집중호우 시 도시 홍수 발생가능성을 저감하고 하수도, 처리장 및 우수 체수지와 같은 우수 배제시설 등의 건설·관리비를 절감할 뿐만 아니라 토양 생태계 유지 및 하천 수량, 지하수 수량 확보 등의 효과를 얻을 수 있다.

우수를 저류하기 위한 저수조 또는 저류지를 설치하여 우수를 중수도 수질 기준에 의한 살수용수, 조경용수, 수세식 변소용수, 세차·청소용수 등으로 사용하는 것이 좋다.

주거동의 옥상이나 지붕에서 모아진 빗물을 지붕에 연결된 집수관을 통해 지하에 저장한다. 우수저장을 위해 적절한 규모의 탱크를 사용하면 공동주택단지의 정원, 광장의 분수, 실개천의 수경용으로도 이용할 수 있어 수자원이 절약되며 도시 기후를 조절하는 효과가 있다.

침투성 포장재를 사용하는 것도 중요한데, 지하에 우수를 침투시키는 포장재를 사용하여 지하수를 확보하고 열섬화를 저감한다. 침투성 포장우수 침투를 위한 투수성 포장면 설치비율이 10% 이상 되도록 한다.

그림 9-16 옥상 우수를 이용하는 배관

그림 9-17 지붕 우수의 협잡물을 거르는 원심력필터

투수성 포장[5)]을 하면 물이 고이지 않게 하여 보도에서 미끄러지는 것을 방지하고 쾌적한 보도를 유지한다.

•: 중수이용시스템

생활배수를 단지 내에서 처리하여 생성된 중수를 식재의 물 주기와 공동공간의 청소에 재이용한다. 이와 같이 하여 하수도 부하를 줄이고 더불어 상수 사용량도 줄이게 된다.

생활오수는 수로나 관을 통해 공동연못을 만들어 모래, 자갈 등의 정화과정을 거쳐서 자연수계로 흘려보내는 방법도 있다. 연못의 크기는 가구별 혹은 단지 내 1일 하수발생량을 조사하고 겨울철 예비저장일(30~60일)을 곱하여 연못의 가로, 세로, 깊이를 계산해서 모양을 정한다.

4) 생활폐기물의 관리

•: 쓰레기 분리수거시스템

폐기물을 줄일 수 있는 설비기술로는 폐기물을 재활용이 가능하도록 분리수집하는 것이 우선되어야 한다. 우리나라에서는 1995년 1월부터 쓰레기종량제가 실시되었고 공동주택에서는 각 가정에서 재활용이 가능한 쓰레기를 분리수거하면 일주일에 한 번씩 정기적으로 단지별 수거를 하는 방식 또는 정해진 곳에 생활폐기물 수거시설을 설치하여 거주자가 수시로 분리배출하고 정기적으로 단지별 수거를 하는 방식을 택하고 있다. 일본에서는 쓰레기 다종 분리수거를 위해 주택 내에 빌트인(built-in) 가전시스템 설치, 가정의 연소 쓰레기가 지중식 쓰레기 저장 탱크에 모아지고, 파이프 라인을 통해 진공식 쓰레기 수집차에 회수되는 방식, 지역별 리사이클 센터 설치 등도 이루어지고 있다.

---

5) 투수성 포장 유형은 다음과 같이 나눌 수 있다.

- 부분포장 : 자연지반 위에 조성되고 공기와 물이 투과되는 포장으로 식물생장이 가능하다. 잔디블록, 목판 또는 판석 부분포장 등이 해당된다.
- 전면 투수포장 : 공기와 물이 통과되는 전면 투수포장은 식물생장이 불가능하다. 자연지반 위에 시공된 마사토, 자갈, 모래 등 투수성 전면포장 등을 말한다.
- 틈새 투수포장 : 공기와 물이 통과되는 틈새를 확보한 포장으로 틈새를 가지는 바닥벽돌포장, 사고석 틈새포장 등이 이에 해당된다.

재활용 생활폐기물 보관시설은 150세대당 8m^2 이상으로 계획하고, 재활용 생활폐기물의 분리수거용기는 최대 6개로 하여 플라스틱류, 고철류, 알루미늄류, 종이류, 병 및 유리류, 의류 등으로 분리한다.

노인정과 같은 공용시설 일부를 재래식 온돌방식으로 하여 단지 내의 폐기물을 소각하는 것도 시도해볼 만하다.

음식물쓰레기의 처리

음식물쓰레기는 매립되어 지하수를 오염시키거나 매립지 부족 등의 문제를 일으킨다. 2005년 1월부터 시행된 '음식물쓰레기의 직매립 금지'는 음식물쓰레기의 자원화 혹은 처리를 위해 파쇄, 열풍건조, 탈수, 미생물 처리의 감량기술요소를 적용하고 있다. 따라서 건물 내에 음식물 처리시설을 설치하는 것은 음식물쓰레기의 재이용과 매립지 공간 문제를 완화시킬 수 있다. 부엌에서 배출되는 쓰레기를 퇴비화하는 비료기, 퇴비화하는 장치(composter), 생활쓰레기를 탈수하여 자동포장하는 디스포저(disposer) 등이 있다.

음식물쓰레기는 개별처리 또는 공동처리 후 수집, 운반할 수 있으며, 음식물 이송관로가 설치 계획된 신도시 지역에서는 관로이송수집 후 감량, 소멸 후 소각이나 매립하는 방법도 있다.

4 친환경 주거단지의 관리

친환경 주거단지로 조성하여 친환경 인증을 받았으나 아파트단지에 설치된 친수공간, 생태연못 등의 친환경 시설이 오히려 유지관리의 비용문제, 실제 이용도 저하에 따른 불편시설 또는 혐오시설로 전락하는 사례가 있다. 이러한 문제를 줄이기 위하여 친환경 주거단지의 지속적인 유지관리를 위해서는 다음과 같은 사항을 고려하여야 한다(강순주, 2006).

첫째, 설계 시부터 관리에 대한 배려를 하여야 한다. 관리자를 위한 운영 · 유지관리 매뉴얼 및 지침이 제공되어야 한다. 둘째, 입주자에게 입주 전부터 친환경 아파트를 충분히 홍보하여 친환경 설비나 기술 등이 입주자에게도 전달되어 생활 속에서 정착될 수 있도록 한다. 셋째, 입주자들이 협조하고 참여하는 관리 내용들이 적혀 있는 관리 매뉴얼을 배부하고 홍보하여야 한다. 진정한 의미의 친환경 공동주택단지를 실현하기 위해서는 시행사, 시공사, 설계자, 거주자(사용자), 관리 주체 모두에게 친환경 아파트 개념에 대한 구체적인 정보 제공과, 계획, 설계 · 시공, 관리 단계의 통합디자인 시스템 관점에서 접근해야 한다. 친환경 주거로 계획된 단지는 관리의 어려움이 많으므로, 소규모 단지로 계획되는 것이 바람직하며 주민참여에 의한 관리를 하여야 한다. 대규모 단지는 친환경 주거에 대한 전문적인 관리를 하는 업체에서 관리하도록 한다.

1) 관리자를 위한 관리지침

친환경 주거관리자를 위해 관련 장비 · 설비의 효과적인 운영 · 유지관리를 위한 매뉴얼 및 지침을 제공할 수 있어야 한다. 건축물의 제반설비 및 장비의 운영방법에 대한 정보를 사전에 마련함으로써 당초 의도했던 계획에 의거하여 건축물이 최대의 효율을 발휘함과 동시에 지속적인 유지관리가 이루어지도록 한다. 제공되어야 하는 관리 매뉴얼은 다음과 같다.

- 최종 시공도면 및 시방서의 제공(CD 포함)
- 옥상방수의 점검 및 보수방법 제공
- 건축물의 구조체 · 비내력벽체의 점검방법 제공
- 냉난방열원 및 급탕설비의 운영 · 유지관리 매뉴얼 제공
- 조명설비 및 조명기기에 관한 유지관리 매뉴얼 제공
- 각종 공용설비(승강기, 조명기기, CCTV, 주차시설 등)의 운영 · 유지관리 매뉴얼 제공
- 조경 관련 유지관리 매뉴얼 제공
- 급수시설 유지관리 매뉴얼 제공

위의 건축물 운영 · 유지관리를 위한 매뉴얼 및 지침에는 아래와 같은 사항을 포함하고 있어야 한다.

- 시동, 정지, 비상 및 정상 작동과 함께 모든 주요 장비 및 설비의 조정 순서를 위한 상세하고 단계적인 지침과 체크리스트
- 주요 유지, 보수작업을 위한 상세하고 단계적인 절차 및 체크리스트

- 주요 장비 및 시스템을 위한 제조업체의 권고사항으로부터 도출된 검사
- 필터링, 청소를 위한 유지관리, 보수점검 주기에 기초한 정기적인 예방보전 활동 계획 및 양식
- 제조업체의 성능 관련 자료 및 고장 발견 절차
- 표준 예비부품의 규격 목록
- 장비 및 설비 설치업체, 유지관리 담당자의 연락처

2) 사용자 매뉴얼

친환경 관련 계획요소를 적용한 주거단지나 친환경인증 아파트인 경우는 입주자에게 친환경 계획요소에 대해 입주 전부터 충분히 홍보해야 입주 후 관리하는 데 있어 협조를 구하기 용이하며, 설비나 기술적 측면의 특성이 입주자에게 전달되어 관리를 생활 속에서 정착시킬 수 있다. 건축물의 관리 및 운영방법에 대한 정보와 이에 관한 사용자 매뉴얼을 입주자들에게 제공함으로써 당초 의도했던 대로 최대의 효율이 이루어질 수 있도록 한다. 매뉴얼을 통해 단위주호에서 수자원관리, 에너지 절감, 쓰레기 절감 등에 대한 일상생활에서의 실천방법을 제시하고, 공용공간의 자원절약을 위한 규약이 될 수 있는 사항을 제시하여 자원절약을 할 수 있도록 유도한다.

거주자에게 제공해야 하는 내용은 다음과 같다.

- 건물구조체(내력벽/비내력벽), 기둥의 위치 등이 포함된 단위세대 평면도
- 난방(냉방) · 급탕 · 가스설비 등에 대한 관련사항
- 급수, 배수, 위생 등에 대한 관련사항
- 조명 및 전기설비 등에 대한 관련사항
- 정보통신설비 등에 대한 관련사항
- 공동주택에서의 안전 및 생활에티켓 관련사항 : 소화시설 사용법, 피난방법, 세대간 소음저감대책, 쓰레기 처리방법 등

또한 사용자 매뉴얼에는 다음과 같은 사항이 포함되어야 한다.

- 점검, 고장감지 및 교체방법, 효율적인 운전방법 등

- 유지관리, 보수점검 주기에 기초한 정기적인 예방보전방법
- 장비 및 설비 설치업체, 유지관리 담당자의 연락처

5 리모델링

주택의 대량공급시대에 건설된 노후화된 공동주택의 거주자들은 재건축 또는 리모델링을 선택하여야 하는 상황에 직면해 있다. 리모델링은 물리적 · 기능적으로 노후화된 건물을 개보수하여 수명을 연장시킬 뿐만 아니라 새로운 사회적 기능을 부여함으로써 건물 총체적 개념의 자산상승을 유발시키는 행위이다. 환경적인 측면에서 노후화된 건축물을 재건축하게 되면 건물의 내용연수를 채우지 못하면서 생기게 되는 자원의 낭비와 건축폐기물의 발생과 처리 등에 대한 문제가 발생하므로 이에 대한 대안으로 리모델링이 증가하고 있다. 특히 1990년대의 300% 이상의 용적률로 건축된 공동주택은 재건축이 불가능한 상태이므로 관리의 연속선상에서 리모델링을 통해 내용연수를 연장해가야 한다.

리모델링은 건물의 지속가능성을 높일 수 있는 방법이며, 무분별한 경제적 손실과 환경부하를 줄일 수 있는 방법이기도 하다. 또한 리모델링은 거주자들의 주거만족도를 높이고 주거이동률을 감소시킴으로써 거주자들에게 동일 단지 거주에 대한 거주지속성을 높이고 장기거주로 인한 이웃과의 공동체 형성으로 사회적인 지속성을 높일 수 있다.

리모델링에 대한 문제점으로는 기존 구조물에 대한 보강이 의무화되어 있지 않은 점, 표준화된 시방기준이 없고 내화 · 내진성능에 대한 보장방법이 정립되어 있지 않는 것이다. 기존 공동주택이 벽식 구조로 되어 있고 가변형 구조가 아닌 고정형 구조여서 내력벽의 훼손이 생길 우려가 높다.

건설교통부는 '공동주택 리모델링 기준고시(2007. 11. 1)'에 의해 공동주택의 신축 또는 재건축 시 리모델링이 쉬운 공동주택으로 평가를 받으면 용적률을 20%까지 추가 완화해 줌으로써 리모델링이 가능한 공동주택을 장려하고 있다.

1) 리모델링 관련 법

리모델링에 관련된 법으로는 건축법, 주택법, 국토의 계획 및 이용에 관한 법률이 있으며, 리모델링 관련 금융지원제도는 조세특례제한법에 명시되어 있다.

건축법

2001년 9월 15일 건축법시행령을 개정하여 리모델링제도를 최초로 도입하였다. 리모델링은 '건축물의 노후화 억제 또는 기능향상을 위하여 증·개축 또는 대수선을 하는 행위'를 말한다. 리모델링 시 대지 안의 조경, 건폐율, 용적률, 도로폭에 대한 높이제한, 일조권에 의한 높이제한과 공개공지 확보의무에 대한 완화적용을 건축위원회의 심의를 거쳐할 수 있도록 하였다. 증축 시 완화적용할 수 있는 공동주택 건축기준의 범위는 승강기 및 계단실의 증축, 노대, 복도 및 각 세대의 증축, 주차장 및 운동시설 등 부대복리시설의 증축으로 한정하였다.

주택법

건축법에서 정하고 있는 리모델링제도를 공동주택에 적용하기 위한 수단을 제공하기 위한 목적으로 제도를 규정하였다. 준공 후 10년이 지난 공동주택은 전용면적의 증가가 없는 '대수선, 개축'을 위한 리모델링에 한정하고 준공 후 20년 이상이 지난 공동주택에 대해서만 증축을 할 수 있도록 하였다.

주택법시행령 제47조에 의하면 주택단지 전체를 리모델링하고자 하는 경우에는 주택단지 전체 구분소유자 및 의결권의 각 5분의 4 이상의 동의와 각 동별 구분소유자 및 의결권의 각 3분의 2 이상의 동의를 얻어야 하며, 동을 리모델링하고자 하는 경우에는 그 동의 구분소유자 및 의결권의 각 5분의 4 이상의 동의를 얻고 리모델링 주택조합이나 입주자대표회의가 시장·군수·구청장의 허가를 받아 리모델링을 할 수 있다. 리모델링은 주로 재건축의 경제성이 적은 공동주택에서 단지 전체보다는 개별주동에 대해 하거나 소규모 단지에서 하는 것이 일반적이었으나 주택법시행령(2005. 9. 14)에 평형에 관계없이 전용면적의 30%까지 증축할 수 있다는 규정에 따라 중형 평형 이상에서도 하게 되었다.

국토의 계획 및 이용에 관한 법률

공동주택단지를 리모델링지구로 지정하여 운영할 수 있도록 하였고, 경관지구, 미관지구 또는 고도제한지구 내에서는 건축물의 높이제한, 규모제한 등을 완화하여 적용할 수 있다.

조세특례제한법

현행 리모델링 관련 금융지원제도는 국민주택기금의 지원이 있다. 준공 후 20년 이상 경과한 주택 중 전용면적 85m^2 이하 분양주택에 세대당 3,000만 원(소요액의 80% 이내)까지 대출해 준다.

조세지원으로는 국민주택 규모 이하에서 리모델링 시 부가가치세가 면제되도록 하였다. 리모델링 후 주택의 규모가 국민주택 규모를 초과하더라도 기존 주택 규모의 120%를 초과하지 않으면 면세혜택을 받을 수 있다. 기타 자금지원 제도에는 리모델링 시 장기수선충당금을 사용할 수 있도록 하였고, 에너지 절약시설의 설치, 전기대체 냉방시설, 주택단열 및 개수사업 등에 에너지 이용 합리화 자금을 지원 받을 수 있다. ESCO(Energy Service Company : 에너지절약전문기업) 제도도 있는데 이는 에너지 합리화법 제22조에 의거, 사용자가 에너지 절약을 위하여 기존의 에너지 사용시설을 개체(改替) 또는 보완하고자 하나 기술적 · 경제적 부담으로 개체를 시행치 못할 때 에너지 절약전문 기업으로 하여금 대신 투자하도록 하여 효율적인 에너지 절약을 할 수 있도록 하는 제도이다. 리모델링 시 에너지 효율화 시설을 교체하는 경우 이 자금을 이용하면 시설투자비에 대한 부담 없이 에너지 비용 절감효과를 얻을 수 있다는 장점이 있으나, 실제 적용은 조명기기의 개체에 국한되어 있는 실정이다.

2) 리모델링의 기능

리모델링은 구체의 기능, 미관, 거주환경을 향상시켜 재산가치를 유지 · 향상시킨다. 구체적인 성능개선의 종류는 다음과 같이 분류할 수 있다(임만택, 2005).

구조적 성능개선

건물의 안전을 위하여 가장 우선적으로 고려해야 한다. 경년변화에 따라 구조체가 노후화되어 구조적 성능저하, 기능변화, 사용패턴의 변화, 주변환경의 변화에 대응하여야 하며, 지진, 화재 등에 대비하기 위하여 구조적 성능개선이 필요하다.

기능적 성능개선

건물이 노후화되면서 건축물의 기능은 저하되며 설비시스템은 다른 요소에 비해 성능저하가 빠르다. 사회구조의 변화와 기술발달에 따라 빠르게 변화하며 사회적 환경변화에 따른 건물의 용도변경에 의한 기능적 성능개선이 요구된다.

미관적 성능개선

건물 내외부의 미관적 성능은 재료의 노후화에 따른 질적 저하뿐만 아니라 시대적 성향의 변화에 따른 사용자, 건축주의 선호가 바뀜에 따라 변화가 필요하다.

환경적 성능의 개선

새로운 기술발전에 따라 건축물의 열환경, 빛환경, 공기환경, 음환경의 개선이 필요하다. 건축물의 내 · 외부 환경개선뿐만 아니라 지역환경이나 지구환경의 개선과도 연관된다.

에너지 성능개선

에너지 소비는 건축물의 생애비용(Life Cycle Cost : LCC)을 결정하는 가장 중요한 요소가 되므로 건축물의 에너지 성능개선은 건물 성능개선 중 가장 비중이 큰 분야이다.

3) 리모델링의 방법

리모델링이 이루어지는 것은 구조와 재료 등의 열화(성능저하)에 대응한 성능향상의 측면이며, 다른 하나는 기능저하에 대응한 기능향상의 측면이다. 성능향상을 위하여 리모델링하는 방법은 구조체의 보강, 설비나 내 · 외장의 보수 · 보강, 새로운 재료나 부품으로 교체 · 신설, 공용 샤프트의 신설 및 재배치 등을 하는 것이다. 기능향상을 위한 리모델링 방법은 기존공간에 생활의 다양화와 변화를 수용할 수 있도록 공간의 재구성, 증축을 하는 것으로 세대통합 및 실 재구성, 발코니 증축 등을 하는 것이다. 리모델링하는 정도에 따라 기존건물의 일부분만을 리모델링하는 보완적인 리모델링과, 기존 골조만 남기고 전면 철거하는 전면 철거형 리모델링으로 나눈다.

보완적 리모델링

주호의 발코니와 계단 쪽의 전면 및 후면을 확장하는 수평확장형 리모델링은 발코니나 복도를 전용면적화하고 발코니 등을 추가로 설치하며 계단실과 엘리베이터 샤프트를 증축한다. 주택법 전용면적의 30%까지 확장할 수 있으며 1층을 필로티 공법을 적용해 주차장 등 편익시설로 바꾸면 층수를 한 층 높여 증축이 가능하다. 증축 부분의 구조체 설치, 내부공간의 구성 및 실 수의 변화(2세대의 1세대 수평방향 통합, 복층 통합), 에너지 성능을 향상시키기 위하여 외벽의 단열보강, 방수교체를 한다.

설비 부분에서는 연탄 난방방식을 세대별 기름보일러 난방방식으로 바꾸고, 전기통신설비를 현대화하며, 천정에 배관공간을 확보하기 위하여 천정고를 낮추기도 한다.

표 9-5 리모델링의 해당 부위

주분류	중분류	상 세	
아파트 주동 관련	동 내부	단위세대	비내력벽 변경, 발코니설치 및 확장, 실 확장, 실 부가, 세대병합
		공통	코어형식 및 출입구변경, 지상 1층의 용도변경
	동 외부	부속시설	계단 , 난간, 지붕, 공용홀, 옥상, 1층 필로티처리
		외장	외피개선, 페인트
단지 관련	공용시설	복리시설, 커뮤니티센터 지하층 용도변경, 부속건물 신설 및 철거	
	보행, 주차 관련	보도, 산책로, 주차장	
	설비	난방, 수도, 가스 관련 배관, 전기시설, 인터넷, 주동출입 시스템	

전면 철거형 리모델링

기존의 골조만 남기고 비내력벽이나 설비, 내 · 외장 등은 전면 철거하고 재설치하는 리모델링이다. 기존의 골조에 대한 보수와 보강, 골조의 증축 등을 통하여 골조를 만들고 이후에 신축과 마찬가지로 외장과 내장, 설비 등을 전면 교체하는 형태로 진행한다. 기존의 주호를 유지하고 동일한 공간구성으로 내부공간을 전면 재구성하는 경우와 기존의 주호규모와 관계없이 규모도 변화시키면서 공간구성도 전면적으로 재구성하는 형태(restructuring)가 있다. 이 방식은 골조를 제외한 모든 부분을 교체하기 때문에 이로 인하여 발생하는 대량의 폐자재 배출로 인한 자재낭비와 폐기물이 환경문제가 된다.

내력벽식구조로 시공된 1980년대 이후 현재까지의 아파트에서는 구조적인 한계로 인하여 증축으로 인한 공간변형을 제외하고 기존 공간구성의 변형은 거의 불가능하므로, 내외장 등 주로 마감자재와 설비를 중심으로 한 리모델링을 한다.

4) 친환경 리모델링

계획의 수법

리모델링 시 환경부하를 줄이는 친환경적 리모델링을 하여야 하며, 리모델링 대상 아파트는 거주자의 의견을 반영하여 장기간 거주할 수 있도록 하고 장래의 생활변화에도 대응할 수 있고 차후 리모델링을 할 수 있도록 계획하여야 한다. 거주자가 선택할 수 있는 벽재, 바닥재, 문짝, 설비 등에 대한 옵션, 평면구성에 대한 옵션 등도 제시하여야 한다.

친환경 리모델링에 실현되기 위해서는 다음과 같은 사항이 통합적으로 고려되어야 한다(임만택, 2005).

부지계획

- 일사, 바람과 같은 자연에너지를 최대한으로 이용
- 주변 건물에 대한 고려와 건물의 접근 및 교통수단과의 연결
- 리모델링 공사 중 발생하는 폐기물의 회수, 처리 방안
- 지표면의 강우처리 및 부식에 대한 고려
- 대지, 물, 공기, 바람과 같은 자연환경의 보전

표 9-6 철거형 리모델링과 친환경 리모델링의 구분

구 분		철거(이주)형 리모델링	친환경 리모델링
보전활동	유지보전	–	○
	보 강	○	○
	개량보전	○	○
건축법 해당여부	개 축	△	–
	증 축	○	△
	대수선	○	○
관리효과		• 각종 훼손공사에 따른 구조체 성능저하 우려가 있음 • 면진보강 외에도 보강공사의 범위가 확대될 수 있음	• 부품의 통합적인 교체에 의해 일정수준의 구조성능을 유지할 수 있음. • 면진보강 외에 보강공사의 범위를 줄일 수 있음
환경영향		훼손공사에 의한 마감 및 건축자재 수명의 단축. 제품의 순환주기 축소	통합적 교체분리에 의해 마감 및 건축부품의 수명확보, 제품의 순환주기 연장
		분별해체가 불가능한 폐자제 발생으로 건설폐기물의 감소 불가능	분별해체에 의한 재가공처리로 건설폐기물의 감소 가능
		건설폐기물의 파쇄과정에서 다량의 분진 및 소음발생 초래	폐기물의 감소로 인해 파쇄과정에서 발생할 분진 및 소음량이 축소될 수 있음
		폐자재의 분쇄 및 매립에 의한 토양오염을 초래함	폐자재의 발생이 줄어 매립에 의한 토양오염의 가능성도 줄어듦
		건설폐기물의 이동 및 분쇄에 따른 기계사용으로 CO2 발생 증가	이동 및 분쇄용 기계사용량의 축소로 CO_2 발생 감소
수명효과		30년+(20% 정도의 수명연장) =35년	30년+(60% 정도의 수명연장) = 48년
기대효과			해체부품의 재활용 비율 확대에 따른 건설폐기물처리의 환경영향력 감소. 건축물 수명의 50~60% 연장

자료 : 임석호(2005). 101쪽 수정

에너지원

- 태양열, 풍력, 지열과 같은 자연에너지의 적극적인 활용
- 이산화탄소와 같은 지구 온난화가스 방출이 적은 천연가스 등을 에너지원으로 사용
- 축열을 이용한 에너지 절감

건물 외피 및 실내공간의 리모델링

- 자연통풍, 자연채광의 이용
- 에너지 효율성, 고단열
- 주변환경과의 조화
- 재활용 및 재사용이 가능한 실내 칸막이 벽체와 가구사용
- 실내공기환경의 질, 실내흡연에 대한 대책

기계설비의 리모델링

- 고효율 설비기기 및 고효율 조명기기의 사용
- 물소비를 절감할 수 있는 설비계획
- 에너지 절약을 위한 설비계획
- 거주자 건강과 쾌적을 위한 충분한 실내공기환경의 질 고려
- 열회수 장치를 비롯한 폐열의 재활용

건축재료 및 제품의 선택

- 에너지 효율이 좋은 사무자동화기기, 가전제품의 선택
- 제품의 생산, 운송, 사용에 필요한 내재 에너지가 적은 건축재료
- 수명이 긴 제품, 재료의 유해성분이 방출되지 않는 지방 토속재료
- 재활용, 재생이 가능한 재료
- 폐기과정에서 환경에 대한 영향이 적은 제품

유지관리 및 제어방법

- 리모델링으로 인해 향상된 건물성능을 유지 · 관리할 수 있는 기술
- 에너지 소비량을 제어 · 감시할 수 있는 시스템
- 재활용품의 분리수거 및 유기폐기물의 분리 처리

주택부품 교체관리에 의한 방법

환경친화형 리모델링은 건축자재의 철거형 리모델링과 구분하여 건물의 유지보전, 보강, 개량보전의 전 과정을 주택부품의 시계열적인 통합으로 해결하는 것이다. 이를 위해 각종 부품에 대한 접합부 설계와 이를 시공할 수 있는 일련의 시공 매뉴얼이 유지관리 매뉴얼로서의 수선캘린더와 더불어 제시되어야 한다. 환경친화형 리모델링은 예방보전을 통해서 확보된 건물에 20년마다 대규모 개수를 하더라도 거주자가 별도로 이주할 필요가 없으며 부품통합형의 유지관리를 통해서 건물수명을 60년 이상으로 연장시킴으로써 궁극적으로 자원순환주기의 장기화가 가능하다. 환경친화형 리모델링은 수선주기에 맞추어 주택부품이 통합적으로 교체되도록 설계 시공되는 주택에서 채택되므로 수명주기가 다한 주택부품의 교체 후, 분별해체, 분별수거가 용이하며 이들에 대한 자원순환의 형태를 다양화할 수 있는 장점이 있다. 이는 공동주택의 유지관리, 개수 및 보수를 위한 의사결정 프로세스와 LCC(Life Cycle Cost), 입주자에게 설계 · 시공 · 유지관리 등 일련의 정보를 제공할 수 있는 웹 기반의 구축과 연계되어야 한다(임석호, 2005).

그림 9-18 배관교체가 용이하도록 주택 외부에 설치한 배관장

그림 9-19 주택 외부 배관장 안의 배관

참 | 고 | 문 | 헌

강순주(2006). 친환경인증 공동주택의 거주후 평가-S아파트단지를 중심으로. 대한건축학회논문집 계획계. 22(9), 91-99.

건설교통부(1999). 건교부 친환경적 건축물의 설계요령.

_________(2000). 지속가능한 정주지 개발을 위한 정책 및 제도연구 III.

김수암(2005). 국내 공동주택 리모델링의 특성과 거주자를 고려한 리모델링의 방향. 건축. 49(9), 41-49.

대한주택공사(1994). 공동주택 관리 서비스 제고방안 연구.

_________(1996). 환경친화형 주거단지 모델개발연구.

_________(1997). 지속가능성 정주지 개발을 위한 정책 및 제도연구(I).

_________(1998). 지속가능성 정주지 개발을 위한 정책 및 제도연구(II).

대한주택관리사협회, 건설기술연구원(1998). 공동주택의 방수공사 유지관리 매뉴얼.

배정윤 · 정유선 · 윤정숙(2005). 공동주택 리모델링 제도의 개선방안에 관한 연구. 대한건축학회논문집 계획계. 21(6), 31-41.

오수호(2006). 친환경 건축물의 인증제도의 개선방안. 건축. 50(3), 80-84.

윤정숙 · 김석경(2005). 미국공동주택단지의 리모델링 특성에 대한 조사연구. 대한건축학회논문집 계획계. 21(9), 87-94.

윤정숙 · 남규현 · 유복희(2005). 친환경 주거. 서울 : 신광출판사.

이건호(2006). 적용 가능한 친환경 외피기술. 건축. 50(3), 45-52.

임만택(2005). 건축물의 장수명화를 위한 리모델링 전략. 건축. 49(9), 31-40.

임상훈 · 이시웅 · 박철민(2002). 자연친화건축. 서울 : 도서출판 고원.

임석호(2005). 공동주택의 친환경 리모델링을 위한 부품 인터페이스 맵에 관한 연구. 대한건축학회논문집 계획계. 21(12), 99-110.

주거학연구회(2003). 친환경 주거. 서울 : 발언.

최명수 · 오정익 · 김정화(2006). 아파트 음식물쓰레기의 효율적 감량요소기술의 개발. 주택도시연구원.

한국건설기술연구원(1993). 기존건축물의 유지관리 지침 개발.

_________(1997). 사용자를 위한 유지관리 매뉴얼.

大阪ガス株式會社(1999). 未來形實驗集合住宅NEXT21-5年間 居住實驗報告.

地球環境住まい研究會(1994). 環境共生住宅-計劃 · 建築編. 東京 : ゲイブン出版株式會社.

_________(1996). 環境共生住宅宣言. 東京 : ゲイブン出版株式會社.

環境共生住宅推進協議會(1999). 環境共生住宅A-Z. 東京 : ビオシテイ.

건설교통부 http://www.moct.go.kr

주택도시연구원 친환경건축물 인증센터 http://huri.jugong.co.kr/ecohouse/

친환경 상품진흥원 환경표지대상제품 및 인증기준 http://www.koeco.or.kr

환경부 http://www.me.go.kr

환경부 생활폐기물과 http://www.foodwaste.or.kr

제 10 장
공동주거자산관리

공동주거자산관리란 관리대상 공동주택의 자산적 효용성과 수익성의 극대화를 도모하는 한편, 공동주택의 물리적 유지와 개보수, 인사관리, 회계 및 광고, 그리고 임대차관리 등의 전문관리업무를 수행하는 것을 말한다.

본 장에서는 주택시장의 구조적 변화 속에서 공동주거관리 분야 중 그 필요성이 점차 증가하고 있는 공동주거자산관리자의 역할 및 그 구체적인 활동을 알아보고 공동주거자산관리 활동으로 공동주택의 자산가치가 얼마나 상승될 수 있는지를 사례분석하도록 한다. 또한, 이미 공동주거자산관리활동이 보편화된 외국의 경험을 살펴보고 향후 우리나라의 공동주거자산관리를 전망한다.

제10장
공동주거자산관리

1 공동주거자산관리의 개념과 필요성

1) 공동주거자산관리의 개념

공동주거자산관리란 공동주택 소유자(투자자)의 자산적 목표가 달성되도록 대상 공동주택의 관리기능을 수행하는 것을 말한다. 그렇다면 공동주택 소유자의 자산적 목표란 무엇인가? 일반적으로 부동산 소유자 또는 투자자의 자산적 목표는 임대료 등 경상수익의 극대화, 감가상각 등 세금감면장치의 최대한 활용, 투자위험의 분산 및 방어, 미래자본차익의 극대화 등으로 생각할 수 있다.

단독주택과 비교할 때 공동주택은 규모도 크고 엘리베이터의 도입과 같은 기술발전에 힘입어 물리적 대상물의 관리와 유지의 중요성이 인식되면서 우리나라는 제도적으로 주택법에 의하여 공동주택관리를 하고 있다. 그러나 이러한 물리적 시설에 초점을 맞춘 관리 서비스만으로는 공동주택 소유자의 자산적 목표를 만족시킬 수 없다.

최근 주거용 부동산이 자산으로서 차지하는 부분이 점차 커짐에 따라 주택의 임대와 같은 이용활동을 통하여 그 유용성을 증대시키며 개량활동을 통하여 주택의 물리적 · 경제적 가치를 향상시키는 주거자산관리의 필요성이 부각되고 있다. 우리나라에서는 공동주택이 2005년 기준 전 주택유형의 66%를 상회하기 때문에 특히 공동주거자산관리가 중요하다. 더구나 공동주택은 소유자와 임차인의 입장에 따라 원하는 관리적 요구가 다를 수 있기 때문에 자산관리적 측면에 있어 상당한 수준의 금융 및 법률적 지식과 전문적인 경험뿐만 아니라 입주자 및 관련된 사람들을 설득하고 이끌어 줄 수 있는 신뢰를 바탕으로 한 리더십이 필요하다. 또한 공동주거자산관리자는 타인의 자산을 맡아 관리 · 유지하고 있으므로 무엇보다 윤리의식이 강조되는 것은 두말할 나위가 없다(IREM, 2006).

이상에서 살펴본 공동주거자산관리에서 요구되는 성격들을 고려하여 본 저서에서는 공동주거자산관리를 다음과 같이 정의내리고자 한다.

첫째, 공동주거자산관리란 관리대상 공동주택의 자산적 효용성과 수익성의 극대화를 도모하는 것을 말한다. 이에는 임대료 등 소득이득(income gaines)의 극대화, 감가상각 등 세금감면장치의 활용, 투자위험의 분산 및 방어, 미래의 자본이득(capital gains, 흔히 매매차익을 일컫는다)의 극대화를 유도하는 활동이 포함된다.

둘째, 공동주거자산관리는 공동주택의 전문 관리업무를 수행하는 것을 의미한다. 즉 공동주택의 물리적 유지와 개보수, 인사 및 고용원 관리, 회계 및 광고, 마케팅, 임대계약, 입주자(임차인)와의 관계, 예산 수립 및 결산, 부동산시장 분석, 비용편익 분석 등의 업무를 말한다.

2) 공동주거자산관리의 분류

내용에 의한 분류

공동주거자산관리는 그 내용에 따라 크게 시설관리(Facility Management : FM)와 부동산자산관리(Property Management : PM), 입주자관리(Tenant Management : TM)로 구분될 수 있다(유병선 · 홍형옥, 2002).

시설관리

공동주거자산관리에 있어 시설관리는 단순히 공동주택시설을 운영하여 유지하는 것으로서, 시설사용자나 소유자(투자자)의 요구에 따르는 소극적 관리를 일컫는다. 구체적인 업무는 설비운전 및 보수, 외주관리, 에너지관리, 환경안전관리 등이다.

우리나라는 주택법 제42조에 관리 주체가 300세대 이상의 공동주택[1)]을 동법 또는 동법에 의한 명령에 따라 관리하도록 규정되어 있으며, 주택법 제44조에 따라 공동주택의 입주자 및 사용자의 보호와 주거생활의 질서유지를 위하여 공동주택의 관리 또는 사용의 준거가 되는 공동주택관리규약의 준칙을 정하도록 하고 있다. 이때 공동주택관리의 핵심적 사안은 건축설비(배관, 엘리베이터 등) 및 부대시설과 복리시설의 도장(페인트) 공사 등 유지 · 보수와 안전관리, 그리고 경비, 청소 등 대부분 건축물의 물리적 성능을 유지하기 위한 활동이다. 이에 현행 법제화되어 있는 공동주택의 관리업무 내용은 기술적 측면의 시설관리에 초점을 맞추고 있다고 할 수 있다.

부동산자산관리

부동산자산관리는 시설관리에서 한 단계 나아간 보다 전문적인 관리의 개념으로 주택이라는 자산으로부터 획득하고자 하는 수익목표를 설정하고 이에 맞추어 자본적 · 수익적 지출계획과 연간 예산을 수립하는 것과 주택의 임대차를 유치 및 유지하며 발생하는 비용을 통제하는 것을 주요 내용으로 한다. 또한 인력관리, 회계업무, 임대료 책정을 위한 적절한 기준과 계획, 보험 및 세금에 대한 업무도 포함된다. 여기에 임대주택에 있어서 임대료 수입을 극대화하고 임대를 유치할 수 있는 영업능력뿐만 아니라 가치평가를 위한 마케팅 능력 등을 함께 수행할 수 있는 임대차업무(leasing)까지 요구되고 있다(유병선 · 홍형옥, 2002).

공동주거관리적 측면에서 주거자산관리에는 다음의 세 가지 사안이 부각된다.

첫째, 공동주택의 소유자는 자기가 투자한 자금에 대해 최대의 수익을 얻고 있는가 하는 것이며 둘째, 시장 환경 변화에 따라 리모델링, 재건축과 같은 추가적인 투자를 할 것인가이며 셋째, 일상적인 관리행정이 효율적으로 이루어지고 있는가 하는 것이다(조주현, 2003). 이제까지 우리나라 공동주택의 경우 시설관리에 초점이 맞추어져 있었으나 향후에는 부동산자산관리의 중요성이 높아지리라 예상된다.

입주자관리

입주자관리는 입주자의 생활편익을 증진할 수 있는 다양한 서비스를 준비하여 해당

---

1) 주택법 시행령 제48조는 의무관리 대상 공동주택을 다음과 같이 규정하고 있다. ① 300세대 이상의 공동주택, ② 150세대 이상으로서 승강기가 설치된 공동주택, ③ 150세대 이상으로서 중앙집중식 난방방식의 공동주택

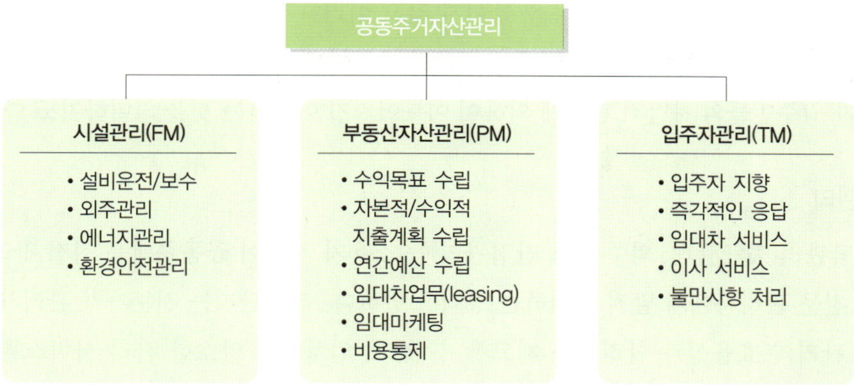

그림 10-1 공동주거자산관리의 내용에 따른 분류

공동주택에 거주하는 것이 더 매력적이게 만들어 궁극적으로 임대수익을 극대화시킬 수 있는 관리를 말한다. 주거용 부동산의 경영적 측면에서 임대료 수입을 극대화하기 위해서는 우선 높은 임대료를 받을 수 있어야 한다. 또한 임차인이 임대료를 연체하지 않으며 임대계약을 지속 또는 갱신하도록 유도하는 전략이 필요하다. 즉, 거주자가 원하고 매력을 느낄 수 있는 서비스를 제공함으로써 임대수익을 올리는 관리를 의미한다. 세부적으로 관리직원의 친절함은 물론이고 우편물관리, 민원대행, 주차안내, 자동차관리, 이사 서비스, 임대차계약 후 사후관리 서비스 등이 이에 해당한다.

이상의 공동주거자산관리의 내용적 측면에 따른 구분을 그림으로 나타내면 그림 10-1과 같다.

관리방식에 의한 분류

자치관리

소유자가 해당 주택을 비롯한 해당 부동산을 직접 관리하는 형태의 관리방식을 말한다. 자치관리(自治管理, 자영관리, 직접관리)는 소유자가 직접 관리하므로 관리업무에 대한 통제력이 강하고 관리비 절감, 보안, 하자발생의 사전 방지, 기밀유지 등의 장점이 있어 단독주택, 연립주택, 소규모의 공동주택에 유효한 방법이다. 그러나 소유자가 전문적 관리지식이 부족한 경우 효율적 관리가 이루어지지 않는 단점이 있다.

다수의 소유자로 구성된 일정 규모 이상의 공동주택은 엘리베이터, 놀이터, 주차장, 보일러실, 물탱크 등 공동으로 사용하는 공간 및 시설이 있기 때문에 대부분의 입주민들은 가급적 관리적 노력이나 비용을 들이지 않고 이러한 공간과 시설을 이용하려는 무임승차의 문제(free rider's problem)가 발생하게 마련이다. 이는 일정규모 이상의 공동주택 관리가 입주민들의 자발적 관리에 의하여 이루어지기 어렵다는 것을 의미하기도 한다.

위탁관리

위탁관리(委託管理, 외주관리, 간접관리)는 소유자 자신이 공동주택을 직접 관리하지 않고 전문 관리자에게 맡겨 관리하는 방식을 말한다. 위탁관리는 전문가가 관리하기 때문에 관리의 효율성과 합리성을 제고할 수 있고, 임차인은 양호한 관리 서비스를 받을 수 있으면서 소유자는 관리업무로부터 해방되어 자기본업에 전력을 기울일 수 있다[2]는 장점이 있다. 반면, 위탁관리의 단점은 기밀유지가 어려우며, 위탁업자는 계약금액의 범위 내에서 관리를 하기 때문에 물가와 임금이 상승할 때 계약금 증액이 어려우면 서비스의 질이 떨어지기 쉽다.

최근 상업용 부동산시장에서는 자산관리 기능의 중요성이 커짐에 따라 전문 관리자에 의한 위탁관리가 확산되고 있는 추세이다(김진유 · 전상경, 2003).

혼합관리

혼합관리(混合管理)는 자치관리와 위탁관리의 혼합형태로 관리업무의 전부를 위탁하지 않고 일부만 위탁하는 방식이다. 즉, 경제 · 법률 등 소유자가 관리할 수 있는 것은 직접하고 청소, 경비, 설비관리 등 기술관리만을 위탁하는 것이다. 이는 관리업무에 대한 통제를 용이하게 하면서 위탁관리의 편의를 도모할 수 있다는 장점이 있다. 혼합관리는 자치관리에서 위탁관리로 이행할 때 과도기적 방식으로 이용되기도 한다. 그러나 수탁업자는 수탁된 부분에 대해서만 책임을 지고 업무를 수행하려 하고 관리의 전반적인 책임은 소유자에게 있기 때문에 혼합관리는 자주성이 결여되고 적극성을 잃어 책임소재가 불분명질 수 있다. 또한 자치관리종업원과 위탁관리종업원 간에 신분상에 차이도 있고 대우도 달라 서로 원만한 관계유지가 어려우며 이것이 관리업무에 지장을 초래하는 경우도 있다. 이처럼 운영이 잘못될 경우에는 자치관리와 위탁관리의 결함만 나타나는 위험이 존재하기도 한다.

---

2) 《부동산투자의 자산운용법》의 저자인 라우리(Lowry)의 투자원칙은 물건의 세세한 관리는 전문 관리자에게 맡기도록 권유하고 있다(방경식 · 장희순, 2002).

3) 외국의 공동주거자산관리 사례

미국의 공동주거자산관리

미국은 1920년대 초반 엘리베이터 도입과 기술발달에 힘입어 여러 유형의 공동주택(multi-family properties)[3)]이 급격히 증가하면서 주택관리를 민간업체에 위탁하여 관리하게 함으로써 공동주거관리 분야에 있어서 양적으로 괄목할 만한 발전을 이루었다. 1960년대까지는 조세제도의 변화, 규제환경 변화, 부동산금융 발달, 투자수익률의 제고, 인구증가, 경제성장과 같은 사회경제적 요인으로 말미암아 공동주택의 임대수익률 제고에 초점이 맞춰진 관리적 특성을 보였다. 그러나 1980년대 말부터 1990년대 중반까지 지속된 부동산시장의 침체, 주택공급과잉, 그로 인한 관리책임의 증대, 환경문제에 대한 의식증대, 입주자들의 요구가 다양화되면서 자산과 부채를 종합 관리하는 차원에서 공동주거자산의 가치유지 및 증진이 중요한 이슈로 대두되고 있다. 이에 따라 공동주거자산관리에는 커다란 질적 변화가 야기되는데 그 중요한 특징을 정리하면 다음과 같다.

전문 관리업자에 의한 위탁관리

공동주택이 소규모인 경우는 입주자들이 자체적으로 관리를 하는 것이 일반적이지만 공동주택의 규모가 커짐에 따라 자체관리에서 점차 전문적인 관리업자나 관리회사에 의한 위탁관리의 형태로 변하고 있다. 주택을 소유하는 개인이나 단체가 전문 관리업자나 단체에 관리업무를 위탁할 때는 양 당사자의 권한과 의무관계를 명확히 하는 관리승인서를 교환하는데, 이는 오해로 인한 갈등과 분쟁의 요소를 제거하고 위탁기간 동안 관리업자가 소신껏 업무에 충실할 수 있도록 하는 데 목적이 있다. 전문 관리업자의 가장 중요한 목표는 위탁받은 공동주택을 양질의 상태로 유지·보전하고 개선하여 주택에 대한 가치와 이익을 창출하는 것이다. 따라서 이들 전문 관리업자들은 장기간의 임대차 계획을 체계적·효율적으로 수립하고 관리에 필요한 인원을 고용하며 효과적인 공동주택관리를 위한 각종 업무를 수행하게 된다.

---

3) 미국에서 공동주택은 일반적으로 4세대 이상의 건물을 의미하는 것으로 아파트(apartment), 이동주택단지(mobile home park), 리조트 회원권 소유(timesharing), 정부지원주택, 기관보유주택, 아파트형 호텔과 실버타운에 이르기까지 그 유형이 다양하다.

주거자산관리의 전문성 확대

자산관리의 대상인 주택의 유형이 다양하며 규모가 상당한 수준에 이르고 소유자(투자가)들도 복잡하고 다양한 요구를 함에 따라 전문적 자산관리 기술의 필요성이 부각되고 있다. 이에 미국에서는 공동주거자산의 관리를 전문적으로 대행할 수 있는 전문자격자를 양성하는 장치를 제도화하고 있다. 이 제도를 통하여 주거자산관리자는 특별한 훈련과 교육을 제공받게 되는데 그 대표적인 예는 다음과 같다.

첫째, 부동산관리기관(Institute of Real Estate Management : IREM)이다. 1933년 창설된 IREM은 부동산관리자들 상호 간 의견공유를 위한 만남의 기회를 제공할 뿐 아니라 신규 참여자들에 대한 교육 프로그램을 제공하고 있다. 현재 IREM에서 승인 또는 인증한 시험에 통과하면 공인자산관리사인 CPM(Certified Property Management) 자격을 수여받게 된다. 또한 IREM은 전문 관리기업이 우량기업이라는 것을 인증하는 AMO(Accredited Management Organization)로 지정하기도 한다. 한편, 주거용 자산을 관리하는 사람들은 ARM(Accredited Residential Manager)로 지정을 받아야 한다.

둘째, 1930년대 주거용 임대아파트가 불황의 타격을 받았던 시기에 대부분 도시의 아파트 소유자와 관리자들이 창설한 국립아파트협회(National Apartment Association : NAP)이다.

셋째, 집합주택협회(Registered Apartment Manager : RAM)는 미국의 주거용 부동산 관리인증 프로그램 중 가장 오래된 프로그램으로 다가구 임대주택, 콘도미니엄, 조합주택[4], 정부지원주택의 관리를 위한 훈련을 제공하고 있다. RAM은 주택 및 도시개발청인 HUD(Housing and Urban Development)의 공인을 받고 있다. 그 외 공인임대전문가 자격증인 CLP(Certified Leasing Professional)와 고급 등록아파트관리자 자격인 ARAM(Advanced Registered Apartment Manager)이 있으며, 최근에는 비효율적인 현장관리로 인하여 세금공제액을 재징수당할 위험을 줄이고 소유자를 돕는 TCC(Tax Credit Certification)가 도입되었다.

넷째, 전국 주거자산관리자협회(National Association of Residential Property Managers : NARPM)는 단독주택을 전문으로 하는 자산관리자들의 상시적 거래조직이다. NARPM에서 개인에게는 PPM(Professional Property Manager)과 MPM(Mater

4) 거주자가 건물을 공유 · 관리하는 형태의 주택을 말한다.

Property Manager)를, 회사에게는 CRMC(Certified Residential Management Company) 자격을 제공한다.

일본의 공동주거자산관리

일본에서는 1975년 전후부터 임대주택관리업무를 전문적으로 취급하기 시작하였지만 급성장하기 시작한 것은 부동산 버블문제가 심각해진 1990년대이다. 즉, 1980년대 까지 일본은 3대 대도시권을 중심으로 경제활황에 힘입어 주택가격이 지속적으로 상승하였고 임대주택의 경우도 마찬가지로 임대료가 계속적으로 상승하였다. 그러나 1991년 생산녹지법 개정[5)]으로 인하여 농지를 전용하여 임대주택을 공급하는 사람들이 속출하게 되었으며 이와 맞물려 수도권에서는 경제악화에 따른 법인의 주택수요 감소, 저가(低價) 맨션의 공급증가로 인하여 1992년 이후 임대주택시장에 큰 변화가 발생하게 된다. 한편, 금융권의 이자율이 0%에 가까운 상황에서 자산운용 방법의 하나로서 아파트나 맨션을 임대하는 소유자(투자자)들이 대거 등장하였으나 이들은 임차인들의 다양하고 까다로운 요구들을 해결할 수 있는 관리상의 기술이 부족하였기에 관리를 전문적으로 하는 업체에 대한 수요가 증가하게 되었다.

급속도로 진행된 임대주택의 공급과잉은 입주율을 크게 떨어뜨리고 임대료의 하락과 공실을 야기하여 임대주택 소유자 및 관리업자들이 경영상 압박을 받게 되었다. 이러한 임대시장의 변화는 지금까지와는 다른 방식의 전문적인 임대주택관리의 필요성을 제기하게 되었다. 이에 1990년을 전후로 전문적으로 임대주택관리업을 하는 기업들이 수적인 면이나 규모 면에서 급성장하여 2003년 현재 임대주택 1,000호 이상을 관리하는 회사가 300개 이상 되며, 3,000호 이상의 임대주택을 관리하는 기업도 150여 개에 달하고 있다. 이처럼 부동산 버블 붕괴 이후 부동산에 대한 가치관은 자본이득을 중시하기보다는 운용이익, 즉 임대수익에서 오는 소득이득을 중시하는 투자목적으로 변화하기 시작하였다. 이러한 변화는 주거자산관리의 중요성을 부각시키는 것이기도 하다.

5) 생산녹지법의 개정은 도시화 구역 내의 농지에 대해서 택지공급을 촉진하기 위해 생산녹지로서 지정된 이외의 농지는 주택지와 같은 고정자산세, 도시계획세를 중과세하는 것을 골자로 한다. 이는 한번 생산녹지로 지정되면 30년간 농지 이외로의 전용이 엄격하게 제한되기 때문에 농지소유자에게 커다란 변화를 초래하였다. 따라서 많은 농지 소유자들은 생산녹지로 지정되는 것을 거절하고 농지를 전용하여 임대주택을 건설하였다(하우징코산, 2003).

일본의 임대주택관리시장은 향후 지속적으로 규모가 성장하리라 예상되고 있는데 이는 노후주택의 증가, 국민들의 의식변화와 인구의 고령화에서 그 이유를 찾을 수 있다. 즉, 일본에는 건축된 지 30년 이상 경과한 민간 임대주택이 2,000호에 달하는 등 재건축이 임박한 주택이 약 400만 호에 이르고 있어 시설적인 측면에서 주택관리의 중요성이 부각되고 있다. 또한 장기간에 걸친 경제불황으로 고용상태가 매우 악화되었고 소득이 감소하여 젊은 세대를 중심으로 고액의 주택융자를 받아 주택을 구입하기 보다는 세금 및 유지관리 부담이 적은 임대주택을 점차 선호하게 되었다. 또한 노령인구가 증가하면서 고령자를 위한 임대주택의 수요도 매년 증가하고 있는 추세이다.

2 공동주거자산관리활동

1) 공동주거자산관리자의 역할

앞서 우리는 공동주거자산관리를 소유자(투자자)의 자산적 목표가 달성되도록 대상 공동주택의 관리기능을 수행하는 것이라 정의한 바 있다. 이에 공동주거자산관리자는 타인의 자산을 전적으로 책임지고 맡아서 관리해야 하므로 무엇보다 윤리적 의식이 투철하여야 할 것이다.

부동산자산관리시장이 상대적으로 잘 발달한 미국의 경우 주거자산관리자의 업무는 주택의 재산적 측면의 관리감독, 임대차중개인의 감독, 현금흐름 관리, (소유자에 대한) 보고, 외부전문가(세무사, 감정평가사, 대출중개인, 변호사 등)의 고용, 주택의 물리적 상태의 유지 및 개선계획, 금융, 판매, 구입 결정, 계약이행의 감시, 세금보고 준비에 이르는 등 상당히 다양하다. 이에 공인자산관리사인 CPM(Certified Property Manager)이라는 제도가 있어 부동산자산전문가의 전문성을 강조하고 지속적인 교육을 제공하고 있다. CPM 제도는 뒤에서 좀더 자세히 설명하기로 한다.

표 10-1은 CPM 제도를 주관하는 부동산관리기관(Institute of Real Estate Management : IREM)에서 명시하고 있는 주거자산관리자(housing property manager)가 우선적으로 책임을 가지고 실행해야 하는 역할을 정리한 것으로 이러한 주거자산관리자의 역할은 곧

표 10-1 주거자산관리자의 우선적 책임의무

- 주택 소유자의 목표를 달성한다.
- 주거자산이 제대로 기능을 하기 위한 관리계획(management plan)을 개발한다.
- 마케팅 계획을 개발하고 실행한다.
- 시장조사를 수행하고 임대료율(rental rates)을 결정한다.
- 유지관리 프로그램을 개발하고 실행한다.
- 거주자와 임차자의 요구를 예상하고 대응한다.
- 임대료를 징수하고 적립한다.
- 지출내역을 감시한다.
- 예산을 수립하고 예상되는 현금흐름을 준비한다.
- 임대계약을 협상한다.
- 자산 소유자와 의사소통한다.
- 자산관리 인력 또는 전문적인 관리회사를 감독한다.
- 위험을 평가하고 축소시키고 완화한다.
- 위급상황에 대비한 계획을 개발한다.

자료 : IREM(2006a). *Principles of Real Estate Management*.

자산에 대한 소유자의 목표를 달성해 주는 것이기도 하다.

이상의 IREM에서 정의한 주거자산관리자의 책임의무와 다수의 소유자와 입주자로 형성된 공동주택이라는 특수성을 고려할 때 공동주거자산관리자의 역할은 다음과 같이 정리할 수 있다.

첫째, 공동주거자산관리자는 공동주택을 통한 수익을 극대화하여야 한다. 이때 공동주거자산관리자는 임대료 징수, 대상 공동주택의 유지 · 보수 등의 단순한 업무에 그치지 않고 공동주택 소유자의 법적 대리인으로 업무활동에 상당한 재량권을 가지고 있기 때문에 관리 대상 공동주택의 효용성과 수익성을 극대화하기 위하여 적극적으로 노력하여야 할 것이다. 예를 들어 공동주택의 시설에 대한 유지관리를 잘해서 주택임대를 통한 현금흐름을 극대화하고 매각의 시기를 잘 선택해서 매매차익(자본이득)을 극대화하는 것이다. 이처럼 공동주거자산관리자가 그 업무를 잘 수행하기 위해서는 운영 · 계획 · 조정 · 조직의 측면에서 효율적인 자산관리 체계를 개발할 필요가 있다.

둘째, 공동주거자산관리자는 일상적인 시설관리자를 감독하며 광고, 마케팅, 임대차 분석, 부동산시장 분석, 비용편익 분석 등 전문적인 일들을 수행할 뿐만 아니라 금융대출자, 변호사, 중개인, 감정평가사 등과의 업무적 제휴관계를 수립하여 문제가 발생할 경우 대처할 준비를 갖추어야 한다. 또한 주택시장의 동향을 분석하여 당해 공동주택시장에서의 상대적 위치를 확인하고 앞으로 해당 공동주택 가치에 영향을 미칠 요소를 추출하고, 이에 대비하는 계획을 세워야 한다.

셋째, 공동주거자산관리자는 다양한 자산적 목표를 가진 소유자들이 다수 존재하기에 관리자가 처리하기 곤란한 문제들이 발생할 수 있고 대상 공동주거자산에 대한 유지 · 보수 등의 문제에 대해서 소유자들 간에 의견조율이 어려운 측면이 있다. 따라서 공동주거관리자는 평소 소유자와 긴밀하게 의사소통을 하여야 하며 임차인과도 원만한 관계를 유지하여야 하는 대인(對人)기술을 수반하여야 할 것이다. 이는 신뢰를 바탕으로 한 리더십을 발휘할 때만 가능할 것이다.

이처럼 공동주거자산관리자의 역할은 상당히 다양하고 광범위하므로 필요한 지식과 경험도 다양하나 타인의 자산을 관리하는 만큼 무엇보다 윤리의식이 중시된다.

2) 공동주거자산관리 활동의 주요내용

그렇다면 공동주거자산관리 활동의 주요내용에 대하여 구체적으로 알아보기로 하자. 여기서는 부동산자산관리(property management)적 측면에서 관리계획서의 개발, 시설유지관리, 마케팅, 임대차활동, 임차인관리, 예산 및 비용관리, 인력관리, 정보수집과 관리, 보험 등을 설명하기로 한다.

공동주거자산관리계획서

공동주거자산관리의 시작이라고 할 수 있는 공동주거자산관리계획서는 소유자(투자자)의 자산목표를 효율적으로 달성하기 위하여 장기적인 관점에서 대상 공동주택의 시설관리(facility management)와 입주자관리 등을 포괄하는 부동산자산관리(property management)를 효율적으로 수행하기 위하여 작성된다. 따라서 원칙적으로 공동주거자산관리계획서를 근거로 세부계획서와 실행계획서가 작성되어야 할 것이다. 공동주거자사관리계획서에 포함되는 내용은 지역시장의 분석, 해당 공동주택의 물리적 현황에 대한 분석, 그리고 투자수익률 분석, 중점적으로 관리해야 되는 대상에 대한 분석 등이다. 이를 통하여 주거자산의 소유자는 공동주거자산관리의 목표 및 방법 그리고 기대효과 등을 이해할 수 있게 된다.

공동주거자산의 시설유지

공동주거자산관리에 있어 가장 기본적인 업무라 할 수 있는 시설의 유지 및 관리활동은 그 내용에 따라 일상적, 예방적, 대응적 유지활동으로 구분된다(강원철 외, 2005. 재인용).

먼저 일상적 유지활동은 통상적으로 수행하게 되는 정기적인 공동주택의 유지활동을 말한다. 그리고 예방적 유지활동은 시설이나 장비 등이 제 기능을 발휘하는 데 장애가 없도록 유지계획에 따라 장비나 시설을 교환하고 수리하는 사전적 유지활동을 뜻하며 마지막으로 대응적 유지활동은 공동주거자산관리에 문제가 발생하고 난 후 대처하는 사후적 유지활동을 말한다. 그런데 대응적 유지활동은 공동주택의 유지 · 관리에 문제가 발생하고 난 후 사후적으로 처리하는 활동이기 때문에 비용이 많이 들고 입주자들의 불편을 야기하게 된다는 단점이 있다. 따라서 문제가 발생하고 이를 해결하려는 대응적 유지활동보다는 예방적 유지활동에 많은 노력을 기울이는 것이 바람직할 것이다. 이를 위해 공동주거자산관리자는 시설관리에 대한 계획을 수립하고 본인 또는 시설관리자가가 실천계획에 맞추어 이를 제대로 실천해 나가도록 노력 또는 감시활동을 하여야 할 것이다.

마케팅관리

공동주거자산관리의 측면에서 마케팅관리란 대상 주거자산이 수익을 확실히 창출하도록 주거수요를 창출하는 기능과 창출된 수요를 충족시키는 기능을 동시에 하는 것이라고 할 수 있다. 최적의 잠재 임차인을 찾기 위해서 공동주거자산관리자는 비용집행의 효율성을 유지하는 동시에 잠재고객을 최대한 확보할 수 있도록 마케팅관리를 전개하여야 할 것이다. 잠재 임차인들을 적극적으로 유인할 수 있도록 임대공간을 기술적으로 보여 주지 못한다면 다양한 임대계약 내용을 알고 있고 임차인을 관리하는 기술이 있다고 해도 임차인들이 임대차계약에 서명하고 임대료를 지불할 가능성이 낮다. 따라서 이런 문제를 해결하기 위하여 광고활동이 필요한 경우도 있다. 이제까지 주택 관련 마케팅은 물리적 대상인 주택상품 그 자체에 중점을 두어 왔으나 주택저당채권의 유동화, 부동산관리회사의 등장, 종합 서비스화에 따라 총체적인 마케팅활동으로 확대되고 있는 실정이다.

임대차활동

임대차활동은 공동주택을 임대하여 수입을 확보하는 활동 중의 하나로 대상 주택에 적합한 임차인을 선정하는 것을 말한다. 그런데 공동주택에 있어 임대차활동은 여러 가지 측면에서 어려운 점이 많다. 건축된 공간에 최고의 임대료를 지불하려는 임차인을 찾아야 하고 또한 임대기간 중에는 재계약을 맺기 위해서 만족스러운 서비스를 제공하여야 하기 때문이다.

임차인의 선정과 임대차계약

공동주거의 경우 임차인의 중요한 선정기준은 기존 입주자들과 잘 어울리는 능력이 존재하는가이다. 선진국의 경우 주거자산관리자들은 임차인의 가족관계, 직장, 소득, 신용상태 등을 기재하게 되어 있는 '임차인 신청서(tenant application)'를 활용하여 적절한 임차인을 선정하기도 한다(강원철 외, 2005).

임차인이 결정되면 임대차계약을 맺게 된다. 임대차계약서는 임차인과 임대자 간의 권리 · 의무관계를 명시하는 서류이다. 임대차계약서상에는 임대료 수준, 임대차기간, 계약갱신에 관한 사항, 영업시간에 대한 제한, 부동산보험료의 지불규정 등에 관한 사항이 규정되어 있는 것이 보편적이다.

임대료 결정과 관리

단기적으로 임대료 수준은 수요와 공급에 의해서 결정되지만 다른 유사한 조건의 공동주택과의 비교를 통한 시장접근법에 의해서 결정될 수 있다. 장기적으로 임대료는 운영비용을 차감하고 적절한 이익을 낼 수 있는 수준이어야 한다.

시장접근법에 의한 임대료 수준의 결정은 인근지역의 유사한 공동주택의 질적 · 양적 차이를 임대료에 반영하여 추정된다. 즉, 임대아파트의 경우 평수, 방의 개수, 화장실의 개수, 건축과 장식의 질적 수준, 층수, 입주자 구성, 편의시설의 접근성, 인근지역의 특성 등을 고려하여 임대료의 수준을 결정하게 된다. 특히 공동주거의 경우 임차인은 주변의 생활환경을 중요시하는 경향이 있으므로 임대공동주택의 관리 시에는 되도록 동질적인 임차인을 모으려는 노력이 필요하다. 즉, 노년가구, 젊은 독신의 단독가구, 중년의 가구 등 주택의 수요계층별로 동질적인 생활환경을 조성할 수 있도록 고려해야 한다. 공동주거환경이 동질적인 임차인들로 구성되면 임차인들은 주거생활환경에 긍지와 소속감을 갖게 되기 싶다. 따라서 동질적인 임차인들로 구성된 공동주거는 의사소통이 용이하고 임차인들 간 및 공동주거관리자와의 상호 신뢰를 형성할 수 있을 것이며 이에 따라 임대료의 극대화에 기여할 수 있게 될 것이다.

임대료 징수활동

임대계약이 월세(혹은 보증부 월세)인 경우 임대료 징수활동은 매월 주기적으로 해야 하는 통상적인 공동주거자산관리활동이 된다. 이때 공동주거자산관리자는 언제, 얼마의 임대료를 납입해야 하는지를 계약을 체결할 때 임차인에게 주지시킬 필요가 있고 이후 매월 임대료 및 기타 지불금의 액수를 사전에 고시해야 한다. 임대료 지불일은 사전에 정해지는 것이 보통이며 매월 일정 일을 기준으로 한다. 그러나 때로는 임차인이 납기를 지키지 못하는 경우도 발생하기 때문에 공동주거자산관리에 있어 확고하고 분명한 임대료 수납방침을 견지하는 자세가 필요하다. 납기 기준일을 중심으로 일정 시간의 유예기간이 지나서도 임대료가 납입되지 않으면 즉시 납부독촉고지서를 발부하여야 하고 과태료를 부과하며 두 번 이상 통고에도 불구하고 임차인이 납부를 이행하지 않을 경우 법적 절차를 취할 것을 알려야 한다.

임대차 유형

임대차 유형은 임대료를 어떠한 방법으로 결정하느냐에 따라 다음과 같이 세 가지 유형으로 나누어진다.

첫째, 조임대차(gross lease)는 아파트와 같은 주택 유형에 흔히 적용되는 것으로 임차인은 지불임대료를 임대자에게 지불하고 이를 수령한 임대자가 여기에서 공동주택 운영에 필요한 다른 비용을 지불하게 된다.

둘째, 순임대차(net lease)는 임차인이 순수한 임대료만 지불하고 나머지 경비는 임대자와 임차인 간의 사전협상에 따라 지불하는 것을 말한다. 순임대차는 다시 일차(一次) 순임대차, 이차(二次) 순임대차, 삼차(三次) 순임대차로 나누어지는데 일반적으로 순임대차는 일차 순임대차를 일컫는다.

마지막으로 비율임대차(rate lease)는 임차인의 총수입 중 일정비율을 임대료로 지불하는 것으로 주택의 경우보다는 상업용 부동산에 적용되는 경우가 많은 임대차 방식이다. 상업용 부동산의 경우, 고객이 많게 되면 임차인의 총수입은 증가하지만 해당 부동산의 마모나 시설훼손이 가속화되어 관리비 등의 경비가 증가하게 된다. 이 때문에 상업용 부동산은 비율임대차 방식으로 임대를 놓기도 한다.

●● 임차인관리

임차인과 좋은 관계를 유지하는 것은 공동주거자산관리에 있어서 매우 중요하다. 왜냐하면 임차인들의 전 · 출입(turnover)이 잦으면 임대손실뿐 아니라 수리 및 유지비용, 홍보비용 등이 더 많이 지출되고 대상 공동주택에 대한 이미지에도 좋지 않은 영향을 줄 수 있기 때문이다. 임차인과의 좋은 관계유지는 공정하고 성실한 태도와 의사소통에 의해서 가능하다. 물론 이는 임대료의 적기납부를 위해서도 필요한 기본적인 업무태도이기도 하다. 또한 모든 임차인의 요구에 대해서 친절하고 즉각적으로 반응해야 할 것이다. 물론 임차인의 요구가 수용가능하지 않은 것이라도 신속하고 친절하게 수용할 수 없는 이유를 설명하여 알려 주어야 한다.

●● 예산 및 비용관리

공동주거자산관리에 있어 예산관리는 목표설정에서부터 예산의 수립 · 실천 · 평가에 이르는 일련의 과정을 말한다. 예산은 공동주거자산관리자와 공동주택 소유자가 공동으로 작업하는 경우가 많다. 그러나 주택 소유자의 대리인인 공동주거자산관리자는 예산의 모든 과정에 대하여 책임을 지게 된다.

공동주거관리에는 정기적인 비용이 발생하며 여기에는 시설관리비, 전기료, 난방비, 청소비 및 고용인들에 대한 임금지급 등도 포함된다. 물론 정기적 비용 이외에도 긴급유지보수 등 비정기적인 비용도 발생하게 된다. 이러한 작업은 동종별로 외부 전문업자에게 위탁하거나 스스로 자재를 구입하고 숙련공을 고용하여 해결할 수 있다. 건물의 규모가 작은 경우에는 전자가 경제적인지만 큰 경우에는 후자가 경제적일 수 있다. 공동주거자산관리자는 비용에 대하여 지출의 권한이 있지만 감독할 책임도 있다.

현재 주택법의 하위법령인 주택법시행령 제58조는 공동주택관리비의 비목별 세부내역을 일반관리비, 청소비, 경비비, 소독비, 승강기유지비, 난방비, 급탕비, 수선유지비 등의 항목으로 분류하며 이에 따라 비용을 징수할 수 있게 하고 있다. 또한 승강기 등의 교체나 재도장(re–painting) 등 큰 금액의 보수공사를 대비하여 매달 일정액을 적립하도록 하는 장기수선충당금 등을 징수하여 적립하게 되어 있다.

인력관리

성공적인 공동주거자산관리를 위해서는 인재를 적재적소에 배치하는 것이 중요하다. 최선의 인사관리와 훈련방법의 선택은 부동산관리업무에 필수적 사항이다. 명확한 의사소통과 공정한 인사관리는 장기적으로 만족스러운 노사관계의 정립에 필요하다. 또한 건축과 IT 기술의 발전에 힘입어 보다 전문적인 서비스를 요할 경우 필요한 인력을 아웃소싱하여 관리함으로써 비용을 절감하고 관리 서비스의 질을 향상시킬 수 있다.

정보수집과 관리

공동주거자산의 목록

공동주거자산관리를 위한 각종 결정을 하기 위해서는 필요한 자료를 체계적으로 수집할 필요가 있다. 이를 위해서는 주거자산목록(housing asset inventory)에 대한 전산자료를 구축하고 이를 지속적으로 관리하고 거래활동에 변동이 발생할 때마다 이를 반영하여야 한다. 계약 관련 서류, 등기 관련 서류 등 자료는 파일 형태로 정리하는 것이 바람직하다. 공동주거자산관리에 필요한 정보는 표 10－2와 같다.

표 10-2 공동주거자산관리에 필요한 정보

구분	내용
기본정보	• 기존의 용도 • 부지와 개량물에 대한 묘사 • 경비, 수입, 유지비, 재산세, 편익시설 등에 관한 자료 • 활용률 • 경과년수 • 용도지역지구제 • 점유일
소유하고 있는 공동주거자산의 정보	• 취득비용 • 계획하고 있는 자본개량물(capital improvement) • 현재의 시장가치 및 임대료 • 자본개량물의 비용
임대공동주거자산의 정보	• 계약임대료의 기타 계약조건 • 갱신 옵션(renewal option) • 임차권개량물(leasehold improvement)의 비용 • 현재의 시장임대료와 시장가치 • 계획된 임차권개량물

자료 : 강원철 외(2005). 부동산학 개론. 부동산114.

평가보고서

공동주거자산관리활동을 위하여 필요한 관리보고서를 작성하기 위해서는 평가보고서와 시장보고서를 모두 활용하는 것이 좋다.

평가보고서는 주거자산의 취득 · 처분 등 개별적 상황이 발생하였을 경우와 공동주거자산관리를 위해서 정기적으로 필요할 때 작성한다. 공동주거자산관리자는 평가사가 명확하게 평가에 관련된 문제들을 정의하고 있는지, 최고-최상의 이용(highest and best use : HBU)[6)]을 전제로 평가되었는지, 평가방법이 시장분석에 근거한 것인지를 검토하여야 한다.

공동주거기능에 대한 정기보고서

공동주거자산관리자는 소유자(투자자)의 대리인으로서 모든 관리활동에 대하여 장부처리를 하고, 그 결과를 소유자(투자자)에게 정기적으로 보고하여야 한다. 보고는 일반적으로 매월 하지만 분기나 연차보고를 하기도 하는데, 이럴 경우 월별보고보다 자세한 사항을 명기하여야 한다. 보고서를 작성할 때 공동주거자산관리자는 공실률과 임대료 수준, 경비 등에 대해 특히 주의를 기울여야 한다.

공동주거기능에 대한 정기보고서는 공동주거자산보고서, 공동주거활동보고서, 공동주거잉여보고서, 공동주거임대차보고서 등이 있다.

공동주거자산보고서는 자산의 위치, 규모, 금융조건, 가치 등의 정보를 담고 있으며 공동주거활동보고서는 월별로 공동주택의 거래에 대한 정보를 요약하여 정리한 내용을 담고 있다. 공동주거잉여보고서는 공실이 된 날짜, 위치, 금융자료 등을 기록하며 공동주거임대차보고서는 임대차계약에 관한 상황들을 월별로 보고하는 데 사용된다.

보험관리

공동주거자산관리를 위한 보험에는 손해보험, 채무보험, 임대료손실보험이 있다. 손해보험은 유지대상 공동주택이 화재나 홍수 등의 자연 및 인공재해로 인하여 손해를 입었을 경우를 대비하여 대상 공동주택에 대하여 보상을 해 주는 보험을 말한다. 채무보험은 해당 공동주택의 임차인이나 방문자, 인접 부동산 등이 입은 손해에 대해 관리자

6) 최고-최상의 이용은 해당 부동산이 가장 생산성이 높게 이용되는 상태를 말하며 최유효이용이라고도 한다. 보다 자세한 내용은 김지현(2007)을 참조할 것

나 소유자가 책임을 지게 되는 부분을 보상해 주는 보험을 말한다.

한편, 임대료손실보험이란 사고 시 보험회사의 보상비용이 공동주택의 건물을 다시 복원할 때 부족분을 보충하기 위한 방법으로서 손해보험 이외에 대체비용을 위한 보험에 가입하는 것을 말한다. 즉, 임대료손실보험은 복원공사가 진행되는 경우 소유자가 공동주택임대를 통한 임대료 수입을 얻을 수 없게 됨으로 인해 입게 되는 손실을 보전하기 위한 보험이다. 임대료손실보험은 공사기간 동안의 임대료를 보험회사에서 지불해 주기 때문에 소유자는 공동주거자산관리를 위한 비용을 충당할 수 있는 장점이 있다.

3) 자산가치 상승을 위한 유지관리 타입 시나리오

공동주거자산의 가치가 상승했는가는 해당 공동주택에서 창출할 수 있는 수익(임대소득과 자본이득)을 다른 자산에 투자하였을 경우 예상되는 수익과 비교함으로써 판단할 수 있다.

분석절차

공동주거자산의 가치를 평가하기 위해서는 투자분석이 필수적이다. 투자분석을 위해서는 다음 표 10-3과 같은 현금흐름표(cash flow statement)를 작성하여 세전 · 세후 현금흐름을 파악하고 이를 근거로 수익률을 결정하게 된다. 수익률 판단은 투자사업의

표 10-3 주거자산의 투자분석을 위한 현금흐름표

총 가능소득(Gross Potential Income : GPI or PGI)
　　－ 공실(Vacancy) 및 수납손실(Collection Loss)
　＝ 순 임대료수입(Net Rent Revenue)
　　＋ 총 기타소득(Total Miscellaneous Income)
　　＋ 경비 환급(Expense Reimbursements)
　＝ 유효총소득(Effective Gross Income : EGI)
　　－ 총 운영경비(Total Operating Expenses)
　＝ 순운영소득(Net Operating Income : NOI)
　　－ 연간 부채 상환액(Annual Debt Service : ADS)
　　－ 교체 충당금(Reserves for Replacement)
　＝ 세전 현금흐름(Before Tax Cash Flow : BTCF)
　　－ 관련세금
　＝ 세후 현금흐름(After Tax Cash Flow : ATCF)

전 기간에 걸쳐서 발생하는 순이익의 현재가치를 합산한 값인 순현재가치(Net Present Value : NPV)와 내부수익률(Internal Rate of Return : IRR)을 근거로 이루어진다.

●● 임대주택의 수익률 분석

다음은 경기도에 위치한 ○○아파트의 32평형을 사례로 임대차활동을 하였을 경우 수익률을 분석한 것으로[7] 이를 통하여 해당 아파트의 유지관리상의 금전적 흐름과 임대소득 및 자산가치의 변화를 이해할 수 있다.

기본조건

본 분석을 위하여 ○○아파트 32평형을 1억 8,200만 원에 구입하여 5년간 월세형식으로 임대주택사업을 하다가 이후 매각하는 것으로 가정하였다. 아파트 구입 시 구매금액 이외에 취·등록세를 비롯하여 각종 부대비용이 1,221만 2,000원 발생하였다. 또한 아파트 구입을 위하여 은행권에서 20년 기간, 이자율 7%, 원리금균등분할방식(constant payment mortgage : CPM) 상환조건[8]으로 1억 200만 원을 대출을 받아, 결과적으로 본인의 초기 지분투자금액은 9,200만 원이다(표 10-4). 해당 아파트는 신축한지 오래되지 않았고, 주변지역에 근린공원이 있고, 교육환경이 우수하여 매수 당시 전세금이 1억 2,000만 원이었다. 따라서 이를 월세로 전환을 하여 연간 임대수입을 계산하기로 하자. 이때 계산편의를 위해서 월세보증금은 없다고 가정하자. 전세금을 기준으로 5년 정기 예금 이자율에 추가금리를 적용하여 7%로 하였을 경우 첫해 월 70만 원, 연간 840만 원의 임대수입이 발생하게 된다. 이는 총 가능소득(GPI)에 해당하는 것이다. 또한 주변지역의 전세가격의 연간 상승률이 9%라는 점을 고려하여 1년마다 연간 임대수입이 9%씩 상승할 것으로 예상하였다. 이 지역은 전세수요에 비하여 공급량이 많이 부족하다는 사실을 반영하여 공실률은 없는 것으로 하였다. 운영경비는 첫해 22만 원으로 해마다 4%씩 증가할 것으로 예상되며, 관리 서비스를 받기 위하여 유효총소득(EGI)에서 0.25%를 위탁관리수당으로 지급하는 것으로 하였다.

---

7) 자산가치 유지관리 타임 시나리오는 해당 아파트의 당시 관리소장 정상현에 의하여 2003년에 작성된 관리계획서를 참조하여 작성하였다.

8) 원리금균등분할방식이란 대출기간 동안 원금과 이자를 포함하여 매달 같은 금액을 상환하는 constant level payment 방식을 말한다.

분석결과

언급한 기본조건 하에 ○○아파트 32평형을 사례로 임대차활동을 하였을 경우 임대주택의 운영수지 현금흐름은 표 10-4와 같다.

5년 후 아파트를 매각할 경우 예상금액은 주변 아파트의 연간 상승률 5%를 적용하여 2억 3,292만 1,000원(=1억 8,200만 원×$(1.05)^5$)으로 예상하였으며 매각비용은 116만 5,000원이라고 할 때, 순 매각대금은 2억 3,175만 6,000원이 된다. 여기에서 5년이 지난 매각시점의 대출 잔액 7,806만 5,000원을 모두 상환하고 나면 세전현금흐름(BTCF)는 1억 5,369만 1,000원이 된다.[9)]

임대주택의 수익률을 분석하기 위하여 임대차활동에 수반된 모든 비용, 즉 운영경비와 위탁관리수당과 순운영소득(NOI)을 기준년도의 현재가치로 할인하여 총편익에서

표 10-4 아파트의 32평형의 투자수익률 분석

(단위 : 천 원)

구분		매 입	1년	2년	3년	4년	5년
초기 투자	매입가격	182,000					
	부대비용	12,212					
	총 투입금액	194,212					
조달 자금	차입금	102,000					
	자기자본조달	92,212					
총가능소득(GPI)			8,400	9,156	9,980	10,870	11,857
(−)공실률							
(=)유효총소득(EGI)			8,400	9,156	9,980	10,878	11,857
(−)운영경비(연 4% 상승)			−220	−229	−238	−247	−257
(−)위탁관리수당			−21	−23	−25	−27	−30
(=)순운영소득(NOI)			8,159	8,904	9,717	10,604	11,570
(−)연간 융자월부금			−8,420	−8,420	−8,420	−8,420	−8,420
(=)세전현금흐름(BTCF)		−102,000	−261	485	1,297	2,184	3,151

자료 : 정상현(2003)의 원자료(raw data)를 이용하여 계산

9) 임대주택의 경우, 보증금은 과세대상에서 제외되고 월세수입만 과세대상이 된다. 따라서 본 분석에서는 편의상 보증금이 없다고 가정하였기에 세후현금흐름(ATCF)을 계산하게 되면 현실과 비교할 때 과대 계산되므로 본서에서는 세전현금흐름만을 다루기로 한다.

총비용을 제한 값인 순현재가치(NPV)와 소득과 비용의 현재가치로 환산한 값을 일치시키는 할인율을 구하는 방법인 내부수익률(IRR)을 각각 구하였다. 이때 NPV를 구하기 위한 할인율은 연 7%라 가정한다. 분석결과 NPV는 519만 8,000원이고 IRR은 7.97%로 계산되었다(자세한 계산과정은 부록 3을 참조).

중점 관리대상

해당 아파트의 주거자산관리적 측면에서 중점적으로 관리해야 할 대상은 다음과 같다.[10)]

아파트관리

시설관리

- 하자보수 후 장기수선계획의 수립 및 개선
- 수선인력 및 장기수선충당금의 현실화

입주자관리

- 입주자대표회의, 관리사무소, 부녀회, 통반장, 입주민의 명확한 업무분장을 통해 분쟁을 사전예방, 단합 프로그램 개발
- 부녀회 활동장려 : 부녀회 기금의 전용 및 수익사업 적극 활동, 부녀회 회칙제정, 추진 사업에 대한 의견수렴, 업무분담
- 반상회 활성화 : 반상회 적극 참여유도(불참금 관리비 부과), 주민 애로사항 접수
- 세부적인 매뉴얼 작성 및 배포 : 입주민 스스로의 관리 서비스 가능여부를 예측
- 홈페이지 제작 및 유도 : 서버의 임대, 홈페이지의 주민 자체제작 및 운영

회계관리

- 비용계정과목의 세분화로 사용추이 분석
- 홈페이지에서 일반주민의 회계장부 열람
- 관리비 납부

조경관리

- 근린공원을 연계한 뒷산의 조경계획

10) 중점 관리대상 사업은 당시 해당 아파트의 관리소장에 의하여 제안된 내용을 정리하였다.

- 부녀회에서 적극 사업화 독려(식목일 이벤트 추진)

접근성 제고

■ 마을버스 운행

- 특정 버스의 정시배차 유도 및 경유 유도, 구청에 민원제기

■ 초등학교 통학로 개선

- 순환외곽도로 및 주차개선에 따른 보도 신설 추진

■ 정 · 후문 출입로

- 구청 및 소방서와 연계하여 정문 앞 주차단속
- 근처 ○○아파트 재건축 시 후문 진입도로 확장요청

■ 표지판

- 근처 도로, 유치원, 도서관 3개소에 설치
- 입구 광고판 설치

■ 외장계획

- 충당금 설정으로 3~4년 후 도장공사 시 외장공사로 아파트 이미지 제고

대외관리

■ 부동산중개소 홍보

- 에스크로(escrow)[11) 대행 : 법률적 검토 후 매매 당사자가 원할 경우 시행
- 관리계획서 배포 : 관리계획서를 부동산중개소 배포용으로 수정 · 제작하여 인근 부동산에 배포 또는 설명회 개최
- 부동산중개소 현황파악
- 장기계획 : 에스크로, 관리비 정산, 장기수선충당금 등의 정보제공 등으로 장기적으로 지속적인 유대관계 정립

■ 언론 및 기타 기관

- 부동산시세표 게재 : 아파트 시세를 게재할 수 있도록 신문사, 부동산 관련 잡지, 중개사와 연계하여 정보 제공

---

11) 공동주거자산 관련 에스크로란 주택의 거래과정에서 계약금이나 중도금 등의 대금을 제3자가 보관 및 지급 등을 수행함으로써 안정거래를 보장하는 것을 말한다.

- 아파트관리 홍보 : 에스크로 또는 홍보대상의 연구를 통해 아파트 홍보
- 우편번호 검색 : 우정사업본부에 요청하여 우편번호 검색 시 아파트명을 구분할 수 있도록 함.

회계관리

- 비용계정과목의 세분화로 사용추이 분석
- 홈페이지에서 일반주민의 회계장부 열람
- 관리비 납부

중점 관리사업 시행 후 자산가치 상승

앞서 명시한 해당 아파트의 중점 관리사업을 시행하였을 경우 주변 아파트와 비교하여 32평 아파트의 예상 임대소득이 상승할 것이고 이에 따라 자산의 가치 또한 상승할 것으로 기대할 수 있다. 임대소득 및 자산가치 증가에 따라 수익률이 얼마나 상승하는지를 분석한 결과는 그림 10-2와 같다.

그림 10-2는 5년 전 1억 8,200만 원이었던 아파트가 중점 관리사업을 통해 공동주거 자산의 가치를 7%, 9%, 11%로 상승시켰을 경우, 수익률의 변화를 분석한 것이다.

3년간 주변 아파트의 시세 및 전세가격을 기준으로 해당 아파트의 자산가치 상승률

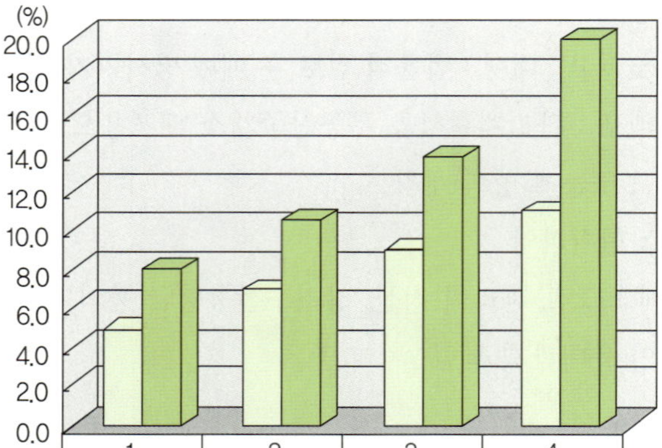

	1	2	3	4
□ 자산가치상승률	5.0%	7.0%	9.0%	11.0%
□ IRR	7.97%	10.60%	13.81%	19.91%

그림 10-2 매도가격 상승률에 따른 수익률 변화

자료 : 정상현(2003)

을 5%로 가정하였을 경우(표 10-4)와 중점 관리사업을 통해 아파트의 자산가치 상승률을 7%, 9%, 11%로 변화시켰을 경우 IRR이 각각 10.6%, 13.8%, 19.9%로 상승하는 것으로 나타났다. 이러한 결과는 공동주거자산관리활동이 추후 주거자산가치 상승을 통해 투자수익률에 얼마나 기여하는지를 보여 주는 것이기도 하다.

3 공동주거자산관리의 현황과 향후전망

1) 우리나라 주택시장의 변화

수요자시장으로의 전환

1980년대는 급격한 산업화와 함께 도시인구 집중이 가속화되고 핵가족화가 확산되면서 주택기본수요[12]가 증가하였으며, 그 결과 주택 부족난이 표면화되어 이때부터 주택가격은 본격적인 상승세를 타기 시작했다. 그런데 2000년 이후 주택의 연간 기본수

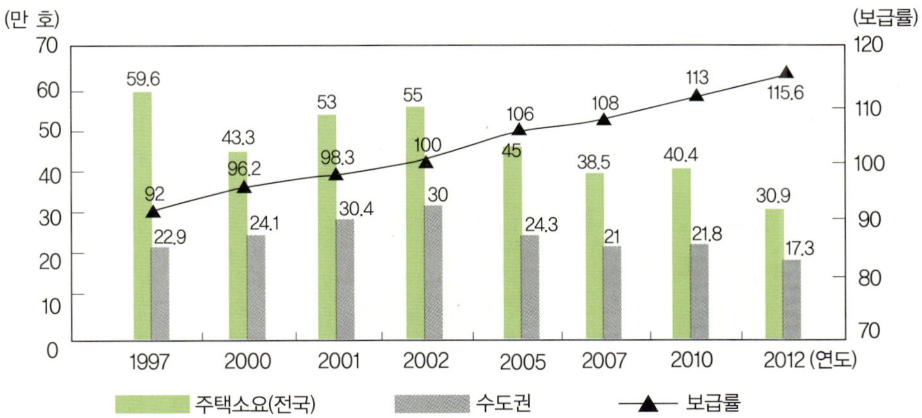

그림 10-3 일반 가구수의 변화추이

자료 : 국토연구원(2002.9). 장기주택정책방향(2003~2012).

---

12) 주택기본수요란 매년 결혼 등으로 증가하는 신규세대구성과 핵가족화 등에 따른 가구분화를 합한 수준으로 주거안정을 위해 매년 필요로 하는 주택수요의 크기를 말한다(김지현, 2007).

요가 점차적으로 둔화되어 과거와 같이 높은 주택수요를 기대하기 어렵게 되었다. 결혼 연령의 만혼화, 여성의 출산기피 및 저(低)출산으로 인구증가율이 빠르게 둔화되면서 매년 증가하는 가구수(數)가 줄어들고 있고 도시화 추세도 한계에 이르게 된 것이다.

이러한 주택기본수요의 감소는 주택시장의 성격을 공급자시장(sellers' market)에서 수요자시장(buyers' market)으로의 전환을 가속화하는 촉매역할을 할 것으로 예상된다. 여기서 공급자시장이란 상품 및 용역시장에서 공급이 수요를 따르지 못해, 즉 초과수요로 인하여 시장에서 공급자가 일방적으로 공급물량들의 조절을 통해 가격결정을 주도하는 시장을 말하며 수요자시장은 구조적으로 상품 및 용역에 대한 총공급이 총수요보다 많아 공급업체 간 경쟁이 치열해지면서 수요자가 거래조건을 지배하는 형태를 말한다(김지현, 2007). 우리나라는 2002년에 전국 주택보급률 100%를 달성하였으며 아파트 이외에 주거용 오피스텔, 다가구주택, 상가주택까지 포함할 경우 실제 사용가능 주택보급률은 2004년 105%에 육박한 것으로 나타나고 있다(김용창, 2004). 물론 지방에 비하여 인구집중현상이 두드러진 서울시의 경우는 2003년 현재 주택보급률이 86.3%로 다른

표 10-5 시 · 도별 아파트 미분양 현황(매년 12월 기준)

(단위 : 호)

구분	2000	2001	2002	2003	2004	2005	2006
전국	58,550	31,512	24,923	38,261	69,133	57,215	73,772
서울	3,037	1,771	52	735	612	574	529
부산	6,046	3,797	1,936	3,657	6,895	5,295	9,009
대구	2,944	1,198	2,250	4,159	3,250	3,274	8,732
인천	1,862	329	17	467	1,770	1,196	426
광주	2,704	564	868	1,870	5,609	2,156	6,506
대전	3,500	1,071	965	1,069	2,192	398	597
울산	1,596	1,693	3,456	872	839	2,089	996
경기	14,886	7,260	1,318	6,168	13,076	10,472	3,769
강원	2,570	1,309	1,552	2,785	3,628	4,491	5,314
충북	1,798	956	1,657	2,021	4,652	2,011	2,608
충남	4,545	2,826	2,270	3,675	9,715	6,715	7,764
전북	1,081	454	997	1,437	4,562	2,483	5,163
전남	1,758	955	1,031	1,562	2,133	3,800	4,515
경북	3,552	2,253	3,054	4,104	2,790	3,316	5,971
경남	5,932	4,771	3,306	3,247	6,954	8,662	11,784
제주	739	305	194	433	456	283	89

자료 : 건설교통부 홈페이지 http://www.moct.go.kr/Statistic/Total/data/20070403130130_미분양주택현황

지역에 비하여 떨어지는 것이 사실이나 만성적인 주택부족 현상을 겪었던 우리나라에서 지역적인 차이는 있지만 미분양아파트의 호수가 증가한다는 것은 주목해야 될 현상이라고 본다(표 10-5). 즉, 2000년대 초반 저금리로 인한 투기적인 가수요로 촉발된 주택특수의 과도기가 지나가면서 분양시장도 일반 상품시장처럼 다시 공급자 간 경쟁이 격화되기 시작하였고 이에 따라 공급자시장에서 수요자시장으로 급속하게 전환될 전망이다.

주택수요의 차별화와 다양한 주거서비스 요구

주택시장이 공급자시장에서 수요자시장으로 구조적 변화를 거치게 되면서 기존 주택시장은 물론 신규분양시장에서도 지역 · 상품 · 규모에 따라 수요차별화와 수요계층별 구매력 격차에 따른 양극화 현상이 나타나기 시작했으며 이러한 주택수요의 차별화 현상은 점차 가속될 것으로 보인다.

주택시장에서 수요계층의 세분화는 주택서비스의 다양화로 이어질 것이다. 즉, 주택수요자들은 각 집단에 따라 다양한 주택의 특성조합(bundle of housing characteristics)을 원하게 되었으며 이에 적합한 특성을 가진 서비스를 제공하는 주택만이 시장에서 환영받게 된 것이다. 이처럼 주택수요자들이 다양한 특성을 추구함에 따라 주택공급방식도 소품종 대량생산에서 다품종 소량생산시대로 바뀌어 나가게 될 것이다. 한 주택건설업체가 전국에 걸쳐 한해에 수만 가구를 공급하던 대량생산시대는 끝나고 선진 외국처럼 각 지역별 · 수요자계층별 · 테마별로 다양한 주택을 공급하는 시대가 올 것이다. 이에 조주현(2003)은 향후 주택공급업자들은 총체적인 평균적 수요에 대응하여 주택을 공급하기보다는 세분화된 표적수요집단(target demand group)의 부담능력과 선호를 파악하여 주택을 공급하여야만 성공할 수 있을 것이라 주장하고 있다.

또한 수요자가 주도하는 시장에서 공급자는 창의적인 노력으로 소비자들의 욕구(needs)에 어떻게 부응하느냐가 매우 중요하게 되며 이에 따라 마케팅과 관리가 중요한 요소로 등장하게 된다. 예를 들어 여성의 노동참여율이 증대하면서 여성독신가구가 증가하게 되자 상대적으로 쾌적함과 편리함 그리고 안전성을 추구하는 이들을 겨냥한 원룸주택과 주거용 오피스텔의 공급은 성공하게 된 것이다. 이처럼 수요자시장에서 주택관련 사업자는 보다 치밀하고 과학적인 시장조사와 수요분석, 그리고 이에 맞는 제품설계와 가격결정, 입지 및 홍보전략, 전문적인 관리활동이 필요하게 되었다.

또한 주택시장이 수요자가 주도하는 시장으로 변화되면서 주택시장에서 소비자 보호 및 관리가 매우 중요한 요소가 될 것이다. 특히 주택 관련 금융이 발달할수록 금융비용과 정확한 투자수익의 계산이 쉽지 않게 된다. 이에 미국에서는 주택을 담보로 한 금융에 있어 소비자를 보호하기 위하여 대출진실법(truth-in-lending act)을 통해서 정확한 금융비용을 소비자들에게 알릴 의무(disclosure requirement)를 대출자에게 부과하고 있다. 이러한 의무는 부동산중개업에도 그대로 적용되어 중개알선 물건에 대해서 정확한 정보를 공개하는 것은 상당히 포괄적인 책무로 해석되고 있다.

전세에서 월세로

이제까지 주택분야에 있어서 경제활동은 주택이라는 자산을 중심으로 한 저량(stock)의 경제에 기반을 두고 진행되어 왔었다. 이처럼 우리나라는 주택을 구입할 때 자산의 규모나 유산·상속이 중요한 변수가 되었던 것에 반하여 미국과 같은 선진국에서는 소득과 고용의 안정성이 가장 중요한 변수이다. 이는 주택구입 시 필요한 자금을 조달할 수 있는 주택수요금융(또는 소비금융, housing demand financing or housing consumption financing)이 상대적으로 발달하지 않았고 그나마 대부분이 부동산의 담보에 기초하였던 데에 기인한다. 제도적인 주택수요금융의 제약은 전 세계에서 유일한 전세제도라는 독특한 제도를 만들어 냈다. 전세제도는 주택금융이 발달하지 못한 우리나라에서 주거문제를 해결하기 위한 것으로 전세금의 수준은 주택가격 상승률과 시장이자율에 의하여 결정된다. 전세금을 통하여 주택 소유자는 공(公)금융의 융자제약문제를 해결할 수 있고 주택가격이 상승하는 시기에는 높은 매매차익도 기대할 수 있다. 한편, 임차인은 주택구입가격보다 싼 가격에 주택을 이용할 수 있고 전세자금은 향후 주택구입 시 종자돈(seed money)의 역할을 수행할 수 있다는 장점을 갖게 된다. 그러나 고도의 경제성장시대를 벗어나 시장이자율도 지속적으로 하락하고 있고 주택가격도 안정되면 주택가격 대비 전세금의 비율은 상승압력을 받게 되며, 전세금의 수준은 계속 상승할 것이고 이는 결국 월세로의 전환을 야기할 것으로 예상된다. 실제로 통계청이 발표한 2005년 '인구주택총조사'에 따르면 2000년도에 비해 월세는 42.5%(89만 9,000가구) 증가한 반면, 전세는 12.0%(48만 3,000가구) 감소한 것으로 나타났다.

이처럼 최근 5년 동안 월세가 크게 증가한 원인은 세 가지로 생각할 수 있다. 첫째, 시중 이자율이 낮아지면서 주택 소유자의 월세 선호도가 높아진 것이 그 원인이다. 주택 소유자의 월세 선호에 의해 월세공급량이 증가하면서 전세를 월세로 전환할 때 적용되는 이자율을 가리키는 '월세이율'이 최근 하락하는 추세이다. 국민은행이 발행하는 월간 주택가격 동향 시계열 자료를 분석한 결과, 2006년 7월 전국 평균 주택 월세이율이 2006년 들어 처음으로 1%대 미만인 0.99%를 기록했다. 5년 전 2001년 월세이율 1.31%과 비교할 때 현격한 하락이라고 할 수 있다.[13] 두 번째 원인은 1인 가구의 증가이다. 2005년 인구주택총조사에서 1인 가구는 317만 가구로 2000년 222만 가구에 비해 95만 가구가 늘어나 무려 42.5%가 증가하였다. 1인 가구는 주로 20~30대 젊은 층과 60세 이상 노년층이 차지하는 비율이 높다. 앞으로 혼인기피현상과 인구의 고령화현상이 가속됨에 따라 1인 가구의 증가는 당분간 빠르게 증가할 것으로 예상된다. 마지막으로 주택수요금융의 확대로 말미암아 주택구입이 수월해진 데서 그 원인을 찾을 수 있다. 제도권 주택수요금융의 확대는 장기적으로 전세시장을 붕괴시키고 임대주택시장에서 월세의 비중을 높여 주택점유형태가 더욱더 '자가'와 '월세형 임대'로 분화할 것으로 전망된다(김지현, 2007). 그러나 아무리 주택 소유자가 월세를 선호한다고 해도 월세이율이 은행권의 금리보다 높은 수준을 유지하고 있고, 전세제도는 우리나라에서 오랫동안 주택시장에서 뿌리내려 왔기에 단시일 내 전세가 월세로 완전히 전환되기까지는 어느 정도 시간을 요할 것이다.

주택 관련 금융기법의 발전

주택은 저량(stock) 상품으로 구입하는 데 많은 자금이 필요하고 분리하여 소비하기가 쉽지 않으며 환금성이 낮은 고유한 특성을 가지고 있다. 그러나 주택금융여건이 변화하고 주택 관련 금융기법도 발전하면서 주택이 유량(flow) 상품으로서의 성격을 가지게 되면서 국가경제에 크게 이바지하게 되었다. 즉, 우리나라에 주택저당채권의 유동화(liquidation of mortgage)[14] 제도가 본격적으로 도입되면서 주택금융기관은 주택을

13) 그러나 주택매매가와 전세가격이 급등하면서 같은 금액의 전세금으로 구할 수 있는 주택(주로 아파트)의 평수가 5년 전에 비해 줄어들었기 때문에 월세이율의 저하가 곧 주거환경의 개선으로 직결되는 것은 아니다.

14) 주택저당채권 또는 모기지(mortgage)의 유동화란 유동성이 낮은 자산인 주택 또는 관련 채권을 유동성이 높은 자본시장의 증권으로 전화하는 것을 말한다. 우리나라에서는 금융권이 주택을 담보로 한 저당채권을 한국주택금융공사에 양도하고 이 기관은 이를 담보로 증권, 즉 MBS(mortgage-backed securities)을 발행하여 자금을 조달하고 있다. 이에 유동화는 곧 증권화를 의미하기에 주택저당채권의 증권화라고도 한다.

담보로 필요한 일정 금액을 융통할 수 있는 저당채권(mortgage, 모기지)과 대출채권 매각을 통해 대출자금의 조기회수가 가능해지고 이에 따라 금융권의 주택자금대출 능력이 크게 개선되었다. 더구나 2004년 한국주택금융공사가 설립되면서 안정적으로 장기저리(長期低利)에 주택자금을 공급하는 것이 보다 수월해짐에 따라 서민과 중산층의 내집 마련이 촉진되고 신용경제 정착에 도움을 주고 있다. 앞으로 주택저당채권의 유동화가 더욱 진전되면 주택가격, 자본이득(capital gains), 소득이득(income gains), 순수익(net income)의 정확한 평가와 기록유지를 통해 주택시장과 주택 및 부동산을 기반으로 한 금융시장의 투명성 확보가 급속도로 이루어질 것으로 전망된다. 이에 따라 유동화된 주택의 경우는 현금흐름, 수익률과 자본환원율(capitalization rate)[15], 양도가치의 타당성을 정확하게 평가하고 차입자의 지불능력과 신용상태와 현금흐름상의 각종 위험을 종합적으로 평가하여 투자적합성 지표를 개발해 나가야 할 것이다. 실제로 미국은 NPI(National Property Index), 영국에서는 IPD(Invesment Property Index), 일본은 전국주택의 임대료 통계조사와 같은 객관적인 주택투자지표를 주기적으로 공시하는 체제를 갖춤으로써 주택투자시장을 보호하고 육성하여 건전한 주거자산시장을 형성하는 데 일조하고 있다.

한편, 주택공급 측면에서도 주택건설업체들은 회사 자체의 신용도보다는 사업 자체로만 대출을 일으킬 수 있는 프로젝트 파이낸싱(project financing)의 활용이 점차 증가하고 2006년 부동산투자회사법(REITs법)이 개정됨에 따라 주택건설사업에도 REITs를 활용할 수 있게 되었다. 이처럼 제도적 보완 및 금융기법의 발달은 주택공급에 있어 후분양 방식의 도입을 정착시키는 데 일조하리라 예상된다.

이제까지 살펴본 주택시장의 변화는 주택의 양적 개선에서 질적 개선으로, 주택의 개발지향적 사고에서 관리지향적 사고로의 전환을 유도하리라 본다. 또한 주택의 매매차익과 같은 자본이득보다는 주택의 이용과 활용에 따른 소득이득을 추구하려는 경향이 높아질 것이다. 이러한 상황에서 주택은 신규공급 못지않게 기존 건물의 활용도 제고에 관심이 모아지지 않을 수 없게 된다. 최근 공동주택 재개발 · 재건축 · 리모델링 산업이

15) 자본환원율이란 부동산투자의 수익성을 고려할 때 흔히 사용되는 개념으로 부동산의 연간 순임대소득(NOI)을 부동산의 적정 시장가치(fair market value)로 나눈 비율을 말한다. 보다 자세한 내용은 김지현(2007)을 참조할 것

각광을 받게 되고 주거자산관리 분야에 관심이 가지게 되는 것도 이런 변화를 반영한 것이라 할 수 있다.

2) 공동주거자산관리의 현황과 향후전망

공동주거자산관리의 현황

연립주택 및 아파트와 같은 공동주거는 다수의 소유자들이 존재하므로 단독주택과는 다른 관리상의 문제가 존재한다. 즉, 대상 공동주택에 대하여 유지 · 수선 등의 문제에 대하여 소유자들 간의 의견조정이 어려운 측면이 있다. 또한 엘리베이터와 복도, 각종 시설물 등 공용 부분의 관리와 보수 및 수선이라는 관리의 문제가 이슈화되면서 합리적인 공동주거관리제도의 필요성이 요구되었다. 우리나라에서는 이러한 사회적 요구에 따라 1987년 주택관리사제도를 도입하게 되었고, 이후 자산가치의 유지, 공동주택의 노후화 방지 등 공동주거관리 부분을 강화하기 위해서 2003년 '주택건설촉진법'이 '주택법'으로 개칭된 후 2004년까지 4차 개정된 상태이다.[16] 그런데 주택관리사제도는 공동주택의 관리에 있어 최소한의 시설관리와 회계업무를 담당하고 있어 자산관리적 측면의 서비스에 대해서는 전문성이 떨어지고 있기 때문에 사실상 공동주거자산관리는 거의 이루어지지 않고 있다고 해도 과언이 아닐 것이다.

최근 고급 주상복합주택이나 오피스텔을 대상으로 전문적인 주거자산관리 서비스를 제공하는 신영에셋[17], 타워개발주식회사 등 전문 공동주거자산관리회사가 등장하고 있으나 관리규모가 매우 적고 그나마 아파트와 같은 보편적인 공동주택의 자산관리에는 관심조차 두고 있지 않은 실정이다.

반면 주택관리사제도와 같은 관리 부문에서 제도적 기반이 전혀 없는 상업용 부동산을 대상으로 한 자산관리산업은 외환위기 후 급성장하는 추세이다. 상업용 부동산관리

16) 주택법 시행령에 의하여 300세대 이상의 공동주택, 150세대 이상으로서 승강기가 설치된 공동주택, 그리고 150세대 이상의 중앙집중식 난방방식(지역난방방식 포함)의 공동주택은 주택관리업자 등에 의한 의무관리대상으로 규정하고 있다.

17) 2006년 9월 현재 우리나라에서 공동주거자산관리업무를 가장 활발하게 있는 신영에셋의 경우에도 팰리스타워와 같은 주상복합아파트와 시그마 3과 같은 오피스텔을 포함하여 여덟 개 공동주거자산만을 관리할 뿐이다.

업의 성장은 외환위기 후 우리나라에 진출한 CB Richard Ellis나 Jones Lang Woottoon (JLW)들과 같은 전문 자산관리회사(Property Managent Company : PMC) 진출에 의하여 본격적으로 이루어졌으며, 이후 BHP Korea의 Korea Asset Advisory, 삼성에버랜드, 신영에셋 등 국내의 자산관리회사들도 부동산자산관리 시장에서 빠르게 성장하고 있다. 이들 전문 자산관리회사들은 일반적인 기술적인 유지보수의 차원을 넘어서 임차인 구성, 임대시기, 임대차계약, 광고, 예산 및 결산회계, 유지보수 및 개량 등의 제반 측면에서 상업용 부동산시장에 대한 정확한 정보와 투자수익률 분석을 근거로 전문적인 자산관리 서비스를 제공하고 있으며 향후 이들이 주도하는 상업용 자산관리시장 규모는 급속도로 확대될 것으로 예상되고 있다.

전문 자산관리회사가 상업용 부동산관리업무는 확대하고 있는 반면 아파트와 같은 공동주거자산관리를 외면하는 가장 큰 원인은 공동주택의 전문적인 자산관리를 통한 수익성 추구와 이에 따른 정당한 수수료를 요구하기가 힘들다는 데 있다. 즉, 현재의 분양아파트 위주의 공동주택의 관리체계는 주택관리업자에게 위탁하더라도 입주자대표회의의 의결에 의하여 해당 공동주택관리규약 및 관리를 결정 또는 재규정할 수 있으며 공용 부분의 보수 · 교체 및 개량 및 리모델링 결정까지도 입주자대표회의가 관여할 수 있기 때문에 전문적인 주거자산관리자 자신의 전문성을 활용한 소신적인 업무 자체가 어렵다. 이에 따라 입주자대표나 부녀회의 요구에 수동적으로 대응할 수밖에 없게 되어 전문적 능력을 갖춘 우수한 직원은 다른 부동산관리 분야로 이직하고 있는 실정이다. 한편, 현재의 대부분 아파트 입주자들은 관리업체의 전문성과 기술경험이 신뢰할 수준이라고 판단하지 않기에 주거자산관리 서비스 자체를 기대하지 않을 뿐더러 오히려 관리비용의 감축만을 추구하고 있는 실정이다. 예를 들어 최근 공동주택의 관리비용을 절감하기 위하여 외부 용역회사를 이용하여 경비업무를 맡기는 경우가 증가하고 있는데 이들을 어디까지 신뢰할 수 있는가, 서비스의 질을 유지할 수 있느냐 하는 문제가 언급되고 있다. 그 결과 한 차원 높은 공동주거관리 서비스를 제공할 수 있는 전문 관리회사에서는 앞으로 주거자산관리의 중요성이 점차 확대되어갈 것이라는 사실을 인식하면서도 현재의 공동주거관리 환경하에서는 진출을 꺼리게 되는 것이다.

한편, 우리나라에서는 임대주택사업자의 경우 2003년 10월 30일 이후 등록한 신규사업자는 국민주택규모 이하 주택 5호 이상을 취득하여 10년 이상 임대한 사업자에 한하여 취득세, 등록세(부가세 포함)를 면제하여 주고 재산세와 양도세를 50% 감면해 주고 있다. 이처럼 임대주택사업이 주택가격 안정화를 명분으로 강력한 규제를 받고 있기에 임대사업에 있어 중요한 매수/매각 시점을 결정하는 데 큰 걸림돌이 될 뿐 아니라 국민주택규모 이상의 주택을 대상으로 임대주택사업 자체를 하기가 힘든 상황이다. 따라서 규제를 완화하고 금융과 세제 측면에서 지원책이 있지 않는 한 개인 임대주택사업자 시장을 활성화하기 힘들 것이라 판단되며, 이는 곧 공동주택주거자산관리가 쉽게 뿌리를 내릴 수 없는 토양을 만들고 있다.

그러나 제도적으로 주택은 아니지만 유당마을, 서울시니어스타워, 노블카운티와 같은 실버타운이나 코업레지던스와 같은 호텔형 공동주거시설에 대한 이용 및 투자적 관심과 더불어 전문 관리회사의 진출이 점차 가시화되고 있다. 그러나 이들 주거시설들은 현 제도에서 주택으로 분류되지 않고 시설주거로 분류되어 투자자들은 관리회사가 도산할 경우 위험에 노출되어 있어 실버타운의 경우 노인들이 입주를 꺼리는 가장 큰 이유가 되고 있다(박용수, 2005).

이미 언급하였듯이 현재 우리나라의 주택시장은 수요자시장으로의 전환, 주택수요의 차별화에 따른 다양한 주거 서비스 시장형성, 주택 관련 금융기법의 발전 등 구조적인 변화를 겪고 있다(김지현, 2007). 이러한 주택시장의 변화는 향후 공동주거자산관리 서비스에 대한 수요를 야기할 것으로 예상된다.

공동주택의 증가와 주거자산의 중요성 증가

우리나라는 1970년대 이후 아파트, 연립주택 등이 증가하기 시작하여 현재는 공동주택이 가장 보편적인 주거형태로 자리 잡고 있는 실정이다. 표 10-6에 나타난 바와 같이 2005년도 현재 주택의 호수는 총 1,322만 호인데 이중에서 아파트, 연립주택, 다세대 주택 등 공동주택이 차지하는 비율이 66.2%에 달하고 있다. 이처럼 공동주택이 우리나라에서 가장 보편적인 주거형태로 자리 잡게 되면서 국가경제 측면에서도 매우 중요한 자

표 10-6 우리나라의 유형별 주택(2005)

주택 유형	단독			아파트	연립 주택	다세대 주택	비거주용 건물 내 주택	총계
	일반	다가구	영업겸용					
호수	3,277,210	763,232	223,099	6,962,689	558,513	1,229,208	208,690	13,222,641
구성비율	24.8%	5.8%	1.7%	52.7%	4.2%	9.3%	1.6%	100.0%

자료 : 통계청 홈페이지 http://kosis.nso.go.kr

표 10-7 미국의 자산별 총유형재산의 구성(1986~1989)

자산의 종류		금액(billion of dollars)	비율(%)
가구용 내구재		1,806	11.56
비주거용 자재	개인소유	2,145	13.73
	국가소유	540	3.46
총비부동산자산		4,491	28.75
비주거용 자재	소 계	2,429	15.54
	소매업	854	5.46
	오피스	958	6.13
	창 고	292	1.87
	제조업	325	2.08
주거용 부동산		8,703	55.71
총부동산자산		11,132	71.25
총유형재산		15,623	100.00

자료 : 김지현(2007) 재인용. J. Shilling(2002). *Real Estate*.

산이 되었다.

자산으로서 주택의 중요성을 강조하는 것은 자본주의를 지향하는 모든 나라에서 공통적으로 나타나는 현상이다. 예를 들어 미국에서 주택의 가치를 가장 직접적으로 반영하고 있는 주택저당채권(mortgage) 총액수는 규모 면에서 볼 때 거의 국가채무 수준에 육박한다(김지현 재인용, 2007). 표 10-7에 보이는 바처럼 미국의 자산별 총유형재산(fixed tangible wealth)의 구성을 보면 주거용 부동산이 차지하는 비율이 55.7%에 육박하고 있다. 이에 미국에서는 자산관리적 측면에서 주택의 가치를 유지하고 증진하는 것이 중요한 이슈로 자리 잡고 있다.

우리나라에서도 상황은 매우 유사하게 전개되어 주택은 개인의 자산 중 가장 큰 부분을 차지하고 있다. 실제로 2005년 주택이 가계자산에서 차지하는 비율은 약 82%에 달하고 있는 것으로 조사된 바 있다. 이중 특히 공동주택은 자산으로서의 중요성이 중시되고 있는데 그림 10-4에서 보이는 바와 같이 주택가격 측면에서도 다른 유형의 주택보다 아파트의 가격상승이 두드러지게 나타나고 있는 현실에서도 찾아볼 수 있다. 아파트를

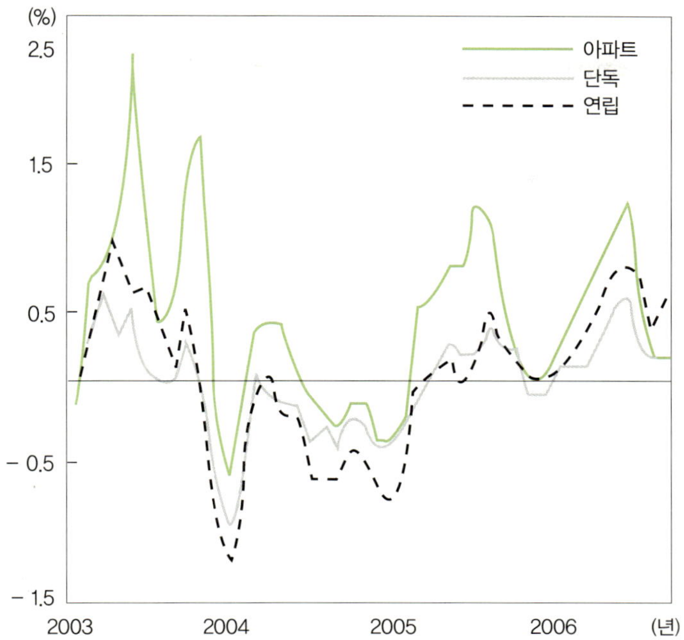

그림 10-4 주택유형별 가격변동률 가격추이

자료 : 한국은행 홈페이지 www.kbstar.co.kr

위시한 공동주택의 가격상승은 자산적 측면이 강조되는 투자수요를 유발하게 되었고[18] 이는 곧, '부재자소유의 주거'의 증대를 가져오게 되면서 타인에게 위탁하는 형태의 공동주거자산관리의 필요성을 야기하게 되었다.

건축 및 IT 기술의 발전

대도시 인구집중 현상 및 건축기술의 발달은 주상복합아파트와 같은 공동주거의 고층화를 가져오고 있으며 IT 기술을 활용한 홈 네트워크 시스템 등 최첨단기술이 공동주거에 활용되면서 전문적인 시설관리의 필요성이 부각되고 있다. 실제로 최근의 주상복합아파트 및 고가의 고층아파트 경우 단지 전체를 무선 랜(LAN) 기반으로 구축하고 휴

18) 참여정부는 투자목적의 아파트 수요를 아파트 가격의 상승을 부추기는 주요 원인으로 진단하고 10.29대책, 8.31대책을 통하여 주택보유세를 강화하고 1가구 2주택 이상의 다주택소유자에게는 양도소득세를 강화하는 정책을 실시하게 되었다.

대용 무선 홈패드(웹패드)를 이용해 집안의 모든 가전설비를 자동조절하기도 한다. 즉 휴대폰으로 가스밸브 및 집안의 모든 가전기구 및 냉·난방 및 조명까지도 마음대로 조정할 수 있게 되었다. 이처럼 최첨단 건축 및 IT 기술이 공동주거에 적용되면서 이를 전문적으로 유지·관리할 수 있는 시설관리자가 필요하게 되었는데, 공동주거자산관리적 측면에서 이들 시설관리자를 고용 또는 아웃소싱하며 그 업무를 감독하고 이에 따라 추가적으로 발생할 높은 비용을 어떻게 관리할 것인지가 필요하게 된다.

공동주거자산관리의 사회적 필요

현재 공동주택의 관리는 주택법 및 민법을 중심으로 어느 정도 상세히 규정되어 있다. 그런데 재건축에 대한 기대감으로 노후화된 공동주택의 유지관리를 소홀히 하여 노후화가 가속화되는 것이 큰 문제이다. 특히 천편일률적으로 용적률을 높이는 아파트 재건축은 교통혼잡을 비롯한 기반시설의 부족, 일조권 침해, 개발이익으로 인한 형평성의 문제 등 주거환경을 비롯한 사회적 문제로 인식되어져 급기야 참여정부에서는 재건축을 규제하는 일련의 조치를 연속적으로 내놓았다. 이는 아파트의 소유자들이 장기적·사회적 관점에서 공동주거자산관리를 생각하기보다는 단기적으로 개인의 이윤추구 측면에서만 바라보는 것에서 비롯되었다고 볼 수 있다. 물론 이러한 현상은 국가적으로도 손해일 뿐 아니라 아파트의 소유자나 거주자 또는 임차인에게도 결코 좋지 않을 것이다. 따라서 공동주거자산관리가 장기적·사회공익적 차원에서도 이루어질 수 있도록 정부는 제도적으로 유도할 필요가 있다고 본다. 예를 들어 건물의 안전 상태를 제도적으로 저렴하고 정확하게 진단할 수 있게 하고, 이러한 건물상태에 대한 정확한 정보를 바탕으로 유지관리 수준의 제고, 리모델링, 재건축, 재개발 등의 여러 대안 중 올바른 선택을 할 수 있게 하여야 할 것이다. 물론 이 과정에는 필수적으로 해당 공동주택의 소유자를 비롯한 관련 주민들의 의견을 종합하고 과학적인 시장분석을 바탕으로 합리적인 선택이 될 수 있도록 전문가의 참여도 제도적으로 보장되어야 할 것이다.

현재 정부에서는 임대주택공급을 촉진하기 위하여 향후 100만 호의 임대주택을 공급할 예정이다. 그런데 이제까지 공급된 공공임대주택의 경우를 보면 공급되는 물량 자체가 매우 부족하여 건설 자체에만 초점을 맞추었기 때문에 관리가 소홀히 된 면이 없지 않다. 실제로 공공임대주택단지가 들어선 곳은 관리소홀로 인하여 빠르게 시설이 낙후되고 슬럼화되어 공공임대주택이 지역 주택가격을 낮춘다는 이유로 지역주민이 꺼리고 있는 면이 없지 않다. 이는 자원의 효율적인 이용 측면에서도 소중한 국가자산을 보호한다는 측면에서도 바람직하지 않다고 판단된다. 향후 정부는 공공임대주택 공급에서 한 단계 더 나아가 국가자산의 관리라는 측면에서 공동주거자산관리가 자리를 잡을 수 있도록 제도적 보완을 하여야 할 필요가 있다. 실제로 미국에서는 정부나 각종 기금으로 보조금을 지원받아 건설되는 보조금 지원주택(subsidized housing)이 정부의 중요한 자산관리 대상 부동산으로 인식되고 있다(신창득 외 역, 2005).

●● 부동산자산관리시장의 성장

외환위기는 우리나라 부동산업계에 지각변화의 계기를 제공하였다. 부동산시장이 개방되면서 외국계 부동산 종합회사가 다양한 서비스와 방법들을 가지고 국내에 진출하였다. 이중 많은 부동산 관련 업체들이 관심을 가지고 있는 분야는 부동산자산관리였다. 실제로 이들 C. B. Richard Ellis Korea, Morgan Stanley Properties Korea, Lonestar Property Advisor Korea 등 외국계 부동산자산관리회사(Property Management Company : PMC)는 상업용 부동산시장에 대한 정확한 정보와 투자수익률 분석을 토대로 전문적인 자산관리 서비스를 제공하면서 국내의 상업용 부동산관리시장에서 우위를 점유하며 부동산관리시장의 규모를 급속도로 확대시켜 왔다. 그러나 최근 이들의 선진화된 자산관리 서비스 업무를 전수받은 KAA, M&K, SAMS, 삼성에버랜드, 신영에셋 등 국내 자산관리회사들도 약진하며 업무영역을 서울의 대형 오피스시장에서 상가, 물류창고, 의료시설, 호텔, 콘도, 골프장, 스포츠센터 등으로 확대하고 있다. 이러한 현상은 리츠(Real Estate Investment Trusts : REITs)[19] 제도의 도입으로 더욱 가속화될 전망이다. 즉, 리츠가 소유한 부동산을 전문적으로 관리 운영해 수익을 창출해 줄 부동산자산관리회사의 수요가 증가하고 있는 것이다.

언급하였듯이 최근 우리나라에서는 주택이 자산으로서 차지하는 부분이 점차 커짐에 따라 주택임대와 같은 이용활동 및 리모델링 등의 개량활동을 통하여 주택의 물리적 · 경제적 가치를 향상시키는 공동주거자산관리의 필요성이 제기되기 시작하고 있다. 상업용 부동산들이 전문적인 관리 서비스를 통하여 임대료와 자산가치를 극대화하

19) REITs로 알려진 부동산투자회사는 다수 투자자들로부터 자금을 모집하여 부동산 또는 부동산 관련 대출, 유가증권 등에 투자하여 발생하는 수익을 투자자에게 배당하는 회사 또는 투자신탁(business trust)을 말한다.

여 수익률을 높이게 되자, 이제 부동산은 단순히 보유하기보다는 적극적으로 관리함으로써 그 가치를 극대화시키는 자산관리의 중요한 대상으로 인식되게 되었으며 이에는 주택도 예외일 수가 없기 때문이다. 물론 현재 주택관리사제도가 갖는 문제점과 공동주거자산관리시장의 미성숙으로 인하여 전문적인 자산관리회사가 공동주거관리시장에 본격적인 진출을 꺼리고 있기는 하지만, 주택시장의 환경변화와 높아지는 자산관리의 중요성으로 이제까지의 단순한 시설관리에서 한 단계 진보된 공동주거자산관리 서비스를 소비자들이 요구하게 될 것이라 전망된다. 실제로 미국과 같은 선진국에서는 주거자산의 중요성을 인식하고 이를 체계적·전문적으로 관리하기 위한 노력이 보편화되고 있으며 이에 따라 이 분야의 전문가를 제도적으로 육성하고 있다. 따라서 향후 우리나라에서 선진화된 주거자산관리시장이 정립되기 위해서는 주거자산관리의 명확한 개념정립과 발전 모델, 업무범위 설정과 전문화의 필요성이 요구된다.

참 | 고 | 문 | 헌

강원철 외(2004). **부동산학 개론**. 서울 : 부동산114.

국토연구원(2002). **장기주택정책방향(2003~2012)**. 국토연구원 보고서.

김용창 (2004). **한국의 토지·주택정책**. 서울 : 부연사.

김정수·이주형(2003). 가구특성에 따른 주택선택행태에 관한 연구. **국토계획**. 39(1), 191-319.

김정호·이명재(1989). 자산시장 개념을 이용한 서울지역 아파트 전세 및 매매가격간의 관계분석. **지역연구**. 5(1), 13-26.

김지현(2007). **부동산경제학의 이해 2판**. 서울 : 부연사.

김진유·전상경(2003). 부동산 위탁경영의 결정요인 : 서울시 오피스 시장을 중심으로. **국토계획**. 38(3), 287-301.

방경식·장희순(2002). **부동산학개론**. 서울 : 부연사.

손경환(2002). 주택시장의 변화와 향후전망. **월간국토**. 253호, 59-68.

신영에셋(2006). **신영타워 자산관리계획서**. 신영에셋 내부보고서.

유병선·홍형옥(2002). 주거자산관리의 개념과 범위, **생활과학논집**. 6(1), 35-48.

이정전(1999). **토지경제학**. 서울 : 박영사.

이중근(2004). 임대주택정책론 : 이론과 실제. 서울 : 나남출판.

이창석(2004). 부동산학원론. 서울 : 형설출판사.

정상현(2003). 아파트관리 계획서(Management Plan). 신영에셋 내부보고서.

조선일보(2006). 전세가 감소하고 월세 증가한다. 2006. 9. 5.

조주현(2003). 부동산학원론. 서울 : 건국대학교출판부.

최종경 · 박민수(2001). 주택임대시장의 환경변화와 대응. 부동산학연구. 7(2), 109-124.

통계청(2006). 2005 인구주택총조사.

Kyle, R. C., Baird, F. M., & Spodek, M. S.(2000). 신창득 외 역(2005). 자산관리. 서울 : 부연사.

Brueggeman, W. B. & Fisher, J. D.(1997). *Real Estate Finance and Investment* (10th ed.). NY: McGraw-Hill.

DiPasquale, D. & Wheaton, W. C.(1996). *Urban Economics and Real Estate Markets*. Englewood Cliffs NJ.: Prentice Hall.

Institute of Real Estate Management(IREM) (2006a). *Principles of Real Estate Management* (15th ed.). IL.: IREM.

IREM(2006b). Building Value: Profession looks to attract new, valuable practitioners. *Journal of Property Management(JPM)*. Jan/Feb.

IREM(2006c). Transforming Real Estate Management: Four Strategic Issues. *Supplement to the Journal of Property Management*.

Kelley, E. N.(2004). *Practical Apartment Management* (5th ed.). IL.: IREM.

Housing Kosan(2003). 賃貸住宅管理のあり方と社會的役割. 내부자료.

Shilling, J. D.(2002). *Real Estate* (13th ed.). Ohio: South-Western.

Soens, M. A. & Brown, R. K.(1994). *Real Estate Asset Management: Executive Strategies for Profit-Making*. NY.: Wiley.

국민은행 월간 주택가격 동향 시계열 자료 http://www.kbstar.co.kr

통계청 http://www.kosis.nso.go.kr

한국은행 http://www.kbstar.co.kr

부 록

1. 공동주택관리와 관련된 시 · 군의 참여범위
2. 친환경건축물 인증심사기준－공동주택
3. ○○아파트 32평형의 임대사업수익률 분석

부록 1 공동주택관리와 관련된 시 · 군의 참여범위

구분	시 · 군
행위허가신고	• 공동주택입주자 등은 특정한 행위 전에 시장 · 군수 · 구청장의 허가를 받거나 신고를 하여야 한다(주택법 제42조제2항). • 행위에 대한 허가/신고 기준 : 별표(령 제47조제1항) • 세부행위에 대한 규칙(규칙 제42조) • 리모델링주택조합, 입주자대표회의가 시장 · 군수 · 구청장의 허가를 받아 리모델링 가능(법 제42조제3항) • 허가를 받거나 신고한 후 그 공사를 완료하였을 경우에는 시장 · 군수 · 구청장의 사용검사를 받아야 한다(법 제42조제5항). • 리모델링의 허가를 받고자 하는 자는 행위허가신청서를 시장 · 군수 · 구청장에게 제출(규칙 제20조제4항) • 시장 · 군수 · 구청장은 행위허가증명서 또는 행위신고증명서를 교부(규칙 제20조제5항) • 리모델링 공사의 사용검사를 받고자 하는 자는 사용검사신청서를 시장 · 군수 · 구청장에게 제출(규칙 제20조제6항) • 시장 · 군수 · 구청장은 사용검사필증을 교부(규칙 제20조제7항)
관리방법 결정신고	• 입주자 과반수 입주 후 관리방법을 결정하여 사업 주체에게 통지하고 관할 시장 · 군수 · 구청장에게 신고(법 제43조제3항) • 입주자대표회의는 관리방법 결정 후 시장 · 군수 · 구청장과 사업 주체에게 신고/통지(령 제52조제3항) • 입주자대표회의는 공동관리/구분관리할 것을 결정한 때는 시장 · 군수 · 구청장에게 통보(규칙 제23조제3항)
관리업무 관련 지원	지방자치단체의 장은 조례에 따라 관리 주체가 수행하는 공동주택 관리업무를 수행하기 위하여 필요한 비용의 일부를 지원할 수 있다(법 제43조제8항).
입주자대표회의 운영교육	• 시장 · 군수 · 구청장은 입주자대표회의 구성원에게 입주자대표회의 운영과 관련하여 필요한 교육을 실시할 수 있다(령 제50조제6항). • 시장 · 군수 · 구청장은 입주자대표회의 운영교육 실시 10일 전까지 공고하거나 대상자에게 통지하여야 한다(규칙 제22조제1항).
하자보수	• 사업 주체의 하자보수보증금 예치(국가, 지방자치단체, 대한주택공사 및 지방공사인 사업 주체는 제외)(법 제46조제2항) • 시장 · 군수 · 구청장은 사용검사일로부터 10년 이내의 범위에서 공동주택의 구조안전에 중대한 하자가 있다고 인정하는 경우에는 안전진단기관에 의뢰하여 안전진단을 실시(법 제49조제4항)
안전관리계획 및 교육	• 시장 · 군수 · 구청장은 경비업무에 종사하는 자와 시설물 안전관리책임자로 선정된 자를 대상으로 실시하는 방범교육 및 안전교육 실시(법 제49조제2항) • 시장 · 군수 · 구청장은 방범교육 및 안전교육을 타기관 또는 법인에게 위임/위탁하여 실시 가능(법 제49조제3항) • 시장 · 군수 · 구청장은 방범교육 및 소방에 관한 안전교육을 각각 관할경찰서장 및 관할소방서장에게 위탁가능(규칙 제28조제2항)

안전점검	• 관리 주체는 안전점검의 결과 위해의 우려가 있는 때에는 시장 · 군수 · 구청장에게 보고(법 제50조제2항) • 안전점검의 결과 위해의 우려가 있는 때에 보고할 사항(령 제65조제2항) • 시장 · 군수 · 구청장은 보고를 받은 공동주택에 대하여 관리(령 제65조제3항) • 시장 · 군수 · 구청장은 보고받은 공동주택에 대하여 매월 1회 이상 점검을 실시, 조치할 사항 규정(규칙 제29조)
공동주택관리 분쟁조정위원회	• 지자체에 공동주택관리 분쟁조정위원회 상설기구로 구성(법 제50조제2항) • 분쟁조정위원회의 회의, 운영, 그 밖의 필요한 사항은 당해 시 · 군 · 구의 조례로 정함(법 제52조제4항) • 공동주택관리분쟁조정위원회 위원은 지방자치단체의 장이 위촉 또는 임명(령 제67조제1항) • 위원장은 위원 중에서 지방자치단체의 장이 지명(령 제67조제2항)
주택관리업	• 시장 · 군수 · 구청장에게 공동주택의 관리업체 등록(법 제53조제1항) • 시장 · 군수 · 구청장은 주택관리업의 등록을 한 자에게 주택관리업등록증을 교부(령 제68조제3항) • 시장 · 군수 · 구청장은 주택관리업등록증을 교부하고 주택관리업등록대장 등재(규칙 제31조제3항)
공동주택관리에 관한 감독	지방자치단체의 장은 입주자대표회의, 관리 주체 또는 관리사무소장 등에게 업무에 관한 사항을 보고하게 하거나 자료의 제출 그 밖의 필요한 명령을 할 수 있으며, 소속 공무원으로 하여금 영업소, 관리사무소 등에 출입하여 공동주택의 시설, 장부, 서류 등을 조사 또는 검사하게 할 수 있다(법 제59조제1항).

부록 2 친환경건축물 인증심사기준 - 공동주택

부문	범 주	평가항목	세부평가기준	구분	배점
토지이용	생태적 가치	기존대지의 생태학적 가치	기존 대지의 생태학적 가치, 토지이용 현황, 용도지역 등을 근거로 점수 부여	평가항목	2
		기존 자연자원 보존율	단지 내 기존 자연자원(식생, 지형, 수자원 등)의 보존면적을 합산하여 대지면적에 대한 비율로 평가	가산항목	3
	토지 이용	용적률	계획 용적률 평가	평가항목	6
		체계적 상위계획 수립 여부	도시설계 · 상세계획 수립여부, 지구단위계획 수립여부, 기타 주변과의 조화를 고려한 계획 수립여부	가산항목	2
	인접대지 영향	일조권 간섭방지 대책의 타당성	인접 대지 경계선으로부터 대상 건물 각 부분의 높이를 잰 최대앙각	가산항목	2
	거주 환경의 조성	커뮤니티 센터 및 시설 계획여부	단지 내 일정 수준 이상의 커뮤니티 시설이나 커뮤니티 공간의 조성여부	평가항목	3
		단지 내 보행자 전용도로 조성여부	보행자 전용도로 조성상태 및 단지 내 시설과의 연계성 평가	평가항목	3
		외부보행자 전용도로 네트워크 연계여부	외부보행자 전용도로 네트워크와의 연계여부 측정	평가항목	1
교통	교통 부하 저감	대중교통에의 근접성	대중교통시설(철도역, 지하철역, 버스터미널, 버스정류소)과의 도보거리	평가항목	2
		단지 내 자전거 보관소 및 자전거 도로 설치여부	자전거 도로의 적합성 및 연계여부 측정	평가항목	2
		초고속 정보통신 설비의 수준	초고속 정보통신설비의 설치 수준에 따라 평가	가산항목	2
		도시중심 및 지역중심과 단지중심 간의 거리	도시중심 및 지역중심과 단지중심 간의 직선거리 측정	평가항목	2
에너지	에너지 소비	에너지 소비량	건축물의 에너지 절약 설계기준(건설교통부 고시)의 '에너지성능지표 검토서'에서 취득한 점수를 근거로 평가	평가항목	12
	에너지 절약	대체 에너지 이용	대체 에너지 시설의 설치여부에 따라 점수를 부여	가산항목	3

재료 및 자원	자원 절약	라이프사이클 변화를 고려한 평면개발	각 단위세대에 가변형, 병합형, 주문형 등의 평면 적용여부	평가항목	3
		환경친화적 (공업화) 공법 및 신기술 적용	대상건물 공업화건축 구성비 및 환경 관련 국가공인 신기술 채택여부	평가항목	3
	폐기물 최소화	생활용 가구재 사용억제 대책의 타당성	방 면적 대비 수납공간 비율	평가항목	1
	생활 폐기물 분리수거	재활용 생활폐기물 분리수거	재활용 · 생활폐기물 보관시설 설치 및 분리품목 종류에 의해 평가	평가항목	2
		음식물쓰레기 저감	음식물쓰레기 분리수거를 위한 시설 및 감량화 계획 수립여부 평가	평가항목	2
	자원 재활용	유효자원 재활용을 위한 친환경 인증 제품 사용여부	환경표지 인증제품 또는 GR 마크 인증제품의 사용 여부를 평가	평가항목	3
		기존 건축물의 재사용(주요 구조부)으로 재료 및 자원의 절약	전면 리모델링 건축물에 대하여 주요구조부의 재사용률에 따라 평가	가산항목	7
		기존 건축물을 재사용(비내력벽)하여 재료 및 자원의 낭비 절약	전면 리모델링 건축물에 대하여 비내력벽의 재사용률에 따라 평가	가산항목	2
수자원	수순환 체계 구축	우수부하 절감 대책의 타당성	우수침투를 위한 투수성 포장면 설치비율에 따라 평가	평가항목	3
	수자원 절약	생활용 상수 절감 대책의 타당성	환경표지 인증을 얻은 제품의 적용여부에 따라 평가	평가항목	4
		우수이용	우수를 중수도 시설 기준에 의한 살수용수, 조경용수 등으로 이용하는 시설의 설치여부에 따라 평가	평가항목	2
		중수도 설치	사용한 수도물을 처리하는 중수도의 설치로 생산한 중수의 살수용수, 조경용수 등으로의 활용 시설 설치여부를 평가	가산항목	4
환경오염	지구온난화 방지	이산화탄소 배출 저감	난방부하의 20% 이상을 열병합발전의 배열을 이용하거나 사용 에너지원 및 이에 따른 이산화탄소 배출량을 산정하여 평가	평가항목	3

유지관리	체계적인 현장관리	환경을 고려한 현장관리계획의 합리성	시공회사의 ISO14001 획득여부와 현장운영지침에서의 환경우선정책 채택 정도	가산항목	1
	효율적인 건물관리	운영/유지관리 문서 및 지침 제공의 타당성	건축물관리자를 위해 관련 장비/설비의 효과적인 운영/유지관리를 위한 매뉴얼 및 지침이 제공되는지의 여부를 평가	평가항목	3
	효율적인 세대관리	사용자 매뉴얼 제공	입주자들에게 사용자 유지관리 매뉴얼(문서 또는 전자문서)을 제공하는지에 따라 평가	평가항목	3
생태환경	대지 내 녹지공간 조성	연계된 녹지축조성	조성된 단지 내 녹지축의 길이와 단지의 장변폭과 단변폭을 합산한 길이와의 비율에 대한 가중치를 산정하여 평가된 점수와 조성된 단지 내 녹지축이 단지 외부의 녹지와 연계되어 생태축으로서의 기능성 유무를 평가한 점수와 합산하여 평가	평가항목	2
		녹지공간률	도면 및 구적표에 의한 녹지면적의 파악	평가항목	5
		생태환경을 고려한 인공환경녹화기법 적용여부	각 공법별로 적용면적 및 난이도 등을 감안한 가중치를 산정하여 배점에 반영	평가항목	4
	생물 서식공간 조성	수생비오톱 조성	조성면적 및 기법에 관한 세부항목에 대하여 계산식 및 가중치를 산정하여 평점을 산출하고 각 평점을 합산	평가항목	3
		육생비오톱 조성	조성면적 및 기법에 관한 세부항목에 대하여 산식 및 가중치를 산정하여 평점을 산출하고 각 평점을 합산	평가항목	3
	자연 자원의 활용	표토재활용률	단지 자체의 표토를 식재지역에 재활용하는 경우에 해당되며 전체 표토량 대비 식재지반에 이용되는 재활용 표토량의 비율(%)을 산정하여 평가	가산항목	1
실내환경	공기 환경	각종 유해물질 저함유 자재의 사용	각종 유해물질 저함유 자재에 대해 평가	평가항목	6
		환기설계의 정도	환기구 또는 장치 설치유무 및 환기설계의 정도 평가	평가항목	3
	온열 환경	각 실별 자동온도 조절장치 채택여부	각 실별 또는 난방 영역별 자동 온도조절장치 적용 비율	평가항목	2

실내 환경	음환경	층간 경계바닥 충격음 차단 성능 수준	• 쾌적한 주거공간 확보요소의 하나인 바닥구조체를 통하여 아래층 세대로 전달되는 충격음의 차단성능을 평가 • 바닥구조에 대한 바닥충격음 차단성능평가는 공동주택 바닥충격음 차단구조인정 및 관리기준(건설교통부 고시 제2005-189호, 2005.6.28)에서 정하는 방법에 따른다.	평가항목	4
		세대 간 경계벽 차음성능 수준	• 경계벽의 구성재료가 콘크리트 옹벽인 경우 : 벽체의 두께로부터 평가 • 경계벽의 구성재료가 콘크리트 이외인 경우 : KS F 2808 또는 KS F 2809에 의한 측정결과를 KS F 2862에 의해 산출한 '단일수치평가량+스펙트럼조정항'을 이용하여 평가	평가항목	3
		단지 내 음환경	단지의 환경영향 평가서(소음분야)상의 소음도 평가결과 또는 별도의 소음도 (예측)평가서 제출물을 토대로 환경기준(환경정책기본법 시행령 제2조)과 비교하여 평가	가산항목	3
	빛환경	세대 내 일조 확보율	심사대상 건물(단지)의 전체 세대수에 대한 동지일 기준으로 09:00~15:00 사이 6시간 동안 최소 2시간의 연속일조를 받는 세대율(%)을 평가	가산항목	4
	노약자에 대한 배려	노약자, 장애자 배려의 타당성	노약자/장애자를 배려한 설계 수준에 따라 평가	가산항목	2
			평가항목 점수합계	100	
			가산항목 점수합계	36	
			평가 및 가산항목 합계	136	

부록 3 ○○아파트 32평형의 임대사업수익률 분석

(단위 : 천 원)

구분			1년	2년	3년	4년	5년	매 각
초기 투자	매입가격	182,000						
	부대비용	12,212						
	총투입금액	194,212						
조달 자금	차입금	102,000						
	자기자본조달	92,212						
매각 대금	매각대금							232,921
	매각비용	1,165						−1,165
총가능소득(GPI)			8,400	9,156	9,980	10,878	11,857	
(−)공실률								
(=)유효총소득(EGI)			8,400	9,156	9,980	10,878	11,857	
(−)운영경비(연4%상승)			−220	−229	−238	−247	−257	
(−)위탁관리수당			−21	−23	−25	−27	−30	
(=)순운영소득(NOI)			8,159	8,904	9,717	10,604	11,570	231,756
(−)연간 융자월부금			−8,420	−8,420	−8,420	−8,420	−8,420	−78,065
(=)세전현금흐름(BTCF)		−102,000	−261	485	1,297	2,184	3,151	153,691
NOI			8,159	8,904	9,717	10,604	11,570	
(−)융자이자			−6,455	−7,064	−6,984	−6,897	−6,804	
(−)감가상각			−3,033	−3,033	−3,033	−3,033	−3,033	
소 계			−9,488	−10,098	−10,017	−9,930	−9,838	
(=)과세소득			−1,329	−1,193	−300	673	1,733	
양도세 세율(=30%)			0	0	0	0	0	46,107
BTCF			−261	485	1,297	2,184	3,151	153,691
(−)세금			0	0	0	0	0	46,107
(=)ATCF		−102,000	−261	485	1,297	2,184	3,151	107,584
세 전		NPV	5,198					
		IRR	7.97%					

주1) 감가상각은 주택가격 중 50%는 토지를 제외한 아파트 건물로 보고, 아파트의 수명을 30년으로 가정하여 계산하였다.

주2) 임대소득에 대한 소득과세는 없는 것으로 가정하였으나, 매각 시 자본이득에 대하여 30%의 양도소득세를 부과한 것으로 가정하였다.

주3) 과세소득은 NOI에서 융자이자와 감가상각을 제한 금액이다.

찾아보기

ㅇ

ㅈ

ㅊ

공동주거관리연구회

강순주 건국대학교 건축학부 주거환경전공 교수
홍형옥 경희대학교 생활과학대학 주거환경전공 교수
이상헌 대한주택관리사협회 전 시험관리위원장
이경희 중앙대학교 생활과학대학 주거환경학과 교수
은난순 한국주거문화연구소 연구위원
유병선 경희대학교 생활과학부 주거환경전공 강사
이재훈 단국대학교 건축대학 건축학과 교수
노병룡 우리관리주식회사 대표이사
박경옥 충북대학교 생활과학대학 주거환경 · 소비자학과 교수
김지현 서울디지털대학교 부동산학부 교수

공동주거관리이론

2008년 2월 28일 초판 발행
2009년 2월 20일 2쇄 발행

지은이 공동주거관리연구회
펴낸이 류 제 동
펴낸곳 ㈜교 문 사

책임편집 김수진
본문디자인 우일미디어
표지디자인 반미현
제작 김선형
영업 김재광 · 정용섭 · 송기윤

출력 우일미디어
인쇄 동화인쇄
제본 대영제책사

우편번호 413-756
주소 경기도 파주시 교하읍 문발리 출판문화정보산업단지 536-2
전화 031-955-6111(代)
FAX 031-955-0955
등록 1960. 10. 28. 제 406-2006-000035호
홈페이지 www.kyomunsa.co.kr
E-mail webmaster@kyomunsa.co.kr
ISBN 978-89-363-0897-1 (93590)

*잘못된 책은 바꿔 드립니다.

값 19,000원